바이올리니스트의 엄지

The Violinist's Thumb

바이올리니스트의 엄지

샘 킨 지음 | 이충호 옮김

해나무

| 일러두기 |

1. 본문에서 *로 표시된 부분은 452쪽부터 시작되는 '노트'에 좀더 자세하고 흥미로운 이야기가 실려 있다.
2. 책과 장편의 제목은『 』로 묶었고, 단편 ·시·논문·기사명은「 」로, 영화·신문·잡지명은〈 〉로 묶었다.

아무래도 이 이야기부터 먼저 하고 넘어가는 게 좋겠다. 이 책은 DNA에 관한 책이다. 그러니까 수천 년 혹은 수백만 년 동안 우리 DNA에 깊숙이 묻혀 있던 이야기를 발굴하고, 한때 그 답이 영영 사라진 것처럼 보였던 인간에 대한 수수께끼를 DNA를 이용해 풀어가는 과정을 들려준다. 나는 아버지 이름이 하필이면 진Gene('유전자'란 뜻)인데도 불구하고 이 책을 썼다. 어머니 이름도 발음이 똑같은 진Jean이다. 진과 진. 진 앤드 진 킨(Gene and Jean Kean). 부모님 이름은 우스꽝스러운 노래 가사처럼 들린다는 사실 말고도 오랫동안 친구들 사이에서 다양한 방식으로 놀림의 대상이 되었다. 내가 무슨 잘못을 저지르거나 괴상한 행동을 할 때마다 그것은 모두 다 '마이 진스my genes'(문자 그대로는 '내 유전자'란 뜻이지만, 부모 이름이 둘 다 진이므로 '내 부모'란 뜻도 있음—옮긴이) 탓이라는 말을 들었고, 뭔가 바보 같은 짓이라도 저지르면 사람들은 '마이 진스'가 날 그렇게 하도록 만들었다며 킬킬거렸다. 부모님이 내게 유전자를 전달하려면 반드시 섹스가 필요하다는 사실 때문에 사람들은 그 농담을 더욱 재미있어하는 것 같았다. 그 농담은 이중의 가시를 품고 있었는데, 나로서는 딱히 반박할 말이 없었다.

이 이야기의 요점은 내가 어릴 때 과학 시간에 DNA와 유전자 이야기가 나오는 것을 몹시 싫어했다는 것이다. 선생님이 등을 돌리는 순간, 2초도 지나기 전에 친구들 사이에서 나를 겨냥한 농담이 튀어나오리란 건 너무나도 뻔했다. 설사 입 밖으로 내뱉지 않더라도, 잘난 체하길 좋아하는 친구들은 속으로 재미있는 농담을 '생각'했다. 어린 시절에 나는 그런 조건반사적 두려움을 떨치지 못했는데, DNA가 얼마나 대단한 물질인지 알고 난 뒤에도(혹은 알고 나서는 더욱더) 그랬다. 고등학교에 가서야 겨우 친구들의 놀림을 극복할 수 있었지만, '유전자gene'란 단어는 여전히 내게 여러 가지 반응을 동시에 불러일으켰다. 그중에는 유쾌한 것도 있었지만, 그렇지 못한 것도 있었다.

한편으로 나는 DNA에 흥분을 느낀다. 과학에서 유전학보다 더 과감한 주제는 없으며, 유전학만큼 과학에 큰 발전을 가져올 분야도 찾기 힘들다. 내가 이렇게 말하는 이유는 단지 흔히 이야기하는(그리고 많이 과장해) 의학 분야의 장밋빛 약속 때문만은 아니다. DNA는 모든 생물학 분야에 새로운 활력을 불어넣었고, 인간에 대한 연구 자체를 완전히 처음부터 다시 하게 했다. 다른 한편으로 우리는 누가 우리의 기본 생물학을 깊이 파헤치려고 할 때마다 그 침입에 저항하려고 한다. 우리는 단순히 DNA에 불과한 존재로 축소되길 거부한다. 그리고 누가 그러한 기본 생물학에 손을 대려는 이야기를 들으면, 정말로 오싹한 두려움을 느낀다.

DNA는 우리의 과거 뿌리를 조사하는 데에도 강력한 도구를 제공한다. 즉, 생물학은 다른 수단을 사용하는 역사학이 된 것이다. 심지어 지난 10여 년 사이에 유전학은 성경에 필적할 만한 이야기들을 꺼내놓았는데, 그것들은 시간이 너무 많이 경과했거나 화석이나 인류학적 증거가 너무 적어 일관성 있는 이야기로 꿰어맞출 수 없어서 그 줄거리가 완전히 사라졌다고 간주해온 이야기들이었다. 하지만 사실은 그 이야기들은 우리 몸 안에 줄곧 간직돼온 것으로 드러났다. DNA의 암흑 시대에도 우리 세포들 안에 자리잡은 작은 수도사들은 매일 매시간 충실하게 계속 기록했고, 그렇게 기록된 수조 개의 텍스트가 남아 있다. 우리가 그 언어를 읽고 이해할 수 있을 때까지 참을성 있게 기다리면서 말이다. 이 이야기들에는 우리가 어디에서 왔고, 우리가 어떻게 태초의 혼합물에서 지구 역사상 최고의 지배적인 종으로 진화할 수 있었는지 들려주는 웅장한 무용담도 포함돼 있다. 하지만 이 이야기들은 놀랍도록 제각각 독특한 방식으로 펼쳐진다.

만약 내게 학교를 다시 다닐 기회(부모님이 더 안전한 이름을 가질 기회에 더해)가 주어진다면, 나는 밴드부에서 다른 악기를 선택할 것이다. 그것은 4학년, 5학년, 6학년, 7학년, 8학년, 9학년을 다니는 동안 줄곧 내가 유일한 남자 클라리넷 연주자였기 때문이(혹은 때문만이) 아니다. 그보다는 내가 클라리넷의 밸브와 레버와 구멍들을 다루는 데 너무 서툴렀기 때문이다. 그것은 분명히 연습 부족하고는 상관없는 이유 때문이었다. 나는 이중 관절 손가락과 뒤로 심하게 젖혀진 엄지 탓이라고 생각했다. 클라리넷을 연주하면 손가락들이 아주 불편하게 꼬였기 때문에, 나는 손가락 관절을 항상 꺾어주어야 할 필요를 느꼈는데, 그럴 때마다 손가락 마디가 약간 욱신거렸다. 아주 가끔 한쪽 엄지를 크게 젖혔다가 엄지가 그 상태로 얼어붙어 꼼짝달싹도 하지 않는 일이 일어났고, 그러면 다른 손으로 관절을 풀어주어야 했다. 내 손가락들은 여자 클라리넷 연주자가 능숙하게 하는 일을 제대로 하지 못했다. 나는 내가 지닌 문제들은 유전 때문이라고, 즉 부모님의 유전자에서 물려받은 유산 때문이라고 되뇌었다.

나는 10년 동안 손재주와 음악적 재능에 대한 내 이론에 대해 깊이 생각할 이유가 전혀 없었는데, 밴드부를 그만둔 뒤 바이올리니스트 니콜로 파가니니Niccolò Paganini 이야기를 듣는 순간, 다시금 생각하게 되었다. 탁월한 연주 실력으로 명성이 자자했던 파가니니는 악마에게 영혼을 팔아 그 재능을 얻었다는 소문을 떨쳐내느라 평생 동안 애를 먹었다.(심지어 그의 고향에 있던 성당은 그가 죽고 나서 수십 년이 지나도록 그의 유해를 안장하길 거부했다.) 사실은, 파가니니는 악마보다 더 미묘한 지배자와 밀약을 맺은 것으로 밝혀졌는데, 그 지배자는 바로 자신의 DNA였다. 파가니니는 손가락을 아주 유연하게 만드는 유전 질환이 있었던 게 거의 틀림없다. 그의 결합 조직들은 아주 유연하여 새끼손가락을 나머지 손과 거의 직각 방향으로 펼칠 수 있었다.(여러분도 그렇게 할 수 있는지 한번 시험해보라.) 또한 양 손을 비정상적으로 아주 넓게 펼칠 수 있었는데, 이것은 바이올린을 연주할 때 비할 데 없이 유리한 이점이다. 특정 악기를 연주하도록(혹은 연주하지 못하도록) '타고난' 사람에 대한 나의 단순한 가설이 입증된 것처럼 보였다. 나는 유리한 고지를 점령했을 때 거기서 만족하고 멈추는 게 좋았을지 모른다. 나는 조사를 계속하다가 파가니니의 이 증후군이 건강에 심각한 문제를 초래했을지도 모른다는 사실을 발견했다. 파가니니는 평생 동안 관절통, 시각 장애, 호흡 곤란, 피로로 고생했기 때문이다. 이른 아침에 밴드부가 행진 연습을 할 때 나는 뻣뻣한 손가락 관절 때문에 칭얼대곤 했지만, 파가니니는 전성기 때에도 공연을 취소한 적이 많았고, 말년에는 아예 대중 앞에서 공연을 전혀 할 수 없었다. 파가니니의 경우, 음악에 대한 열정이 단점을 이용하도록 완벽하게 조율된 신체와 결합해 훌륭한 재능을 꽃피웠는데, 그것은 어쩌면 인간이 바랄 수 있는 가장 위대한 운명일지 모른다. 그리고 그 단점은 그의 죽음을 재촉했다. 유전자와 맺은 밀약은 파가니니 자신이 선택한 것이 아닐지 모르지만, 우리 모두와 마찬가지로 그와 유전자는 하나였고, 그 밀약은 그를 만든 동시에 파괴했다.

DNA는 자신의 이야기를 들려주는 데 그치지 않는다. 일부 과학자는 후향 진단retroactively diagnosed을 통해 찰스 다윈Charles Darwin과 에이브러햄 링컨Abraham Lincoln과 이집트의 파라오들에게 유전 질환이 있었음을 밝혀냈다. 다른 과학자들은 DNA 자체를 파고들어 DNA의 언어학적 속성과 놀라운 수학적 아름다움을 밝혀냈다. 사실, 내가 고등학교 시절에 밴드부부터 시작해 생물학, 역사, 수학, 사회학에 이르기까지 온갖 분야를 훑고 돌아다닌 것처럼 DNA에 관한 이야기도 온갖 맥락에서 튀어나오면서 모든 분야들을 연결했다. DNA는 원자폭탄에서 살아남은 사람들에 대한 이야기와 북극에서 비극적인 죽음을 맞이한 탐험가들에 대한 이야기를 들려준다. 또, 우리 인간 종이 거의 멸종할 뻔한 이야기나 임신부가 태어나지 않은 자녀에게 암을 물려주는 이야기, 파가니니의 경우처럼 과학이 예술을 조명하는 이야기나 심지어 예술이 과학을 조명하는(초상화를 통해 유전 질환을 추적함으로써) 이야기도 있다.

생물학 시간에 여러분이 배우면서도 그 진가를 제대로 이해하지 못하는 한 가지 사실은 DNA 분자의 길이이다. 작은 세포 속의 아주 작은 옷장에 빽빽하게 말려 있는 DNA를 풀어서 한 줄로 죽 늘어놓으면 엄청난 길이가 된다. 일부 식물 세포 속에 들어 있는 DNA를 한 줄로 죽 늘어놓으면 그 길이는 약 90m나 된다. 한 사람의 몸속에 있는 DNA를 전부 다 이어 붙이면 그 길이는 태양과 명왕성 사이를 왕복할 만큼 길다. 또, 지구에 존재하는 모든 생물의 DNA를 이으면, 그 길이는 알려진 우주 끝까지 수십 번 이상 왕복하고도 남는다. 그리고 나는 DNA 이야기를 깊이 파고들수록 끝없이 뻗어나가는 이러한 성질—끝없이 계속 멀리 풀려나가는가 하면, 심지어 시간상으로는 계속 뒤로 거슬러 올라가는—이 DNA의 고유한 성질임을 더욱 절실히 느꼈다. 인간의 모든 활동은 DNA에 법의학적 흔적을 남긴다. 그리고 음악, 스포츠, 마키아벨리 미생물 등 온갖 것에 관한 DNA의 이 이야기들을 함께 모으면 지구상에서 인류가 어떻게 등장하고 진화해왔는지 들려주는 더 크고 복잡한 이야기가 된다. 즉, 우리가 어떻게 오늘날 이토록 찬란한 영광을 누리게

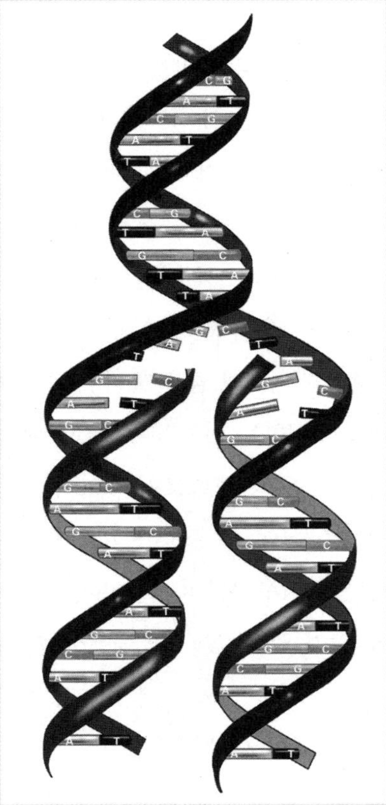

삶은, 그러므로, DNA 연쇄 반응으로 간주할 수 있다.
_맥심 D. 프랭크-카메네트스키Maxim D. Frank-Kamenetskii, 『DNA 밝히기*Unraveling DNA*』

되었는지뿐만 아니라, 왜 우리가 자연에서 가장 어리석은 생물 중 하나인지 들려준다.

* * *

하지만 유전자에 대한 이러한 나의 흥분 이면에는 다른 측면이 있는데, 그것은 바로 유전자에 대해 느끼는 두려움이다. 이 책을 쓰기 위해 조사하고 연구하는 과정에서 나는 내 DNA를 유전자 검사 기관에 제출했다. 상당한 비용(414달러)에도 불구하고, 경박한 생각에 이끌려 그런 행동을 저질렀다. 나는 개인 유전체(게놈) 검사에 심각한 단점이 있다는 사실을 알고 있었고, 또 설사 과학이 믿을 만하다 하더라도 그 결과가 별 도움이 되지 않을 때가 많다는 사실도 알고 있었다. 나는 DNA 검사 결과로 내 눈이 초록색이라는 사실을 알 수도 있겠지만, 그거야 거울만 들여다봐도 알 수 있는 게 아닌가! 내가 카페인을 잘 대사하지 못한다는 사실을 알게 될 수도 있지만, 콜라를 마시고 불면의 밤을 보낸 경험이 많기 때문에 그것도 충분히 짐작할 수 있다. 게다가 DNA를 제공하는 과정도 그다지 진지한 느낌이 들지 않았다. 주황색 옥수수알 같은 뚜껑이 달린 플라스틱 병이 우편으로 도착했는데, 사용법을 보니 손가락 관절로 뺨을 마사지하여 입 속에서 일부 세포가 떨어져 나오게 하라고 적혀 있었다. 그러고 나서 병이 3분의 2쯤 침으로 찰 때까지 침을 반복해서 뱉었다. 그러기까지 약 10분이 걸렸는데, 사용법에 아무 침이나 표본으로 제출하면 안 된다고 아주 진지한 어조로 적혀 있었기 때문이다. 표본은 훌륭하고 걸쭉하고 시럽 같은 침이어야 했다. 그리고 생맥주처럼 거품이 너무 많아서도 안 된다고 했다. 다음 날, 나는 내 조상에 대해 아주 좋은 소식이 있길 기대하면서 유전자 침이 담긴 병을 우송했다.

나는 온라인으로 유전자 검사를 등록하러 들어갔다가 민감하거나 두려운 정보의 편집에 대한 지침을 읽기 전까지는 유전자 검사 결과에 대해 그다지 심각하게 생각하지 않았다. 만약 가족 중에 유방암이나 알츠하이머병 또는 그 밖의 질환을 앓은 사람이 있다면(혹은 그런 병에 걸릴 가능성이 있다는 이야기만 들어도 두렵다면), 검사 기관에 그 정보를 가려달라고 요청할 수 있었다. 네모 칸에 표시만 하면 자신조차 그 사실을 까맣게 모르고 넘어갈 수 있었다. 그때 나를 잠깐 주춤하게 한 것은 파킨슨병에 관한 항목이었다. 어린 시절의 기억이 아련하게 떠올랐다. 그것은 그 시절의 기억 중 가장 어두운 것이기도 했는데, 나는 할머니 집에서 복도를 배회하다가 할아버지 방을 들여다보았다. 할아버지는 파킨슨병에 걸려 거동도 못 하고 그 방에서 누워 지내다가 결국 돌아가셨다.

아버지는 어린 시절에 사람들에게서 할아버지를 쏙 빼닮았다는 이야기를 자주 들었다. 나 역시 그와 비슷하게 아버지를 닮았다는 이야기를 많이 들었다. 그래서 복도를 배회하다가 그 방에 들어가 아버지와 비슷하게 생긴 백발 노인이 금속제 안전 가드가 달린 침대에 등을 받치고 앉아 있는 모습을 보는 순간, 나 자신을 미래로 투영한 모습을 보았다. 기억에는 흰색 이미지가 많이 남아 있다. 벽도 카펫도 시트도, 그리고 할아버지가 입고 있던 뒤가 열린 셔츠도 모두 흰색이었다. 내 기억에 할아버지는 몸이 앞으로 많이 숙어져 거의 고꾸라질 지경이었고, 헐렁한 셔츠는 거의 벗겨지려고 했으며, 백발의 앞머리는 치렁치렁 아래로 늘어져 있었다.

할아버지가 날 보았는지는 확실치 않지만, 내가 문지방에서 머뭇거리고 있을 때 할아버지는 신음 소리를 내면서 몸을 떨기 시작했는데, 그 때문에 목소리마저 떨렸다. 어떤 면에서 할아버지는 운이 좋았다. 간호사 출신인 할머니가 집에서 할아버지를 돌봤고, 자식들이 정기적으로 문안을 드렸다. 하지만 할아버지는 갈수록 정신적으로나 육체적으로 쇠약해졌다. 나는 할아버지의 턱에 매달려 있던 걸쭉한 시럽 같은 침 줄기, DNA가 가득 든 그 침 줄기를 기억한다. 그 당시 대여섯 살밖에 안 된 나는 철이 없었고, 눈앞에 보이는 일들을 제대로 이해하지 못했다. 그때 할아버지에게서 달아났던 것이 아직도 부끄럽다.

지금은 낯선 사람들이(심지어 나 자신도) 할아버지에게 파킨슨병을 촉발했을 가능성이 높은 자기 복제 분자들이 내 세포 속에도 숨어 있는지 들여다볼 수 있다. 하지만 그 분자들은 내 세포 속에 없을 가능성이 높다. 할아버지의 유전자는 할머니의 유전자와 섞이면서 희석된 채 아버지 진에게 전해졌고, 아버지의 유전자는 다시 어머니 진의 유전자와 섞이면서 희석되어 내게 전해졌다. 하지만 할아버지의 그 유전자가 내게 전해졌을 가능성은 분명히 실재한다. 나는 어떤 암이나 퇴행병에 걸릴 가능성은 얼마든지 받아들일 수 있었다. 하지만 파킨슨병은 아니었다. 나는 그 자료를 보지 않는 쪽을 선택했다.

유전학에는 그 흥미진진한 역사만큼이나 이것과 비슷한 개인적인 이야기가 넘쳐난다. 어쩌면 역사적 이야기보다 개인적 이야기가 훨씬 많을지도 모르는데, 우리는 모두 자신의 몸속에 이런 이야기를 최소한 하나씩 간직하고 있기 때문이다. 이 책이 단지 역사적 이야기를 들려주는 데 그치지 않고, 이런 개인적 이야기들을 바탕으로 전개되고, 또 그것들을 오늘날 진행된 DNA 연구와 가까운 장래에 일어날 연구와 연결지어 이야기를 풀어나가는 이유는 이 때문이다. 유전학 연구와 그것이 불러올 변화는 흔히 거대하면서도 불가피한 조석 변화에 비유돼왔다. 하지만 그 결과는 우리가 서 있는 해변에 거대한 해일로 다가오지 않고 일련의 작은 파도를 이루어 밀려올 것이다. 우리가 직접 보고 느끼는 것은 개개의 파도이지만, 그러는 동안 조수는 점점 위로 밀려 올라올 것이다.

하지만 우리는 그러한 변화에 대비해 마음의 준비를 할 수 있다. 일부 과학자들이 인정하듯이, DNA 이야기는 사실상 대학의 낡은 서양 문명 강좌를 인간 존재의 위대한 내러티브로 대체했다. DNA의 이해는 우리가 어디서 왔고, 우리 몸과 마음이 어떻게 작동하는지 이해하는 데 도움을 주며, DNA의 한계를 이해하는 것 역시 우리 몸과 마음이 왜 제대로 작동하지 않는지 이해하는 데 도움을 준다. 이와 비슷하게, 성이나 종족 관계 같은 복잡한 사회 문제에 대해, 혹은 공격성이나 지능 같은 특성이 고정돼 있는지 유동적인지에 대해 DNA가 무슨 말을 하든(혹은 하지 않든) 간에, 우리는 거기에 대비해 마음의 준비를 해두어야 한다. 그리고 DNA가 어떻게 작동하는지 완전히 이해하지 못한다고 인정하면서도 벌써부터 40억 년 동안 진행돼온 생물학을 개선할 절호의 기회(심지어는 의무라고까지 말하는 사람도 있다)에 대해 이야기하는 사람들을 신뢰해야 할지 말아야 할지도 결정해야 한다. 이들의 견해에 따르면, DNA 이야기 중에서 가장 놀라운 것은 우리 종이 충분히 오래 살아남아 그것을 지배할 능력을(잠재적으로) 갖게 되었다는 사실이다.

이 책에서 이야기하는 역사는 아직도 계속 진행되고 있는데, 나는 이 책을 각 장의 주제마다 한 가지 질문에 답을 제시하는 방식으로 구성했다. 중심 줄거리는 아주 먼 옛날 미생물 시대에서 시작하여 우리의 조상 동물을 향해 나아간 뒤, 영장류와 네안데르탈인 같은 호미니드 경쟁자에서 잠깐 머물다가 아름다운 언어와 비대해진 뇌를 가지고 문화를 발전시킨 현생 인류의 출현으로 절정에 이른다. 하지만 책이 마지막 장을 향해 다가갈 때에도 제기된 질문들은 완전히 해결되지 않는다. 어떤 것들은 여전히 불확실한 상태로 남아 있다. 특히 우리 DNA에 대한 비밀을 알기 위해 존재하는 모든 것을 샅샅이 조사하는 거대한 인간 실험이 어떤 결론에 이를 것인가 하는 질문이 그렇다.

차례

3장 유전자와 천재성

인간은 어떻게 진정한 인간이 될 수 있었을까?

4장 DNA의 신탁

유전학의 과거와 현재와 미래

1장

A, C, G, T와 우리

유전자 악보를 읽는 방법

01
유전자, 기형, DNA

생물은 자신의 형질을 자식에게 어떻게 전달하는가?

추위와 화염, 서리와 화재, 불과 얼음……. 유전학에서 최초의 위대한 발견을 한 두 과학자는 공통점이 많았다. 특히 두 사람 다 이름이 별로 알려지지 않은 채 죽었는데, 그들의 죽음을 슬퍼하는 사람도 별로 없었고, 많은 사람들은 그들의 이름을 기억조차 하지 않았다. 하지만 한 사람의 유산은 불 속에서 사라져간 반면, 다른 사람의 유산은 얼음 속에서 꽁꽁 얼었다.

화염은 1884년 겨울 오늘날의 체코 공화국 지역에 위치한 한 수도원에서 타올랐다. 수도사들은 얼마 전에 죽은 그레고어 멘델Gregor Mendel 수도원장의 집무실을 정리하느라 1월의 그날 하루를 보냈다. 집무실에 있던 문서들을 하나도 남김없이 마당에서 활활 타오르는 모닥불에 집어 던졌다. 멘델은 따뜻하고 유능한 사람이었지만, 말년에는 정부의 조사를 받고, 신문에 추문이 실리고, 현지 관리와 대결하는(여기서는 멘델이 이겼지만) 등 수도원을 곤란하게 만드는 상황을 많이 초래했다. 멘델의 유품을 수습하러 온 친척은 아무도 없었고, 수도사들은 상처를 불로 지지는 것과 같은 이유로(즉, 살균을 하고 거추장스러운 일을 피하기 위해) 멘델의 논문을 그냥 불태웠다. 불태운 문서들이 어떻게 생겼는지 알려주는 기록은 전혀 남아 있지 않지만, 그중에는 필시 오랫동안 그냥 처박아두어 먼지가 쌓인 종이 뭉치들 혹은 평범한 표지에 싸인 실험 일지가 있었을 것이다. 누렇게 변한 종이들에는 콩 식물을 그린 스케치들과 숫자들을 빼곡하게 적은 표들(멘델은 숫자를 아주 좋아했다)이 가득했을 것이다. 그 종이들은 불 속에 던져넣었을 때 다른 종이들보다 특별히 더 많은 연기와 재를 뿜어내지는 않았을 것이다. 하지만 그 종이들이 불타면서(오래전에 멘델이 온실을 가꾸었던 바로 그 장소에서) 유전자 발견에 관한 유일한 원본 기록도 재가 되어 사라지고 말았다.

맹추위는 같은 해인 1884년 겨울에 몰아닥쳤다. 맹추위는 그 이전의 많은 겨울에도 찾아왔지만, 그 이후로는 드물게 찾아왔다. 스위스의 평범한 생리학 교수이던 요하네스 프리드리히 미셔 Johannes Friedrich Miescher는 연어를 연구하고 있었다. 그는 여러 가지 연구 중에서도 특히 몇 년 전에 연어 정액에서 추출한 물질—솜 같은 회색 반죽 물질—을 오래전부터 집중적으로 연구했다. 섬세한 정액이 공기 중에서 변질하는 것을 막기 위해 실험실 창문을 죄다 열어놓았기 때문에 그의 몸은 낮이나 밤이나 스위스 겨울의 혹독한 추위에 노출되었다. 그런 상태에서 연구하려면 초인적인 집중력이 필요했는데, 미셔를 대단치 않게 생각하는 사람들도 그 점만큼은 장점으로 인정했다.(한번은 친구들이 실험실로 가서 미셔를 끌고 나온 일도 있었다. 그날은 미셔의 결혼식 날이었는데, 미셔가 깜빡했던 것이다.) 그토록 연구에 몰두했는데도 불구하고, 애석하게도 그럴듯한 걸 전혀 발견하지 못했다. 평생 동안 연구에 몰두했지만, 성과는 미미했다. 하지만 미셔는 매년 실험실 창문을 활짝 열어놓은 채 연구를 계속했는데, 추위가 자신의 몸을 서서히 죽인다는 사실을 알면서도 그렇게 무리한 연구를 강행했다. 그런데도 아직 희뿌연 회색 물질, DNA의 정체를 전혀 알아내지 못했다.

DNA와 유전자, 유전자와 DNA. 오늘날 두 단어는 거의 동의어처럼 쓰인다. 우리는 두 단어를 들으면, 길버트와 설리번 또는 왓슨과 크릭처럼 자동적으로 둘을 짝지으려 한다. 중부 유럽의 독일어권 지역에서 약 600km 떨어진 두 장소에서 한 사람은 수도사로, 또 한 사람은 수도사 비슷한 생활을 하며 살아갔던 멘델과 미셔가 1860년대에 각각 DNA와 유전자를 거의 동시에 발견했다는 사실은 잘 어울리는 것처럼 보인다. 잘 어울리기만 한 게 아니라 거의 운명적인 것처럼 보이기까지 한다.

하지만 DNA와 유전자가 실제로 무엇인지 이해하려면, 두 단어를 따로 분리하지 않으면 안 된다. 두 단어는 같은 뜻이 아니며, 이전부터 같은 뜻으로 쓰인 적도 없다. DNA는 물질, 즉 손가락에 들러붙는 화학물질이다. 유전자도 물리적 속성이 있다. 사실, 유전자는 긴 DNA 가닥으로 이루어져 있다. 하지만 어떤 측면에서는 유전자는 물질보다는 개념으로 생각하는 게 편리하다. 즉, 유전자는 정보라고 볼 수 있다. 유전자가 이야기라면, DNA는 그 이야기를 기록하는 언어라고 할 수 있다. DNA와 유전자는 합쳐져 염색체라는 더 큰 구조를 만든다. 염색체는 DNA로 가득 찬 책으로, 그 안에는 생물의 거의 모든 유전자가 들어 있다. 염색체는 세포핵 속에 들어 있는데, 세포핵은 우리의 전체 몸을 제대로 돌아가게 하는 지시들이 들어 있는 도서관에 해당한다.

이 모든 구조들은 유전과 유전학에서 중요한 역할을 담당하지만, DNA와 유전자가 19세기의 거의 같은 시기에 발견되었음에도 불구하고, 약 50년이 지날 때까지도 DNA와 유전자가 서로 밀접한 관계가 있다는 사실을 밝혀낸 사람은 아무도 없었으며, 발견자인 두 사람은 그 업적을 전혀 인정받지 못하고 세상을 떠났다. 생물학자들이 결국 DNA와 유전자 사이의 밀접한 관계를 밝혀낸 이야기는 유전학의 역사에서 첫 번째 서사시적 이야기이며, DNA와 유전자 사이의 관계를 더 자세히 밝히려는 노력은 지금도 유전학의 발전을 이끌고 있다.

모체 영향과 전성설

멘델과 미셔가 연구를 한 때는 속설—떠들썩하거나 괴상한 것도 있었고, 나름대로 아주 독창적인 것도 있었다—이 유전에 관한 생각을 지배하던 시대였다. 그 속설들은 왜 우리가 각각 다른 형질을 물려받는지 설명하는 데 수백 년 동안이나 큰 영향을 미쳤다.

아이가 부모를 어느 정도 닮는다는 사실은 누구나 알고 있었다. 빨간 머리, 대머리, 정신병, 움푹 들어간 턱, 심지어 손가락이 6개 달린 경우까지 모두 다 가계도를 통해 추적할 수 있다. 그리고 집단 무의식이 성문화된 것이라 볼 수 있는 동화에서는 비천한 자의 정체가 왕족의 혈통(넝마나 양서류의 겉모습으로도 훼손할 수 없는 생물학적 본질)을 지닌 '진짜' 왕자(혹은 공주)로 드러나는 이야기가 종종 나온다.

이것은 대체로 상식에 속한다. 하지만 유전의 메커니즘—정확하게 어떤 과정을 통해 형질이 한 세대에서 다음 세대로 전달되는지—은 가장 총명한 사람들조차 짐작하지 못했으며, 예측 불허의 그 과정 때문에 19세기 이전은 물론이고 19세기에도 기묘한 가설이 난무했다. '모체 영향maternal impression'이라는 널리 퍼진 한 속설은 임신한 여성이 끔찍한 것을 보거나 감정적으로 좋지 않은 경험을 하면 아기에게 해를 초래한다고 주장했다. 출산 전에 딸기가 그렇게 먹고 싶었지만 먹지 못한 한 여성은 온몸이 빨간 딸기 모양 반점으로 뒤덮인 아기를 낳았다고 한다. 딸기가 아니라 베이컨이라도 같은 일이 일어날 수 있었다. 석탄 자루에 머리를 세게 부딪친 여성은 머리가 반쪽인 아이를 낳았는데, 머리털이 검은색이었다고 한다. 더 섬뜩한 이야기도 있다. 17세기에 의사들은 나폴리의 한 여성이 바다 괴물을 보고 놀란 뒤에 온몸이 비늘로 덮인 아이를 낳았는데, 그 아이는 오로지 물고기만 먹었고 생선 냄새를 풍겼다고 보고했다. 주교들은 배우인 남편을 무대 뒤에서 유혹한 여성의 이야기를 경고의 의미로 들려주었다. 그는 연극에서 메피스토펠레스 역을 맡았는데, 분장을 아직 벗지 않은 상태의 그와 정을 나눈 여성은 발굽과 뿔이 달린 아이를 낳았다고 한다. 외팔이 거지에게 겁을 먹은 여성은 팔이 하나뿐인 아이를 낳았다. 혼잡한 거리를 피해 교회 묘지에서 소변을 본 여성이 낳은 아이에게는 어김없이 야뇨증이 나타났다. 벽난로용 장작을 불룩한 배에 걸친 앞치마에 담아 나르면, 비정상적으로 성기가 큰 사내아이를 낳는다는 이야기도 있었다. 모체 영향이 좋은 결과를 낳은 사례는 딱 한 가지만 기록돼 있는데, 1790년대에 파리에서 애국 활동을 한 여성이 가슴에 프리기아 모자(옛날에 프리기아 인이 쓴, 꼭대기가 앞으로 접히는 원뿔꼴 모자) 모양의 모반이 있는 아들을 낳았다. 프리기아 모자는 새로 탄생한 프랑스 공화국에서 자유의 상징이었으므로, 혁명 정부는 이 사건을 특별하게 여겨 그 여성에게 종신 연금을 주었다.

이러한 속설 중 많은 것은 종교적 믿음과 결합돼 있었고, 사람들은 자연히 심각한 선천적 장애—애꾸눈, 심장이 몸 밖에 붙어 있는 아이, 온몸이 털로 뒤덮인 아이—를 성경의 행간에 적힌 죄와 분노와 하느님의 심판을 경고하는 것이라고 해석했다. 1680년대에 스코틀랜드에서 일어났다는 한 이야기에는 벨Bell이라는 이름의 잔인한 집행관이 등장한다. 벨은 비국교도 여성 두 명을 체포하여 해변에 세운 말뚝에 묶어두고는 그대로 밀물에 잠겨 익사하도록 내버려두었다. 벨은 두 여성을 조롱하면서 모욕까지 주었고, 둘 중에서 더 완강한 태도를 보였던 더 젊은 여성의 머리를 직접 자기 손으로 물속에 처넣어 익사시켰다. 나중에 사람들이 그 살인에 대해 물어보면, 벨은 늘 웃으면서 그 여성들은 지금쯤 게들 사이를 기어다니며 좋은 시간을 보낼 것이라고 농담했다. 그 말이 씨가 되었을까, 벨이 결혼하여 낳은 아이들은 양 팔이 집게발 모양으로 심하게 비틀려 있었다. 이 집게발은 유전성이 강해 그들의 자식과 손자에게까지 나타났다. 아버지의 잔인한 행동 때문에 이런 응징이 자식과 손자와 증손자에게(그리고 그 이후까지도. 집게발 모양의 팔이 달린 아이가 태어나는 사례는 스코틀랜드에서 1900년까지 나타났다) 내렸다는 사실은 굳이 성서학자에게 물어보지 않더라도 누구에게나 명백해 보였다.

모체 영향이 환경의 영향을 강조한 것이라면, 다른 가설들은 선천적 요인을 강조했다. 전성설前成說은 중세 때 연금술사들이 축소 인간homunculus, 즉 아주 작은 인간을 만들려는 시도에서 생겨났다. 축소 인간은 생물학 분야에서 철학자의 돌에 해당하는 것으로, 그것을 만드는 데 성공한다면 그 연금술사는 신의 힘을 지닌 것이나 다름없었다.(하지만 그것을 만드는 과정은 고상한 것과 거리가 멀었다. 전해오는 한 가지 방법은 정액과 말똥과 오줌을 호박 속에 넣고 6주일 동안 발효시켜야 한다고 설명했다.) 17세기 후반에 일부 원형과학자(아직 정식 과학으로 인정받진 못했으나, 후에 과학으로 발전할 가능성이 있던 분야를 원형과학protoscience이라 부른다 — 옮긴이)들은 연금술에서 축소 인간 개념을 빌려와 각각의 난자 안에 축소 인간이 하나씩 들어 있다고 주장했다. 이 가설은 겉보기에 죽은 물질 덩어리처럼 보이는 것에서 어떻게 살아 있는 배아가 생겨날 수 있느냐 하는 의문에 그럴듯한 답을 제시했다. 전성설을 받아들이면, 그러한 자연발생은 생각할 필요도 없다. 축소 인간 아기가 미리 만들어져 있으며, 정자 같은 방아쇠의 도움을 받으면 자라기 시작한다고 설명하면 되니까.

전성설의 유일한 문제점은 비판론자들이 지적했듯이 필연적으로 무한 후퇴의 늪에 빠진다는 점이다. 왜냐하면, 여성은 러시아의 마트료시카 인형처럼 자신이 장차 낳을 자녀들뿐만 아니라, 그 자녀들의 자녀들, 또 그 자녀들의 자녀들의 자녀들을 모두 몸속에 지니고 있어야 하기 때문이다. 사실, '난원설'을 지지하는 사람들은 태초에 하느님이 이브(하와)를 만들 때 이브의 난소 속에 그후에 탄생할 모든 인류를 집어넣었다고 결론 내릴 수밖에 없었다. '정원설'을 믿는 사람들은 더 심한 가정을 해야 했는데, 태초에 난자보다 훨씬 작은 아담의 정자 속에 모든 인류가 들어 있었다고 생각해야 하기 때문이었다. 현미경이 발명되고 나서 정원설을 믿는 일부 사람들은 정액 웅덩이 속에서 작은 인간들이 꿈틀거리는 것을 보았다고 스스로를 속였다. 난원설과 정원설이 상당한 지지를 얻었던 이유는 원죄를 설명할 수 있었기 때문이다. 즉, 우리 모두는 아담과 이브가 에덴 동산에서 쫓겨날 때 이미 그 몸속에 들어 있었기 때문에 그 원죄를 공유할 수밖에 없다는 것이다. 하지만 정원설은 신학적으로 골치 아픈 문제도 제기했다. 남자가 사정할 때마다 세례를 받지도 못하고 죽어가는 그 수많은 영혼들은 어떻게 되는가?

이 가설들이 아무리 시적이거나 외설적이라 하더라도, 미셔 시대의 생물학자들은 그것들을 실없는 이야기로 치부했다. 그들은 믿기 힘든 일화나 모호한 '생명의 힘'을 과학에서 모두 추방하고, 대신에 화학을 기반으로 유전과 발생을 설명하고자 했다.

뉴클레인의 발견

미셔는 처음에는 생명의 신비성을 벗기려는 이러한 움직임에 동참할 생각이 없었다. 어릴 때부터 미셔는 자신이 태어난 스위스에서 가업인 의학을 물려받기 위해 공부했다. 하지만 소년 시절에 장티푸스에 걸렸다가 청력이 크게 나빠지는 바람에 청진기를 사용하거나 환자의 배앓이 소리를 들을 수 없게 되었다. 부인과 전문의였던 미셔의 아버지는 대신에 연구 분야에서 일하라고 권했다. 그래서 미셔는 1868년에 독일 튀빙겐으로 건너가 생화학자 펠릭스 호페-자일러Felix Hoppe-Seyler의 실험실에서 일을 배우기 시작했다. 호페-자일러의 실험실은 비록 인상적인 중세 시대의 성에 있기는 했지만, 배정된 공간은 지하실의 왕실 세탁실이었다. 호페-자일러는 미셔에게 전에 부엌으로 쓰던 그 옆방을 배정했다.

호페-자일러는 사람의 혈액세포 속에 들어 있는 화학 물질의 종류를 모두 알아내려고 했다. 적혈구는 이미 자신이 조사를 끝냈으므로, 미셔에게는 백혈구를 조사하는 일을 맡겼다. 신참 조수로서는 행운의 결정이었는데, 백혈구는 적혈구와 달리 세포핵이라는 내부 구조가 있기 때문이었다. 그 당시만 해도 대부분의 과학자는 세포핵을 무시했고(알려진 기능이 없었으므로), 대신에 세포 내부에서 대부분의 부피를 차지하는 세포질에 초점을 맞춰 연구했다. 하지만 미셔는 미지의 물질을 분석할 수 있다는 기회에 흥분을 느꼈다.

세포핵을 연구하려면 백혈구를 지속적으로 공급받는 게 필요했는데, 이를 위해 미셔는 현지 병원과 접촉했다. 전해오는 이야기에 따르면, 그 병원은 전장에서 절단이나 그 밖의 불행을 겪은 재향 군인들을 주로 돌보는 곳이었다고 한다. 하지만 병원 측은 만성 질환자도 많이 받았고, 고름이 스며든 붕대를 매일 정기적으로 수거해 누렇게 물든 그 넝마를 미셔에게 넘겨주었다. 고름은 공기 중에서 부패해 끈적끈적한 점액으로 변하기 일쑤였으므로, 미셔는 고름에 젖은 천에 일일이 코를 갖다대고 냄새를 맡아 부패한 것(대부분이 그랬다)을 버렸다. 그리고 남은 '신선한' 고름에는 백혈구들이 헤엄치고 있었다.

프리드리히 미셔(위)는 아래 사진의 지하 실험실에서 DNA를 발견했다. 이 실험실은 독일 튀빙겐에 있는 성의 지하 부엌을 개조한 것이다. (사진 제공 : 튀빙겐 대학 도서관)

인상적인 성과를 보여주고 싶었던 미셔는 자신의 재능이 모자라다면 몸으로 그것을 능히 보완할 수 있다고 믿었던지 세포핵 연구에 모든 노력을 쏟아부었다. 훗날 한 동료는 미셔가 마치 "악마에 홀린 것" 같았다고 말했다. 미셔는 매일 온갖 종류의 화학 물질에 노출되었다. 하지만 이렇게까지 몰두하지 않았더라면, 필시 미셔는 중요한 것을 발견하지 못했을 것이다. 세포핵 속에 들어 있는 핵심 물질은 발견하기가 아주 어려웠기 때문이다. 먼저 고름을 따뜻한 알코올로 씻고, 다음에는 돼지 위에서 추출한 산으로 씻어 세포막을 녹였다. 그렇게 하여 회색 반죽 물질을 분리할 수 있었다. 그것이 단백질이라고 생각한 미셔는 성분을 확인하는 실험을 했다. 하지만 그 반죽은 단백질 분해 물질에도 분해되지 않았고, 알려진 단백질과는 달리 소금물이나 끓는 식초, 묽은 염산에 녹지 않았다. 그래서 미셔는 물질이 분해될 때까지 태워 구성 원소를 밝혀내는 원소 분석을 시도해보았다. 그 결과, 예상했던 대로 탄소, 수소, 산소, 질소 원소가 나왔지만, 단백질에 없는 원소인 인이 약 3% 나왔다. 뭔가 특별한 것을 발견했다고 생각한 미셔는 그 물질에 '뉴클레인nuclein'이라는 이름을 붙였다. 훗날 과학자들은 이것을 디옥시리보핵산, 즉 DNA라 부르게 된다.

미셔는 그 연구를 일 년 만에 마무리하고, 1869년 가을에 세탁실에 들러 호페-자일러에게 결과를 보여주었다. 호페-자일러는 기뻐하기는커녕 세포핵 안에 단백질이 아닌 특별한 물질이 들어 있다는 주장을 의심했다. 그는 미셔가 분명히 뭔가 실수를 했을 거라고 생각했다. 미셔는 그렇지 않다고 항의했지만, 호페-자일러는 미셔에게 연구 결과 발표를 허락하기 전에 실험을 다시 반복해보라고 말했다. 호페-자일러의 까다로운 태도에 미셔는 자신감에 적잖이 상처를 입었던 게 분명하다.(그는 이번에는 반복 실험을 그렇게 빨리 하지 못했다.) 2년에 걸친 반복 실험에서도 같은 결과가 나오자, 호페-자일러는 미셔의 논문에 자기가 생색을 내는 평을 덧붙이겠다고 고집했다. 그 글에서 호페-자일러는 "고름에 대한…… 우리의 이해를 증진시켰다"라고 하면서 애매하게 미셔를 칭찬했다. 그럼에도 불구하고, 미셔는 1871년에 DNA를 발견한 사람으로 인정받았다.

그와 유사한 몇 가지 발견이 이루어지면서 미셔가 발견한 분자에 대해 더 많은 것이 밝혀졌다. 가장 중요한 발견은 호페-자일러 밑에서 연구하던 독일인이 뉴클레인이 많은 종류의 구성 분자로 이루어져 있다는 사실을 밝혀낸 것이었다. 거기에는 인산과 당(DNA의 앞 글자가 뜻하는 당 이름 '디옥시리보스')뿐만 아니라, 오늘날 핵산의 '염기'라 부르는 네 가지 고리 화합물—아데닌adenine, 사이토신cytosine(시토신이라고도 함), 구아닌guanine, 티민thymine—이 포함돼 있었다. 하지만 이 부분들이 서로 어떻게 들러붙어 있는지 아는 사람은 아무도 없었고, 이러한 혼란 때문에 DNA는 기묘하게도 이질적인 여러 성분으로 이루어져 있어 이해 불가능한 것으로 보였다.

(오늘날 과학자들은 이 모든 부분들이 어떻게 결합하여 DNA를 이루는지 알아냈다. DNA 분자는 이중 나선 모양을 이루고 있는데, 사닥다리가 코르크마개뽑이처럼 빙빙 돌면서 뻗어 있는 모양이다. 사닥다리의 양 옆을 지탱하는 기둥은 인산과 당이 교대로 늘어선 가닥으로 이루어져 있다. 그리고 DNA에서 가장 중요한 사닥다리의 단들은 각각 2개의 염기로 이루어져 있는데, 염기들은 정해진 방식에 따라 서로 쌍을 이룬다. 즉, 아데닌(A)은 항상 티민(T)과 짝을 짓고, 사이토신(C)은 항상 구아닌(G)과 짝을 짓는다.[암기 비법을 소개하면, 곡선 문자는 곡선 문자끼리, 즉 C는 G와 짝을 짓고, 각진 문자는 각진 문자끼리, 즉 A는 T와 짝을 짓는다고 외우면 된다.])

한편, 다른 발견들이 잇따라 이루어지면서 DNA의 명성은 점점 더 높아져갔다. 19세기 후반에 과학자들은 세포가 둘로 분열할 때마다 염색체도 정확하게 둘로 나누어진다는 사실을 알아냈다. 이 사실은 염색체가 중요한 기능을 담당한다는 것을 시사했는데, 그렇지 않다면 세포가 분열할 때마다 굳이 이 귀찮은 일을 할 리가 없기 때문이다. 또 다른 과학자들은 염색체 전체가 온전한 형태로 부모에게서 자식에게로 전달된다는 사실을 알아냈다. 게다가 독일의 한 화학자는 염색체가 대부분 DNA로 이루어져 있다는 사실을 발견했다. 이 발견들로부터 일부 과학자는 DNA가 유전에서 직접적 역할을 담당할지 모른다고 생각했다. 뉴클레인은 사람들의 호기심을 자극했다.

뉴클레인이 과학자들에게 이토록 큰 관심을 끌게 되었으니 미셔는 운이 좋았다. 그렇지 않았더라면 그의 경력은 영영 바닥에서 벗어나지 못했을 것이다. 튀빙겐에서 하던 일을 끝낸 미셔는 스위스 바젤로 옮겨갔지만, 새로 옮겨간 대학은 미셔에게 개인 실험실을 제공하지 않았다. 할 수 없이 휴게실 한쪽 구석에 실험실을 마련하고, 낡은 복도에서 화학 분석을 해야 했다.(그러자 이전에 일했던 성의 지하 부엌이 오히려 그리웠다.) 이곳에서는 학생들도 가르쳐야 했다. 미셔는 냉담하고 심지어 쌀쌀맞기까지 했는데(그는 다른 사람들과 함께 있는 걸 몹시 불편해했다), 비록 강의를 열심히 하려고 노력했지만, 가르치는 방법이 영 서툴렀다. 학생들은 그를 "자신감이 없고, 초조해하고…… 근시안적이고…… 이해하기 어려웠고, (그리고) 안절부절못했다."라고 평했다. 우리는 과학의 영웅을 매력이 넘치는 사람으로 여기는 경향이 있지만, 미셔에게서는 카리스마라고는 전혀 찾아볼 수 없었다.

자신의 형편없는 강의 실력(이것은 그의 자존감을 크게 깎아내렸다) 때문에 미셔는 연구에 더욱 매진했다. 미셔는 어떤 사람이 "거부감을 일으키는 유체의 조사에 대한 맹목적 집착"이라고 부른 태도를 고수하면서

DNA 연구 대상을 이번에는 고름에서 정액으로 옮겼다. 기본적으로 뉴클레인을 탄두로 장착한 미사일인 정자는 DNA를 많이 제공하는 반면, 연구 목적과 아무 상관이 없는 세포질은 얼마 없었다. 미셔는 매년 가을과 겨울에 대학 근처의 강을 가득 채우는 연어 떼에서 정자를 풍부하게 공급받을 수 있었다. 산란기가 되면 연어의 고환은 종양처럼 커지는데, 평소보다 20배 넘게 부풀어 올라 하나의 무게가 500g을 넘는 경우도 종종 있었다. 연어를 잡으려면 실험실 창문 밖으로 낚싯줄을 드리우기만 하면 되었고, '무르익은' 고환을 성긴 천에다 대고 짜면 수백만 마리의 정자를 분리할 수 있었다. 문제는 연어 정자는 상온에서 금방 부패하고 만다는 점이었다. 그래서 미셔는 동트기 전 기온이 아직 싸늘할 때 실험실에 도착해 창문을 활짝 열어놓아 실내 온도를 2℃ 정도로 낮춘 뒤에 일을 시작했다. 그리고 실험실의 유리 기구가 깨지기라도 하면, 부족한 예산 탓에 가끔 아내의 도자기를 훔쳐와 실험을 마치곤 했다.

미셔는 이 연구와 동료들의 세포 연구 결과로부터 모든 세포핵에는 DNA가 들어 있다는 결론을 내렸다. 사실, 그는 세포핵 — 크기와 모양이 아주 다양하게 존재하는 — 의 정의를 DNA를 담고 있는 용기로 바꾸자고 제안했다. 비록 미셔는 자신의 명성에 그다지 큰 욕심이 없었지만, 이것은 미셔에게 영광을 얻을 수 있는 마지막 도전이 될지도 몰랐다. DNA는 별로 중요하지 않은 것으로 판명될 가능성이 아직 있었지만, 그럴 경우에도 미셔는 최소한 불가사의한 세포핵이 무슨 일을 하는지 알아냈다는 업적을 인정받을 수 있으리라고 생각했다. 하지만 일은 기대처럼 풀리지 않았다. 오늘날 우리는 미셔가 제안한 세포핵의 정의가 대체로 옳다는 사실을 알고 있지만, 다른 과학자들은 성급해 보이는 미셔의 제안을 받아들이길 주저했다. 그것을 뒷받침하는 증거가 아직 충분하지 않았기 때문이다. 설사 그 제안을 받아들인다 하더라도, 미셔가 그 다음에 한 자기 본위적 주장, 즉 DNA가 유전에 영향을 미친다는 주장은 도저히 받아들일 수 없었다. DNA가 어떻게 그렇게 하는지 미셔가 전혀 설명하지 못했다는 사실도 감점 요소로 작용했다. 그 당시의 많은 과학자와 마찬가지로 미셔도 정자가 뭔가를 난자 속으로 집어넣지 않을까 하고 의심했다. 그렇게 생각했던 한 가지 이유는 난자 속에 이미 생명에 필요한 부분들이 완전히 들어 있다고 가정했기 때문이다.(여기에는 축소 인간 개념의 흔적이 남아 있다.) 미셔는 정자의 뉴클레인이 일종의 화학적 세동 제거기(심장에 전기 자극을 주는 장치)처럼 작용하면서 난자에 시동을 건다고 상상했다. 불행하게도 미셔는 그 개념을 탐구하거나 옹호할 시간이 거의 없었다. 여전히 강의를 해야 했고, 스위스 정부는 미셔에게 교도소 재소자와 초등학교 학생의 영양 상태에 대한 보고서 작성처럼 "힘들기만 하고 보람도 없이 따분한" 과제들을 던져주었다. 스위스의 겨울에 창문을 열어놓은 채 몇 년 동안 계속 연구한 것도 건강에 좋지 않은 영향을 미쳐 결국 결핵에 걸리고 말았다. 그는 DNA 연구를 완전히 포기할 수밖에 없었다.

한편, 다른 과학자들은 DNA에 대한 의심을 점점 키우다가 완강한 반대로 돌아섰다. 무엇보다도, 염색체 안에서 인산과 당 뼈대와 A–C–G–T 염기 외에 더 많은 것이 발견되었다. 염색체 안에는 단백질 덩어리들도 들어 있었는데, 이것들은 화학적 유전을 설명하기에 더 적절한 후보처럼 보였다. 그 이유는 단백질이 스무 가지나 되는 하부 단위 물질(아미노산이라 부르는)로 이루어져 있기 때문이었다. 이 각각의 물질은 화학적 지시를 쓰는 데 하나의 '문자' 역할을 할 수 있었는데, 이 문자들의 결합이 만들어낼 수 있는 다양성은 놀라운 생명의 다양성을 설명할 만큼 충분해 보였다. 이에 비하면 DNA의 A, C, G, T는 네 문자로만 이루어져 있고 표현력이 제한된 피진어pidgin 알파벳처럼 따분하고 단순해 보였다. 그 결과, 대부분의 과학자는 DNA에는 세포를 위한 인만 들어 있을 뿐 다른 것은 없다는 결론을 내렸다.

애석하게도 미셔조차 DNA에 다양한 알파벳이 충분히 들어 있지 않은 게 아닐까 의심하게 되었다. 그 역시 단백질 유전을 만지작거리기 시작했고, 단백질이 분자로 이루어진 팔을 내뻗으면서 다양한 각도로 가지를 치면서(일종의 화학적 수기 신호처럼) 정보를 암호화한다는 이론을 만들었다. 하지만 정자가 이 정보를 어떻게 난자에 전달하는지는 여전히 수수께끼였고, 미셔의 혼란은 더 깊어지기만 했다. 그는 말년에 DNA로 다시 관심을 돌려 DNA가 유전을 도울지 모른다고 주장했다. 하지만 연구의 진전은 아주 더디게 일어났는데, 알프스 산맥의 결핵 요양소에서 보내는 시간이 점점 더 많아진 게 한 가지 이유였다. 미셔는 무엇 하나도 제대로 밝히지 못한 채 1895년에 폐렴에 걸렸고, 얼마 후 눈을 감았다.

그후에 진행된 연구들에서도 설사 염색체가 유전을 제어한다 하더라도, 실제 정보가 들어 있는 곳은 DNA가 아니라 염색체에 있는 단백질이라는 가설을 뒷받침하는 결과가 나와 미셔의 주장은 점점 설 자리를 잃는 듯했다. 미셔가 죽고 나서 동료 과학자이던 외삼촌 빌헬름 히스 Wilhelm His는 미셔의 편지와 논문을 모아 '미셔 전집'이라 부를 만한 책으로 출간했다. 히스는 그 책의 서문에 "미셔와 그의 연구가 지닌 중요성은 줄어들지 않을 것이다. 반대로 그 중요성은 더욱 커질 것이고, 그의 발견과 사상은 유익한 미래를 낳을 씨가 될 것이다."라고 주장했다. 친절한 말이긴 했지만, 그 당시 사람들에게는 그저 강한 희망에 불과한 것으로 보였을 것이다. 미셔의 사망 기사에는 뉴클레인 연구에 대한 언급이 거의 없었다. 그리고 DNA는 미셔 자신처럼 그다지 중요하지 않은 존재로 보였다.

그래도 미셔는 자신이 몰두한 분야인 과학계에서 이름이 알려진 채 죽었다. 하지만 그레고어 멘델의 경우에는 평생 동안 이름을 조금이라도 널리 알린 사건은 오로지 추문밖에 없었다.

스스로 인정했듯이 멘델이 아우구스티누스 수도회에 들어간 이유는 경건한 신앙심 때문이 아니라 수도회가 대학 등록금을 포함해 필요한 비용을 대주었기 때문이다. 농부의 아들로 태어난 멘델이 초등학교를 다닐 수 있었던 것은 그 학교를 세운 사람이 삼촌이었기 때문이다. 그리고 누나가 지참금 일부를 동생을 위해 포기하는 희생을 감수한 덕분에 겨우 고등학교를 다닐 수 있었다. 하지만 교회가 필요한 경비를 지원해주자 멘델은 빈 대학에 들어가 과학을 공부했고, 도플러 효과를 발견한 사람으로 유명한 크리스티안 도플러Christian Doppler에게서 직접 실험 설계 방법을 배웠다.(하지만 처음 응시했을 때 도플러는 멘델을 탈락시켰는데, 아마도 멘델이 시험을 칠 때마다 신경쇠약에 시달렸기 때문이었을 것이다.)

멘델이 들어간 브륀(지금의 체코 브르노)의 아우구스티누스 수도회 수도원장은 멘델이 과학과 통계학에 관심이 있다는 것을 알고 열심히 공부하라고 격려했는데, 거기에는 경제적 이유도 있었을 것이다. 수도원장은 과학적 영농을 도입하면 질이 좋은 양羊과 과수와 포도나무를 생산할 수 있어 수도원의 부채를 해결하는 데 도움이 될 것이라고 생각했다. 하지만 시간이 넉넉했던 멘델은 다른 분야에도 관심을 보여 오랫동안 태양 흑점을 기록하고 회오리바람을 추적하고 양봉장을 운영했으며(하지만 그가 기른 한 품종은 성질이 몹시 사납고 복수심이 강했기 때문에 결국 모두 없애야 했다), 다른 사람들과 함께 오스트리아기상학회를 설립했다.

미셔가 의사가 되려는 꿈을 접고 연구 쪽으로 방향을 전환하기 직전인 1860년대 초, 멘델은 브륀 수도원 뜰에서 완두콩 식물을 가지고 아주 간단한 실험을 시작했다. 멘델이 완두콩을 선택한 이유는 그 맛을 좋아했고 언제든지 재배하고 수확할 수 있다는 사실 외에 실험하기가 간단하다는 사실 때문이었다. 벌이나 바람은 완두콩의 수분受粉에 전혀 도움을 주지 못하기 때문에, 어떤 완두콩 식물을 어떤 완두콩 식물과 교배시킬지 직접 통제할 수 있었다. 또한 완두콩이 지닌, 이것 아니면 저것이라는 식의 이분법적 속성도 장점이었다. 즉, 완두콩 식물은 항상 키가 크거나 작고, 꼬투리는 초록색이거나 노란색이고, 완두콩 모양은 쭈글쭈글하거나 반반했으며, 그 중간의 특징을 지닌 것은 나타나지 않았다. 사실, 멘델이 자신의 연구에서 얻은 첫 번째 중요한 결론은 완두콩이 지닌 일부 이분법적 속성에서 한쪽이 다른 쪽보다 '우위'에 있다는 사실이었다. 예를 들면, 꼬투리가 초록색인 순종을 노란색인 순종과 교배시키면, 그 자식 대에서는 노란색 꼬투리를 가진 완두콩 식물만 나타났다(우열의 법칙). 즉, 노란색이 초록색보다 '우성'이었다. 하지만 이보다 더 중요한 사실은 초록색 형질이 완전히 사라진 게 아니라는 점이었다. 자식 대(제2대)에서 노란색 꼬투리를 가진 완두콩 식물끼리 교배시키자, 숨어 있던 초록색 꼬투리 형질('열성' 형질)이 다시 나타났다. 제3대에서 초록색 꼬투리 형질은 노란색 꼬투리 형질 3개당 1개꼴로 나타났다(분리의 법칙). 이 3:1의 비율*은 다른 형질에서도 성립했다.

멘델은 또한 각각의 우성 또는 열성 형질은 다른 우성 또는 열성 형질에 아무 영향을 끼치지 않는다는 사실을 발견했다. 즉, 각각의 형질은 독립적으로 유전한다(독립의 법칙). 예를 들면, 큰 키는 작은 키에 비해 우성이지만, 키가 작은 열성 형질을 가진 식물이라도 꼬투리가 노란색인 우성 형질을 가질 수 있다. 혹은 키가 큰 식물이 열성인 초록색 꼬투리를 가질 수도 있다. 사실, 멘델이 연구한 일곱 가지 형질—예컨대,

반반한 콩 껍질(우성) 대 쭈글쭈글한 콩 껍질(열성), 보라색 꽃(우성) 대 흰 색 꽃(열성) — 은 모두 다른 형질과는 상관없이 독립적으로 유전되었다.

똑같이 유전에 관심을 가지고 연구했으면서도 실패한 원예가들과 달리, 멘델은 이렇게 각각의 독립적인 형질에 초점을 맞춤으로써 성공을 거둘 수 있었다. 만약 멘델이 어떤 식물이 그 부모와 전체적으로 닮은 점을 한꺼번에 기술하려고 시도했더라면, 고려해야 할 형질이 너무 많았을 테고, 식물은 아버지와 어머니의 형질이 혼란스럽게 뒤섞인 콜라주처럼 보였을 것이다.(이것은 같은 완두콩 식물을 재배하면서 실험한 찰스 다윈이 유전의 법칙을 이해하는 데 실패한 이유 중 하나였다.) 하지만 멘델은 한 번에 한 형질에만 초점을 맞춤으로써 각각의 형질이 별개의 유전 요소에 의해 결정된다는 사실을 알 수 있었다. 멘델은 그 단어를 쓰진 않았지만, 오늘날 우리가 유전자라고 부르는, 유전 가능한 기본 인자를 확인했다. 생물학에서 멘델의 완두콩은 물리학에서 뉴턴의 사과와 맞먹는 상징성을 지닌다.

멘델은 정성적 연구를 한 것에 그치지 않고 유전학을 확고한 계량적 연구의 기반 위에 올려놓았다. 그는 매일 측정한 기압계와 온도계의 기록을 모아 종합적인 기후 데이터로 해석하는 기상학의 통계적 처리 방법을 높이 평가했다. 그는 교배에도 똑같은 방법을 적용했다. 즉, 개개 식물에서 얻은 자료를 추상화해 일반적인 유전 법칙을 도출했다. 사실, 멘델이 완벽한 데이터를 너무 사랑한 나머지 데이터를 조작한 것이 아닐까 하는 소문이 거의 100년 동안 사라지지 않고 계속 나돌았다.

동전을 1000번 던진다면, 앞면이 약 500번 나오고, 뒷면도 약 500번 나올 것이다. 하지만 앞면과 뒷면이 정확히 500번씩 나올 가능성은 적은데, 동전을 한 번 던지는 사건은 각각 독립적이고 무작위적이기 때문이다. 마찬가지로, 무작위적 편차 때문에 실험 데이터는 항상 이론이 예측하는 값에서 벗어나 약간 높거나 낮은 값으로 나타난다. 따라서 멘델은 키가 큰 식물과 작은 식물(혹은 다른 형질도)의 비율이 대략적으로 3:1에 해당하는 결과를 얻었을 것이다. 하지만 멘델은 자신이 재배한 1000여 그루의 완두콩 식물에서 정확하게 3:1의 결과가 나타났다고 주장했는데, 현대 유전학자들은 이 결과에 의심을 품는다. 사실을 확인하기 좋아하는 어떤 사람이 계산한 결과에 따르면, 멘델(장부와 기상학 실험에서 수치의 정확성을 꼼꼼하게 추구한)이 정말로 그런 결과를 얻을 확률은 1만분의 1 이하라고 한다. 많은 역사학자들은 그 당시에는 데이터 기록 기준이 오늘날과는 달랐다면서 멘델을 옹호하거나 무의식적으로 데이터를 조작했을 것이라고 말해왔다.(심지어 동정적인 한 역사학자는 멘델이 원하는 수치가 어떤 것인지 알고 있던 조수가 충성심이 지나친 나머지 그 수치를 맞추기 위해 은밀히 식물을 버렸다는 이야기까지 지어냈다. 물론 이를 뒷받침하는 증거는 전혀 없다.) 멘델이 적은 원본 실험 일지는 사후에 불타버렸기 때문에, 우리는 그가 데이터를 실제로 조작했는지 여부를 알 수 없다. 하지만 솔직하게 말해서, 만약 멘델이 자료를 조작했다면, 그것이 오히려 더 놀라운 일일 수 있다. 그렇다면 멘델은 구체적인 증거를 손에도 넣기 전에 직관적으로 정답 — 유전학의 황금비인 3:1 — 을 알아냈다는 이야기가 되기 때문이다. 의도적으로 조작한 것처럼 보이는 데이터는 멘델이 계시를 통해 알게 된 진실을 다른 사람들의 눈에도 명백하게 보이도록 현실 세계의 실험에서 나타나는 변덕스러운 결과를 말쑥하게 정리한 것인지도 모른다.

어쨌든 당대에 멘델이 데이터를 조작했다고 의심한 사람은 아무도 없었는데, 그의 주장에 관심을 보인 사람이 아무도 없었던 것이 한 가지 이유였다. 멘델은 1865년에 한 회의에서 완두콩의 유전에 관한 논문을 낭독했는데, 한 역사학자는 "청중은 그의 논문을 마치 자신들이 알고 싶어하는 것보다 더 어려운 수학이 나오는 때와 같은 반응을 보였다. 토론도 질문도 전혀 없었다."라고 평했다. 거기서 더 애써봐야 알아줄 사람도 없어 보였지만, 멘델은 1866년에 다시 연구 결과를 발표했다. 이번에도 반응은 침묵뿐이었다.

멘델은 몇 년 더 연구를 계속했지만, 자신의 과학적 명성을 빛낼 기회는 1868년에 수도원장에 선출되면서 거의 영영 사라지고 말았다. 전에 조직을 이끌어본 경험이 전혀 없었던 멘델은 새로 배워야 할 것이 아주 많았고, 매일 수도원을 돌보느라 골치 아픈 일들을 처리하다 보니 원예에 몰두할 시간이 별로 없었다. 게다가 맛있는 음식과 담배처럼 높은 자리에서 누릴 수 있는 호사에 빠지면서(멘델은 담배를 하루에 20개비까지 피웠고, 몸이 아주 뚱뚱해져서 편안히 있을 때에도 맥박 수가 120까지 올라갔다) 점점 게을러져 정원과 온실에 대한 열정이 시들해졌다. 훗날 한 방문객은 멘델 수도원장이 자신을 데리고 정원 산책에 나선 적이 있었는데, 활짝 핀 배꽃을 가리키며 기뻐했다고 이야기했다. 하지만 정원에서 그가 했던 실험에 대해 묻자, 멘델은 부끄러운 기색을 보이며 금방 화제를 바꾸었다고 한다.(어떻게 키 큰 완두콩 식물만 키울 수 있었느냐는 질문을 받자, 멘델은 "그저 하찮은 비법에 불과해요. 하지만 그 이야기는 너무 길어서 여기서 다 설명할 수 없어요."라고 대답했다.)

멘델은 정치적 문제로, 특히 정교 분리 문제로 싸우느라 점점 많은 시간을 쏟아부었는데, 이 점도 과학 연구 활동을 위축시킨 한 가지 요인이었다.(비록 그의 과학 연구에서는 분명히 드러나지 않지만, 멘델은 냉정한 미셔와 달리 불같은 성격이었을 수 있다.) 멘델은 동료 가톨릭 수도원장들 중에서는 거의 유일하게 자유주의 정치를 지지했지만, 1874년에 오스트리아를 통치하던 자유주의자들은 멘델을 배신하고 수도원의 면세 지위를 폐지했다. 정부는 멘델의 수도원에 매년 추정 수입의 10%에 해당하는

7300굴덴을 납부하라고 요구했는데, 비록 멘델이 분노와 배신감을 느끼면서도 일부 금액을 납부하긴 했지만, 나머지 금액을 지불하길 거부했다. 그러자 정부는 수도원 소유의 농경지 재산을 몰수했다. 심지어 수도원 내부의 자산을 몰수하기 위해 관리까지 파견했다. 멘델은 수도사 복장을 완전히 갖춰 입은 채 정문 밖에서 관리와 정면으로 마주 노려보면서 자기 주머니에서 열쇠를 가져가보라고 으름장을 놓았다. 관리는 빈손으로 돌아갔다.

하지만 새로 제정된 법을 폐기시키려는 노력에서는 별다른 성과를 거두지 못했다. 멘델은 심지어 상실 소득에 대한 이자를 요구하고, 입법자들에게 교회 과세의 애매한 점들에 대해 긴 편지를 쓰면서 괴짜 같은 인물로 변해갔다. 한 법률가는 한숨을 쉬면서 멘델은 "자신이 오로지 적과 배신자와 음모자들로 둘러싸여 있다고 [생각하면서] 의심으로 가득 차 있다."라고 말했다. '멘델 사건'은 이전에 과학자로 일하던 수도원장의 이름(혹은 악명)을 빈에 널리 알렸다. 이 사건은 또한 수도원의 후임자가 멘델이 죽자마자 그와 연관된 논란을 끝내고 수도원의 체면을 세우기 위해 그의 논문과 문서를 모두 불태우는 결정을 내리는 데에도 영향을 미쳤다. 그와 함께 완두콩 실험을 기록한 공책들도 모두 재로 변하고 말았다.

멘델은 교회와 정부가 충돌한 사건이 일어나고 나서 얼마 지나지 않아 1884년에 세상을 떠났다. 간호사는 소파에 똑바로 앉은 자세로 뻣뻣하게 굳어 있는 멘델을 발견했는데, 심장과 신장은 이미 기능을 멈춘 뒤였다. 우리가 이 사실을 아는 이유는 멘델이 죽기 전에 산 채로 매장될까 두려워 그 예방책으로 부검을 요구했기 때문이다. 그런데 어떤 의미에서 멘델이 때 이른 매장을 두려워하는 반응을 보인 것은 사후에 닥칠 일을 제대로 내다보았다고 할 수 있다. 지금은 고전이 된 논문이지만 그가 죽고 나서 35년이 지날 때까지 그의 논문을 인용한 과학자는 겨우 11명에 불과했다. 인용한 사람들(대부분 농업과학자)도 그의 실험을 완두콩 교배에 대해 흥미로운 정보를 제공하는 것으로 받아들였을 뿐, 유전에 관한 보편 법칙으로 보지 않았다. 과학자들은 실제로 멘델의 이론을 너무 일찍 매장했던 것이다.

하지만 그후 생물학자들은 멘델의 이론을 뒷받침하는 사실들을 세포에서 계속 발견했다. 무엇보다 중요한 발견은 자식 대에서 형질들이 특별한 비율로 나타난다는 사실과, 염색체가 유전 정보를 멘델이 확인한 별개의 형질들처럼 별개의 덩어리 단위로 전달한다는 사실이었다. 결국 1900년 무렵에 각주를 샅샅이 뒤지던 세 생물학자가 각자 독자적으로 멘델의 완두콩 논문을 발견하고, 자신들보다 훨씬 앞서서 그 놀라운 발견을 한 사람이 있었다는 사실을 알고는 과학사에서 사라져간 수도사를 부활시켰다.

전해오는 말에 따르면, 멘델은 한 동료에게 "언젠가 내 시대가 올 것이다."라고 말했다고 한다. 그 예언은 실현되었다. 1900년 이후 '멘델의 유전 법칙'은 아주 빠르게 퍼져갔고, 많은 과학자들의 환호와 열광 때문에 생물학에서 최고의 이론으로 군림하던 다윈의 자연 선택설에 필적하는 이론으로 떠올랐다. 그런데 많은 유전학자는 다윈의 자연 선택설과 멘델의 유전 법칙이 양립할 수 없다고 생각했다. 심지어 어떤 사람들은 다윈이 역사에서 미셔가 뼈저리게 경험한 것과 같은 무명의 처지로 전락할지 모른다고 전망했다.

02
땅 속에 묻힐 뻔한 다윈의 이론

유전학자들은 왜 자연 선택설을 죽이려고 했을까?

그것은 노벨상 수상자에게는 정말로 어울리지 않는 일이었다. 1933년 후반, 토머스 헌트 모건Thomas Hunt Morgan은 과학자로서는 최고의 영예인 노벨상을 수상한 직후, 오랫동안 조수로 지낸 캘빈 브리지스Calvin Bridges에게서 급한 전갈을 받았다. 브리지스는 주체할 수 없는 욕정에 몸을 맡겼다가 곤경에 빠졌다. 이번에도 또!

몇 주일 전, 브리지스가 할렘에서 온 사기꾼 여성을 만난 곳은 크로스컨트리 열차였다. 그녀는 자신이 인도에서 온 공주일 뿐만 아니라 아버지가 엄청난 부자인 마하라자maharaja(인도 토후국의 왕)라고 소개했고, 브리지스는 그 말을 곧이곧대로 믿었다. 게다가 아버지는 마침(우연의 일치라고 하기에는 너무나도 묘하게) 브리지스의(그리고 모건의) 전문 분야인 초파리유전학연구소를 인도에 세웠다고 했다. 마침 그 연구소를 맡길 연구소장을 찾던 참이라면서 그녀는 브리지스에게 그 자리를 제의했다. 소문난 바람둥이였던 브리지스는 그렇지 않아도 어떻게든 그녀를 유혹하려 했는데 솔깃한 일자리 제의까지 겹치니, 그것은 절대로 뿌리칠 수 없는 유혹이었다. 그녀에게 홀딱 넘어간 브리지스는 동료들에게까지 인도의 일자리를 제의하기 시작했고, 공주와 함께 술을 마실 때마다 엄청난 비용이 청구된다는 사실에는 신경도 쓰지 않았다. 사실, 브리지스가 없는 곳에서 공주는 브리지스 부인 행세를 하면서 구입한 물건 비용을 모두 그에게 청구하게 했다. 마침내 브리지스가 진상을 알아채자, 그녀는 브리지스가 "비도덕적 목적으로 자신을 끌고 주 경계를 넘나들었다"며 고소하겠다고 협박해 돈을 더 뜯어내려고 했다. 어른처럼 행동했지만 생각은 아이와 비슷했던 브리지스는 공황 상태에 빠져 모건에게 구원을 청했다.

모건은 필시 신뢰하는 조수인 앨프레드 스터티번트Alfred Sturtevant와 상의했을 것이다. 브리지스와 마찬가지로 스터티번트 역시 모건과 함께 수십 년 동안 연구했고, 세 사람은 유전학사에서 가장 중요한 발견 몇 가지를 함께 해냈다. 스터티번트와 모건은 둘 다 개인적으로 브리지스의 바람둥이 기질과 무모한 연애 행각을 나무랐지만, 이런 사고가 터졌을 때에는 무엇보다도 동료애가 우선했다. 두 사람은 모건이 영향력을 행사해야 한다고 결정했다. 모건이 즉시 그 여성을 경찰에 고발하겠다고 위협하면서 계속 압박하자, 공주라고 자칭한 그 여성은 다음 번 열차를 타고 사라졌다. 그러고 나서 모건은 상황이 잠잠해질 때까지* 브리지스를 숨겼다.

몇 년 전에 모건은 브리지스를 잡역부로 고용하면서 장차 자신이 브리지스의 해결사 노릇을 하게 되리라고는 꿈에도 생각지 않았다. 하기야 모건은 자신의 생애에서 일어난 거의 모든 일을 제대로 예상한 경우가 드물었다. 그는 무명 과학자로 오랫동안 고생한 끝에 유전학계의 거인으로 우뚝 섰다. 만화에나 나올 법한 맨해튼의 비좁은 연구실에서 연구하던 처지에서 벗어나 캘리포니아 주의 널찍한 연구실을 책임지고 있었다. 오랜 세월 동안 자신의 '플라이 보이스 fly boys(원래는 하늘의 사나이, 곧 파일럿이란 뜻이지만, 여기서 fly는 fruit fly, 곧 초파리를 가리키며, 플라이 보이스는 모건 밑에서 초파리를 연구한 사람들을 가리킨다—옮긴이)'에게 관심과 애정을 듬뿍 쏟아부었지만, 지금은 전직 조수들로부터 자신이 다른 사람들의 개념을 훔쳐 사용했다는 비판을 잠재우느라 애를 먹고 있었다. 그리고 오랫동안 야심만만한 과학 이론들이 지나치게 확산되는 걸 막으려고 맹렬히 맞서싸웠지만, 이제는 전체 생물학에서 가장 야심만만한 두 이론에 항복하고, 오히려 두 이론이 널리 확산되도록 돕기까지 했다.

이 마지막 일에 대해 모건의 젊은 자아는 늙은 자아를 경멸했을 수도 있다. 모건은 과학사에서 아주 흥미로운 시기인 1900년 무렵에 과학자로서의 경력을 시작했다. 그 무렵은 멘델의 유전학과 다윈의 자연 선택설 사이에 불꽃 튀기는 내전이 벌어진 시기였다. 상황이 매우 험악하게 전개되자, 대다수 생물학자들은 둘 중 하나는 치명상을 입고 퇴장할 것이라고 생각했다. 이 전쟁에서 모건은 처음에는 어느 이론도 받아들이길 거부하면서 중립을 지키려고 애썼다. 그는 두 이론 모두 지나치게 추측에 의존한다고 느꼈는데, 추측이라면 거의 반사적으로 불신하는 버릇이 있었다. 자기 눈앞에서 이론을 뒷받침하는 증거를 보여주지 못하면, 그 이론은 과학계에서 추방해야 한다고 믿었다. 사실, 과학 발전을 위해서는 종종 뛰어난 이론가가 등장해 자신의 통찰을 아주 명쾌하게 설명하는 게 필요하지만, 모건의 기질은 그런 이론가와는 정반대였다. 그는 고집스러울 정도로 완고했고 추론 능력은 혼란스러운 것으로 악명이 높았다. 문자 그대로 눈에 보이는 증거만이 그를 만족시킬 수 있었다.

하지만 그는 바로 그러한 혼란스러운 추론 능력 덕분에 다윈주의

자와 멘델주의자가 서로를 경멸하며 공격하는 장미 전쟁의 와중에 앞으로 나아갈 길을 알려주는 완벽한 안내자 역할을 할 수 있었다. 모건은 처음에는 유전학과 자연 선택설을 모두 불신했지만, 초파리를 대상으로 끈질기게 실험한 끝에 각각의 반쪽 진실을 알아냈다. 그는(혹은 그와 재능 있는 조수들로 이루어진 팀이) 결국 유전학과 진화론을 함께 엮어 현대 생물학이라는 거대한 태피스트리를 만드는 데 성공했다.

다윈주의자와 멘델주의자의 장미 전쟁

오늘날 '다윈주의의 추락eclipse of Darwinism'이라 부르는 사건은 19세기 후반에 일어났는데, 그 사건은 상당히 합리적인 이유에서 시작되었다. 무엇보다도, 생물학자들은 다윈이 진화가 일어났다는 사실을 입증했다는 점은 인정했지만, 진화의 메커니즘으로 다윈이 내놓은 설명—자연 선택과 적자 생존—은 그가 주장한 변화를 일으키기에는 턱없이 부족하다고 비판했다.

비판자들은 특히 자연 선택은 단지 부적자를 제거하는 데 그친다는 주장을 지겹도록 반복하며 강조했다. 즉, 자연 선택은 새롭거나 이로운 형질이 어떻게 나타나는지 전혀 설명하지 못하는 것처럼 보였다. 어느 재치 있는 사람이 말했듯이, 자연 선택은 적자가 어떻게 살아남는지는 설명하지만, 그 적자가 어떻게 나타나는지는 설명하지 못했다. 다윈은 자연 선택이 개체들 사이의 미소한 차이를 바탕으로 아주 느리게 일어난다고 말함으로써 문제를 더 복잡하게 만들었다. 다른 생물학자들은 그렇게 미소한 변화가 장기적으로 실질적인 차이를 빚어낼 수 있다고 생각하지 않았다. 그들은 진화가 돌발적으로 그리고 급속하게 일어난다고 믿었다. 심지어 다윈의 불도그라는 별명을 얻은 토머스 헨리 헉슬리Thomas

Henry Huxley조차 종들이 때로는 돌발적으로 진화한다고 다윈을 설득하려고 노력하다가 "다윈의 심기를 불편하게" 했다고 회상했다.

1882년에 다윈이 죽고 나자, 자연 선택설에 반대하는 주장들이 더욱 힘을 얻었다. 통계학자들이 보여준 것처럼, 종이 지닌 형질은 대부분 종형 곡선(⌒)으로 나타났다. 예를 들면, 대부분의 사람은 키가 평균 근처에 모여 있고, 키가 크거나 작은 사람의 수는 양쪽 끝으로 갈수록 부드러운 곡선을 그리며 점점 줄어든다. 다른 동물의 경우에도 속도(혹은 힘이나 영리함) 같은 형질은 종형 곡선으로 나타난다. 즉, 대다수 동물이 평균 부근의 형질을 나타낸다. 물론 포식 동물의 공격이 일어날 때, 자연 선택은 느림보나 멍청한 개체를 솎아낸다. 하지만 많은 과학자는 진화가 일어나려면 평균이 이동해야 한다고 주장했다. 즉, 평균적인 동물이 더 빨라지거나 더 강해지거나 더 똑똑해져야 한다는 뜻이다. 그렇지 않다면, 그 종은 대체로 거의 같은 상태에 머물러 있을 것이다. 가장 느린 개체들을 솎아낸다고 해서 살아남은 개체들이 갑자기 더 빨라지는 것은 아니다. 그리고 살아남은 개체들은 계속해서 평범한 자식들을 낳을 것이다. 게다가 대부분의 과학자는 드물게 아주 빠른 개체가 나타난다 하더라도 더 느린 개체와 짝짓기를 한다면, 우수한 형질이 희석되어 평균적인 개체만 더 많이 생겨날 것이라고 생각했다. 이 논리에 따르면, 종들은 평균적인 형질의 틀에 갇혀 있으며, 자연 선택의 힘은 그 종을 개선하는 데 아무 도움이 되지 않는다. 그렇다면 원숭이가 사람이 되는 것처럼 진정한 의미의 진화는 돌발적으로 일어나야 한다.*

겉으로 드러난 통계적 문제 외에도 보이지 않는 다윈주의의 적이 있었는데, 그것은 바로 사람들의 반감이었다. 사람들은 자연 선택을 혐오했다. 자연 선택은 강자가 약자를 짓밟는 것을 정당화하고, 무자비한 죽음이 무엇보다 중요하다고 강조하는 것처럼 보였다. 극작가 조지 버나

드 쇼George Bernard Shaw 같은 지식인들은 다윈에게 배신감마저 느꼈다. 쇼는 처음에는 다윈이 종교적 도그마를 공격하는 것처럼 보였기 때문에 다윈을 존경했다. 하지만 자연 선택을 자세히 알수록 정나미가 떨어졌다. "완전한 의미를 이해하고 나면, 마음이 모래더미 속으로 가라앉는 걸 느끼게 된다. 거기에는 미와 지성을 섬뜩하고도 저주스럽게 실추시키는 끔찍한 숙명론이 자리잡고 있다." 그는 그런 규칙들이 지배하는 자연은 "시시한 것을 놓고 벌어지는 전 세계적인 투쟁"이 될 것이라고 말했다.

1900년에 세 과학자가 독자적으로 멘델을 재발견한 사건은 과학적 대안—그리고 노골적인 경쟁 이론—을 제시함으로써 반다윈주의자들의 기세를 올렸다. 멘델의 연구는 살해와 굶주림 대신에 성장과 세대를 강조했다. 게다가 멘델의 완두콩은 돌발적 변화의 징후를 보여주었다. 완두콩의 형질은 키가 크거나 작거나 또는 꼬투리가 노랗거나 초록색이거나 둘 중 하나였지 그 중간 형질은 나타나지 않았다. 이미 1902년에 영국 생물학자 윌리엄 베이트슨William Bateson은 한 의사가 최초의 인간 유전자(놀랍지만 그다지 큰 해는 없는 알캅톤뇨를 일으키는 유전자. 알캅톤뇨는 어린이의 오줌 색을 새카맣게 변화시킨다)를 확인하는 일을 도왔다. 베이트슨은 곧 멘델의 이론을 '유전학genetics'이라는 이름으로 불렀고, 유럽에서 멘델의 불도그가 되어 지칠 줄 모르고 멘델의 연구를 적극 옹호하고 나섰으며, 심지어 단지 멘델이 좋아했다는 이유로 체스와 시가를 즐겼다. 하지만 어떤 사람들은 다윈주의가 새 세기의 진보 정신과 어긋난다는 이유 때문에 베이트슨의 기묘한 열정을 지지했다. 이미 1904년에 독일 과학자 에베르하르트 데네르트Eberhard Dennert는 "우리는 임종을 맞이한 다윈주의의 병상에 서 있으며, 훌륭한 장례를 치르도록 환자의 친구들에게 약간의 돈을 보낼 준비가 돼 있다."라고 큰소리쳤다.(이것은 오늘날의 창조론자들에게 아주 잘 어울릴 법한 정서이다.) 물론 여전히 소수의 생물학자들은 데네르트와 베이트슨과 견해를 같이하는 전 세계 사람들에 맞서 다윈의 점진적 진화를 지지했으며, 아주 치열하게 맞서 싸웠다. 한 역사학자는 양 진영이 보여준 "경이로운 수준의 저열함"에 대해 언급했다. 하지만 완강한 소수의 힘으로는 다윈주의의 추락이 점점 심해지는 것을 막을 수 없었다.

그런데 멘델의 연구가 반다윈주의자들의 기세를 올리게 하긴 했지만, 그들을 하나로 단결시키진 못했다. 20세기 초에 과학자들은 유전자와 염색체에 대해 중요한 사실을 여러 가지 발견했는데, 이 사실들은 오늘날에도 유전학을 든든하게 떠받치고 있다. 그들은 모든 생물이 유전자를 갖고 있으며, 유전자는 변할(즉, 돌연변이가 일어날) 수 있고, 세포 속에 들어 있는 염색체는 모두 쌍을 이루고 있으며, 모든 생물은 부모에게서 정확하게 똑같은 수의 염색체를 물려받는다는 사실을 알아냈다. 하지만 이 발견들을 서로 결합해 전체적인 그림으로 만드는 방법은 전혀 알 수 없었다. 개개의 픽셀들은 있었지만, 아무도 그것들을 가지고 일관성 있는 전체 그림을 만들지 못했다. 대신에 '염색체설'이나 '돌연변이설', '유전자설' 같은 부분 이론들만 잔뜩 쏟아져나와 상황을 혼란스럽게 만들었다. 각각의 이론은 전체 유전 중에서 일부 측면만 설명했고, 오늘날의 관점에서 보면 혼란만 가중시키는 주장을 펼치기도 했다. 유전자가 염색체에 들어 있지 않다고 믿은 과학자가 있는가 하면, 어떤 과학자는 한 염색체에 유전자가 하나만 있다고 믿었으며, 어떤 과학자는 염색체는 유전에서 아무 역할도 하지 않는다고 믿었다. 현재의 관점에서 이렇게 말하는 것은 부당하겠지만, 어쨌든 이 이론들을 읽다 보면 실망을 금할 수 없다. 여러분은 〈휠 오브 포천 *Wheel of Fortune*〉에 나온 모자란 사람에게 그러는 것처럼 과학자들을 향해 "잘 생각해봐! 답은 바로 거기 있잖아!"라고 외치고 싶은 충동이 들 것이다. 하지만 각 진영은 경쟁자의 발견을 평가절하했고, 다윈주의에 맞서 싸우는 것과 마찬가지로 서로 간에도 치열하게 싸웠다.

돌연변이 초파리의 발견

이 혁명가들과 반혁명주의자들이 유럽에서 서로 치고받고 난타전을 벌이고 있을 때, 다윈주의와 유전학 사이의 전쟁을 마침내 끝낼 과학자는 세상에 알려지지 않은 채 미국에서 조용히 연구하고 있었다. 토머스 헌트 모건은 다윈주의자와 유전학자를 모두 불신했지만, 1900년에 네덜란드로 건너가 한 식물학자를 만난 뒤 유전에 관심을 가지게 되었다. 휘호 더프리스Hugo de Vries는 그 해에 멘델을 재발견한 세 과학자 중 한 명이었고, 유럽에서 그의 명성은 다윈에 필적했는데, 종의 기원에 관한 경쟁 이론을 내놓은 것이 한 가지 이유였다. 더프리스의 '돌연변이설'은 종은 살아가다가 드물지만 가끔 돌연변이기를 맞이하는데, 이때 부모는 현저히 다른 형질을 지닌 '돌연변이체' 자식을 낳는다고 주장했다. 더프리스는 암스테르담 근처의 버려진 감자밭에서 정상적인 달맞이꽃과 차이가 있는 달맞이꽃을 일부 발견하고서 돌연변이설을 만들었다. 일부 돌연변이 달맞이꽃은 잎이 더 부드럽거나 줄기가 더 길거나 더 큰 노란색 꽃이 피고 꽃잎 수도 더 많았다. 무엇보다도 돌연변이 달맞이꽃은 정상적인 달맞이꽃과 교배를 하지 않았다. 이것은 정상적인 달맞이꽃을 뛰어넘어 새로운 종이 된 것 같았다. 다윈은 도약 진화 개념을 받아들이지 않았는데, 만약 한 돌연변이체가 나타난다 하더라도 그것은 정상적인 개체와 짝짓기를 할 수밖에 없으므로, 유리한 형질이 희석되고 말 것이라고 생각했기 때문이다. 하지만 더프리스의 돌연변이기 개념은 그 문제를 단번에 해결했다. 돌연변이체가 동시에 많이 나타나면, 그들끼리 서로 짝짓기를 할 수 있기 때문이다.

돌연변이 달맞이꽃에 대한 연구 결과는 모건의 머릿속에 깊이 남았다. 더프리스가 어떻게 그리고 왜 돌연변이가 일어나는지 알아내지 못했다는 사실은 전혀 중요하지 않았다. 마침내 모건은 새로운 종이 나타난다는 사실을 단순히 추측하는 데 그치는 게 아니라, 뒷받침하는 증거를 본 것이다. 뉴욕의 컬럼비아 대학에서 교수가 된 뒤, 모건은 동물을 대상으로 돌연변이기를 연구해보기로 결정했다. 생쥐, 기니피그, 비둘기를 대상으로 실험을 시작했지만, 이들 동물의 번식 속도가 너무 느리자 동료의 제안을 받아들여 초파리를 실험 대상으로 선택했다.

그 당시의 많은 뉴요커와 마찬가지로 초파리도 미국에 입국한 지 얼마 안 된 동물이었다. 초파리는 1870년대에 최초의 바나나 작물과 함께 배를 타고 미국에 도착했다. 이 이국적인 노란색 과일은 개당 10센트에 팔렸고, 뉴욕의 경비원들은 바나나를 훔쳐가려는 도둑들을 막기 위해 바나나나무 위에서 보초를 섰다. 1907년 무렵에는 뉴욕에서 바나나와 초파리가 아주 흔해져 모건의 조수는 바나나를 잘라 창턱에 썩도록 놓아두기만 하면 실험에 필요한 초파리를 충분히 얻을 수 있었다.

초파리는 모건의 연구에 아주 완벽한 동물이었다. 번식 속도가 아주 빨랐고(12일 만에 한 세대가 바뀌었다), 땅콩보다 값싼 먹이로도 잘 살아갔다. 또한 밀실 공포증을 느끼게 하는 맨해튼 건물의 실내 환경도 잘 견뎌냈다. 모건의 실험실 — 컬럼비아 대학 셔머혼 홀 613호 '초파리실' — 은 4.8m×7m 크기였고, 책상 8개가 놓여 있었다. 하지만 1리터짜리 우유병 하나에 1000여 마리의 초파리가 행복하게 살아갔고, 실험실 선반들 위에는 곧 수십 개의 병들이 늘어섰다. 전하는 이야기에 따르면, 그 우유병들은 조수들이 학생 식당과 부근의 현관들에서 '빌려온' 것이었다고 한다.

컬럼비아 대학에 있던 어수선하고 지저분한 모건의 초파리실. 각각의 병 안에는 초파리 수백 마리가 썩어가는 바나나를 먹으면서 살아갔다. (사진 제공 : 미국철학회)

모건은 초파리실 중앙에 위치한 책상에 앉아 일했다. 바퀴벌레들이 서랍 사이로 기어다니며 썩은 과일을 씹었고, 방 안에는 윙윙거리는 불협화음이 울려퍼졌지만, 모건은 방 한가운데에서 의연하게 루페(보석상이나 시계 수리공이 쓰는 소형 확대경)로 병들을 들여다보며 더프리스의 돌연변이가 나타났는지 살폈다. 한 병에서 흥미로운 표본이 발견되지 않으면, 엄지로 초파리들을 짓눌러 죽이고 손에 묻은 창자를 아무 데나 쓱쓱 문지르곤 했는데, 가끔은 실험 일지 위에다 그러기도 했다. 위생적으로는 매우 좋지 않은 일이었는데, 모건이 짓눌러 죽여야 할 초파리가 너무나도 많았기 때문이다. 비록 초파리는 계속 세대를 이어가며 번식했지만, 모건은 돌연변이의 증거를 전혀 발견하지 못했다.

하지만 다른 쪽으로는 운이 따라주었다. 1909년 가을, 그는 안식년 휴가를 간 동료를 대신해 강의를 맡았는데, 그것은 컬럼비아 대학에서 그가 맡은 강의 중 유일한 입문 과정 강의였다. 그 학기에 모건은, 한 비평가의 표현을 빌리면, "그의 생애에서 가장 큰 발견"을 했다. 바로 똑똑한 조수 두 명을 발견한 것이다. 앨프레드 스터티번트는 컬럼비아 대학에서 라틴어와 그리스어를 가르치던 형을 통해 모건의 강의 이야기를 들었다. 스터티번트는 2학년에 불과했는데도 불구하고, 말과 털색의 유전에 관해 독자적인 연구 논문을 씀으로써 모건에게 깊은 인상을 주었다.(모건은 켄터키 주 출신이었고, 아버지와 삼촌은 남북전쟁 당시 북군 후방에서 모건 유격대를 이끌며 유명한 말 도둑으로 활약했다. 모건은 남부 연방에 가담해 싸웠던 조상의 과거를 경멸했지만, 말에 대해서는 잘 알았다.) 바로 그때부터 스터티번트는 모건의 총애를 받았고, 결국 모두가 탐내던 초파리실의 책상 하나를 차지하게 되었다. 스터티번트는 문학 작품을 폭넓게 읽고 아주 어려운 영국의 십자말풀이 퍼즐을 풀면서 교양 있는 분위기를 풍겼다. 하지만 지저분한 초파리실에서 지내던 그의 모습은 사뭇 달랐던

듯한데, 어떤 사람은 그의 책상 위에서 미라로 변한 생쥐를 발견한 적도 있다. 과학자로서 스터티번트에게는 한 가지 약점이 있었는데, 바로 적록 색맹이었다. 앨라배마 주에 머물 때 가족이 운영하던 과수원에서 말을 돌보는 일을 맡았던 이유도 수확기에 초록색 덤불 사이에서 빨간색 딸기를 잘 찾아내지 못했기 때문이다.

한편, 캘빈 브리지스는 스터티번트의 나쁜 시력과 답답함을 보완했다. 처음에 모건은 고아인 브리지스에게 단순히 동정심에서 더러운 우유병을 씻는 일자리를 주었다. 하지만 브리지스는 모건이 자신의 연구에 대해 이야기하는 것을 옆에서 귀담아들었다. 브리지스가 맨눈으로도 흥미로운 초파리를 잘 찾아내자(심지어 더러운 유리병 안에 있는 것도) 모건은 그를 연구원으로 고용했다. 그것은 브리지스가 사실상 평생 동안 유일하게 가졌던 일자리였다. 관능적 매력이 있는 데다가 머리를 둥글게 부풀린 미남인 브리지스는 자유 연애free love라는 말이 생기기도 전에 그것을 실천했다. 그는 결국 아내와 자식을 버리고, 정관절제술을 받았으며, 맨해튼에 새로 마련한 집에서 밀주를 만들기 시작했다. 그는 동료 아내까지 포함해 치마를 두른 여자라면 누구건 작업을 걸었다.(혹은 노골적으로 섹스를 하자고 들이댔다.) 그의 순진한 매력에 많은 여자가 넘어갔는데, 이 때문에 초파리실이 전설적인 명성을 세상에 떨친 뒤에도, 다른 대학들은 단순한 보조 연구원 자리에 브리지스를 고용함으로써 명성에 먹칠을 하는 위험을 감수하려 하지 않았다.

모건은 브리지스와 스터티번트를 만나 무척 기뻤을 것이다. 그 무렵, 실험은 사실상 좌초 상태에 있었기 때문이다. 자연적 돌연변이를 찾는 데 실패하자, 모건은 초파리를 높은 열이나 추위에 노출하기도 하고, 산이나 염, 염기를 비롯해 여러 가지 돌연변이 유발 물질을 생식기(찾기도 쉽지 않은)에 주입했다. 그래도 별다른 성과는 없었다. 거의 포기하기

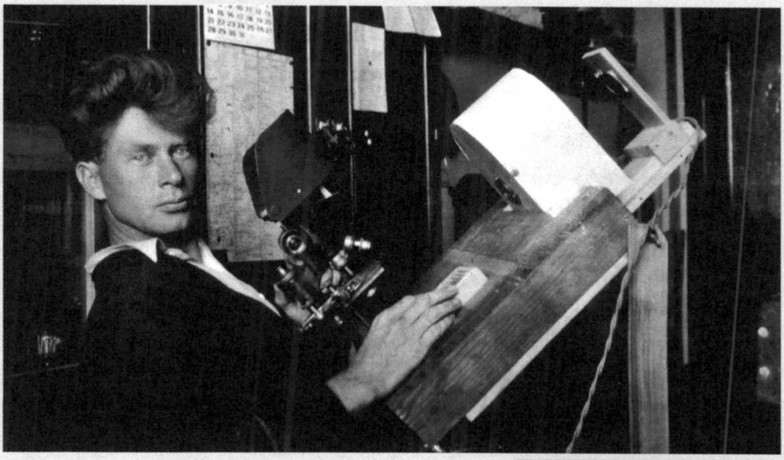

플레이보이 캘빈 브리지스(위)와 토머스 헌트 모건(아래)의 드문 사진. 모건은 사진을 찍는 것을 아주 싫어했기 때문에, 그의 사진을 몹시 찍고 싶어하던 한 조수가 초파리실의 한 책상에 사진기를 숨기고 멀리서 실을 잡아당김으로써 이 사진을 찍었다. (사진 제공 : 미국 국립의학도서관)

직전에 이른 1910년 1월에 모건은 마침내 가슴에 기묘한 삼지창 문양이 새겨진 초파리를 발견했다. 진정한 더프리스 돌연변이체라고 부를 만한 것은 아니었지만, 그래도 뭔가 의미 있는 발견이었다. 3월에 돌연변이를 두 마리 더 발견했는데, 하나는 날개 가까이에 점들이 들쑥날쑥 나 있어 '털이 무성한 겨드랑이'처럼 보였고, 또 하나는 몸 색깔이 정상적인 노란색이 아니라 올리브색이었다. 1910년 5월에는 그때까지 본 것 중 가장 극적인 돌연변이가 나타났는데, 눈 색깔이 빨간색이 아닌 흰색이었다.

돌파구가 열리길 기대하면서 — 어쩌면 지금이 돌연변이기인지도 몰랐다 — 모건은 흰 눈을 가진 초파리를 골라내는 지루한 작업을 끈기 있게 해나갔다. 유리병 뚜껑을 열고 그 위에 다른 병을 입구를 맞댄 채 올린 다음, 흰 눈을 가진 초파리를 위쪽으로 유인하기 위해 위쪽 병을 통해 빛을 비추었다. 물론 다른 초파리 수백 마리도 함께 위쪽 병으로 올라왔기 때문에, 모건은 재빨리 두 병의 뚜껑을 막고 새 우유병을 가져와 그 과정을 계속 반복하면서 매 단계마다 초파리 수를 줄여나갔다. 그 과정에서 흰 눈 초파리가 빠져나가지 않길 기도하면서. 그렇게 해서 마침내 흰 눈 초파리를 분리하는 데 성공하면, 이번에는 빨간 눈 암컷 초파리와 짝짓기를 시켰다. 그렇게 얻은 자손들을 다양한 방식으로 짝짓기를 시켰다. 그 결과들은 복잡했지만, 모건은 한 가지 결과에 특별히 흥분했다. 빨간 눈을 가진 초파리들을 서로 교배시킨 일부 결과에서 그 자식대에 빨간 눈과 흰 눈의 비율이 3:1로 나타난 것이다.

일 년 전인 1909년, 모건은 덴마크 식물학자 빌헬름 요한센 Wilhelm Johannsen이 컬럼비아 대학에서 멘델 비 Mendelian ratios를 주제로 펼친 강연을 들었다. 요한센은 이 기회를 이용해 자신이 유전의 기본 단위를 나타내기 위해 새로 만든 단어인 gene(유전자)을 널리 퍼뜨리려고 했다. 요한센과 여러 과학자는 유전자는 편리한 허구라고, 즉 언어학에서 어떤 것을 대신 나타내는 가주어 같은 것이라고 솔직하게 인정했다. 하지만 유전자에 관해 그 생물학적 세부 사실을 잘 모른다고 해서 유전자 개념이 유전 연구에 아무 쓸모가 없는 것은 아니라고 주장했다. 그것은 오늘날 심리학자들이 뇌에 대해 세부적인 것을 잘 모르더라도 이상 행복감이나 우울증을 연구할 수 있는 것과 비슷하다. 모건은 그 강연이 너무 이론적이라고 생각했지만, 자신이 얻은 실험 결과(3:1)를 보고는 멘델에 대한 편견이 크게 줄어들었다.

모건으로서는 입장을 180도 바꾼 것이었지만, 그것은 시작에 불과했다. 눈 색깔 비율을 직접 본 그는 유전자설이 터무니없는 이야기가 아님을 깨달았다. 하지만 실제로 유전자는 어디에 있을까? 염색체에 있을지도 모르지만, 초파리는 유전 가능한 형질이 수백 개나 되는데, 염색체는 단 4개밖에 없었다. 많은 과학자가 추측한 것처럼 염색체 하나에 유전자가 1개만 존재한다고 가정한다면, 초파리의 염색체는 턱없이 부족했다. 모건은 소위 염색체설을 둘러싼 논쟁 속으로 휘말려 들어가고 싶지 않았지만, 그후에 일어난 발견 때문에 선택의 여지가 없었다. 그는 흰 눈 초파리를 관찰하다가 모든 돌연변이체는 하나도 빠짐없이 수컷이라는 사실을 발견했다. 과학자들은 이미 한 염색체가 초파리의 성을 결정한다는 사실을 알고 있었다.(포유류와 마찬가지로 암컷 초파리의 성염색체는 X 염색체 2개로 이루어진 반면, 수컷은 X 염색체 1개와 Y 염색체 1개로 이루어져 있다.) 그렇다면 흰 눈 유전자도 바로 성염색체와 관련이 있는 게 분명했다. 즉, 성염색체에는 최소한 2개 이상의 유전자가 존재한다는 이야기였다. 곧 그의 조수들이 다른 유전자들 — 짤막한 날개와 노란색 몸 — 역시 수컷하고만 관련이 있다는 사실을 밝혀냈다. 그렇다면 결론은 뻔했다. 그들은 한 염색체 위에 복수의 유전자가 함께* 존재한다는 사실을 증명했다. 모건이 사실상 자신의 의지와는 반대로 이것을 증명했다는 사실은 조금도 중요하지 않았다. 이제 그는 염색체설을 적극적으로 지지하고 나섰다.

이것처럼 낡은 믿음을 무너뜨리는 행동은 모건에게 하나의 습관처럼 자리잡았는데, 그와 동시에 가장 존경스러우면서도 가장 사람들을 분노하게 만드는 특징이 되었다. 비록 모건은 초파리실에서 이론적 토론을 장려하긴 했지만, 새로운 이론을 값싸고 손쉬운 것으로 여겼다. 즉, 실험실에서 철저한 검증을 통해 입증되기 전까지는 아무 가치가 없다고 여겼다. 그는 어떤 것이 적절하고 적절하지 않은지 판단하기 위해, 그리고 얻은 결과로 적절한 틀을 만들어 혼란스러운 사고를 예방하기 위해 그 안내자 역할을 할 이론이 필요하다는 사실을 납득하지 못하는 것처럼 보였다. 브리지스와 스터티번트 같은 대학생조차 유전자와 유전을 놓고 벌인 수많은 논쟁을 통해 모건에게 심한 좌절을 느꼈다.(나중에 초파리실에 합류한 학생인 허먼 멀러Hermann Muller는 그 정도가 특히 심했다.) 그에 못지않게 사람들을 짜증나게 한 것은, 그러다가 누가 모건을 강하게 몰아붙여 그의 생각이 틀렸음을 명백하게 보여주면, 언제 그랬냐는 듯이 자신의 생각을 버리고 새로운 생각을 당연하게 받아들이는 태도였다.

표절에 가까운 이러한 행동은 모건에게는 대수로운 문제가 아니었다. 모두가 같은 목표를 향해 나아가고 있었고(그렇지 않은가, 제군들?), 어쨌든 중요한 것은 실험뿐이었으니까. 어쨌거나 이러한 표변된 태도는 모건이 조수들의 의견에 귀를 기울였다는 사실을 입증한다. 이것은 조수들과의 관계에서 생색내는 태도로 일관한 대다수 유럽 과학자와는 아주 대조적이었다. 이런 이유 때문에 브리지스와 스터티번트는 늘 모건에 대한 충성심을 천명했다. 하지만 방문객들은 가끔 조수들 사이에서 동료간 경쟁과 은밀하게 숨어 있는 불만을 느꼈다. 모건이 그런 것을 방조하거나 조종한 것은 아니었다. 다만, 이론이나 개념 자체는 아무 가치가 없다고 여겼을 뿐이었다.

그럼에도 불구하고, 모건은 그토록 싫어한 이론들에 끊임없이 맞닥뜨리며 시달렸다. 통합된 유전자-염색체설이 나온 지 얼마 지나지 않아 그것은 거의 와해되기 직전의 위기를 맞이했는데, 오직 극단적인 이론만이 그것을 구할 수 있을 것처럼 보였다. 그러자 모건은 다시 하나의 염색체에 복수의 유전자가 존재한다는 결론을 내렸다. 그리고 그는 다른 과학자들의 연구로부터 부모가 전체 염색체를 통째로 자식에게 물려준다는 사실을 알고 있었다. 따라서 한 염색체에 있는 모든 유전 형질은 함께 유전될 것이다. 즉, 이 형질들은 늘 함께 붙어다닐 것이다. 가상의 예를 들자면, 한 염색체에 있는 유전자들이 초록색 센털과 톱니 모양 날개, 굵은 더듬이 형질을 나타낼 경우, 이 중 한 가지 형질이 나타난 초파리는 나머지 두 가지 형질도 함께 나타날 것이다. 이러한 연관군(같은 염색체상에 존재하면서 함께 유전되는 형질의 유전자들)은 실제로 초파리에서 나타나지만, 실망스럽게도 모건 연구팀은 일부 연관 형질들이 가끔 분리된다는 사실을 발견했다. 즉, 초록색 센털과 톱니 모양 날개는 늘 함께 나타나야 하지만, 각각 따로 나타나는 경우가 가끔 있었다. 이렇게 연관이 깨어지는 경우는 흔하진 않았지만(연관 형질들이 분리되어 나타나는 경우는 전체 사례 중 2% 또는 4%였다), 지속적으로 나타났기 때문에 전체 이론의 기반을 와르르 무너뜨리기에 충분했다. 만약 모건이 보기 드물게 허황된 상상을 하지 않았더라면 필시 그랬을 것이다.

모건은 벨기에의 성직자이자 생물학자가 쓴 논문을 떠올렸다. 그 사람은 현미경으로 정자와 난자가 어떻게 생겨나는지 연구했다. 생물학에서 한 가지 핵심 사실은 모든 염색체가 쌍으로 존재한다는 것이다. 즉, 일란성 쌍둥이처럼 거의 동일한 2개의 염색체가 하나의 쌍을 이루고 있다.(사람은 46개의 염색체가 23개의 쌍을 이루고 있다.) 정자와 난자가 생길 때, 쌍둥이 같은 이 염색체 쌍들이 모두 모세포의 중앙에 늘어선다. 그리고 세포 분열이 일어나면 한 쌍둥이는 한쪽으로 끌려가고 다른 쌍둥이는 반대쪽으로 끌려가 별개의 세포 2개가 생겨난다.

하지만 성직자이자 생물학자인 그 사람은 세포 분열이 일어나기 직전에 쌍둥이 염색체들의 끝부분이 서로 꼬이는 일이 가끔 일어난다는 사실을 발견했다. 그 이유까지는 밝혀내지 못했다. 모건은 이러한 교차가 일어날 때 염색체 끝부분이 떨어져 나가 서로 자리를 바꾼다고 주장했다. 그러면 연관 형질들이 왜 가끔 분리되는지 설명할 수 있었다. 두 유전자 사이의 어느 지점에서 염색체가 끊어지면서 두 유전자가 분리되는 것이다. 게다가 모건은 분리가 일어나는 비율이 전체 사례 중 4%인 연관 형질들은 2%인 연관 형질들보다 염색체상에서 서로 더 멀리 떨어져 있을 것이라고 추측했다. 형질 간의 거리가 멀수록 그 사이에서 염색체가 끊어질 확률이 그만큼 더 높기 때문이다.

모건의 예리한 추측은 옳은 것으로 밝혀졌고, 그후 몇 년에 걸쳐 스터티번트와 브리지스가 거기에 나름의 통찰을 추가함으로써 그들은 새로운 유전 모형—모건의 연구팀 이름을 역사에 남게 한 그 모형—의 윤곽을 그릴 수 있었다. 이 모형에서는 모든 형질은 유전자에 의해 결정되고, 유전자는 염색체상의 고정된 위치에 존재하며, 목걸이에 꿰인 진주들처럼 늘어서 있다. 생물은 각 부모에게서 한 쌍의 염색체 중 한 염색체의 복제본을 물려받기 때문에 부모의 유전 형질이 자식에게 전달된다. 교차(그리고 돌연변이)는 염색체를 약간 변화시키는데, 이것은 각각의 생물을 독특한 존재로 만드는 데 도움을 준다. 그럼에도 불구하고 염색체(그리고 유전자)는 대체로 온전한 상태로 보존되는데, 혈통을 따라 특정 형질들이 유전되는 이유는 이 때문이다. 이로써 마침내 유전이 어떻게 일어나는지 제대로 설명하는 모형이 나왔다.

사실, 이 이론 중에서 모건의 실험실에서 독창적으로 나온 내용은 거의 없다. 전체 이론을 이루는 각 부분은 전 세계의 여러 생물학자들이 각자 따로 발견했다. 하지만 모건 연구팀은 모호하게 연결된 그 개념들을 최종적으로 연결해 완전한 그림으로 만들었고, 초파리는 아무도 무시할 수 없는 실험적 증거를 제공했다. 예를 들면, 모건이 선반에서 윙윙거리는 돌연변이 초파리 1만 마리를 만들어내고 그중에 암컷이 한 마리도 없음을 보여주자, 성염색체에 있는 유전자들 사이에 연관이 있다는 사실을 아무도 부정할 수 없었다.

유전학과 자연 선택설의 종합

물론 모건이 이 이론들을 하나로 통합하는 데 공을 세운 것은 사실이지만, 그것을 다윈의 자연 선택설과 조화시키려는 노력은 전혀 기울이지 않았다. 그러한 노력 역시 초파리실 내부의 연구에서 일어났지만, 이번에도 모건은 조수들의 아이디어를 '빌려' 사용했다. 조수들 중에는 모건의 그런 행동을 브리지스와 스터티번트처럼 순순히 받아들이지 않은 사람도 있었다.

허먼 멀러는 1910년에 가끔 초파리실 주위를 어슬렁거리기 시작했다. 나이 많은 어머니를 부양해야 했던 멀러는 호텔과 은행에서 잡역부로 일하고, 밤에는 이민자들에게 영어를 가르쳤으며, 다음 일을 하러 이동하는 도중에 지하철에서 샌드위치로 배를 채우며 힘겹게 살아갔다. 그래도 멀러는 짬을 내 그리니치빌리지에서 작가 시어도어 드라이저Theodore Dreiser와 친분을 쌓고, 사회주의 정치학에 몰입했으며, 석사 학위를 마치기 위해 300km를 왕복하며 코넬 대학을 다녔다. 하지만 멀러는 하루하루 살아가는 게 아무리 고단하더라도 일주일 중 일이 없는 목요

일은 꼭 시간을 내 모건과 그의 조수들을 찾아가 유전학에 대한 생각을 주고받았다. 뛰어난 지성을 가진 멀러는 이 자유 토론 시간에 두각을 나타냈고, 모건은 멀러가 1912년에 코넬 대학을 졸업하자 초파리실의 책상을 하나 내주었다. 문제는 모건이 멀러에게 급료를 지불하길 거부했다는 점인데, 그래서 멀러의 일상 스케줄은 조금도 나아진 게 없었다. 얼마 지나지 않아 멀러는 신경쇠약에 걸렸다.

그때부터 수십 년 동안 멀러는 초파리실에서 자신의 지위에 대해 심한 불평을 토해냈다. 그는 모건이 부르주아인 스터티번트를 공공연히 총애하고, 바나나를 준비하는 것과 같은 궂은일은 블루칼라이자 프롤레타리아인 브리지스에게 몰아준다고 불평했다. 또, 브리지스와 스터티번트는 멀러가 생각한 개념을 실험을 통해 연구하면서 급료를 받는 반면, 자신은 푼돈을 벌기 위해 다섯 자치구를 돌아다녀야 한다고 불평했다. 그리고 모건이 초파리실을 클럽하우스처럼 여겨 때로는 멀러의 친구들을 복도에서 일하게 했다고 불평했다. 무엇보다도, 모건이 자신의 기여를 전혀 알아주지 않는 것에 대한 불만이 컸다. 한 가지 이유는 멀러가 모건이 가장 중요하게 여기는 일 — 그(멀러)가 생각한 기발한 실험을 실제로 수행하는 것 — 을 하는 데 느렸기 때문이다. 사실, 멀러의 입장에서는 모건보다 더 나쁜 스승도 없었을 것이다. 사회주의자의 이념에도 불구하고 멀러는 자신의 지적 재산권을 중요하게 여겼는데, 초파리실의 자유롭고 공동체적인 성격은 자신의 재능을 착취하고 무시하는 것처럼 느껴졌다. 게다가 멀러는 순하고 착한 사람과는 거리가 멀었다. 그는 요령 없는 비판으로 모건과 브리지스와 스터티번트를 계속 공격했고, 순전히 논리적인 지적에도 개인적으로 감정이 상했다. 모건이 자연 선택에 의한 진화를 무심하게 일축한 태도에 특히 열을 받았는데, 멀러는 자연 선택설을 생물학의 기반이라고 생각했기 때문이다.

비록 이렇게 성격상의 충돌은 있었지만, 멀러는 초파리 연구팀을 더 위대한 연구를 향해 나아가게 하는 데 크게 기여했다. 사실, 모건은 1911년 이후에 막 떠오르던 유전 이론에 기여한 것이 거의 없지만, 멀러와 브리지스와 스터티번트는 기본적인 발견을 계속했다. 불행하게도 오늘날에 와서는 그때 누가 무엇을 발견했는지 정확히 가려내기가 어려운데, 서로 간에 아이디어가 왔다 갔다 했기 때문만은 아니었다. 모건과 멀러는 흔히 자신의 생각을 체계 없이 아무 데나 갈겨 쓰는 버릇이 있었고, 모건은 5년마다 한 번씩 파일 캐비닛을 정리하면서 문서들을 버렸는데, 아마도 실험실이 비좁아서 그랬을 것이다. 멀러는 문서를 보관했지만, 세월이 한참 지난 뒤에 멀러가 해외에서 일하는 동안 관계가 소원했던 동료가 멀러의 문서를 모두 폐기하고 말았다. 모건도 1938년에 자유연애를 추구하며 살던 브리지스가 심장병으로 죽자, 멘델의 동료 수도사들처럼 그가 남긴 문서를 모두 폐기해버렸다. 브리지스는 섹스를 한 경험을 꼼꼼히 기록했는데, 그와 함께 잔 사람들의 명단을 발견한 모건은 유전학계의 모든 사람을 보호하기 위해 문서를 모두 태워버리는 게 좋겠다고 판단했다.

하지만 역사학자들은 일부 업적은 누가 세운 것인지 알 수 있었다. 어떤 형질들이 집단으로 함께 유전되는지 알아내는 데에는 플라이 보이스 모두가 기여했다. 더 중요한 사실은, 초파리의 경우에는 서로 구별되는 집단이 4개(초파리가 가진 염색체 네 쌍과 동일하게) 존재한다는 사실을 발견한 것이다. 이 사실은 염색체설에 큰 힘을 실어주었는데, 모든 염색체에 복수의 유전자가 존재함을 보여주었기 때문이다.

스터티번트는 이러한 유전자와 염색체의 연관 개념을 만들었다. 모건은 분리가 일어나는 비율이 2%인 연관 유전자들은 4%인 연관 유전자들보다 염색체상에서 서로 더 가까이 있을 것이라고 추측했다. 어느 날 저녁, 스터티번트는 이것에 대해 생각하다가 그러한 비율을 이용해 유전자들 사이의 실제 거리를 알아낼 수 있다는 사실을 깨달았다. 구체적으로 설명하자면, 분리가 일어나는 비율이 전체의 2%인 유전자들 사이의 거리는 4%인 유전자들 사이의 거리보다 2배 가깝다. 나머지 연관 유전자들에도 같은 논리가 적용된다. 스터티번트는 그날 밤에 해야 할 대학 숙제를 내팽개치고 이 개념에 매달렸다. 그리고 동틀 무렵에 19세의 이 청년은 최초의 염색체 지도를 완성했다. 그것을 본 멀러는 "문자 그대로 흥분해서 팔짝팔짝 뛰었으며," 그러고 나서 그것을 더 개선하는 방법을 지적했다.

브리지스는 '비분리 염색체'를 발견했다. 교차가 일어나고 팔이 꼬인 뒤에도 염색체가 깨끗하게 분리되지 않는 경우가 가끔 있는데, 이럴 때 비분리 염색체가 생긴다.(그 결과로 유전 물질이 과다하게 존재하여 다운 증후군 같은 문제가 생길 수 있다.) 개별적인 발견 외에도 작업 환경을 개선하는 재주가 있던 브리지스는 초파리실에 산업화를 도입했다. 병을 일일이 뒤집으면서 초파리를 분리하는 지겨운 작업 대신에 초파리에게 극소량의 에테르를 분사해 기절시키는 분무기를 발명했다. 그리고 루페 대신에 쌍안 현미경을 사용했다. 또, 흰색 자기 접시와 끝이 가느다란 붓을 사람들에게 나눠줌으로써 초파리를 더 쉽게 관찰하고 조작할 수 있게 했으며, 썩어가는 바나나 대신에 영양분이 많은 당밀과 옥수수 가루 혼합물을 사용했고, 온도 조절 캐비닛을 만들어 날씨가 서늘해지면 활동이 위축되는 초파리가 여름과 겨울에도 번식할 수 있게 했다. 심지어 시체를 우아하게 처리하기 위해 초파리 시체 안치소까지 만들었다. 모건이 이러한 기여를 늘 존중한 것만은 아니었다. 그는 시체 안치소가 생긴 뒤에도 여전히 초파리가 어디에 앉기라도 하면 손가락으로 눌러 죽였다. 하지만 브리지스는 돌연변이가 아주 드물게 나타난다는 사실을 잘 알고 있었고, 그런 돌연변이가 나타나면 그의 생물학 공장은 각각의 돌연변이가 번성하여 수백만 마리의 후손을 낳도록* 도와주었다.

멀러는 통찰과 아이디어를 제공하면서 겉보기에 모순처럼 보이는 문제를 해결하고, 확고한 논리로 부실한 이론의 기초를 튼튼하게 다졌다. 그리고 혀에서 피가 날 때까지 모건과 설전을 벌이긴 했지만, 결국에는 유전자와 돌연변이와 자연 선택이 어떻게 서로 손을 잡고 작용하는지 깨닫도록 설득하는 데 성공했다. 멀러가 요약한 설명을 살펴보자. 유전자는 생물에게 형질을 부여하므로, 유전자에 돌연변이가 일어나면 형질이 변해 생물의 색과 키, 운동 속도 등의 속성이 변한다. 하지만 더프리스(유전에서 돌연변이체와 즉각적인 새로운 종을 만들어내는 요인으로 돌연변이를 가장 중요한 요소로 꼽은)의 주장과는 달리, 대부분의 돌연변이는 단순히 생물을 살짝 바꾸어놓는 데 그친다. 그러면 자연 선택이 작용해 그 중에서 적응 능력이 뛰어난 개체를 살아남게 하고 더 많이 번식하게 한다. 교차도 염색체들 사이에서 유전자를 뒤섞는 역할을 하여 새로운 유전자 조합을 만들어냄으로써 자연 선택이 작용할 수 있는 변이의 수를 늘린다.(교차는 아주 중요하기 때문에, 오늘날 일부 과학자는 염색체에 최소한의 횟수만큼 교차가 일어나기 전에는 정자와 난자가 생성되지 않는다고 생각한다.)

멀러는 유전자가 할 수 있는 일에 대한 과학자들의 개념을 확장하는 데에도 도움을 주었다. 멀러의 주장 중 가장 중요한 것은 무엇보다도 멘델이 연구한 것과 같은 종류의 형질—하나의 유전자가 제어하는 대립 형질—이 다가 아니라는 주장이었다. 중요한 형질 중에는 복수의(심지어는 수십 개의) 유전자가 제어하는 것이 많다. 따라서 이 형질들은 생물이 정확하게 어떤 유전자들을 물려받느냐에 따라 다양한 차이가 나타난다. 또한, 어떤 유전자는 다른 유전자의 음량을 높이거나 낮추고 크레센도와 데크레센도를 조절하는 역할을 함으로써 더 미세한 차이를 만들어낸다. 하지만 무엇보다 중요한 사실은 유전자는 개별적이고 입자처럼 행동하기 때문에, 세대가 바뀌어도 유리한 돌연변이 유전자가 희석되지 않는다는 점이다. 유전자는 전체적으로 온전한 상태를 유지하기 때문에, 훌륭한 유전자를 가진 개체가 열등한 유전자를 가진 개체와 짝짓기를 하더라도, 훌륭한 유전자를 온전히 전달할 수 있다.

멀러에게 다윈의 이론과 멘델의 이론은 서로 아름답게 보완하는 관계로 보였다. 멀러가 마침내 모건에게 이 점을 설득하는 데 성공하자, 모건은 다윈주의자가 되었다. 이 점에 대해서는 (모건의 전향이 또 한 번 일어났구나 하고) 그냥 웃어넘길 수 있으며, 훗날에 쓴 글에서 모건은 여전히 유전학을 자연 선택보다 더 중요하다고 강조했다. 하지만 모건의 공개 지지는 훨씬 큰 의미가 있었다. 그 당시 생물학은 과장된 이론들(다윈의 이론을 포함해)이 지배했는데, 모건은 항상 확실한 증거를 요구하면서 생물학의 기반을 단단히 다지는 데 일조했다. 그래서 다른 생물학자들은 만약 토머스 헌트 모건마저 설득한 이론이라면, 거기에는 그럴 만한 이유가 충분히 있을 것이라고 생각했다. 게다가 멀러조차도 모건의 개인적 영향력을 인정했다. 멀러는 "우리는 지칠 줄 모르는 활동과 신중함과 쾌활함과 용기를 통해 직접 본보기를 보여줌으로써 모든 사람을 감염시킨 모건의 지도적 개성을 잊지 말아야 한다."라고 말한 적이 있다. 결국 모건의 친밀한 태도는 멀러의 뛰어난 저격 활동으로는 할 수 없는 일을 해냈다. 유전학자들에게 다윈에 대해 가진 편견을 다시 생각하게 하고, 다윈과 멘델의 종합, 즉 자연 선택설과 유전학의 종합을 진지하게 고려하도록 설득하는 데 성공한 것이다.

1920년대에 많은 과학자는 실제로 모건 연구팀의 연구 방법을 받아들여 미천한 초파리를 전 세계의 실험실로 확산시켰다. 초파리는 곧 유전학에서 표준 동물이 되었고, 모든 곳의 과학자들이 서로의 발견을 동일한 조건에서 비교할 수 있게 되었다. 1930년대와 1940년대에는 수학으로 무장한 생물학자들이 그런 연구를 바탕으로 실험실 밖의 자연 개체군에서 돌연변이가 어떻게 확산되는지 조사하기 시작했다. 그들은 만약 어떤 유전자가 생물에게 아무리 사소한 것이라도 생존에 이득이 되고, 그 이득이 충분히 오랫동안 지속되면서 쌓인다면, 종을 새로운 방향으로 진화하게 할 수 있음을 보여주었다. 게다가 대부분의 변화는 다윈이 주장한 것처럼 아주 미소한 단계를 거치며 일어났다. 만약 플라이 보이스의 연구가 마침내 멘델과 다윈을 결합하는 방법을 보여주었다면, 이들 후대의 생물학자들은 그것을 유클리드의 증명만큼 엄밀하게 입증했다. 다윈은 수학이 자신에게 얼마나 '혐오스러운지', 그리고 단순한 측정 활동을 벗어나는 모든 일에 얼마나 고생을 했는지 불평을 털어놓은 적이 있다. 사실은, 수학은 다윈의 이론을 든든하게 받쳐주었고, 그의 명성이 다시는 추락하지 않도록 보장했다.* 그렇게 해서 20세기 초에 일어난 소위 다윈주의의 추락은 한동안 어둠과 혼란의 시기를 겪었지만, 그 시기는 금방 지나가고 광명이 찾아왔다.

초파리가 전 세계로 확산된 일은 과학적 이득 외에 또 하나의 유산을 낳았는데, 그것은 바로 모건의 '쾌활한 태도'가 직접적으로 퍼져나간 것이다. 유전학에서 대부분의 유전자 이름은 보기 흉한 약자를 사용해 짓는 게 보통인데, 그 이름은 전 세계에서 여섯 사람이나 알까 말까 할 정도로 괴물같이 기이한 단어가 될 때가 많다. 예를 들어 *alox12b* 유전자에 대해 이야기할 때 그 이름 철자(arachidonate 12-lipoxygenase, 12R type)를 제대로 말해봐야 아무 의미도 없을 때가 많다. 그래 봤자 의미가 명확해지기는커녕 오히려 혼란만 더해주기 때문이다 — 내 생각에는.(모든 독자의 편두통을 예방하기 위한 차원에서 지금부터 나는 유전자 별명만 표기하고, 그것이 아무것도 나타내지 않는다고 상상할 것이다.) 유전자 이름은 이처럼 무서울 정도로 복잡한 반면, 대조적으로 염색체 이름은 따분할 정도로 평범하다. 행성 이름은 신의 이름을 따서 붙였고, 화학 원소 이름은 신화와 영웅, 도시 이름을 따서 붙였지만, 염색체 이름에는 신발 치수 단위를 정한 것과 비슷한 정도의 창조성만 발휘되었다. 1번 염색체는 가장 긴 염색체이고, 2번 염색체는 두 번째로 긴 염색체이며, 3번 염색체는…… 계속 그런 식으로 이어진다. 사람의 21번 염색체는 실제로는 22번 염색체보다 짧지만, 과학자들이 이 사실을 알아낼 무렵에는 이미 21번 염색체가 유명해진 뒤였다(21번 염색체가 하나 더 있으면 다운증후군이 나타나기 때문에). 이렇게 따분한 이름이 붙어 있으니, 그것을 가지고 싸울 일도 없고, 이름을 굳이 바꿀 이유도 없었다.

하지만 초파리 과학자들(신이여, 그들에게 축복을 주소서!)만큼은 극히 예외에 속한다. 모건 연구팀은 돌연변이 유전자에 항상 그 특징을 적절하게 묘사한 기술적 이름을 붙였다. 예컨대 *speck*(반점), *beaded*(구슬 모양), *rudimentary*(흔적), *white*(흰), *abnormal*(비정상) 같은 이름을 붙였다. 이 전통은 오늘날까지 계속 이어지고 있는데, 대부분의 초파리 유전자 이름은 전문 용어를 피해 짓는 것이 보통이고, 심지어 기발한 발상에서 나온 이름도 있다. 초파리 유전자 이름의 다른 예를 들면 다음과 같은 것들이 있다: 그루초*groucho*, 스머프*smurf*, 친밀감에 대한 두려움*fear of intimacy*, 우주 미아*lost in space*, 후맹*smellblind*, 희미한 소시지*faint sausage*, 트리블*tribble*(〈스타 트렉〉에 나오는 퍼지볼), 티기윙클*tiggywinkle*(베아트릭스 포터*Beatrix Potter*의 작품에 등장하는 티기윙클 부인의 이름을 따서 붙임). 아르마딜로*armadillo* 유전자에 돌연변이가 일어나면, 장갑 같은 외골격으로 둘러싸인 초파리가 태어난다. 순무*turnip* 유전자는 초파리를 멍청하게 만든다. 튜더*tudor* 유전자는 수컷에게 자식을 낳지 못하게 만들 수 있다(헨리 8세처럼). 클레오파트라*cleopatra* 유전자는 독사*asp* 유전자와 함께 작용하면 초파리를 죽일 수 있다. 쉽게 취하는*cheap date* 유전자를 가진 초파리는 알코올에 특별히 약하다. 초파리의 성에 관련된 유전자에는 흥미로운 이름이 많이 붙어 있다. 켄과 바비*ken and barbie* 돌연변이 초파리는 생식기가 없다. 교미 중단*coitus interruptus* 유전자를 가진 수컷 돌연변이는 교미 지속 시간이 10분에 불과하다(보통은 20분). 한편, 포로 음경*stuck* 돌연변이 유전자를 가진 초파리는 교미를 한 뒤에 성기가 빠지지 않는다. 암컷의 경우 불만족*dissatisfaction* 유전자를 가진 돌연변이는 교미를 전혀 하지 않는다. 이 암컷은 날개를 퍼덕이며 구애하는 수컷을 내쫓느라 온힘을 쏟는다. 고맙게도 이러한 이름이 붙은 기이한 돌연변이들은 다른 유전학 분야에서도 가끔 재치 있게 이름을 짓는 데 영감을 주었다. 포유류에게 젖꼭지가 정상보다 더 많이 생기게 하는 유전자에는 스카라망가*scaramanga*라는 이름이 붙었는데, 007 영화에서 젖꼭지가 많이 달린 악당의 이름을 딴 것이다. 어류의 혈액에서 혈액세포를 제거하는 유전자에는 블라드 테페스*vlad tepes*라는 이름이 붙었는데, 드라큘라라는 별명으로 불린 말뚝 처형자 블라드 공작Vlad the Impaler(루마니아어로는 블라드 체페슈Vlad Ţepeş)의 이름을 딴 것이다. 생쥐의 'POK erythroid myeloid ontogenic' 유전자를 가리키는 '포케몬*pokemon*'이란 이름을 놓고는 소송이 벌어질 뻔했다. 포케몬 유전자(지금은 아쉽게도 *zbth7*이란 이름으로 부른다)는 암을 유발하는 것으로 알려졌는데, 이 때문에 포켓몬 게임을 출시한 일본 닌텐도 사의 법률 자문 위원들은 자신들의 귀여운 포켓몬이 종양으로 오인된다며 이의를 제기했다. 하지만 내가 가장 좋아하고 가장 별난 유전자 이름은 거짓쌀도둑거저리의 메데아*medea* 유전자인데, 이것은 고대 그리스 신화에서 자신의 아이를 죽이는 어머니로 나오는 메데이아Medeia(영어로는 메데아Medea)의 이름을 딴 것이다. 메데아 유전자는 기묘한 성질을 가진 단백질을 만들게 하는데, 이 단백질은 독인 동시에 그 해독제이기도 하다. 그래서 만약 어미가 이 유전자를 가지고 있으면서 뱃속의 자식에게 그것을 물려주지 않으면, 어미의 몸은 뱃속의 자식을 죽인다. 여기에 대해 어미가 할 수 있는 일은 아무것도 없다. 다행히 뱃속의 자식이 그 유전자를 물려받으면 해독제를 만들어 살아남을 수 있다.(메데아 유전자는 설사 해당 생물에게 해를 끼치는 한이 있더라도 자신의 확산을 최우선으로 생각하는 '이기적인 유전 요소'이다.) 이러한 섬뜩한 사실만 아무렇지 않게 여길 수 있다면, 메데아 유전자는 컬럼비아 대학의 초파리 전통에 어울리는 이름이다. 메데아 유전자를 대상으로 한 가장 중요한 임상 연구(아주 기발한 살충제 개발로 연결될 수 있었던)가 과학자들이 추가 연구를 위해 그것을 초파리에 도입한 후에 일어났다는 사실도 당연해 보인다.

하지만 이 귀여운 이름들이 나타나기 오래 전에, 그리고 초파리가 전 세계의 유전학 실험실들을 점령하기 전에 컬럼비아 대학의 원조 초파리 연구팀은 해체되고 말았다. 모건은 1928년에 칼텍으로 옮겨갈 때 브리지스와 스터티번트도 햇살이 눈부신 패서디나로 함께 데려갔다. 5년 뒤 모건은 유전학자로서는 최초로 노벨상을 수상했는데, 한 역사학자는 "자신이 반박하려고 나섰던 바로 그 유전학의 원리들을 확고부동하게 만든 공로로" 수상했다고 지적했다. 노벨상위원회는 공동 수상자를 최대 3명까지만 허용하는 자의적 규정 때문에, 브리지스와 스터티번트와 멀러까지 포함해 4명에게 공동 수상하는 대신에 모건 한 사람에게만 수상하기로 결정했다. 일부 역사학자는 스터티번트도 독자적으로 상을 받을 만큼 충분히 중요한 연구를 했다고 주장하지만, 모건에 대한 충성심과 자신의 아이디어에 대한 소유권을 강하게 주장하지 않은 태도 때문에 그 기회가 줄어들었다. 모건이 스터티번트와 브리지스에게 자녀들의 대학 학자금을 제공하는 방식으로 노벨상 상금을 나눠준 것은 이들의 공로를 암묵적으로 인정했기 때문일 것이다. 하지만 멀러에게는 한 푼도 나눠주지 않았다.

멀러는 그 무렵에 컬럼비아 대학을 떠나 텍사스 주로 갔다. 1915년에 라이스 대학(이 대학의 생물학과는 다윈의 불도그였던 토머스 헉슬리의 손자 줄리언 헉슬리Julain Huxley가 이끌고 있었다)에서 교수로 일하기 시작했고, 결국에는 텍사스 대학에 정착했다. 라이스 대학 교수 자리를 얻는 데 모건의 추천서가 도움을 주었지만, 멀러는 자신이 주도하는 텍사스 주 연구 집단과 모건의 뉴욕 주 연구 집단 사이의 경쟁을 공공연히 떠벌렸고, 자기 연구 집단이 중요한 진전을 이룰 때마다 '홈런'이라고 떠들어대면서 우쭐해했다. 생물학자 시오필러스 페인터Theophilus Painter는 최초의 염색체를 발견했는데(초파리의 침샘*에서), 그 염색체는 시각적으로 볼 수 있을 만큼 충분히 커서 과학자들이 유전자의 물리적 기초를 연구하는 데 돌파구를 열었다. 페인터의 발견도 중요한 것이긴 했지만, 멀러는 1927년에 초파리에게 방사선을 쬐면 돌연변이 발생 비율을 150배나 늘릴 수 있다는 사실을 발견함으로써 그랜드슬램을 달성했다. 이 발견은 단지 건강상의 의미만 있는 게 아니었다. 이제 과학자들은 가만히 앉아서 돌연변이가 일어나길 하염없이 기다리지 않아도 되었다. 원한다면 돌연변이를 얼마든지 대량 생산할 수 있었다. 이 발견으로 멀러는 마땅히 받아야 할(자신도 그럴 자격이 충분히 있다고 생각한) 명성을 얻었고, 과학계에서 위상도 높아졌다.

하지만 멀러는 불가피하게 페인터 및 그 밖의 동료들과 설전을 벌였고, 그것은 전면전으로 확대되었으며, 이런저런 이유로 멀러는 텍사스 주가 싫어졌다. 텍사스 주도 그에게 등을 돌렸다. 현지 신문들은 그를 정치적 위험 인물이라고 폭로했고, FBI의 전신에 해당하는 기관은 그를 감시했다. 결혼 생활이 무너진 것도 가십거리가 되었는데, 1932년 어느 날 저녁 아내는 멀러가 실종되었다고 신고했다. 나중에 동료들이 숲에서 온통 진흙투성이에 밤 사이에 내린 비에 홀딱 젖은 그를 발견했다. 자살하려고 삼킨 바르비투르염 때문에 정신이 혼미한 상태였다.

기력이 소진된 데다가 창피까지 당한 멀러는 텍사스 주를 떠나 유럽으로 갔다. 유럽에서는 포레스트 검프 비슷하게 전제주의 국가들을 돌아다녔다. 독일에서는 나치 깡패들이 그의 연구실을 파괴할 때까지 유전학을 연구했다. 그 다음에는 소련으로 가서 이오시프 스탈린Iosif Stalin에게 과학을 이용해 인류를 더 나은 종족으로 개선할 수 있다며 우생학에 대해 강의했다. 스탈린이 시큰둥한 반응을 보이자, 멀러는 서둘러 소련을 떠났다. '부르주아 반동 배신자'라는 딱지를 피하기 위해 에스파냐 내전에서는 공산주의자 편에 서서 혈액 은행에서 일했다. 하지만 그의 편은 패배하고, 에스파냐는 파시스트 수중에 들어갔다.

또 한 번 환상에서 깨어난 그는 1940년에 미국으로 되돌아와 인디애나 주에 자리를 잡았다. 우생학에 대한 관심이 점점 커졌는데, 그것은 그가 나중에 캘리포니아 주에서 일종의 '천재 정자 은행'인 종자선택보관소를 설립하는 일에 도움을 주었다. 그리고 1946년에 방사선이 유전자 돌연변이를 일으킨다는 사실을 발견한 공로로 노벨상을 단독 수상하는 최고의 영예를 얻었다. 노벨상위원회는 1933년에 멀러의 공로를 인정하지 않은 일에 대해 보상하고자 하는 마음도 분명히 있었을 것이다. 1945년에 히로시마와 나가사키에 원자폭탄이 투하된 사건(일본에 엄청난 양의 방사능을 뿜어낸)으로 그의 연구가 돋보인 탓도 있었을 것이다. 컬럼비아 대학에서 이뤄진 플라이 보이스의 연구가 유전자의 존재를 입증했다면, 이제 과학자들은 유전자가 어떻게 작용하고, 또 원자폭탄의 치명적인 방사선에 의해 유전자가 종종 제대로 작용하지 못하는 일이 어떻게 일어나는지 밝혀내야 했다.

03
DNA의 고장

자연은 DNA를 어떻게 읽을까(또는 잘못 읽을까)?

1945년 8월 6일, 20세기의 가장 불운한 사람 중 하나로 꼽히는 야마구치 쓰토무山口 彊에게도 그날 하루는 비교적 순조롭게 시작되었다. 야마구치는 히로시마의 미쓰비시 본사 근처에서 버스를 막 내리는 순간, 문서에 찍어야 할 인감 도장을 가져오지 않았다는 사실을 깨달았다. 작은 실수에 화가 났지만(하숙집으로 돌아가려면 차를 타고 한참 가야 했다), 그날은 무슨 일이 일어나더라도 기분이 나쁠 것 같지 않았다. 5000톤급 유조선 설계 업무를 마친 터라, 다음 날이면 마침내 파견 근무를 끝내고 아내와 어린 아들이 기다리는 일본 남서부의 집으로 돌아갈 테니까. 전쟁은 그의 일상 생활을 헝클어놓았지만, 내일이면 모든 것이 정상으로 돌아갈 것이다.

하숙집 현관에서 신발을 벗을 때, 늙은 하숙집 주인들이 나타나 차를 마시고 가라고 했다. 야마구치는 외롭게 살아가는 노인들의 청을 차마 거절하지 못했고, 예기치 못한 이 일 때문에 회사로 돌아가는 시간이 더 늦어졌다. 차를 다 마신 그는 인감 도장을 손에 쥔 채 신발을 다시 신고 서둘러 밖으로 나가 전차를 탔다. 회사 근처에서 전차를 내려 감자밭 옆으로 걸어가고 있을 때, 하늘 높이 적기가 날아오는 소리가 들렸다. 하늘을 올려다본 그는 폭격기 밑으로 점 같은 게 떨어지는 것을 보았다. 그때 시각은 오전 8시 15분이었다.

많은 생존자는 그 폭탄이 떨어지고 나서 폭발이 일어나기까지 기묘하게 침묵이 이어진 시간을 기억한다. 보통 폭탄은 떨어지자마자 섬광과 쾅 하는 소리와 함께 폭발이 일어나지만, 이 폭탄은 섬광이 일어나고 나서 조용히 부풀어 오르더니, 아무 소리 없이 주변의 온도가 점점 더 뜨거워졌다. 야마구치는 폭발 중심에서 아주 가까이 있었기 때문에 머뭇거리지 않고 행동을 취했다. 방공 대피 훈련을 충분히 받은 터라 재빨리 땅바닥에 엎드린 뒤, 손으로 눈을 가리고 엄지로 양쪽 귀를 막았다. 0.5초쯤 뒤 빛이 노도처럼 밀려왔고, 그것과 함께 충격파가 몰려왔다. 야마구치는 무슨 영문인지 강풍이 몸 아래로 지나가면서 배를 할퀴는 걸 느꼈다. 그러고는 몸이 공중으로 붕 떠오르더니 잠깐 하늘을 날다가 땅으로 다시 떨어지면서 의식을 잃었다.

몇 초 뒤인지 한 시간 뒤인지 알 수 없지만, 깨어보니 도시는 캄캄한 어둠 속에 잠겨 있었다. 버섯 구름은 수많은 먼지와 재를 하늘 높이 솟아오르게 했고, 근처 감자밭에서는 시든 감자 잎에 붙은 불들이 작은 고리 모양을 이루어 연기를 내뿜었다. 자신의 살갗도 불타는 것처럼 화끈거렸다. 아까 차를 마시고 나서 와이셔츠 소매를 걷어올렸는데, 그 때문에 노출된 팔이 심한 화상을 입었다. 그는 일어서서 비틀거리며 감자밭을 가로질러 걸어갔는데, 몇 미터 걸어가다 쉬었다 하길 반복했다. 화상을 입거나 피를 흘리거나 피부가 갈라져 속을 드러낸 희생자들이 곳곳에 널려 있었다. 이상하게도 꼭 그래야 할 것 같은 생각이 들어 보고를 하러 미쓰비시 본사로 갔다. 곳곳에 작은 화재가 난 가운데 돌무더기가 쌓여 있었고, 많은 직원들의 시체가 널려 있었다. 야마구치는 지각한 덕분에 목숨을 구했다. 이리저리 배회하는 가운데 몇 시간이 흘러갔다. 부서진 수도관에서 흘러나오는 물을 마시고, 응급 구호소에 들러 비스킷을 씹다가 토했다. 그날 밤에는 해변에 뒤집혀 있던 배 밑에서 잠을 잤다. 강렬한 백색 섬광에 완전히 노출되었던 왼쪽 팔은 검게 변했다.

심한 화상을 입은 그의 피부 밑에서는 DNA가 훨씬 심각한 부상을 치료하고 있었다. 히로시마에 떨어진 원자폭탄은 여러 방사선 중에서도 감마선을 엄청나게 많이 내뿜었다. 감마선은 대부분의 방사선과 마찬가지로 DNA에 치명적 손상을 입히는데, DNA와 그 부근의 물 분자를 강타해 그 전자들을 마치 어퍼컷을 맞은 마우스피스처럼 떨어져 나가게 만든다. 갑자기 전자를 잃은 원자나 분자는 반응성이 매우 높은 자유 라디칼(유리기라고도 함)이 되어 다른 분자의 화학 결합을 파괴한다. 그러면 연쇄 반응이 일어나면서 DNA를 절단하거나 때로는 염색체도 여러 조각으로 분해한다.

1940년대 중엽에 과학자들은 DNA가 분해하거나 파괴되면 왜 세포에 큰 혼란이 일어나는지 파악하기 시작했다. 첫째, 뉴욕에서 활동하던 과학자들은 유전자가 DNA로 이루어져 있음을 뒷받침하는 강력한 증거를 얻었다. 이것은 그때까지 명맥을 유지하던 단백질 유전설에 대한 믿음을 잠재웠다. 하지만 두 번째 연구가 밝혀냈듯이, DNA와 단백질은 여전히 특별한 관계를 공유하고 있었다. 즉, DNA는 단백질을 만드는데, 각각의 DNA 유전자에는 특정 단백질을 만드는 제조법이 저장돼 있다. 다시 말해서, 유전자가 하는 일은 바로 단백질을 만드는 것이었다. 이것은 곧 유전자가 몸에서 형질을 만들어내는 방법이기도 했다.

이 두 가지 개념은 방사능이 끼치는 해를 설명했다. DNA가 망가지면 유전자도 파괴된다. 유전자가 파괴되면 단백질 생산이 중단되고, 단백질 생산이 중단되면 세포가 죽는다. 과학자들이 이 사실을 즉각 알아냈던 것은 아니지만(핵심 개념인 '1유전자 1단백질설'을 담은 논문은 히로시마에 원자폭탄이 떨어지기 며칠 전에 발표되었다), 핵무기에 공포의 반응을 보일 만큼 충분히 많은 것을 알고 있었다. 허먼 멀러는 1946년에 노벨상을 수상했을 때, 〈뉴욕 타임스〉에서 이렇게 예언했다. 만약 원자폭탄에서 살아남은 사람들이 "1000년 뒤에 그 결과를 볼 수 있다면…… 차라리 원자폭탄에 죽은 사람을 더 운이 좋다고 여길지도 모른다."

멀러의 비관적 생각에도 불구하고, 야마구치는 가족을 위해 살아남길 원했다. 그것도 아주 간절히. 전쟁에 대한 그의 생각은 복잡했다. 처음에는 반대했지만, 일단 전쟁이 터진 후에는 전쟁을 지지했고, 일본이 무너지기 시작할 때에는 다시 반대 쪽으로 기울었다. 일본 열도가 적에게 짓밟히면 아내와 아들도 무사하지 못할 거라고 생각했기 때문이다.(만약 그런 일이 일어난다면, 아내와 아들이 궂은일을 당하지 않도록 수면제를 과다 투여할 가능성까지 생각했다.) 히로시마에서 끔찍한 시간을 겪은 뒤, 야마구치는 오로지 가족에게 돌아가고 싶은 마음뿐이었다. 그래서 히로시마를 떠나는 기차들이 있다는 소문을 듣고는, 있는 힘을 다 끌어모아 기차를 타기로 했다.

역까지 가려면 강을 건너야 했는데, 모든 다리가 무너지거나 불타 할 수 없이 마음을 단단히 먹고 강을 메우고 있는 '시체들의 다리'를 건너기 시작했다. 하지만 도중에 건널 수 없는 틈을 만나 되돌아서야 했다. 상류 쪽으로 더 올라가니 기차가 지나가는 철교가 나타났는데, 길이가 15m쯤 되는 강철 빔 하나는 멀쩡했다. 그는 그 위로 기어올라 강철 빔 위에서 줄타기를 하듯이 건넌 뒤에 땅으로 내려왔다. 역에서 인파를 헤치고 나아간 끝에 어떻게 하여 기차에 올라타 좌석을 하나 차지했다. 기적적으로 기차는 잠시 후 출발했다. 그는 살았다는 생각이 들었다. 기차는 밤새도록 달릴 테지만, 어쨌든 그는 마침내 집이 있는 나가사키로 가게 되었다.

DNA는 단백질을 어떻게 만드는가

물리학자는 히로시마에서 야마구치의 DNA에 영향을 미친 감마선은 1000조분의 1초 만에 그 작용을 멈추었을 것이라고 지적할지 모르겠다. 화학자에게 가장 흥미로운 부분인 자유 라디칼이 DNA를 파괴하는 과정은 1000분의 1초만 작용하고 멈췄을 것이다. 세포생물학자가 세포들이 손상된 DNA를 어떻게 수리하는지 관찰하고 조사하려면 몇 시간은 기다려야 했을 것이다. 의사가 두통, 구토, 내출혈, 피부 박리, 빈혈 등의 증상을 보고 방사선병 진단을 내리려면 일주일쯤 걸렸을 것이다. 유전학자는 가장 많은 인내심이 필요하다. 생존자의 유전자 손상은 몇 년 혹은 몇십 년 동안 겉으로 드러나지 않았기 때문이다. 이 기간에도 과학자들은 기묘한 우연의 일치를 통해 유전자가 정확하게 어떻게 기능을 발휘하거나 기능을 제대로 발휘하지 못하는지 여러 단서들을 꿰어맞춰 파악하기 시작했다. 그것은 마치 DNA 파괴가 일어나는 과정에 대해 장기간에 걸쳐 중계 방송을 하는 것과 비슷했다.

지금 와서 생각하면 아무리 결정적인 단서들이었다고 하더라도, 1940년대에 이루어진 DNA와 단백질에 대한 실험들을 보고 DNA가 유전의 매개 물질이라고 확신한 과학자는 극히 소수에 불과했다. 1952년에 바이러스학자 앨프레드 허시Alfred Hershey와 마사 체이스Martha Chase가 더 나은 증거를 내놓았다. 그들은 바이러스가 세포 속에 유전 물질을 집어넣음으로써 세포를 탈취한다는 사실을 알고 있었다. 그들이 연구한 바이러스는 오직 DNA와 단백질로만 이루어져 있었기 때문에, 유전자는 DNA이거나 단백질일 수밖에 없었다. 두 사람은 바이러스에 방사성 황과 방사성 인을 부착한 뒤에 세포에 침투시키는 방법으로 범인이 어느 쪽인지 알아냈다. 단백질에는 황이 들어 있지만 인은 없으므로, 만약 유전자가 단백질이라면 감염된 세포에 방사성 황이 존재해야 할 것이다. 허시와 체이스가 감염된 세포를 여과해 분석한 결과에서는 방사성 인만 검출되었다. 즉, DNA만 세포에 침투했던 것이다.

허시와 체이스는 연구 결과를 1952년 4월에 발표했는데, 그들은 다음과 같이 경고하면서 논문을 마무리지었다: "제시된 실험에서 추가로 어떤 화학적 추론을 끌어내서는 안 된다." 그러자 단백질 유전을 연구하던 전 세계의 모든 과학자가 하던 연구를 내팽개치고 DNA에 매달렸다. DNA의 구조를 이해하기 위한 치열한 경쟁이 시작되었는데, 불과 일 년 뒤인 1953년 4월, 영국 케임브리지 대학에서 연구하던 두 젊은이 프랜시스 크릭Francis Crick과 제임스 왓슨James Watson(전에 허먼 멀러 밑에서 배웠던)이 '이중 나선'을 전설적인 용어로 만들었다.

왓슨과 크릭의 이중 나선은 아주 기다란 두 가닥의 DNA가 우회전성 나선을 그리며 서로 감겨 있었다.(오른쪽 엄지를 천장으로 향해보라. DNA는 손가락을 따라 반시계 방향으로 빙빙 돌면서 위로 솟아 있다.) 각각의 DNA 가닥은 양쪽 가장자리가 두 개의 뼈대로 이루어져 있고, 그 사이를 십자말풀이 퍼즐처럼 딱 들어맞는 방식으로 쌍을 이룬 염기들(A는 T와 C는 G와 쌍을 이룸)이 가로지르고 있다. 왓슨과 크릭의 위대한 통찰은 이런 상보적인 A–T와 C–G 염기쌍 때문에 한 DNA 가닥이 다른 DNA 가닥을 복제하는 주형 역할을 한다는 사실을 알아낸 것이다. 만약 한쪽이 CCGAGT라면, 다른 쪽에서는 그것을 GGCTCA라고 읽는다. 이것은 아주 쉬운 체계이기 때문에, 세포는 DNA 염기를 1초에 수백 개나 복제할 수 있다.

하지만 비록 이중 나선이 대단한 성과로 과대 선전되긴 했지만, 정말로 중요한 핵심 사실, 즉 DNA 유전자가 실제로 단백질을 어떻게 만드는지에 대해서는 아무것도 말해주지 않았다. 그 과정을 이해하기 위해 과학자들은 DNA의 화학적 사촌인 RNA를 조사했다. RNA는 DNA와 비슷하긴 하지만, 두 가닥이 아니라 한 가닥으로 이루어져 있고, DNA 가닥 중에 포함된 T가 U(우라실)로 대체돼 있다. 생화학자들이 RNA에 주목한 이유는 세포가 단백질을 만들 때마다 그 농도가 흥미를 끌 만큼 증가했기 때문이다. 하지만 세포 주위에서 RNA를 추적할 때마다 RNA는 멸종 위기에 처한 새처럼 잘 잡히지 않았다. 사라지기 전에 아주 잠깐 동안만 볼 수 있을 뿐이었다. 여기서 정확하게 어떤 일이 일어나는지 — 즉, 세포가 DNA 문자열을 어떻게 RNA 지시로 바꾸고, RNA 지시를 어떻게 단백질로 만드는지 — 알아내기까지는 몇 년 동안 끈기 있는 실험이 필요했다.

세포는 먼저 DNA를 RNA로 '전사轉寫, transcribe'한다. 전사란, DNA의 정보가 RNA로 전달되는 과정을 말한다. 이 과정은 DNA 한 가닥이 주형 역할을 한다는 점에서 DNA를 복제하는 것과 비슷하다. 따라서 DNA 문자열 CCGAGT는 RNA에서는 GGCUCA(T는 U로 바뀐다)가 된다. 이렇게 만들어진 RNA 문자열은 세포핵의 경계를 벗어나 단백질을 만드는 세포 내 기관인 리보솜으로 간다. 이 RNA는 한 장소에서 다른 장소로 보내는 메시지를 담고 있기 때문에 전령 RNA(messenger RNA, mRNA)라 부른다.

RNA의 정보를 바탕으로 단백질이 합성되는 과정을 번역飜譯, translation이라 하는데, 이 단백질 합성은 리보솜에서 일어난다. 전령 RNA가 도착하면, 리보솜은 끝부분에서 그것을 붙잡아 문자열 중 단 3

개의 문자(이를 트리플렛triplet이라 부르는데, 3개의 염기가 한 조를 이룬 것을 말한다)만 노출시킨다. 위에 든 예에서는 GGC가 노출된다. 이 시점에서 두 번째 종류의 RNA인 운반 RNA(transfer RNA, tRNA)가 접근한다. 각각의 운반 RNA는 두 핵심 부분으로 이루어져 있는데, 뒤로 길게 꼬리를 끌고 있는 아미노산(운반해야 할 화물)과 뱃머리 앞으로 마치 돛대 꼭대기처럼 삐죽 튀어나온 RNA 트리플렛이 그것이다. 다양한 운반 RNA가 전령 RNA의 노출된 트리플렛과 도킹하려고 시도하지만, 오직 상보적 염기를 가진 운반 RNA만이 들러붙을 수 있다. 그렇게 들러붙으면, 리보솜이 그 아미노산 화물을 운반 RNA에서 내린다.

그러면 운반 RNA는 떠나고, 전령 RNA는 세 염기가 노출된 장소가 바뀌고 앞의 과정이 다시 반복된다. 이번에는 다른 트리플렛이 노출되므로, 다른 아미노산을 가진 다른 운반 RNA가 도킹한다. 그러면 두 번째 아미노산이 제자리에 가 들러붙는다. 이 과정이 많이 반복되고 나면, 마침내 아미노산들의 결합으로 이루어진 단백질이 생긴다. 각각의 RNA 트리플렛은 오직 하나의 아미노산만 첨가하는 결과를 낳기 때문에, DNA에서 RNA로, 그리고 RNA에서 단백질로 정보가 완벽하게 번역되어야 한다. 지구에 살고 있는 모든 생물의 체내에서 이와 똑같은 과정이 일어나고 있다. 기니피그나 개구리, 튤립, 점균류, 효모, 국회의원을 비롯해 어떤 생물이든 똑같은 DNA를 주입하면, 동일한 아미노산 사슬을 얻는다. 이를 감안하면 1958년에 크릭이 DNA → RNA → 단백질 과정을 분자생물학의 '중심 원리Central Dogma'*로 격상시킨 것도 놀라운 일이 아니다.

하지만 크릭의 중심 원리는 단백질 합성에 관한 모든 것을 설명하지는 못한다. 한 예를 들면, DNA 문자 4개로 만들 수 있는 트리플렛은 모두 64가지나 된다(4×4×4=64). 하지만 이 모든 트리플렛은 우리 몸속에서 단 20가지의 아미노산만 만든다. 왜 그럴까?

물리학자 조지 가모프George Gamow는 1954년에 RNA 타이 클럽(RNA Tie Club)을 만들었는데, 이 문제를 해결하는 답을 찾기 위한 것이 클럽을 만든 일부 이유였다. 물리학자가 생물학을 기웃거리는 것은 이상하게 보일지 모르지만(낮에 가모프는 방사능과 빅뱅 이론을 연구했다), 리처드 파인먼Richard Feynman을 비롯해 다른 분야를 기웃거리길 좋아한 다른 물리학자들도 이 클럽에 가입했다. RNA는 지적 도전 과제로 흥미로웠을 뿐만 아니라, 많은 물리학자는 자신이 핵폭탄을 만드는 데 일조했다는 사실에 큰 충격을 받은 뒤였다. 물리학은 생명을 파괴하는 반면, 생물학은 생명을 회복시키는 것처럼 보였다. RNA 타이 클럽 회원 명단에 오른 물리학자와 생물학자는 모두 24명이었다. 20종의 아미노산 하나당 한 명씩, 그리고 네 종류의 DNA 염기 하나당 명예 회원 한 명씩 배정했다. 왓슨과 크릭도 가입했고(왓슨은 공식적인 클럽 '낙관론자'로, 크릭은 '비관론자'로), 각 회원은 RNA 가닥이 금빛 실크로 수놓인 4달러짜리 초록색 모직 타이를 착용했는데, 로스앤젤레스의 한 남성 의류 전문점에 주문 제작한 것이었다. 클럽의 편지지에는 "Do or die, or don't try(죽기 살기로 하거나, 아니면 아예 하지 마라)."라고 적혀 있었다.

집단 지성이 지닌 중량감에도 불구하고, 어떤 면에서 이 클럽은 역사적으로 우스꽝스러운 존재가 되고 말았다. 물리학자들은 종종 특별히 복잡한 문제에 매력을 느끼지만, 물리학 분야에 종사하던 일부 클럽 회원들(물리학 박사 출신인 크릭을 포함해)은 DNA → RNA → 단백질 과정이 얼마나 단순한지 다른 사람이 알아내기 전에 먼저 알아내려고 DNA와 RNA에 대한 연구로 뛰어들었다. 이들은 특히 DNA가 정보를 저장하는 방법을 집중적으로 파고들었으며, 이유야 무엇이건 처음부터 DNA가 복잡한 암호(생물학적 암호)에 지시를 숨기고 있음이 틀림없다고 결론

RNA 가닥이 금빛 실크로 수놓인 초록색 모직 타이를 착용한 **RNA** 타이 클럽 회원들. 왼쪽부터 프랜시스 크릭, 알렉산더 리치Alexander Rich, 레슬리 오겔Leslie E. Orgel, 제임스 왓슨이다. (사진 제공 : 알렉산더 리치)

내렸다. 암호 메시지만큼 소년들의 클럽을 흥분시키는 것도 없는데, 가모프와 크릭과 그 밖의 사람들은 크래커 잭 암호 해독 반지를 손에 넣은 십대 소년들처럼 암호를 해독하는 데 뛰어들었다. 그들은 책상 앞에 앉아 종이와 연필을 가지고 끼적거렸는데, 그런 실험에서 그들의 상상력은 아무 제약을 받지 않았으며, 그 종이들은 한 장 한 장 쌓여갔다. 그들은 퍼즐 제작자로 유명한 미국의 윌 쇼츠Will Shortz를 미소짓게 만들 만큼 충분히 영리한 해법들—'다이아몬드 코드', '삼각형 코드', '콤마 코드'를 비롯해 그 밖의 많은 방법들—을 생각해냈다. 그것들은 앞뒤로 뒤집을 수 있는 메시지로 만든 암호, 오류 수정 메커니즘이 내장된 암호, 트리플렛을 겹쳐 사용함으로써 저장 밀도를 최대화하는 암호 등으로, NSA(국가안보국)에서도 써먹을 만한 것들이었다. RNA 연구자들은 특히 동일한 애너그램을 사용한 암호(즉, CAG = ACG = GCA 등으로)를 좋아했다. 이 방법이 인기가 있었던 이유는 조합론적 중복을 모두 제거하고 나면 독립적인 트리플렛의 수가 정확하게 20개로 나오기 때문이었다. 다시 말해서, 그들은 20과 64 사이의 연관 관계(자연에 아미노산이 20가지만 존재하는 이유)를 밝혀낸 것처럼 보였다.

사실, 이것은 수비학數秘學에 너무 치중한 생각이었다. 엄밀한 생화학적 사실들은 곧 거품처럼 부풀어 오른 암호 해독가들의 기대를 꺼지게 했고, DNA가 암호화하는 아미노산의 종류가 19가지도 21가지도 아니고 20가지인 데에는 심오한 이유가 없음을 입증했다. 또 일부 사람들의 기대와 달리, 특정 트리플렛이 특정 아미노산을 만드는 것에도 특별히 심오한 이유가 없었다. 전체 체계는 순전히 우연이 빚어낸 결과에 지나지 않는데, 그것은 수십억 년 전에 세포 속에 자리를 잡은 뒤에 지금은 너무나도 단단하게 뿌리를 내려 교체할 수 없게 되었다. 비유하자면 생물학의 QWERTY 자판이라 할 수 있다. 게다가 RNA는 복잡한 애너그램이나 오류 수정 알고리듬 같은 것을 전혀 포함하고 있지 않으며, 저장 공간을 최대화하려고 노력하지도 않는다. 우리의 암호는 실제로는 낭비적인 중복이 차고 넘친다. 두 가지 혹은 네 가지, 심지어 여섯 가지 RNA 트리플렛이 동일한 아미노산을 나타낼 수 있다.* 훗날 일부 생물 암호학자는 자연의 암호를 타이 클럽의 암호 중 가장 나은 것과 비교하고는 분노를 느꼈다고 털어놓았다. 진화는 그 정도로 똑똑한 것 같지 않았다.

하지만 실망은 금방 수그러들었다. DNA/RNA 암호를 풀어내자 마침내 과학자들은 각자 별개로 분리돼 있던 유전학의 두 영역—유전자를 정보로 다루는 영역과 유전자를 화학 물질로 다루는 영역—을 통합하고, 미셔와 멘델을 합쳐서 조화시키는 데 처음으로 성공했다. 그리고 우리의 DNA 암호가 클루지kludge(비효율적이고 부조화한 구성 요소로 이루어졌지만, 특정 문제를 해결하는 능력이 있는 소프트웨어나 하드웨어 배열)라는 사실은 어떤 면에서 좋은 점이 있는 것으로 드러났다. 복잡한 암호는 훌륭한 장점이지만, 암호가 복잡할수록 실패하거나 제대로 작동하지 못할 가능성이 높다. 그리고 아무리 조악하더라도 우리의 암호는 한 가지 일을 아주 잘 해낸다. 즉, 돌연변이의 해를 최소화함으로써 생물이 탈없이 살아가도록 유지한다. 1945년 8월에 야마구치와 많은 사람들은 바로 그런 능력에 운명을 맡길 수밖에 없었다.

두 번의 피폭에도 살아남은 사나이

야마구치는 가끔 졸도를 하면서 아픈 몸을 이끌고 마침내 8월 8일 이른 시간에 나가사키에 도착하여 비틀거리는 걸음으로 집으로 향했다.(가족은 그가 실종된 걸로 알고 있었다. 야마구치는 자신이 귀신이 아님을 증명하기 위해 아내에게 발을 보여주었다. 전통적으로 일본 사람들은 귀신은 발이 없다고 믿었기 때문이다.) 야마구치는 그날 의식을 찾았다 잃었다 하길 반복하면서 하루 종일 누워 지냈지만, 다음 날 나가사키에 있는 미쓰비시 회사에 나와 보고를 하라는 명령을 따랐다.

회사에 도착한 시각은 오전 11시 직전이었다. 야마구치는 팔과 얼굴에 붕대를 감은 채 직장 동료들에게 원자폭탄의 위력을 설명하려고 애썼다. 하지만 상사는 의심을 품고 그의 이야기를 소설로 치부하면서 말을 끊었다.

"자넨 공학자야. 계산을 해보게. 어떻게 폭탄 하나가 도시 전체를 파괴할 수 있단 말인가?"

이것은 그가 남긴 마지막 말이 되었다. 그 순간, 방 안이 백색광으로 가득 찼다. 뜨거운 열기가 야마구치의 피부를 가시처럼 찌르더니 그의 몸은 붕 날아가 사무실 바닥에 떨어졌다.

그는 훗날 이렇게 회상했다.

"버섯구름이 히로시마에서 그곳까지 나를 쫓아온 것이 아닌가 하는 생각이 들었어요."

히로시마에서는 약 8만 명이 사망했고, 나가사키에서는 약 7만 명이 사망했다. 살아남은 수십만 명 가운데 원자폭탄이 떨어지던 두 날에 재수 없게 두 도시에 모두 있었던 사람은 약 150명이었으며, 방사능이 아주 강했던 반경 2.4km 이내의 폭발 지역에 머물렀던 사람은 손가락을 꼽을 정도였다는 증거가 있다. 이들 이중 피폭 생존자 중 일부 사람들의 이야기는 목석도 울릴 만큼 구슬프다.(한 사람은 히로시마에서 잔해를 헤치고 무너진 집으로 들어가 새카맣게 탄 뼈로 변한 아내를 긁어모아 대야에 담은 뒤, 친정 부모에게 전해주기 위해 나가사키로 출발했다. 나가사키에서 대야를 들고 처가를 향해 터덜터덜 걸어가고 있을 때, 아침 공기가 또다시 갑자기 고요해

지더니 하늘이 하얗게 변했다.) 하지만 보고된 모든 이중 피폭자 가운데 일본 정부가 공식적으로 인정한 사람은 야마구치 쓰토무 한 사람뿐이다.

나가사키에 원자폭탄이 투하된 직후 야마구치는 충격에서 벗어나지 못한 상사와 동료들을 내버려두고 근처 언덕에 있던 망루로 올라갔다. 음산한 먹구름 아래로 자신의 집을 포함해 고향 전체가 연기를 내뿜으며 타고 있었고, 도시 중심부에는 거대한 폭발 구멍이 뻥 뚫려 있었다. 타르처럼 걸쭉한 방사능 비가 떨어지기 시작하자, 최악의 사태에 대한 불안감이 확 들어 서둘러 언덕을 내려갔다. 하지만 아내 히사코와 어린 아들 가츠토시는 방공호로 대피해 무사했다.

가족을 무사히 만난 기쁨도 잠시, 야마구치는 건강 상태가 전보다 더 나빠졌다. 일주일 동안 그는 방공호에서 욥과 같은 고난을 겪으며 꼼짝도 않고 누워 지냈다. 머리카락이 빠졌고, 곳곳에서 부스럼이 터졌으며, 계속 토했다. 얼굴은 퉁퉁 부어올랐고, 한쪽 귀는 청력을 잃었다. 또 다시 화상을 입은 피부가 벗겨져 나갔고, 그 밑에 "고래 고기처럼" 시뻘건 살이 드러나면서 심한 통증을 유발했다. 야마구치를 비롯해 많은 피폭자가 몇 달 동안 이렇게 심한 고통을 겪었지만, 유전학자들은 돌연변이들이 서서히 표면으로 나타나면서 겪게 될 장기적 고통 역시 그에 못지않게 견디기 어려운 것이 되지 않을까 우려했다.

그 무렵, 과학자들은 돌연변이에 대해 안 지 50년이 지났지만, 타이 클럽과 그 밖의 과학자들이 알아낸 DNA → RNA → 단백질 과정에 대한 연구만이 돌연변이가 정확하게 어떻게 일어나는지 알려주었다. 대부분의 돌연변이는 철자 오류를 포함한다. 즉, DNA 복제 과정에서 문자가 엉뚱한 문자로 바뀌는 일이 일어난다. 예를 들어 CAG가 CCG로 변하는 일이 일어난다. '침묵' 돌연변이에서는 DNA 암호의 중복 때문에 아무 피해가 발생하지 않는다. 돌연변이 이전의 트리플렛과 이후의 트리플렛이 모두 동일한 아미노산 합성을 지시하기 때문에, 순 효과는 grey를 gray로 잘못 타자한 것과 비슷하다(둘 다 회색을 뜻하는 단어이므로). 하지만 만약 CAG와 CCG가 각각 다른 아미노산을 만들라는 지시에 해당한다면(즉, 미스센스 돌연변이missense mutation가 일어난다면), 그 실수는 단백질의 형태를 변화시켜 제 기능을 하지 못하게 할 수 있다.

더 심각한 것은 '난센스 돌연변이nonsense mutation'이다. 단백질을 만들 때, 세포는 그 과정을 멈추게 하는 세 가지 '중단' 트리플렛 중 하나(예컨대 UGA)를 만나기 전까지 계속해서 RNA를 아미노산으로 번역한다. 난센스 돌연변이는 우연히 정상적인 트리플렛을 이러한 중단 신호 중 하나로 변화시키며, 이것은 단백질을 너무 일찍 잘라 그 형태를 망가뜨린다.(돌연변이는 또한 중단 신호를 무효화시켜 해당 단백질을 무한정 만들게 할 수도 있다.) 돌연변이계의 블랙맘바(치명적인 독이 있고 공격성이 아주 강한 독사—옮긴이)라 할 수 있는 '틀 이동 돌연변이frameshift mutation'는 철자 오류가 일어나는 대신에 한 염기가 사라지거나 여분의 염기가 끼어드는 일이 일어난다. 세포는 RNA를 철자 3개로 이루어진 집단들이 연이어 늘어선 것으로 읽기 때문에, 염기 하나가 끼어들거나 사라지면 해당 트리플렛만 엉망이 되는 것이 아니라, 같은 줄에 늘어선 모든 트리플렛이 엉망이 되고 말아 연쇄 파탄이 일어난다.

세포는 대개 단순한 철자 오류는 즉각 바로잡지만, 뭔가 잘못되면 그 실수가 DNA에 영구적으로 남을 수 있다. 오늘날 살아 있는 사람들은 모두 사실상 부모에게 없던 돌연변이를 수십 개 갖고 태어난다. 만약 우리가 모든 유전자를 한 쌍(양쪽 부모에게서 각각 하나씩 물려받은)씩 갖고 있지 않다면, 하나가 제 기능을 하지 못할 경우 다른 것을 사용할 수가 없으므로, 일부 돌연변이는 치명적인 것이 될 수 있다. 하지만 모든 생물은 나이를 먹으면서 계속 돌연변이가 축적된다. 높은 온도에서 살아가는 작은 생물은 특히 큰 타격을 받을 수 있다. 분자 차원에서 열은 활발한 움직임으로 나타나는데, 분자 운동이 더 활발할수록 복제를 하는 DNA에 뭔가가 충돌할 가능성이 더 높다. 포유류는 비교적 몸이 큰 편이어서 체온을 일정하게 유지하지만, 대신에 우리는 다른 돌연변이에 취약하다. DNA 중 T 2개가 나란히 늘어선 장소에서는 자외선이 이 둘을 기묘한 각도로 결합하게 하는데, 그러면 DNA가 구부러진다. 이러한 사고는 세포를 즉시 죽일 수도 있고, 단순히 자극을 주는 데 그칠 수도 있다. 사실상 모든 동물(그리고 식물)은 T-T 비틀림을 바로잡는 특별한 수리공 효소가 있지만, 포유류는 진화하는 동안 그 효소를 상실했다. 포유류가 햇빛에 화상을 입는 이유는 이 때문이다.

자연발생적 돌연변이 외에 돌연변이원이라는 외부 요소도 DNA에 손상을 입히는데, 그중에서 가장 치명적인 돌연변이원은 방사능이다. 감마선은 자유 라디칼을 생겨나게 하고, 자유 라디칼은 DNA의 인산-당 뼈대를 쪼갠다. 오늘날 과학자들은 이중 나선 기둥 중 하나만 끊어진다면, 세포는 그 손상을 손쉽게, 빠르면 한 시간 안에 복구할 수 있다는 사실을 알아냈다. 세포는 손상된 DNA를 잘라내는 분자 가위가 있으며, 손상을 입지 않은 가닥을 따라 효소들을 보냄으로써 각 지점에서 상보적인 A, C, G, T를 추가할 수 있다. 복구 과정은 빠르고 간단하고 정확하게 일어난다.

양쪽 기둥이 모두 끊어지는 일(양 가닥 절단)은 비록 훨씬 드물게 일어나긴 하지만, 훨씬 심각한 문제를 초래한다. 양 기둥이 다 끊어진 DNA는 절단된 사지와 비슷한데, 양 끝부분에서 단일 가닥의 DNA 조각들이 떨어져 나와 너덜거린다. 세포 속에 들어 있는 염색체는 모두 쌍으로 존재한다고 했는데, 쌍을 이룬 두 염색체는 쌍둥이처럼 아주 비슷하다. 그래서 그중 한 염색체에 양 가닥 절단이 일어나면, 세포는 너덜너

덜해진 그 염색체를 (다행히 손상을 입지 않은) 다른 염색체와 비교하여 복구 작업을 할 수 있다. 하지만 이 과정에는 많은 노력이 필요하며, 신속한 복구가 필요한 손상이 광범위하게 일어났을 경우, 세포는 종종 몇몇 염기가 늘어선 곳이라면(설사 나머지 염기들이 없더라도) 어디든지 날림으로 아무렇게나 땜질을 해 없어진 문자들을 급하게 채운다. 여기서 잘못된 추측이 일어날 경우 끔찍한 틀 이동 돌연변이가 생길 수 있는데, 잘못된 추측은 아주 많이 일어난다. 양 가닥 절단을 복구하는 세포는 단순히 DNA를 복제하는 세포보다 약 3000배나 많은 실수를 저지른다.

더 심각하게는 방사능이 DNA 일부를 완전히 없애는 일(DNA 결실)도 일어날 수 있다. 고등 동물의 DNA는 아주 심하게 돌돌 꼬인 형태로 아주 작은 세포핵 속에 들어 있다. 사람의 경우, 직선으로 죽 펼치면 길이가 1.8m나 되는 DNA가 폭이 400분의 1cm보다 작은 공간에 들어 있다. 이 때문에 DNA는 자신을 다시 지나가거나 자신을 향해 다시 접히길 수없이 반복하면서 심하게 꼬인 전화선처럼 보인다. 만약 감마선이 이러한 교차점 가까이에 위치한 DNA를 지나가면서 자른다면, 그 부근에 잘린 끝부분이 아주 많이 생길 것이다. 세포는 원래의 가닥들이 어떻게 늘어섰는지 '모르기' 때문에(세포는 기억이 없으므로), 이 재난을 서둘러 복구하려고 시도하다가 가끔 엉뚱한 가닥들을 이어붙일 수 있다. 그러면 그 중간에 있어야 할 DNA 부분이 사실상 사라지게 된다.

이러한 돌연변이 뒤에는 어떤 일이 일어날까? DNA 손상이 심한 세포는 문제를 감지하고서 그런 장애를 안고 살아가느니 차라리 자살을 선택하기로 결심할 수 있다. 이러한 자기 희생은 신체에 미치는 문제를 최소화할 수 있지만, 너무 많은 세포가 동시에 죽으면 전체 기관들의 기능이 멈출 수 있다. 이러한 신체 기능 정지는 심한 화상과 결합하여 일본에서 많은 사망자를 낳았고, 즉각 죽지 않은 희생자들 중 일부는 차라리 그때 바로 죽었더라면 좋았을 것이라고 생각하며 살아갔다. 생존자들은 피폭자들의 손톱이 통째로 빠지면서 말라붙은 셸 파스타shell pasta처럼 손에서 뚝뚝 떨어지는 것을 보았다. 그들은 사람 크기의 '석탄 인형'들이 골목에서 풀썩 주저앉는 것도 보았다. 어떤 사람들은 숯으로 변한 아기를 거꾸로 든 채 그루터기 모양으로 남은 두 다리로 걸어가려고 애쓰던 남자를 보았다고 말했다. 또 한 사람은 윗옷이 다 찢겨나가고 유방이 "석류처럼" 터진 여성을 보았다고 기억했다.

나가사키의 방공호에서 격심한 고통(탈모, 부스럼, 고열, 한쪽 귀 청력 상실)을 겪던 야마구치도 이러한 희생자들의 명단에 들어갈 뻔했다. 오직 가족의 헌신적인 간호가 그를 수렁에서 건져냈다. 일부 상처는 여전히 붕대를 대야 했고, 그후로 몇 년 동안 더 그래야 했다. 하지만 전체적으로는 욥의 생애가 삼손의 생애로 바뀌었다. 상처는 대부분 나았고, 기운도 돌아왔으며, 머리카락도 다시 자랐다. 일도 다시 시작했는데, 처음에는 미쓰비시에서 일하다가 나중에는 교사로 일했다.

하지만 아무 탈 없이 불운에서 완전히 벗어난 것은 아니었다. 이번에는 더 은밀하고 끈질긴 위험이 기다리고 있었는데, 방사능은 설사 세포를 곧바로 죽이지 않는다 하더라도, 돌연변이를 유발하여 암을 일으킬 수 있기 때문이다. 이 이야기는 직관에 반하는 것으로 보일 수도 있는데, 돌연변이는 일반적으로 세포에 해를 끼치는 반면, 종양세포는 놀라운 속도로 성장하고 분열하면서 아주 잘 살아가기 때문이다. 사실, 건강한 세포에는 모두 엔진의 조속기 역할을 하는 유전자가 있어서 세포의 대사 속도를 일정하게 조절한다. 만약 돌연변이가 조속기의 기능을 마비시킨다면, 세포는 자신이 손상을 입었다는 사실을 알아채지 못해 자살을 하지 못하며, 결국에는(특히 세포가 얼마나 자주 분열해야 하는지 조절하는 유전자를 비롯해 다른 유전자도 손상을 입고서 아무 탈이 없는 듯이 기능을 계속

할 때) 자원을 마구 먹어치우면서 이웃 세포들을 질식시키기 시작한다.

히로시마와 나가사키에서 살아남은 사람들 중 상당수는 보통 사람이 일 년 동안 흡수하는 배경 방사선보다 100배나 많은 방사선을 흡수했다(그것도 한 번에). 그리고 폭발 중심지에 가까이 있었던 생존자일수록 DNA 결실과 돌연변이가 더 많이 나타났다. 충분히 예상할 수 있듯이, 빨리 분열하는 세포는 자신의 DNA 손상을 더 빨리 퍼뜨린다. 일본에서는 백혈구 수가 급격하게 늘어나는 암인 백혈병 환자가 크게 증가했다. 백혈병 환자는 10년쯤 지나자 줄어들기 시작했지만, 대신에 위암, 결장암, 난소암, 폐암, 방광암, 갑상샘암, 유방암 등 다른 암 환자들이 크게 늘어났다.

어른도 이렇게 큰 위험에 노출되었지만, 태아는 더 취약한 것으로 드러났다. 태아에게 생긴 돌연변이나 DNA 결실은 시간이 지날수록 세포 분열과 함께 빠르게 증식했다. 임신 4주 미만의 태아 중에는 자연 유산된 경우가 많았고, 살아남은 태아 중에서도 1945년 후반과 1946년 초반에 태어난 아이들은 작은 머리나 기형인 머리를 포함해 선천적 장애 비율이 높았다.(선천적 장애를 갖고 태어난 아이들 중 IQ가 가장 높은 아이의 IQ는 68에 불과했다.) 무엇보다도 1940년대 후반에 피폭자(被爆者를 일본어로는 히바쿠샤라고 하는데, 이것을 영어로 표기한 hibakusha는 지금은 세계 공용어처럼 쓰인다—옮긴이) 25만 명 중 많은 사람들이 아이를 낳기 시작하면서 피폭된 DNA를 자식에게 물려주었다.

방사능 전문가는 피폭자가 아기를 가지는 것에 대해 거의 아무런 조언도 할 수 없었다. 간암이나 유방암, 혈액암의 높은 발생 비율에도 불구하고, 부모의 암성 DNA는 자식에게 전혀 전달되지 않는데, 자식은 오직 정자와 난자의 DNA만 전달받기 때문이다. 물론 정자와 난자의 DNA도 돌연변이가 일어날 수 있으며, 어쩌면 더 끔찍한 돌연변이가 일어날지도 몰랐다. 하지만 히로시마 원자폭탄 수준의 방사능이 인간에게 미치는 해를 실제로 측정한 사람은 아무도 없었다. 그래서 과학자들은 가정에 의존해 연구할 수밖에 없었다. 인습 타파주의 기질이 강한 물리학자이자 수소폭탄의 아버지(그리고 RNA 타이 클럽 회원) 에드워드 텔러 Edward Teller는 소량의 방사선은 오히려 인류에게 이익이 될지 모른다고 주장했다. 그때까지 우리는 돌연변이가 우리 유전체의 진화에 도움을 준다고만 알고 있었기 때문이다. 심지어 덜 무분별한 과학자들도 모두가 동화에 나오는 괴물 같은 기형이나 머리가 둘 달린 아기가 태어날 것이라고 예측하진 않았다. 허먼 멀러는 〈뉴욕 타임스〉에 쓴 글에서 불운한 일본인의 미래 세대에 대한 예측을 제시했지만, 그의 의견은 텔러와 그 밖의 사람들에 대한 이데올로기적 반대 때문에 왜곡되었을 수도 있다.(2011년, 한 독물학자는 기밀 문서에서 해제된, 멀러와 다른 동료 사이의 편지들을 검토한 뒤, 두 사람 다 저선량 방사능의 위험에 대해 정부에 거짓말을 했고, 그러고 나서 자신들의 거짓말을 감추기 위해 데이터와 나중의 연구를 조작했다고 비난했다. 다른 역사학자들은 이 해석에 이의를 제기하면서 논쟁을 벌였다.) 심지어 고선량 방사능에 대해서도 멀러는 이전의 끔찍한 예측에 단서를 달며 한 발 물러나는 태도를 보였다. 그는 대부분의 돌연변이는 아무리 해롭다 하더라도 우성이 아니라 열성으로 작용할 것이라고 추측했다. 그리고 부모가 모두 다 같은 유전자에 결함이 있을 확률은 아주 낮았다. 따라서 적어도 생존자의 자식들 사이에서는 어머니(혹은 아버지)의 건강한 유전자가 아버지(혹은 어머니)의 유전자에 숨어 있는 결함을 가려줄 것이라고 보았다.

하지만 확실히 아는 사람은 아무도 없었고, 그후 수십 년 동안 히로시마와 나가사키에서 태어나는 아이들에 대한 걱정은 사라지지 않았으며, 그것은 아이를 낳는 것에 대한 불안감을 훨씬 증폭시켰다. 야마구치와 아내 히사코의 경우에는 그 불안감이 두 배로 컸을 것이다. 두 사람 다 1950년대 초반에는 건강을 충분히 회복하여 장기적 예후(어떤 병의 앞으로의 경과나 결과를 미리 예상하는 것을 말하는데, 암의 경우는 보통 5년 생존율로 따진다. 예후가 좋다는 말은 치료가 용이하고 생존율이 높다는 의미임)가 어떻든 간에 아이를 더 갖고 싶었다. 첫 번째 딸 나오코의 탄생은 처음에는 멀러의 추측을 지지하는 것처럼 보였는데, 겉으로 드러난 결함이나 기형이 전혀 없었기 때문이다. 두 번째 딸 도시코 역시 건강했다. 하지만 야마구치의 두 딸은 태어날 때에는 비록 건강했다 하더라도, 청소년기와 성년기에는 건강이 좋지 않았고 몸이 자주 아팠다. 그들은 두 번 피폭당한 아버지와 한 번 피폭당한 어머니로부터 유전적으로 결함이 있는 면역계를 물려받은 게 아닐까 하고 의심했다.

일본에서 피폭자 자녀 사이에 많이 나타나지 않을까 두려워해온 암과 선천성 기형은 아직 구체적으로 나타나지 않았다. 사실, 여러 차례의 대규모 조사 결과에서는 그 자녀들 사이에 어떤 질병이나 돌연변이가 더 높은 비율로 나타난다는 증거가 발견되지 않았다. 나오코와 도시코는 유전적 결함을 물려받았을지도 모른다. 그 가능성은 결코 배제할 수 없고, 직관적으로나 감정적으로나 그렇게 생각하는 것이 타당하다. 하지만 적어도 대다수 사례에서는 유전자 낙진은 다음 세대로 전달되지 않았다.*

심지어 핵 폭발의 방사선에 직접 노출된 사람들 중 다수도 과학자들이 예상한 것보다 훨씬 나은 회복력을 보였다. 야마구치의 아들 가츠토시는 나가사키 원자폭탄 투하 후 50년을 훌쩍 넘겨 58세 때 암으로 죽었다. 히사코는 훨씬 오래 살았는데, 88세 때인 2008년에 간암과 신장암으로 죽었다. 물론 나가사키에 떨어진 플루토늄 폭탄이 두 사람이 걸린 암의 원인이 되었을 가능성은 충분히 있지만, 그 정도 나이라면 그것과 아무 상관 없는 이유로 어떤 암이든 걸릴 수 있다. 야마구치는 히로시마와 나가사키에서 두 번이나 피폭을 당했는데도 불구하고, 65년이 지난 2010년까지 살다가 위암에 걸려 93세의 나이로 사망했다.

야마구치가 다른 사람과 왜 그런 차이를 보였는지 — 즉, 다른 사람들은 비교적 적은 방사능에 노출되고도 죽어갔는데, 야마구치는 두 번이나 피폭당하고서도 어떻게 오래 살 수 있었는지 — 그 이유는 아무도 확실하게 설명할 수 없다. 야마구치는 유전자 검사를(최소한 광범위한 검사는) 한 적이 없으며, 설사 했다 하더라도 의학 전문가들은 확실한 결정을 내릴 만큼 충분한 단서를 얻지 못했을 것이다. 그럼에도 불구하고, 우리는 경험과 지식을 바탕으로 추측을 해볼 수는 있다. 첫째, 그의 세포들은 단일 가닥 절단이건 치명적인 양 가닥 절단이건 DNA를 복구하는 어려운 작업을 아주 훌륭하게 해냈다. 심지어 야마구치는 다른 사람들보다 더 빨리 혹은 더 효율적으로 작용하는 복구 단백질이나 협력 능력이 특별히 뛰어난 특정 복구 유전자들을 갖고 있었을지 모른다. 또한, 일부 돌연변이를 피할 수는 없었겠지만, 그러한 돌연변이가 세포 내의 핵심 회로를 망가뜨리지는 않았을 것이라고 가정할 수 있다. 어쩌면 그 돌연변이들이 단백질 암호를 만들지 않는 DNA 부분에 일어났을지도 모른다. 혹은 야마구치에게 일어난 돌연변이는 대부분 '침묵' 돌연변이였을지도 모른다. 즉, DNA 트리플렛은 변해도 중복 때문에 아미노산에는 아무 변화가 일어나지 않았을 수 있다.(만약 실제로 그랬다면, RNA 타이 클럽을 좌절시켰던 클루지 DNA/RNA 암호가 야마구치의 생명을 구한 셈이다.) 마지막으로, 야마구치는 말년에 이르기까지 잠재적 종양을 억제하는 DNA의 유전자 조속기에 심각한 손상이 일어나지 않은 것으로 보인다. 이러한 요인들 중 일부 혹은 전부가 작용한 덕분에 야마구치는 이중 피폭을 당하고도 살아남을 수 있었던 것으로 보인다.

아니면 야마구치는 생물학적으로 그렇게 특별한 경우가 아닐지도 모른다(이것 역시 충분히 가능성이 있다). 그 밖에도 많은 사람들이 충분히 오래 살아남았을지 모른다. 나는 여기에 작은 희망을 품을 여지가 있다고 생각한다. 단번에 수만 명의 목숨을 앗아가고, 사람의 생물학적 본질인 DNA를 공격해 뒤죽박죽으로 만들어놓은 역사상 가장 치명적인 무기도 한 나라를 완전히 말살하진 못했다. 다음 세대를 치명적으로 오염시키지도 않았다. 피폭자 자녀 수만 명이 오늘날 건강하게 잘 살아가고 있다. 우주선宇宙線과 태양 복사에 30억 년 이상 노출되면서 다양한 형태의 DNA 손상을 견뎌낸 자연은 나름의 안전 장치를, 즉 DNA의 온전성을 바로잡고 보존하는 나름의 방법을 마련했다. 그 메시지를 RNA로 전사하고 단백질로 번역하게 하는 지배적인 DNA만 그런 게 아니다. 그 미묘한 언어학적, 수학적 패턴을 과학자들이 막 탐구하기 시작한* DNA를 포함해 모든 DNA가 그렇다.

04
DNA의 악보

DNA에는 어떤 종류의 정보가 들어 있는가?

의도한 것은 아니겠지만, 『이상한 나라의 앨리스』에 나오는 한 말장난은 최근에 DNA의 어떤 속성을 연상시키면서 큰 관심을 불러일으켰다. 『이상한 나라의 앨리스』를 쓴 루이스 캐럴Lewis Carroll은 현실 세계에서는 옥스퍼드 대학에서 찰스 럿위지 도지슨Charles Lutwidge Dodgson이라는 이름으로 수학을 가르치는 교수였다. 『이상한 나라의 앨리스』에 나오는 한 유명한 구절(적어도 괴짜들 사이에서는)은 가짜 거북(Mock Turtle)이 "산술의 여러 갈래인 야심, 한눈팔기, 추화醜化, 조롱"에 대해 불평한다. 하지만 이 놀라운 말을 하기 전에 가짜 거북은 이상한 말을 한다. 가짜 거북은 학교에서 읽기와 쓰기(reading and writing) 대신에 "꼬기와 비틀기(reeling and writhing)"를 배웠다고 주장한다. 이것은 아마도 그저 또 하나의 불평이겠지만, 마지막 단어인 '비틀기writhing'는 수학에 해박한 일부 DNA 과학자들의 흥미를 자극했다.(writhing은 『이상한 나라의 앨리스』에서는 '몸부림치기'로 번역하는 게 더 적절하지만, 매듭 이론에서는 '비틀기'라는 용어로

루이스 캐럴의 작품에 나오는 가짜 거북은 학교에서 '꼬기와 비틀기'를 배운 기억을 떠올리며 눈물을 흘렸는데, 이 불평은 매듭knot과 엉킴tangle에 대한 현대의 DNA 연구를 연상시킨다. (그림 : 존 테니얼John Tenniel)

번역하고, 이 책에서 저자도 그런 맥락으로 사용하기 때문에 그렇게 표현하기로 한다. — 옮긴이)

꼬임, 비틀림, 매듭

과학자들은 기다랗고 활동적인 분자인 DNA가 스스로 난마처럼 얽힐 수 있다는 사실을 수십 년 전부터 알고 있었다. 과학자들이 이해할 수 없었던 사실은 이렇게 난마처럼 얽힌 DNA 가닥이 어떻게 세포를 숨 막히게 하지 않느냐 하는 것이었다. 최근에 생물학자들은 매듭 이론이라는 수학 분야에서 답을 찾으려고 시도했다. 뱃사람과 재봉사는 수천 년 전부터 매듭의 실용적 측면을 잘 알고 활용해왔으며, 켈트족과 불교도처럼 거리가 아주 먼 종교 집단의 전통들도 특정 매듭들을 신성하게 간주하지만, 매듭에 대한 체계적 연구는 19세기 후반에 가서야 캐럴/도지슨이 살던 빅토리아 시대의 영국에서 시작되었다. 그 당시 박학다식한 과학자 윌리엄 톰슨William Thomson(켈빈 경Lord Kelvin으로 널리 알려진 과학자)은 주기율표의 원소들이 실제로는 모양이 서로 다른 아주 작은 크기의 매듭이라고 주장했다. 정확성을 기하기 위해 켈빈은 자신의 원자 매듭을 닫힌 고리closed loop로 정의했다.(신발 끈처럼 양 끝이 풀린 매듭은 '엉킴tangle'이라고 한다.) 그리고 각각의 '독특한unique' 매듭을 위와 아래로 서로 교차하며 지나가는 가닥들의 독특한 패턴으로 정의했다. 따라서 만약 한 매듭의 고리들을 이리저리 미끄러져 움직이게 하면서 위아래로 지나가는 교차점들을 변화시켜 다른 매듭과 똑같아 보이게 할 수 있다면, 그것들은 실제로 똑같은 매듭이다. 켈빈은 각 매듭이 지닌 독특한 형태가 각 화학 원소가 지닌 독특한 성질을 나타낸다고 주장했다. 원자물리학자들은 곧 이 기발한 가설이 틀렸음을 입증했지만, 켈빈은 스코틀랜드 물리학자 P.

G. 테이트P. G. Tait에게 영감을 주어 독특한 매듭들의 도표를 만들게 했고, 거기서 매듭 이론이 독자적으로 발달했다.

초기의 매듭 이론 중 많은 것은 실뜨기놀이를 하면서 그 결과를 기록해나가는 과정을 포함했다. 매듭 이론가들은 가장 자명한 매듭—보통 사람들이 원이라 부르는 O—을 다소 현학적으로 '풀린 매듭unknot'이라고 정의했다. 다른 독특한 매듭들은 위아래 교차점의 수를 기준으로 분류했는데, 2003년 7월까지 위아래 교차점을 최대 22개까지 가진 매듭의 종류가 62억 1755만 3258가지 있음이 확인되었다. 한편, 다른 매듭 이론가들은 단순히 종류를 조사하는 것을 넘어서서 한 매듭을 다른 매듭으로 변형하는 방법을 고안했다. 이 방법은 대개 위아래 교차점에서 끈을 잘라 위 가닥을 아래로 보내 끊어진 끝부분들을 이어붙이는 과정을 포함했다. 그러면 때로는 더 복잡한 매듭이 만들어졌지만, 더 단순해지는 경우가 많았다. 매듭 이론은 정식 수학자들이 연구하긴 했지만, 대체로 놀이를 한다는 느낌이 강하게 남아 있었다. 그리고 아메리카컵 대회(가장 오래되고 유명한 국제 요트 대회)에서 우승하길 원하는 사람들을 제외하고는 매듭 이론을 응용할 곳이 있으리라곤 아무도 생각하지 않았다. 1976년에 과학자들이 꼬인 DNA를 발견하기 전까지는 그랬다.

DNA에 매듭과 엉킴이 생기는 이유는 길이, 일상적 활동, 제한된 공간 등 여러 가지가 있다. 과학자들은 상자 속에 길고 가느다란 밧줄을 넣고 흔듦으로써 사실상 빽빽한 세포핵 속의 DNA를 시뮬레이션해보았다. 밧줄 끝부분은 꼬인 밧줄 고리들 사이로 아주 잘 빠져나갔으며, 불과 몇 초 만에 놀라울 정도로 복잡한(교차점이 최대 11군데나 있는) 매듭들이 생겨났다.(이어폰을 가방 속에 아무렇게나 넣었다가 나중에 꺼내려고 하면 이런 결과가 나타나리라고 예상할 수 있을 것이다.) 이것처럼 지나치게 뒤엉킨 매듭은 치명적일 수 있다. DNA를 복제하고 전사하는 세포 기구가 제대로 작동하려면 부드러운 경로가 필요한데, 매듭은 그것을 탈선시키기 때문이다. 불행하게도 DNA를 복제하고 전사하는 과정 자체가 치명적인 매듭과 엉킴을 만들어낼 수 있다. DNA를 복제하려면 그 양 가닥을 분리하는 게 필요하지만, 서로 꼬인 두 나선 가닥은 쉽게 풀 수가 없다. 게다가 세포가 DNA를 복제하기 시작하면, 뒤에 남아 덜렁거리는 길고 끈끈한 끈들이 가끔 엉킬 때가 있다. 만약 여러 번 세게 잡아당긴 뒤에도 끈들이 풀리지 않으면, 세포는 자살을 할 수가 있다. 이것은 그토록 치명적인 상황이다.

매듭 외에도 DNA는 온갖 종류의 위상수학적 난관에 맞닥뜨릴 수 있다. 가닥들은 마치 서로 맞물린 체인 연결 부위들처럼 결합할 수 있다. 꽉 쥐어짠 걸레처럼 아주 심하게 비틀릴 수도 있다. 그래서 어떤 방울뱀보다도 더 촘촘하게 똬리를 틀 수 있다. 여기서 이 마지막 모양인 똬리, 즉 코일이 바로 가짜 거북이 한 말과 연결된다. 매듭 이론가들은 그런 코일을 'writhe(비틀림)'라 부르고, 그렇게 비트는 행동을 'writhing(비틀기)'이라 부른다. 마치 밧줄이나 DNA가 그런 식으로 고통스럽게 꼬여 있다는 듯이 말이다. 그렇다면 소문대로 가짜 거북이 "꼬기와 비틀기"라고 한 말은 매듭 이론을 교묘하게 언급한 것일까?

켈빈과 테이트가 매듭 이론을 연구하기 시작했을 때, 캐럴은 유명한 대학에서 근무하고 있었다. 그래서 캐럴은 그들의 연구를 쉽게 접할 수 있었을지 모르며, 이런 종류의 수학 놀이에 매력을 느꼈을 수 있다. 게다가 캐럴은 『뒤얽힌 이야기 *A Tangled Tale*』라는 책도 썼는데, 각 절(캐럴은 이것을 '장 chapter'이라 부르지 않고 '매듭 knot'이라 불렀다)마다 풀어야 할 수수께끼가 하나씩 나온다. 따라서 그는 자신의 작품에 얽히고설킨 주제를 포함시킨 게 틀림없다. 그러나 흥을 깨뜨려서 미안하지만, 가짜 거북이 매듭 이론을 전혀 몰랐을 거라고 생각할 만한 이유도 충분히 있다. 캐럴은『이상한 나라의 앨리스』를 1865년에 출판했는데, 그때는 켈빈이 주기율표의 매듭 개념을 발표하기(적어도 공개적으로는) 2년쯤 전이었다. 게다가 'writhing(비틀기)'이라는 단어가 이전에 매듭 이론에서 비공식적으로 쓰였을 가능성은 충분히 있지만, 정식 전문 용어로 등장한 것은 1970년대이다. 따라서 가짜 거북이 야심, 한눈팔기, 추화, 조롱을 넘어 그보다 더 높은 단계의 말을 했을 가능성은 적어 보인다.

하지만 설사 그 문장의 말장난이 캐럴 이후에 생겨난 것이라 하더라도, 오늘날 우리가 그것을 즐기지 말라는 법은 없다. 위대한 문학 작품은 새로운 세대에게 새로운 메시지를 전달하기 때문에 위대한 것이 아닌가! 매듭의 꼬인 고리들은 캐럴 작품의 줄거리 윤곽과 복잡하게 뒤얽힌 내용들과 잘 일치한다. 게다가 이 엉뚱한 수학 분야가 현실 세계에 침입하여 우리의 생물학을 이해하는 데 중요한 역할을 하게 된 과정을 본다면, 캐럴도 매우 즐거워할 것이다.

꼬임twist과 비틀림writhe과 매듭knot의 조합에 따라 DNA는 거의 무한히 뒤엉킨 매듭을 만들 수 있으며, 우리의 DNA를 이러한 왜곡에서 구해주는 것은 바로 수학을 잘 아는 위상 이성화 효소topoisomerase라는 단백질이다. 이 단백질은 각자 매듭 이론의 정리 한두 가지를 이해하고 그것을 이용해 DNA의 긴장을 완화한다. 일부 위상 이성화 효소는 DNA 사슬의 연결을 끊는다. 어떤 종류의 위상 이성화 효소는 DNA 한 가닥을 슬쩍 끌어내 다른 가닥 주위로 빙빙 돌리면서 꼬임twist과 비틀림writhe을 없앤다. 또 다른 위상 이성화 효소는 DNA가 스스로를 가로지르며 지나는 곳마다 그곳을 잘라 위쪽 가닥을 아래쪽 가닥 밑으로 지나가게 한 뒤에 다시 이어붙임으로써 매듭을 푼다. 각각의 위상 이성화 효소는 우리의 DNA를 매년 종말로부터 수없이 구해주는데, 수학을 잘 아는 이 효소가 없다면 우리는 살아남기 어려울 것이다. 매듭 이론이 켈빈의 꼬인 원자에서 생겨난 뒤 독자적인 길을 걸어갔다면, 이제 한 바퀴 빙 돌아 수십억 년이나 된 DNA 안에 있는 자신의 분자적 뿌리로 되돌아왔다.

DNA와 지프의 법칙

DNA 연구 과정에서 예기치 못하게 불쑥 튀어나온 수학은 매듭 이론만 있는 게 아니다. 과학자들은 DNA를 연구하는 데 벤다이어그램과 하이젠베르크의 불확정성 원리도 사용했다. DNA의 구조는 파르테논 신전 같은 고전 건축물에서 발견되는 길이와 폭 사이의 '황금비' 흔적을 보여준다. 기하학 애호가들은 DNA를 꼬아 뫼비우스의 띠를 만드는가 하면, 다섯 가지 플라톤 입체도 만들었다. 오늘날 세포생물학자들은 DNA의 기다란 끈이 스스로를 향해 접히고 다시 접히면서 고리 속에 고리가 있고 그 속에 다시 고리가 끝없이 들어 있는 프랙탈 패턴을 이룬다는 사실을 알고 있다. 그래서 눈앞에 펼쳐진 모습만 보고서는 그것이 어떤 척도—나노미터 척도인지 마이크로미터 척도인지 밀리미터 척도인지—에서 포착한 모습인지 구분할 수 없다. 2011년에 일본 과학자들은 정말로 믿기 힘든 묘기를 보여주었는데, 타이 클럽과 비슷한 암호를 사용해 A, C, G, T 조합을 숫자와 문자로 바꾼 뒤, '$E = mc^2$ 1905!'라는 암호를 보통 토양 세균의 DNA에 집어넣었다.

DNA는 '지프의 법칙 Zipf's law'이라는 기묘한 수학 법칙과 특별한 연관 관계가 있다. 지프의 법칙은 조지 킹즐리 지프 George Kingsley Zipf라는 언어학자가 발견했다. 정통 독일인 혈통을 물려받은(그의 집안은 독일에서 맥주 양조장을 운영했다) 지프는 하버드 대학에서 독일어 교수가 되었다. 지프는 언어를 사랑했지만 동료들과 달리 책을 소유하는 걸 좋아하지 않았으며, 보스턴 교외의 농장에서 살아갔다. 면적 7에이커의 그 농장에는 포도밭과 돼지와 닭도 있었고, 매년 12월이 되면 지프는 크리스마스 트리를 만들기 위해 나무를 베었다. 하지만 지프는 기질적으로 농부와 전혀 어울리지 않는 사람이었다. 지프는 새벽까지 잠을 자지 않는 날이 많았는데, 언어의 통계학적 성질을 연구하느라(도서관에서 빌린 책을 가지고) 밤을 지새웠다.

한 동료는 지프를 보고 "꽃잎의 수를 세기 위해 장미를 해체할" 사람이라고 말한 적이 있는데, 지프는 문학 작품도 같은 식으로 취급했다. 지프는 제임스 조이스James Joyce의 『율리시스』부터 손을 댔는데, 거기서 얻은 주요 결과는 그 책에 있는 단어의 종류가 모두 2만 9899가지이고, 전체 단어 수는 26만 430개라는 사실이었다. 그 다음에는 『베오울프』, 호메로스의 작품, 한문 고전, 로마 시대의 극작가 플라우투스Plautus의 작품을 분해했다. 지프의 법칙은 이렇게 각 작품에 포함된 단어들을 세다가 발견했다. 지프의 법칙은 어떤 언어에서 가장 많이 쓰이는 단어는 두 번째로 많이 쓰이는 단어보다 대략 두 배 정도 많이 쓰이고, 세 번째로 많이 쓰이는 단어보다 세 배 정도, 백 번째로 많이 쓰이는 단어보다 백 배 정도 많이 쓰인다고 말한다. 영어의 경우, the의 빈도는 전체 단어 중 약 7%를 차지하고, of는 그것의 절반 정도, and는 3분의 1 정도를 차지하며, 그런 식으로 보통 사람들은 들어본 적이 없는 grawlix나 boustrophedon 같은 단어까지 계속 이어진다. 이러한 분포 양상은 현대 힌두어, 에스파냐어, 러시아어뿐만 아니라, 산스크리트어, 에트루리아어, 상형 문자에서도 발견된다.(지프는 또한 시어스로벅 우편 주문 카탈로그에 실린 가격에서도 같은 규칙이 나타난다는 사실을 발견했다.) 심지어 사람들이 새로 만든 언어에서도 지프의 법칙 비슷한 것이 나타난다.

지프가 1950년에 세상을 떠난 뒤, 학자들은 음악(여기에 대해서는 나중에 더 자세히 다룰 것이다), 도시 인구, 소득 분포, 대멸종, 지진의 세기, 그림과 만화에 사용된 색들의 비 등 놀랍도록 다양한 곳에서 지프의 법칙이 성립한다는 증거를 발견했다. 매번 각 집단에서 가장 크거나 가장 흔한 항목은 두 번째 항목보다 두 배만큼 크거나 흔했고, 세 번째 항목보다 세 배만큼 크거나 흔했다. 불가피한 일이겠지만, 지프의 법칙의 인기가 갑자기 치솟자, 이에 대한 반발도 나타났는데, 그러한 반발은 특히 언어학자들 사이에서 강했다. 그들은 지프의 법칙이 과연 의미하는 게 있기나 한지, 그리고 있다면 그것이 무엇인지에 대해* 의문을 제기했다. 그래도 많은 과학자는 지프의 법칙을 옹호하는데, 이 법칙은 느낌상으로도 옳아 보일 뿐만 아니라(단어들의 빈도는 무작위적인 것처럼 보이지 않는다), 경험적으로 기묘할 정도로 정확하게 언어들을 기술하기 때문이다. 심지어 DNA의 '언어'까지도.

물론 처음에는 DNA도 지프의 법칙이 성립하는 장소인지 명백하지 않은데, 서양 언어를 쓰는 사람들에게는 특히 그렇다. 대부분의 언어와 달리 DNA에는 각 단어를 구분하는 띄어쓰기 여백이 없다. DNA는 띄어쓰기나 구두점이 전혀 없이 문자열이 계속 이어지는 고대 언어 텍스트에 더 가깝다. 아미노산의 암호를 만드는 A–C–G–T 트리플렛이 '단어'처럼 기능한다고 생각하는 사람들이 있겠지만, 개개 단어들의 빈도에는 지프의 법칙이 적용되지 않는 것처럼 보인다. 지프의 법칙을 발견하려면 트리플렛 집단을 보아야 했는데, 일부 과학자는 전혀 예상 밖의 곳에서 도움을 얻으려고 했다. 그것은 바로 중국어 검색 엔진이었다. 중국어는 문자 기호들을 결합하여 복합어를 만든다. 따라서 만약 중국어 텍스트가 ABCD라면, 검색 엔진은 의미 있는 조각을 찾기 위해 처음에는 AB와 BC와 CD를, 다음에는 ABC와 BCD를 검토하는 식으로 슬라이딩 윈도sliding window를 조사할 수 있다. 슬라이딩 윈도를 사용하는 것은 DNA에서 의미 있는 조각을 찾는 데에도 훌륭한 전략으로 드러났다. DNA는 대략 12개의 염기로 이루어진 집단들에서 지프의 법칙이 가장 잘 성립하는 것으로 드러났다. 그렇다면 전체적으로 DNA에서 가장 의미 있는 단위는 하나의 트리플렛이 아니라 트리플렛 4개가 협력하는 집단 — 정십이면체 모티프 — 일지 모른다.

DNA의 '발현', 즉 DNA가 단백질로 번역되는 결과에도 지프의 법칙이 성립한다. 모든 세포에 들어 있는 일부 유전자는 보편적 단어들처럼 계속 반복해서 발현되는 반면, 대부분의 유전자는 발현되는 경우가 드물다. 오랜 시간이 지나면서 세포들은 보편적인 단백질에 점점 더 많이 의존하게 되었고, 일반적으로 가장 보편적인 단백질은 그 다음으로 보편적인 단백질보다 각각 두 배, 세 배, 네 배 더 많이 나타난다. 물론 많은 과학자는 지프의 법칙에 나오는 이 수들이 아무 의미가 없다고 일축할 것이다. 하지만 어떤 사람들은 DNA가 단순히 언어와 비슷하기만 한 게 아니라, 실제로 언어처럼 행동한다는 사실을 인정할 때가 되었다고 말한다.

게다가 DNA는 단지 언어처럼만 행동하는 게 아니다. DNA의 음악적 성질에도 지프의 법칙이 성립한다. 다장조처럼 악곡의 조성이 주어졌을 때, 어떤 음들은 다른 음들보다 더 많이 나타난다. 사실, 지프는 모차르트Mozart, 쇼팽Chopin, 어빙 벌린Irving Berlin, 제롬 컨Jerome Kern의 음악에서 각각의 음이 얼마나 자주 나타나는지 조사해본 적이 있었는데, 거기서도 지프의 법칙이 나타나는 것을 확인했다. 훗날 연구자들은 로시니Rossini에서부터 라모네스Ramones에 이르기까지 다른 장르의 음악에서도 이것을 확인했으며, 또 음색과 음량, 음의 길이에서도 지프 분포를 발견했다.

만약 DNA도 지프의 법칙이 성립하는 경향이 있다면, DNA는 일종의 악보처럼 배열돼 있는 게 아닐까? 실제로 음악가들은 DNA의 네 가지 문자를 각각 A, C, G 그리고 E 음으로 바꿈으로써 뇌에서 분비되는 화학 물질 세로토닌의 A–C–G–T 염기 서열을 짤막한 노래로 번역한 적이 있다. 다른 음악가들은 가장 많이 나타나는 아미노산들에 화음 음정을 배정함으로써 DNA 멜로디를 작곡했더니 훨씬 복잡하고 듣기 좋은 소리가 났다. 두 번째 방법은 음악과 비슷하게 DNA가 순전히 '음'들의 배열에 불과하다는 개념이 부분적으로만 옳다는 주장을 강하게 뒷받침한다. 동기motif와 주제theme도 중요하며, 또 어떤 배열이 자주 나타나는지, 그리고 서로 간의 협력이 얼마나 잘 이루어지는지도 중요하다. 한 생물학자는 심지어 음악은 유전자 조각들이 어떻게 결합하는지 연구하는 데 좋은 자연 매질이라고 주장했는데, 사람은 음악에서 악구樂句들이 어떻게 '결합되는지' 파악할 수 있는 예민한 귀를 갖고 있기 때문이라고 설명했다.

두 과학자가 DNA를 음악으로 만드는 대신에 거꾸로 쇼팽의 한 야상곡을 DNA로 번역하자, 훨씬 흥미로운 일이 일어났다. 그들은 RNA 중합 효소를 만드는 유전자 일부와 "놀랍도록 비슷한" 서열을 발견했다. 모든 생물에서 보편적으로 나타나는 단백질인 이 중합 효소는 DNA로부터 RNA를 만드는 과정에 중요한 역할을 한다. 이것은 자세히 들여다보면, 야상곡에 실제로 완전한 생명의 순환이 암호화되어 있다는 뜻이다. 생각해보라. 중합 효소는 DNA를 사용해 RNA를 만든다. 그리고 RNA는 복잡한 단백질을 만든다. 단백질은 세포를 만들고, 세포는 쇼팽 같은 사람을 만든다. 그리고 쇼팽은 조화로운 음악을 작곡했다. 그러면서 쇼팽은 중합 효소를 만드는 DNA를 음악에 암호화함으로써 생명의 순환을 완성했다.

이 발견은 순전히 우연에 지나지 않을까? 반드시 그런 것은 아니다. 일부 과학자는 DNA에 유전자가 처음 나타났을 때, 염색체의 어느 부분에 무작위로 나타나지 않았을 거라고 주장한다. 대신에 DNA 염기 10~20개가 계속해서 반복적으로 복제되는 반복 악구로 시작했다. 이 부분은 곡의 기본 주제가 되며, 작곡가는 그것을 비틀고 조율하여(즉, 돌연변이를 일으켜) 듣기 좋은 변주곡을 만들 수 있다. 이런 의미에서 유전자는 처음부터 그 속에 멜로디가 들어 있었다고 말할 수 있다.

사람들은 오래 전부터 음악을 자연의 더 심오하고 웅장한 주제와 연결시키려고 시도했다. 특히 고대 그리스인부터 케플러에 이르기까지 천문학자들은 만물의 창조를 찬미하는 아주 아름다운 우주의 음악musica universalis을 만들었다. 우주의 음악은 실제로 존재하는 것으로 밝혀졌다. 다만, 그것은 우리가 상상했던 것보다 훨씬 가까운 곳에, 즉 우리의 DNA 속에 존재한다.

유전자 문법과 통사론

유전학과 언어학 사이에는 지프의 법칙보다 더 심오한 관계도 존재한다. 멘델도 뚱뚱해진 말년에 언어학 연구에 잠깐 손을 댔는데, 독일어 성의 접미사(–mann이나 –bauer 같은)가 세대가 지나면서 다른 이름과 어떻게 결합하여 스스로 번식하는지 보여주는 수학 법칙을 알아내려고 시도했다. 오늘날의 유전학자들도 언어 연구를 통해 얻은 용어들을 사용하지 않으면, 자신의 연구를 제대로 이야기할 수조차 없다. DNA에도 동의어, 번역, 구두점, 접두사, 접미사가 있다.

미스센스 돌연변이(아미노산을 다른 것으로 대체하는)와 난센스 돌연변이(중단 유전자 부호에 간섭하는)는 기본적으로 철자 오류에 해당하는 반면, 틀 이동 돌연변이(트리플렛을 읽는 방식을 엉망으로 만드는)는 케케묵은 조판 실수에 해당한다. 유전학에는 심지어 문법과 통사론—아미노산 '단어'와 절을 결합해 세포가 읽을 수 있는 단백질 '문장'으로 만드는 규칙—도 있다.

더 구체적으로는, 유전자 문법과 통사론은 아미노산 사슬을 제대로 기능을 발휘하는 단백질로 만들려면 어떻게 접어야 하는지 그 규칙들을 요약해 보여준다.(단백질은 아주 촘촘한 형태로 접혀야 기능을 제대로 발휘하며, 적절한 형태를 갖추지 못하면 일반적으로 기능을 발휘하지 않는다.) 통사론적으로 그리고 문법적으로 적절하게 접혔느냐 하는 것은 DNA 언어를 통한 의사소통에서 중요한 부분이다. 하지만 의사소통을 하려면 적절한 통사론과 문법만으로는 부족하다. 단백질 문장은 세포에게 전달하는 어떤 '의미'를 담고 있어야 한다. 그리고 기묘하게도 단백질 문장은 통사론적으로나 문법적으로 완벽하면서도 생물학적 의미를 전혀 담고 있지 않을 수 있다. 이게 도대체 무엇을 뜻하는지 아리송하다면, 언어학자 노엄 촘스키Noam Chomsky의 말이 도움이 될 것이다. 촘스키는 사람의 언어에서 통사론과 의미의 독립성을 보여주려고 시도했다. 그가 든 예는 "Colorless green ideas sleep furiously(무색의 초록색 개념들이 격렬하게 잠을 잔다)."였다. 여러분이 촘스키를 어떻게 생각하건, 이 문장은 지금까지 사람들이 만든 문장 중 아주 놀라운 문장임이 분명하다. 이 문장은 문자 그대로 해석해서는 의미가 통하지 않는다. 하지만 제대로 된 단어들을 포함하고 있기 때문에 이 문장의 통사론과 문법은 아무 문제가 없고, 어쨌든 그냥 읽을 수는 있다. 의미가 전혀 없는 것도 아니다.

마찬가지로, DNA의 돌연변이는 무작위적 아미노산 단어나 구를 도입할 수 있고, 세포는 그 결과로 생긴 사슬을 자동적으로 접는데, 물리학과 화학에 기초하여 통사론적으로 완벽한 방식으로 접는다. 하지만 단어 변화는 어떤 것이라도 문장의 전체 형태와 의미에 변화를 초래하며, 그 결과가 여전히 의미가 통하는가 하는 것은 그때마다 상황에 따라 다르다. 때로는 새로운 단백질 문장에 포함된 것이 사소한 시적 허용에 불과한 것일 수도 있고, 필요한 작업을 수행하는 세포는 그것을 충분히 구별할 수 있다. 때로는 변화(틀 이동 돌연변이 같은)가 문장을 심하게 왜곡시켜 만화에 가끔 대사로 사용되는 #$%^&@! 비슷한 것으로 만들 수 있다. 그러면 세포는 병이 생겨 죽는다. 그런데 세포는 미스센스와 난센스가 도처에 널려 있지만 자세히 보면 무엇인가 의미가 통하는 단백질 문장이 종종 나타난다. 루이스 캐럴의 'mimsy borogoves(불쌍한 보로고브)'나 에드워드 리어 Edward Lear의 'runcible spoon(터무니없는 스푼)'처럼 놀라운 것이 전혀 예기치 못하게 나타난다.(mimsy borogoves는 『거울나라의 앨리스』에 실린 '재버워키'라는 제목의 난센스 시에 나온다. mimsy는 'miserable(불쌍한)'과 'flimsy(연약한)'의 합성어이고, 보로고브는 마치 살아 있는 자루걸레처럼 깃털이 몸 전체에서 돌출한 허약하고 볼품없는 새를 가리킨다. runcible spoon은 에드워드 리어가 쓴 「부엉이와 고양이 *The Owl and the Pussycat*」라는 난센스 시를 쓸 때 만든 단어이다. 리어는 자신의 시에서 runcible을 '터무니없는' 또는 '난센스'라는 뜻으로 많이 사용했다. 오늘날 runcible spoon은 이름과 달리 스푼이 아니라, 피클 등을 집어먹는 용도로 쓰이는 포크를 말한다. —옮긴이) 이것은 드물게 일어나는 유익한 돌연변이로, 이런 행운의 사건이 일어나는 순간에 진화는 앞으로 나아갈 수 있다.*

DNA와 언어 사이의 유사성 때문에 과학자들은 심지어 문학 텍스트와 유전체 '텍스트'를 똑같은 도구를 사용해 분석할 수 있다. 이 도구들은 진짜 저자나 생물학적 기원이 의심스러워 논란이 되는 텍스트를 분석하는 데 특히 유망하다. 문학 작품을 놓고 논쟁이 벌어졌을 때, 전문가들은 전통적으로 해당 작품을 그 기원이 확실한 다른 작품들과 비교하여 문체나 논조가 비슷한지 판단하는 방법을 써왔다. 학자들은 가끔 특정 텍스트에 쓰인 단어들의 목록을 만들고 그 수를 세기도 했다. 하지만 두 방법 다 완전히 만족스러운 것은 아니다. 첫 번째 방법은 너무 주관적이고, 두 번째 방법은 너무 삭막하다. DNA의 경우, 논란이 되는 유전체를 비교하는 작업은 종종 핵심 유전자 수십 개를 서로 비교하면서 사소한 차이를 찾아내는 방법을 사용한다. 하지만 서로 아주 다른 종들에게 쓰면 실패할 수밖에 없는데, 그 차이가 너무 광범위하고, 어떤 차이가 중요한지 확실하지 않기 때문이다. 이 방법은 또한 오로지 유전자에만 초점을 맞춤으로써 유전자 밖에 존재하는 많은 조절 DNA 집단을 무시한다.

이런 문제들을 피하기 위해 버클리의 캘리포니아 대학 과학자들은 2009년에 텍스트에 포함된 한 문자열을 따라 '윈도'를 밀면서 유사점과 패턴을 검색하는 소프트웨어를 개발했다. 이들은 시험 삼아 포유류의 유전체와 『피터 팬』이나 『모르몬경』, 플라톤의 『공화국』 같은 책 수십 권의 텍스트를 분석했다. 그리고 한 시험 작동에서 같은 소프트웨어가 DNA를 여러 속屬의 포유류로 분류할 수 있고, 또한 다른 시험 작동에서 책들을 여러 문학 장르로 아주 정확하게 분류할 수 있다는 사실을 발견했다. 논란이 되는 텍스트 문제로 초점을 옮긴 과학자들은 셰익스피어 작품의 원작자를 둘러싼 문제를 파고들었다. 그들의 소프트웨어는 『두 귀족 친척 *Two Noble Kinsmen*』의 원작자는 셰익스피어가 맞지만, 의심을 받던 또 하나의 작품인 『페리클레스 *Pericles*』의 원작자는 셰익스피어가 아니라는 결론을 내놓았다. 그러고 나서 연구팀은 바이러스와 가장 오래되고 가장 이질적인 생명체인 고세균古細菌의 유전체를 연구했다. 분석 결과는 바이러스와 고세균과 다른 미생물들 사이에 존재하는 새로운 연관 관계를 밝혀냈고, 이것들을 분류하는 새로운 방법을 제안했다. 관련 데이터의 양이 엄청나게 많았기 때문에 유전체 분석에는 많은 노력이 필요했다. 바이러스와 고세균을 분석하기 위해 1년 동안 컴퓨터 320대가 오로지 그 작업에만 매달려야 했다. 하지만 유전체 분석은 몇 가지 유전자를 일일이 비교하는 것을 넘어서서 어떤 종의 전체 자연사를 들여다보게 해주었다.

DNA 회문

하지만 유전체의 전 역사를 들여다보려면, 다른 텍스트를 읽는 것보다 훨씬 뛰어난 기술이 필요하다. DNA를 판독하려면 왼쪽에서 오른쪽으로 읽을 뿐만 아니라, 오른쪽에서 왼쪽으로 읽을(좌우 교대 서법) 필요도 있다. 그렇게 하지 않으면, 중요한 회문回文(madam이나 nurses run 처럼 앞에서부터 읽으나 뒤에서부터 읽으나 동일한 단어나 구. 우리말의 예로는 '소주 만 병만 주소'나 '다시 합창합시다'가 있다 — 옮긴이)이나 시모드닐랍 semordnilap(앞에서부터 읽으나 뒤에서부터 읽으나 뜻은 통하지만, 두 뜻이 같지는 않은 회문) 같은 것을 놓치고 말 것이다.

세상에서 아주 오래된 회문 중 하나는 놀랍게도 위아래 방향과 좌우 방향을 바꿔 읽어도 동일한 단어가 되는 정사각형 회문으로, 폼페이와 여러 장소의 벽에 새겨져 있다.

S–A–T–O–R

A–R–E–P–O

T–E–N–E–T

O–P–E–R–A

R–O–T–A–S

하지만 이 sator……rotas 회문*은 그 나이가 겨우 2000여 년으로, 정말로 아주 오래된 DNA 회문의 나이에 비하면 새 발의 피에 지나지 않는다. 심지어 DNA는 회문을 두 종류나 발명했다. GATTACATTAG처럼 전통적인 회문도 있지만, 염기 A–T와 C–G가 항상 쌍을 이루는 성질 때문에 DNA는 더 미묘한 종류의 회문을 만들 수 있다. 즉, 염색체의 이중 가닥에서 한 가닥에 배열된 염기 순서가 다른 가닥에 배열된 염기 순서와 완전히 거꾸로 된 회문이 나타날 수 있다. 염색체 한 가닥에 배열된 염기가 CTAGCTAG라고 가정해보자. 그렇다면 다른 가닥에는 염기가 GATCGATC 순서로 배열돼 있을 것이다. 이것들은 완벽한 회문을 이룬다.

두 번째 종류의 회문은 겉보기에는 아무런 위험 요소가 없어 보이지만, 미생물은 여기에 오싹한 전율을 느낄 수 있다. 오래 전에 많은 미생물은 진화를 통해 철사 절단기처럼 DNA를 깨끗하게 자를 수 있는 특별한 단백질('제한 효소'라 부르는 단백질)을 갖게 되었다. 이유가 무엇인지는 알 수 없지만, 이 효소는 오직 회문처럼 매우 대칭적인 부분에서만 DNA를 자를 수 있다. DNA를 자르는 것은 방사선에 손상된 염기를 제거하거나 꼬인 DNA의 긴장을 완화하는 등 여러 가지 순기능을 할 수 있다. 하지만 성질 나쁜 미생물은 이 단백질을 주로 다른 미생물을 공격하는 데 사용하며, 상대방의 유전 물질을 갈가리 찢어놓는다. 그 결과, 미생물은 비싼 대가를 치른 끝에 회문이라면 그 비슷한 것이라도 피해야 한다는 교훈을 얻었다.

고등 생물이라고 해서 많은 회문을 용납할 수 있는 것은 아니다. CTAGCTAG와 GATCGATC 사례를 다시 살펴보자. 각 회문에서 첫 번째 절반은 두 번째 절반과 염기쌍을 이룰 수 있다는 사실에 주목하라. 즉, 첫 번째 문자와 마지막 문자(C와 G), 두 번째 문자와 끝에서 두 번째 문자(T와 A)는 쌍을 이룰 수 있다. 하지만 이러한 내부 결합이 일어나려면, 한 DNA 가닥이 다른 가닥과 분리되면서 위로 접혀야 한다. '머리핀hairpin'이라 부르는 이 구조는 적절한 길이의 어떤 DNA 회문에서도 생겨날 수 있는데, 회문이 지닌 본질적인 대칭성 때문이다. 충분히 예상할 수 있듯이, 머리핀은 매듭과 마찬가지로 DNA를 확실히 죽일 수 있고, 같은 이유에서 세포 기구를 탈선시킬 수 있다.

DNA에서 회문이 생겨날 수 있는 방법은 두 가지가 있다. 머리핀을 만들어내는 짧은 DNA 회문은 A, C, G, T 문자들이 우연히 대칭적으로 배열될 때 무작위적으로 생겨난다. 우리의 염색체에는 더 긴 회문들도 곳곳에 있는데, 그중 많은 것(특히 작고 약한 Y 염색체에 손상을 입히는 것)은 특별한 2단계 과정을 통해 생겨난 것으로 보인다. 여러 가지 이유로 염색체는 가끔 우연히 DNA 조각을 복제한 뒤, 복제한 부분을 엉뚱한 곳에 갖다 붙인다. 염색체는 또한 DNA 조각을 180° 뒤집어 거꾸로 붙이기도 한다(종종 두 가닥이 분리된 후에). 복제와 자리바꿈이 손을 잡으면 회문이 생겨난다.

하지만 대부분의 염색체는 긴 회문을 허용하지 않거나 최소한 긴 회문을 만들어내는 자리바꿈을 허용하지 않는다. 자리바꿈은 유전자를 파괴하거나 기능을 마비시켜 그 염색체를 무력하게 만들 수 있다. 자리바꿈은 또한 염색체가 교차를 할 기회도 줄일 수 있는데, 그 기회를 잃는 것은 큰 손실이다. 교차(쌍둥이 염색체의 팔이 교차되면서 일부분이 바뀌는 현상)는 염색체에 유전자 교환을 통해 더 나은 유전자를 얻을 기회를 제공한다. 이에 못지않게 중요한 점이 있는데, 염색체는 교차를 이용해 품질 관리 검사를 한다. 염색체는 서로 나란히 늘어서서 상대방의 위아래를 훑어보면서 돌연변이가 일어난 유전자 위에 돌연변이가 일어나지 않은 유전자를 겹쳐 쓴다. 하지만 염색체는 자신과 비슷한 짝하고만 교차를 일으킨다. 만약 짝이 의심스러울 정도로 차이가 난다면, 염색체는 해로운 DNA를 얻을까 봐 염려해 일부를 교환하길 거부한다. 자리바꿈이 나쁜 결과를 가져오지 않을까 의심을 받는 이런 상황에서 염색체는 회문을 포함한 염색체를 피하려고 한다.

Y는 한때 회문에 대해 불관용을 보여주었다. 포유류가 파충류에서 갈라져 나오기 이전인 오래 전에 X와 Y는 쌍둥이 염색체였고, 자주 교차를 일으켰다. 그러다가 약 3억 년 전에 Y의 한 유전자가 돌연변이를 일으켜 고환의 발달을 시작하게 하는 마스터 스위치가 되었다.(그 전에는 알이 부화되는 온도에 따라 성이 결정되었을 것이다. 거북과 악어의 암수도 이와 똑같은 비유전적 방법으로 결정된다.) 이 변화 때문에 Y는 '수컷' 염색체가 되었고, 다양한 과정을 통해 그 밖의 수컷 유전자(대부분 정자 생산을 위한 수컷 유전자)를 함께 갖추게 되었다. 그 결과, X와 Y 염색체는 서로 모습이 크게 달라졌고, 교차를 피하게 되었다. Y는 자신의 유전자 위에 성질 나쁘고 까탈스러운 X의 유전자가 겹쳐지는 걸 원치 않은 반면, X는 XX 암컷에게 해로울 수 있는 Y의 멍청한 유전자를 얻길 원치 않았다.

이렇게 교차가 줄어든 뒤에 Y는 크고 작은 자리바꿈에 점점 더 관용적인 태도를 보이게 되었다. 사실, Y는 그 역사를 통해 DNA가 대규모로 교체되는 큰 자리바꿈을 네 차례나 경험했다. 각각의 사건은 멋진 회문(하나는 포함된 문자의 수가 300만 개나 됨)을 많이 만들어냈지만, 그런 사건이 일어날 때마다 X와 교차가 일어나는 일이 점점 더 힘들어졌다. 이것은 교차가 염색체에게 해로운 돌연변이 위에 다른 유전자를 겹치게 해준다는 사실을 제외하고는 그다지 대단한 일이 아니다. X는 XX 암컷에서 이 일을 계속할 수 있지만, Y는 그 짝을 잃으면 해로운 돌연변이가 누적될 수 있다. 해로운 돌연변이가 나타날 때마다 세포는 Y를 베어 돌연변이가 일어난 DNA를 잘라내는 수밖에 선택의 여지가 없다. 그 결과는 아름다운 것이 아니다. 한때 큰 염색체였던 Y는 원래 1400여 개가 되던 유전자 중에서 40여 개만 제외하고 나머지를 모두 다 잃었다. 한때 생물학자들은 이런 추세가 계속된다면, 언젠가 Y가 사라질 것이라고 생각했다. Y는 기능 장애를 초래하는 돌연변이가 계속 누적되면서 점점 더 짧아질 수밖에 없는 운명처럼 보였고, 그렇게 되면 결국 진화는 Y 염색체 자체를(그리고 덤으로 수컷도) 완전히 사라지게 할 것이다.

하지만 회문은 Y를 사면했는지도 모른다. DNA 가닥의 머리핀은 나쁘지만, 만약 Y가 스스로를 접어 거대한 머리핀이 된다면, 그 회문(하나는 앞에서 뒤로, 하나는 뒤에서 앞으로 배열되었을 뿐, 동일한 유전자들로 이루어진 회문) 중 어떤 두 개를 접촉하게 할 수 있다. 이것은 Y에게 돌연변이를 검사하고 그 위에 다른 유전자를 겹쳐 쓰게 한다. 이것은 종이 위에 "A man, a plan, a cat, a ham, a yak, a yam, a hat, a canal: Panama!"라고 쓰고 나서 종이를 접은 뒤, 문자 하나하나를 대조하면서 일치하지 않는 부분을 수정하는 것과 같다. 이런 일은 새로 태어나는 모든 남자 아이에게서 약 600번이나 일어난다. 이러한 접힘은 Y에게 성염색체 짝의 부재를 보완하고, 염색체 길이 방향을 따라 늘어선 어느 지점의 유전자들을 다른 염색체의 유전자들과 교환하면서 자기들끼리 '재조합'할 수 있게 한다.

회문을 이런 식으로 수정하는 방법은 아주 독창적이다. 사실, 지나치게 교활하다고까지 표현할 수 있다. Y가 회문을 비교하기 위해 사용하는 체계는 유감스럽게도 돌연변이가 일어난 회문과 일어나지 않은 회문을 '알' 수가 없다. 그저 거기에 어떤 차이가 있는지만 알아챌 뿐이다. 그래서 가끔 Y가 좋은 유전자 위에 나쁜 유전자를 겹쳐 쓰는 일이 일어난다. 자기 재조합은 우연히 회문들 사이의 DNA를 삭제하는 경향도 있다. 이러한 실수가 남자를 죽이는 일은 드물지만, 정자를 불임 상태로 만들 수 있다. 종합하면, 이것과 같은 돌연변이를 바로잡을 수 없다면, Y 염색체는 사라지고 말 것이다. 하지만 돌연변이를 바로잡게 하는 바로 그것, 즉 그 회문은 Y 염색체에서 남성성을 박탈할 수 있다.

유전학과 암호

DNA가 지닌 언어학적 속성과 수학적 속성은 둘 다 DNA의 궁극적인 목적에 기여한다. 세포는 DNA와 RNA를 통해 메시지를 저장하고 불러내고 전송하며, 과학자들은 핵산이 정보를 암호화하고 처리한다고 습관적으로 말한다. 마치 유전학이 암호학이나 컴퓨터과학의 한 분야이기나 한 양 말이다.

사실, 현대 암호학은 유전학에 일부 뿌리를 두고 있다. 윌리엄 프리드먼William Friedman이라는 젊은 유전학자는 코넬 대학을 졸업한 뒤, 1915년에 일리노이 주 농촌에 있던 기묘한 과학 싱크탱크에 합류했다.(이곳은 네덜란드식 풍차, 햄릿이란 이름의 애완 곰, 그리고 해안에서 1200km나 떨어진 곳인데도 등대가 있다는 사실을 자랑했다.) 상사는 프리드먼에게 첫 번째 연구 과제로 달빛이 밀 유전자에 미치는 효과를 연구하라고 지시했다. 하지만 통계학을 잘 알고 있던 프리드먼은 상사의 또 다른 터무니없는 연구 계획*에 마음이 끌렸다. 그것은 프랜시스 베이컨Francis Bacon이 셰익스피어의 작품을 썼을 뿐만 아니라, 퍼스트 폴리오First Folio(셰익스피어의 희곡 작품들을 모아 1623년에 처음으로 출판한 책. 폴리오는 전지를 둘로 접어 4페이지로 만든 판형을 가리킴)에 자신이 실제 저자라는 단서들을 남겼음을 증명하는 것이었다.(그 단서들 중에는 특정 문자의 모양을 변화시킨 것도 포함돼 있었다.) 프리드먼은 비록 열광하긴 했지만 — 어릴 때 에드가 앨런 포Edgar Allan Poe의 「황금 풍뎅이The Gold-Bug」를 읽고 나서부터 암호 해독을 매우 좋아했다—베이컨이 셰익스피어의 원작자라는 주장은 허튼소리라고 결론 내렸다. 그는 똑같은 해독 방법을 사용해 『줄리어스 시저*Julius Caesar*』의 실제 저자가 테디 루스벨트Teddy Roosevelt임을 '증명'할 수 있다고 지적했다. 그럼에도 불구하고, 프리드먼은 유전학을 생물학적 암호 해독에 해당한다고 생각했고, 실제 암호 해독을 공부한 뒤에 미국 정부의 암호학 분야에서 일자리를 얻었다. 그는 곧 유전학에서 익힌 통계학 전문 지식을 바탕으로 1923년에 비밀 전문을 해독해 티폿돔 부정 사건(내무부 장관 앨버트 폴Albert B. Fall이 뇌물을 받고 와이오밍 주 티폿돔에 있던 유전을 비밀리에 석유 회사에 임대한 사건)을 밝혀냈다. 1940년대 초에는 일본의 외교 전문 암호를 해독하기 시작했는데, 그중에는 1941년 12월 6일에 일본에서 워싱턴 주재 일본 대사관으로 보낸 유명한 전문 10여 개도 포함돼 있었다. 그 전문들은 전쟁이 임박했음을 암시했다.

프리드먼이 유전학을 떠난 이유는 20세기의 처음 수십 년 동안 유전학은 멍청한 동물들이 번식하길 기다리면서 가만히 앉아 있는 일이 너무 많았기 때문이다. 그것은 데이터 분석보다는 축산업에 더 가까웠다. 한두 세대 뒤에 태어나기만 했더라도, 생각이 달라졌을 텐데 애석하게도 시대는 그에게 등을 돌렸다. 1950년대에 이르자 생물학자들은 A–C–G–T 염기쌍을 생물학적 '비트bit'로, 유전학을 해독해야 할 '암호'로 부르는 일이 잦아졌다. 유전학은 데이터 분석으로 변했고, 계속 그런 방향으로 발전해갔는데, 거기에는 프리드먼과 같은 시대를 살았지만 좀 더 젊었던 공학자의 연구가 중요한 역할을 했다. 암호학과 유전학을 모두 아우르는 연구를 한 그 사람의 이름은 클로드 섀넌Claude Shannon이다.

과학자들은 섀넌이 스물한 살 때인 1937년에 MIT에서 쓴 논문을 역사상 가장 중요한 석사 논문이라고 칭송하면서 자주 인용한다. 이 논문에서 섀넌은 전기 회로와 기초 논리를 결합해 수학 연산을 하는 방법의 개요를 설명했다. 그 결과, 그는 복잡한 연산을 수행하는 회로(모든 디지털 회로의 기본이 되는 회로)를 설계할 수 있었다. 10년 뒤, 섀넌은 디지털 회로를 사용해 메시지를 암호화하고 그것을 더 효율적으로 전송하는 방법에 대해 논문을 썼다. 이 두 가지 발견으로 아무것도 없던 상태에서 현대 디지털 커뮤니케이션이 탄생했다고 말하는 것은 결코 과장된 표현이 아니다.

이렇게 중요한 발견들을 하는 사이에 섀넌은 또 다른 것에 몰두했다. 연구실에서는 저글링 하기와 외바퀴자전거 타기, 복도에서는 외바퀴자전거를 타면서 저글링 하기를 좋아했다. 집에서는 지하실에서 고철을 가지고 끝없이 이런저런 작업을 했는데, 평생 동안 만든 발명품에는 로켓 추진 프리스비, 엔진을 단 포고 스틱(기다란 막대기 아랫부분에 용수철이 달린 발판이 있어 콩콩거리며 타고 다니는 놀이 기구. 우리나라에서는 한때 스카이콩콩이라 불렀다), 루빅 큐브를 푸는 기계, 미로 문제를 푸는 기계적 생쥐(테세우스란 이름이 붙은 생쥐), 로마 숫자로 계산을 하는 프로그램(THROBAC란 이름이 붙은 프로그램), 카지노의 룰렛 게임에서 돈을 따기 위한* 담뱃갑만 한 크기의 '착용 컴퓨터' 등이 있다.

섀넌은 1940년에 유전학을 주제로 박사 학위 논문을 쓰기로 결정했다. 그 당시 생물학자들 사이에서는 유전자와 자연 선택 사이의 연관 관계가 확실한 사실로 굳어지고 있었지만, 연구에 필요한 관련 통계학은 많은 생물학자들을 움츠리게 했다. 훗날 섀넌은 그 당시에 유전학에 대해 아는 게 거의 없다고 인정했지만, 곧장 유전학으로 뛰어들어 전에 자신이 전자 회로를 위해 했던 것과 비슷한 일을 했다. 즉, 복잡성을 단순한 대수학으로 바꿈으로써 어떤 입력(개체군의 유전자)이 있으면 누구라도 출력(어떤 유전자가 번성하거나 사라질지)을 금방 계산할 수 있도록 했다. 섀넌은 몇 달 동안 오로지 논문에만 매달린 끝에 박사 학위를 받았는데, 그러고 나서 전자공학 쪽에 매력을 느끼더니 다시는 유전학으로 돌아오지 않았다. 하지만 그것은 중요하지 않았다. 그가 한 새로운 연구는 정보 이론의 기초가 되었다. 정보 이론은 응용 영역이 아주 광범위하여, 비록 섀넌은 돌아오지 않았다 하더라도 정보 이론은 먼 길을 빙 돌아 결국에는 유전학으로 돌아왔다.

정보 이론에서 섀넌은 최소한의 오류를 범하면서 메시지를 전송하는 방법을 알아냈다. 나중에 생물학자들은 이것이 세포 속에서 일어나는 오류를 최소화하는 최선의 유전자 암호를 설계하는 것과 동일한 목표임을 알아챘다. 생물학자들은 또한 언어의 효율성과 중복에 관한 섀넌의 연구도 받아들였다. 섀넌은 영어의 경우 중복 비율이 최소한 50%라고 계산했다.(그가 조사한 레이먼드 챈들러Raymond Chandler의 한 저속 소설은 중복 비율이 75%에 이르렀다.) 생물학자들은 효율성도 연구했는데, 자연선택설에 따르면 효율적인 생물이 적자가 될 가능성이 높기 때문이었다. 그들은 DNA에 중복이 적을수록 세포가 정보를 더 많이 저장할 수 있고 더 빨리 처리할 수 있는데, 이것은 큰 이점이 될 것이라고 가정했다. 하지만 타이 클럽이 알아냈듯이, DNA는 이 점에서 최선이 아니라 차차선이다. 한 아미노산의 암호를 만들 수 있는 A–C–G–T 트리플렛은 최대 6개까지 존재한다. 이것은 지나친 중복이다. 만약 세포가 경제적 효율성을 발휘해 아미노산 하나를 만들 수 있는 트리플렛의 종류를 더 줄인다면, 아미노산의 종류를 20가지가 아니라 그 이상까지 늘릴 수 있어 분자 진화에 새로운 지평이 열릴 것이다. 실제로 과학자들은 안내만 잘한다면, 실험실 세포는 아미노산을 50가지나 사용할 수 있음을 보여주었다.

하지만 중복은 치러야 할 비용뿐만 아니라 섀넌이 지적한 것처럼 편익도 있다. 언어에서 약간의 중복은 일부 음절이나 단어를 잘못 쓰더라도 대화를 이해하는 데 도움을 준다. 다음 문장을 읽어보라. Mst ppl hv lttl trbl rding cntncs wth lttrs mssng. 대부분의 사람은 일부 문자가 누락된 문장을 큰 어려움 없이 읽을 수 있다. 즉, 지나친 중복은 시간과 에너지의 낭비를 초래하지만, 약간의 중복은 실수를 예방하는 데 도움이 된다. 이것을 DNA에 적용하면, 중복의 역할을 이해할 수 있다. 중복은 돌연변이가 잘못된 아미노산을 도입할 가능성을 낮춘다. 게다가 생물학자들의 계산에 따르면, 설사 돌연변이가 잘못된 아미노산을 만들더라도, 그렇게 해서 생겨난 변화가 어떤 것이건 자연은 새로운 아미노산이 화학적으로나 물리적으로 비슷한 성질을 가지고 제대로 접히도록 모든 것을 만들어놓았다고 한다. 그것은 아미노산의 동의어에 해당하기 때문에, 세포는 여전히 그 문장의 의미를 제대로 이해할 수 있다.

(중복의 용도는 유전자 밖에서도 찾을 수 있을지 모른다. 비암호화 DNA — 유전자들 사이의 넓은 공간에 자리잡은 DNA 부분 — 는 아무 쓸모없는 중복 문자를 포함하고 있는데, 이런 곳은 누군가 자연의 자판을 제멋대로 두들긴 것처럼 보인다. 이 부분과 그 밖의 부분들은 쓰레기처럼 보이지만, 과학자들은 이것들이 정말로 전혀 쓸모없는 것인지는 확실히 알지 못한다. 한 과학자는 "유전체는 100여 페이지를 삭제하더라도 아무 문제가 없는 쓰레기 소설일까? 아니면, 한 페이지만 삭제하더라도 줄거리를 따라가기 어려운 헤밍웨이의 소설에 가까울까?"라고 물었다. 하지만 섀넌의 정리를 정크 DNA에 적용한 연구들에서는 그 중복이 언어에 나타나는 중복과 아주 비슷하다는 사실이 발견되었다. 즉, 비암호화 DNA는 아직 발견되지 않은 언어학적 속성을 지니고 있을지 모른다.)

섀넌과 프리드먼은 이 모든 발견에 환호성을 질렀을지 모른다. 하지만 여러 가지 놀라운 특징 중에서 가장 흥미로운 측면은 DNA가 우리에게 가장 강력한 정보 처리 도구를 제공한다는 점이다. 1920년대에 막강한 영향력을 떨친 다비트 힐베르트David Hilbert는 생각할 필요도 없이 정리를 자동적으로 풀 수 있는 기계적 과정(알고리듬)이 존재하는지 알아내려고 애썼다. 힐베르트는 연필과 종이로 이 과정을 해내는 사람들을 상상했다. 하지만 1936년에 수학자(그리고 아마추어 매듭 연구자이기도 했던) 앨런 튜링Alan Turing은 대신에 그 일을 할 수 있는 기계를 스케치했다. 튜링의 기계(그저 긴 녹음 테이프와 그 테이프를 움직이고 거기다 표시를 하는 장비로 이루어진 기계)는 단순해 보였지만, 풀 수 있는 문제라면 어떤 것이건 문제를 더 작은 논리적 단계들로 분해해 계산함으로써 답을 내놓을 수 있었다 — 적어도 원리적으로는. 튜링 기계는 많은 사람에게 영감을 주었는데, 섀넌도 그중 한 명이었다. 공학자들은 곧 튜링이 상상한 것과 비슷하게 긴 자기 테이프와 자기 녹음 헤드가 딸린 운전 모형을 만들었는데, 오늘날 우리는 이것을 컴퓨터라 부른다.

하지만 생물학자들은 튜링 기계가 무엇보다도 세포가 기다란 DNA와 RNA 가닥을 복제하고 표시하고 읽는 데 사용하는 기구와 닮았다는 사실을 알아챘다. 이들 튜링 생물 기계는 살아 있는 모든 세포 속에서 돌아가면서 매 순간 온갖 종류의 복잡한 문제를 푼다. 사실, DNA는 튜링 기계보다 나은 점이 한 가지 더 있다. 컴퓨터 하드웨어는 그것을 돌아가게 하는 소프트웨어가 필요하지만, DNA는 하드웨어인 동시에 소프트웨어 기능을 다 하기 때문에 정보를 저장하는 동시에 지시를 수행한다. 심지어 자신을 더 많이 만들라는 지시까지 포함하고 있다.

이뿐만이 아니다. 만약 DNA가 지금까지 우리가 본 일들 — 자신을 완벽하게 계속 복제하고, RNA와 단백질을 만들어내고, 핵폭탄의 손상을 견뎌내고, 단어와 구를 암호화하고, 심지어 휘파람으로 훌륭한 곡을 부르기까지 — 만 한다 하더라도, 여전히 놀라운 분자로 남아 있을 것이다. 하지만 DNA를 무엇보다 돋보이는 존재로 만드는 것은 바로 자신보다 수십억 배나 큰 것을 만들어내는(그리고 그것을 지구 위에서 움직이면서 살아가게 하는) 능력이다. 심지어 DNA는 자신의 창조물들이 그동안 보고 했던 모든 일을 여행기로 기록했는데, 일부 운 좋은 동물은 DNA의 기본 작용 방식을 이해한 뒤에 마침내 그 이야기를 직접 읽을 수 있게 되었다.

2장

동물로 살아온 우리의 과거

기어다니고 뛰어다니고 죽이는 동물들을 만들어낸 것

05
DNA의 구조와 역할

생명은 왜 그토록 느리게 진화하다가
왜 그토록 갑자기 복잡성이 폭발했을까?

그 논문을 읽는 순간, 미리엄 마이클 스팀슨Miriam Michael Stimson 수녀는 10년에 걸친 필생의 노력이 와르르 무너지는 느낌이 들었다. 늘 두건과 흑백 수녀복 차림으로 살았던 도미니크 수도회의 이 수녀는 1940년대 내내 혼자서 생산적인 연구 경력을 쌓았다. 미리엄은 이전에는 미시간 주와 오하이오 주의 작은 종교 대학들에서 상처를 치료하는 호르몬에 관한 실험을 했고, 심지어 유명한 치질 크림(Preparation H라는 제품명으로 판매되는 약)의 개발 과정에도 도움을 주었지만, 결국 DNA 염기의 형태를 연구하는 게 자신의 소명임을 깨달았다.

미리엄은 그 분야의 연구에서 큰 진전을 이루어, DNA 염기가 계속 형태를 바꾸면서 보는 순간마다 다르게 보일 수 있다는 증거를 발표했다. 이 개념은 아주 단순하지만, DNA의 작용 방식에 대해 중요한 의미를 지닌 것이었다. 하지만 1951년에 두 경쟁 과학자가 한 논문에서 미리엄의 이론을 '하찮고' 그릇된 것이라고 폄하했다. 그것은 매우 굴욕적인 일이었다. 미리엄은 여성 과학자로서 늘 무거운 부담을 안고 연구했다. 심지어 자신이 전문으로 연구하는 주제에 대해 남성 동료들이 잘난 체하며 강연하는 것을 참고 들어야 하는 일도 종종 있었다. 그리고 그러한 공개적 폄훼는 그동안 어렵게 쌓아올린 명성을 DNA의 양 가닥처럼 빠르게, 완전히 풀어헤쳤다.

그후 몇 년에 걸친 자신의 반박이 20세기의 생물학에서 가장 중요한 발견 — 왓슨과 크릭의 이중 나선 — 을 이루는 필수 단계가 되었다는 사실도 미리엄에게는 그다지 큰 위로가 되지 못했을 것이다. 제임스 왓슨과 프랜시스 크릭은 다른 사람들의 연구를 종합하기만 했을 뿐, 직접 실험을 한 적이 거의 없다는 점에서 그 당시로서는 상당히 특이한 생물학자였다.(최고 수준의 이론가인 다윈조차 실험을 위해 종묘장을 운영했고, 따개비를 집중 연구해 따개비 전문가가 되었다.) 이렇게 남의 연구를 '빌리는' 버릇 때문에 왓슨과 크릭은 가끔 분쟁에 휘말리기도 했다. 가장 유명한 사건은 DNA의 이중 나선 구조를 드러낸 X선 사진을 찍은 로절린드 프랭클린Rosalind Franklin과 그들 사이에 벌어진 분쟁이다. 하지만 왓슨과 크릭은 덜 유명한 과학자 수십 명의 기초 연구도 참고했는데, 그중에 미리엄의 연구도 포함돼 있었다. 솔직히 말해서 미리엄의 연구가 그 분야에서 아주 중요한 것은 아니었다. 사실, 미리엄의 실수는 초기에 DNA의 구조를 놓고 벌어진 혼란을 지속시키는 데 큰 역할을 했다. 하지만 토머스 헌트 모건의 경우와 마찬가지로, 누가 그녀의 오류를 바로잡았는지 추적하는 것은 나름의 가치가 있다. 그리고 좌절을 경험한 많은 과학자들과 달리 미리엄에게는 마음을 추스르고 실험실로 되돌아가게 한 겸허함, 즉 대처 능력이 있었으며, 그 덕분에 결국 이중 나선 이야기에 뭔가 기여하게 되었다.

수녀복을 입은 과학자

DNA에 당과 인산, 고리 모양의 염기가 섞여 있다는 사실을 처음 발견한 20세기 중엽의 생물학자들은 많은 점에서 프리드리히 미셔 시대의 생물학자들이 고민했던 것과 동일한 기본 문제—DNA는 어떻게 생겼을까?—를 붙잡고 씨름하고 있었다. 무엇보다 골치 아픈 문제는 어떻게 기다란 DNA 가닥들이 서로 딱 맞물려서 함께 붙어 있는지 짐작조차 할 수 없다는 점이었다. 오늘날 우리는 DNA 가닥들이 A는 T와 C는 G와 결합하는 방식으로 자동적으로 맞물린다는 사실을 알고 있다. 하지만 1950년 당시에는 그 사실을 아는 사람이 아무도 없었다. 모든 사람은 문자 짝짓기가 무작위로 일어난다고 생각했다. 따라서 과학자들은 자신들의 DNA 모형 내부에 어색한 문자 조합들을 모두 다 허용해야 했다. 즉, 그들의 모형에서는 때로는 덩치가 큰 A와 G도 결합하고, 가느다란 C와 T도 결합했다. 과학자들은 잘 들어맞지 않는 이 염기쌍들을 어떻게 회전시키고 조립하더라도, 매끈한 형태의 DNA 대신에 곳곳에 움푹 들어간 곳과 불룩 튀어나온 곳이 많은 형태가 된다는 사실을 금방 깨달았다. 왓슨과 크릭은 이 지긋지긋한 생물 분자 테트리스에 저주의 말을 퍼붓고는, 순전히 거치적거리는 염기들을 제거하려는 목적으로 염기들을 바깥쪽으로 향하도록 배열해 안팎이 뒤집힌(그리고 삼중 가닥인)* DNA 모형을 붙들고 씨름하느라 몇 달을 낭비한 적도 있었다.

미리엄은 DNA의 구조에 관해 중요한 문제를 푸는 데 매달렸는데, 그 문제는 바로 염기의 정확한 형태를 알아내는 것이었다. 수녀가 이 같은 전문 분야에서 연구하는 것은 오늘날에는 이상하게 보일지 모르지만, 훗날 미리엄은 자신이 과학 학회나 회의에서 만난 여성 과학자는 대부분 동료 수녀였다고 말했다. 그 당시 여성은 결혼을 하면 대개 경력이 중단되었고, 로절린드 프랭클린 같은 미혼 여성은 의심과 조롱의 시선을 받았으며, 때로는 급료가 너무 낮아 제대로 살아갈 수 없었다. 반면에 가톨릭 수녀는 교회가 운영하는 수녀원에서 미혼이면서도 존경받으며 살아갔고, 과학 연구를 할 수 있을 만큼 충분한 재정적 지원과 독립성을 누렸다.

하지만 수녀가 된다고 해서 직업적으로나 개인적으로 복잡한 문제가 없는 것은 아니었다. 원래 이름은 요한이었지만 수도원에서 그레고어로 불린 멘델처럼 미리엄 스팀슨과 동료 수녀들은 1934년에 미시간 주의 수녀원에 들어오는 순간부터 새 이름을 받았다. 미리엄은 메리를 선택했지만, 세례식 때 대주교와 조수가 명단에서 한 이름을 누락하는 바람에 명단에서 그 줄에 있던 여성들은 대부분 잘못된 이름으로 세례를 받았다. 이에 대해 아무도 이의를 제기하지 않았지만, 명단 맨 마지막에 이름이 올라 있던 미리엄에게는 줄 이름이 남아 있지 않았다. 슬기로운 대주교는 자기 머릿속에 퍼뜩 떠오른 이름을 미리엄에게 주었는데, 하필이면 남자 이름이었다. 수녀가 되는 것은 예수와 결혼한 것으로 간주되고, 하느님(혹은 대주교)이 미천한 인간에게 붙여준 것은 영영 떼어낼 수 없기 때문에, 한번 잘못 붙인 이름은 그대로 굳어지고 말았다.

이러한 복종 요구는 미리엄이 연구를 시작하면서 더욱 큰 부담으로 다가왔고, 과학자로서 경력을 쌓아가는 데에도 많은 지장을 초래했다. 작은 가톨릭 대학의 상사들은 완전한 실험실을 마련해주는 대신에 욕실을 개조한 곳에서 실험을 하라고 했다. 미리엄은 실험실에서 연구를 할 시간도 많지 않았을뿐더러 학생 기숙사를 책임지는 사감 일도 맡았고, 게다가 강의까지 해야 했다. 실험실에서도 커다란 후드와 함께 수녀복을 제대로 갖춰 입고 실험해야 했는데, 이렇게 거추장스러운 복장은 복잡한 실험을 할 때 방해가 되었다.(미리엄은 운전도 할 수 없었는데, 커다

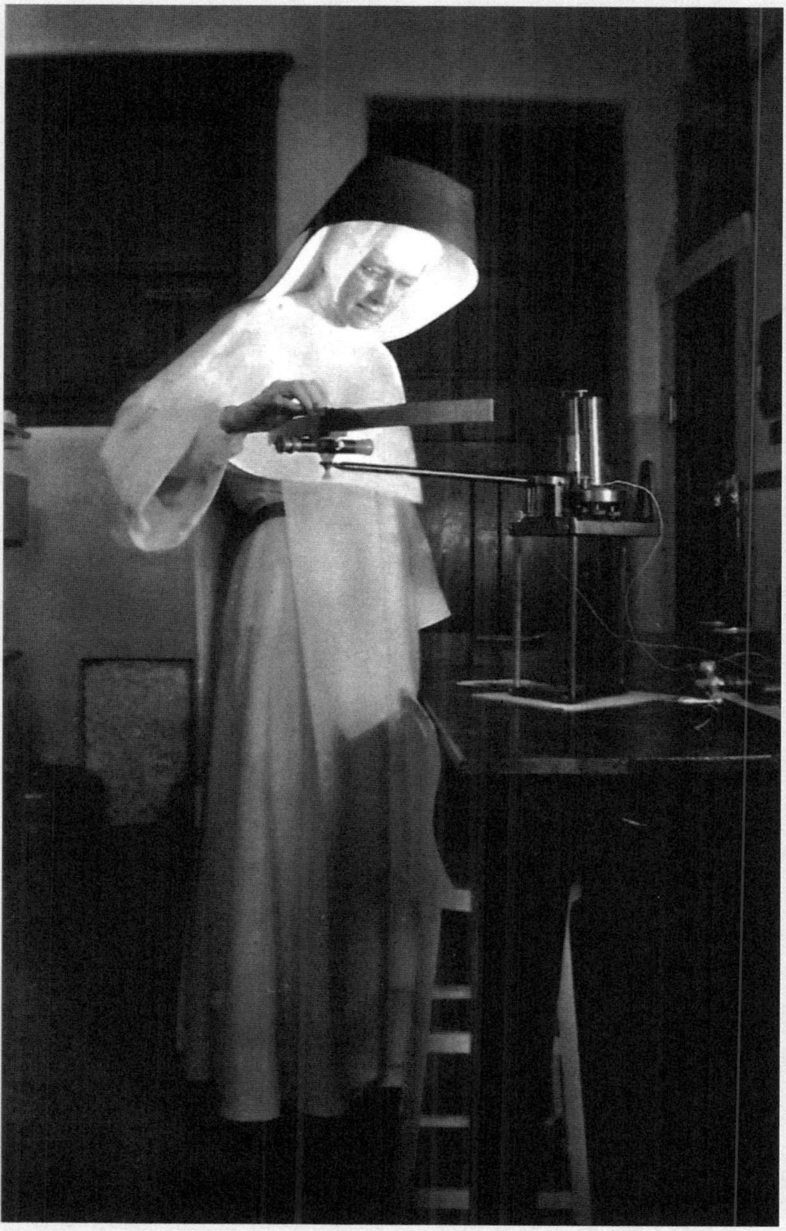

DNA 연구의 선구자인 미리엄 마이클 스팀슨 수녀는 실험실에서도 커다란 후드가 달린 수녀복을 입고 일해야 했다. (사진 제공 : 시에나하이츠 대학)

란 후드가 주변시를 방해했기 때문이다.) 그럼에도 불구하고, 미리엄은 머리가 아주 좋았고 — 친구들은 미리엄을 'M 스퀘어(M²)'라고 불렀다 — 멘델과 마찬가지로 M²의 수녀회는 과학에 대한 미리엄의 관심을 북돋고 격려했다. 솔직하게 말해서, 그들이 그런 태도를 보인 것은 하느님을 믿지 않는 아시아의 공산주의자와 싸우기 위한 목적도 일부 있었지만, 피조물을 창조하고 돌보는 하느님을 제대로 이해하려는 목적도 있었다. 사실, 미리엄과 동료들은 (Preparation H 개발을 도운 것을 포함해) 많은 의약화학 분야에도 기여했다. DNA 연구는 그러한 노력의 자연스러운 연장선상에서 이루어졌는데, 1940년대 후반에 미리엄은 그 구성 성분들을 조사함으로써 DNA 염기의 형태를 밝히는 연구에 큰 진전을 가져오는 것처럼 보였다.

A와 C, G와 T의 핵심 성분은 탄소, 질소, 산소 원자이지만, 이 염기들은 수소도 포함하고 있었는데, 수소의 존재가 문제를 복잡하게 했다. 수소는 분자에서 주변부로 돌출해 있고, 가장 가볍고 주변의 다른 원소들에게 가장 쉽게 영향을 받는 원소이기 때문에 여러 위치로 옮겨다니면서 염기의 모양을 조금 다르게 만들 수 있다. 이러한 위치 이동은 큰 문제가 되지 않지만(위치 이동이 일어나기 전이나 후나 전체적으로는 거의 똑같은 분자이기 때문에), 수소의 위치는 DNA의 이중 나선 형태를 유지하는 데 아주 중요하다.

수소 원자는 양성자 하나와 그 주위를 도는 전자 하나로 이루어져 있다. 그런데 수소는 대개 음전하를 띤 전자를 안쪽에 위치한 DNA 염기의 고리 부분과 공유한다. 그리고 그 뒤쪽에 양전하를 띤 양성자가 밖으로 노출된다. DNA 양 가닥은 한쪽 가닥의 염기에서 양전하를 띤 수소 부분과 다른 쪽 가닥의 염기에서 음전하를 띤 부분이 나란히 늘어섬으로써 결합한다.(음전하를 띤 부분은 대개 전자를 많이 포함한 산소와 질소가 중심이 된다.) 이러한 수소 결합은 보통 화학 결합만큼 강하진 않지만, DNA에게는 오히려 아주 편리한데, 세포는 필요할 때 DNA를 지퍼를 열듯이 쪼갤 수 있기 때문이다.

수소 결합은 자연에서 보편적으로 볼 수 있지만, 1950년대 초까지만 해도 과학자들은 DNA에서는 수소 결합이 불가능하다고 생각했다. 수소 결합이 일어나려면 (A와 T, C와 G가 결합할 때 그렇듯이) 양전하를 띤 부분과 음전하를 띤 부분이 완전히 나란히 늘어서야 한다. 하지만 특정 문자들 사이에 결합이 일어난다는(그리고 다른 문자들 간의 결합에서는 전하들이 완벽하게 늘어서지 않는다는) 사실은 아무도 몰랐다. M² 수녀와 여러 사람의 연구는 이 그림을 더욱 혼란스럽게 만들었다. 미리엄은 DNA 염기를 강하거나 약한 산성 용액에 녹이는 연구를 했다.(강산성은 용액에서 수소 이온의 농도를 높이고, 약산성은 농도를 낮춘다.) 미리엄은 용액에 녹은 염기와 수소 사이에 어떤 상호작용이 일어난다는 사실을 발견했다. 용액에 자외선을 비추자, 염기가 빛을 흡수하는 양상이 각각 다르게 나타났는데, 이것은 어떤 물질의 모양이 변한다는 것을 알려주는 보편적 단서였다. 하지만 그 변화는 돌아다니는 수소 때문에 일어난다고 (위험한) 가정을 했고, 그런 일이 모든 DNA에서 자연적으로 일어난다고 주장했다. 만약 이게 사실이라면, DNA 과학자들은 이제 잘못 짝지어진 염기들뿐만 아니라, 잘못 짝지어진 염기들의 다양한 형태까지도 수소 결합에서 비롯되었을 가능성을 생각해보아야 했다. 훗날 왓슨과 크릭은 그 당시 교과서에 실린 염기들조차 저자의 기분과 편견에 따라 수소 원자들이 각각 다른 위치에 붙어 있었다고 분노했다. 이런 상황에서 DNA 모형을 만든다는 것은 거의 불가능해 보였다.

1940년대 후반에 DNA의 형태가 변한다는 논문을 발표하고 나서 미리엄의 과학적 위상은 점점 높아졌다. 하지만 자만은 패망의 전조라고 했던가? 1951년, 런던의 두 과학자가 산성 용액과 비산성 용액은 DNA 염기 주변의 수소 위치에 아무 변화도 일으키지 않는다고 주장했다. 대신에 이 용액들은 '여분의' 수소를 DNA 염기에 들러붙게 하거나 취약한 수소를 DNA 염기에서 떨어져 나가게 한다고 했다. 다시 말해서, 미리엄의 실험은 인공적으로 비자연적 염기를 만들어냈던 것이다. 미리엄의 연구는 DNA의 구조에 대해 무엇을 알아내는 데에는 아무 쓸모없는 것으로 밝혀졌고, DNA 염기의 형태는 다시 미궁 속으로 빠져들었다.

하지만 비록 미리엄의 결론이 잘못된 것이긴 해도, 그녀가 사용한 일부 실험 방법은 아주 유용한 것으로 밝혀졌다. 1949년, DNA 생물학자 어윈 샤가프Erwin Chargaff는 미리엄이 개척한 자외선 분석법을 더 발전시켰다. 그리고 이 방법을 사용해 DNA 속에 들어 있는 A와 T, 그리고 C와 G의 수가 똑같다는 사실을 알아냈다. 샤가프는 이 단서를 제대로 활용하지 못했지만, 접촉하는 과학자 모두에게 이 비밀을 알려주었다. 샤가프는 크루즈 여행을 할 때 왓슨과 크릭의 주요 경쟁자이던 라이너스 폴링Linus Pauling을 만나 이 발견을 알려주려고 했지만, 폴링은 자신의 휴가를 망친다고 화를 내면서 샤가프를 만나주지 않았다. 더 신중한 왓슨과 크릭은 샤가프의 주장에 주목했고(비록 샤가프는 두 사람을 멍청한 젊은이라고 생각했지만), 이 통찰을 바탕으로 마침내 DNA에서 A는 T와 C는 G와 쌍을 이루어 존재한다는 사실을 알아냈다. 미리엄의 발견에서 겨우 조금 더 나아간 것에 불과했던 이 사실은 그들에게 필요한 마지막 단서였고, 마침내 이중 나선이 탄생하는 계기가 되었다.

다만, 한 가지 문제가 남아 있었는데, 그렇다면 수소 결합은 어떻게 되는 것일까? 반 세기 동안 찬미의 대상이 돼온 수소 결합은 이제 설 자리를 잃었지만, 왓슨과 크릭의 모형은 정당화되지 않고 심지어 위태위태한 가정 위에 서 있었다. 염기들은 각각의 염기가 다른 형태가 아니라 오직 한 가지 특정 형태를 하고 있어야만 이중 나선 안에서 서로(그리고 적절한 수소 결합들하고도) 딱 맞물린 채 아늑하게 존재할 수 있었다. 하지만 미리엄의 연구 결과가 틀린 것으로 밝혀진 뒤, 염기들이 생물의 몸 안에서 정확하게 어떤 형태로 존재하는지는 아무도 몰랐다.

미리엄은 이 교착 상태를 타개하는 데 도움을 주리라 마음먹고서 실험실로 돌아갔다. 산과 자외선을 사용한 연구에서 실패를 경험한 뒤, 미리엄은 이번에는 스펙트럼의 반대편에 위치한 적외선을 가지고 DNA를 연구했다. 적외선으로 물질을 연구하는 표준적 방법은 물질을 액체와 섞는 과정을 포함하지만, DNA 염기는 그럴 때마다 제대로 섞이는 일이 드물었다. 그래서 미리엄은 DNA를 흰색 가루인 브롬화칼륨(브로민화칼륨)과 섞는 방법을 찾아냈다. 시료를 충분히 얇게 만들기 위해 미리엄의 실험실 팀은 가까이 있던 크라이슬러 회사에서 가루를 아스피린과 같은 지름의 '알약' 모양으로 만드는 틀을 빌렸다. 그러고 나서 기계 공장으로 가서 산업용 프레스를 사용해 알약을 두께 1mm의 원판으로 찍어냈다. 더러운 기계 공장 앞에 멈춰선 택시에서 수녀복을 입은 수녀들이 내리는 광경은 작업 중이던 기계공들의 호기심을 자극했지만, 미리엄은 그들이 신사처럼 정중했다고 기억한다. 그러다가 마침내 공군이 미리엄의 실험실에 프레스를 한 대 기증하여 이제 미리엄은 직접 원판을 찍어낼 수 있게 되었다.(학생들은 미리엄이 프레스를 내린 뒤, 그 상태로 성모송을 두 번 읊을 만큼 충분히 오랫동안 기다렸다고 기억한다.) 얇은 층의 브롬화칼륨은 적외선을 그냥 통과시키기 때문에, 적외선은 지나가면서 만나는 A, C, G, T에만 영향을 미쳤다. 그 다음 10년 동안 원판을 가지고 한 적외선 연구는(다른 연구들의 기여도 있었지만) 왓슨과 크릭의 주장이 옳음을 입증했다. 즉, DNA 염기의 자연적 형태는 오직 한 가지뿐인데, 그것은 바로 완전한 수소 결합을 낳는 것이다. 이제야 비로소 과학자들은 DNA

의 구조를 파악했다고 말할 수 있었다.

물론 DNA의 구조를 이해하는 것이 최종 목표는 아니다. 과학자들에게는 더 해야 할 연구가 많이 남아 있었다. M^2는 그 뒤에도 훌륭한 연구를 계속했고(1953년에는 소르본 대학에서 강의를 했는데, 여성 과학자가 소르본 대학에서 강의를 한 것은 마리 퀴리 이후 처음이었다), 89세인 2002년까지 살았지만, 나이를 먹을수록 과학적 야심은 점점 수그러들었다. 활기차고 멋진 시대인 1960년대에 미리엄은 후드가 딸린 수녀복을 영영 벗어던졌지만(그리고 운전도 배웠지만), 이러한 사소한 불복종에도 불구하고, 마지막 수십 년 동안은 수녀원에서 헌신하는 삶을 살면서 과학 실험에서는 손을 뗐다. DNA가 실제로 복잡하고 아름다운 생명을 어떻게 만드는지 그 수수께끼를 푸는 문제는 두 여성 선구자를 포함한 다른 과학자들에게 맡겼다.*

미토콘드리아와 세포 내 공생설

과학사에는 중복 발견 사례가 비일비재하다. 자연 선택설, 산소, 해왕성, 태양 흑점만 해도 두 명, 세 명, 심지어는 네 명이 각자 독자적으로 발견했다. 역사학자들은 왜 이런 일이 일어나는지를 놓고 지금도 논쟁을 벌인다. 각각의 사례는 순전히 우연의 일치일 수도 있고, 한 사람이 다른 사람의 아이디어를 훔쳤을 수도 있고, 제반 여건이 갖춰지기 전에는 발견이 일어나기가 불가능했지만 여건이 갖춰지자 동시다발적으로 발견이 일어났을지도 모른다. 하지만 어느 가설이 옳건, 동시 발견이 일어났다는 것은 엄연한 사실이다. 이중 나선의 가능성을 검토한 연구팀은 여럿이 있었는데, 1963년에 두 연구팀은 DNA의 중요한 측면을 또 한 가지 발견했다. 한 연구팀은 현미경을 사용해 세포 내부에서 에너지를 생산하는 기관인 미토콘드리아의 지도를 그렸고, 다른 연구팀은 미토콘드리아를 으깨서 걸쭉하게 만든 뒤에 여과했다. 두 연구팀은 미토콘드리아가 독자적인 DNA를 갖고 있다는 증거를 발견했다. 프리드리히 미셔는 19세기 말에 자신의 명성을 높이려고 세포핵이 DNA가 들어 있는 유일한 장소라고 주장했다. 그러나 역사는 또 한 번 미셔를 배신했다.

하지만 역사적 상황이 어떤 발견을 선호한다 하더라도, 과학에는 독불장군이 필요하다. 청개구리 성향을 가진 이들은 나머지 사람들이 주어진 상황에 눈이 멀어 보지 못하는 것을 본다. 때로는 성질 고약한 독불장군이 필요할 때도 있다. 호전적으로 자기 주장을 강하게 내세우지 않으면, 사람들의 관심을 끌 수가 없기 때문이다. 린 마굴리스Lynn Margulis가 바로 그런 경우에 해당한다. 1960년대 중엽에 대부분의 과학자는 미토콘드리아 DNA의 기원을 다소 따분하게 설명했다. 즉, 세포가 일부 DNA를 빌려주고는 돌려받지 못한 게 미토콘드리아 DNA가 되었다고 설명했다. 하지만 마굴리스는 1965년에 박사 학위 논문을 시작으로 20년 동안 미토콘드리아 DNA가 그저 호기심의 대상에 불과한 것이 아니라고 주장했다. 대신에 미토콘드리아 DNA는 훨씬 거대한 사실의 증거, 즉 생명이 섞이고 진화하는 방법은 전통적인 생물학자들이 상상한 것보다 훨씬 많음을 보여주는 증거라고 보았다.

마굴리스가 주장한 세포 내 공생설endosymbiosis은 다음과 같다. 우리는 모두 오래 전에 지구 상에 나타난 최초의 미생물에서 진화했고, 오늘날 살아 있는 생물은 모두 그 유산의 일부로 특정 유전자를 공유하고 있는데, 그 수는 100여 개에 이른다. 그런데 얼마 지나지 않아 최초의 미생물들은 여러 갈래로 갈라져 나가기 시작했다. 일부는 거대한 덩어리로 커진 반면, 일부는 티끌만큼 작게 줄어들었는데, 이러한 크기 차이가 새로운 가능성을 제공했다. 무엇보다 중요한 사실은, 일부 미생물이 다른 미생물을 삼켜 소화하기 시작한 반면, 일부 미생물은 자기보다 크지만 부주의한 미생물을 감염시켜 죽이기 시작했다는 것이다. 마굴리스는 어느 쪽이 됐든 아주 오래 전 어느 날 오후, 큰 미생물이 작은 벌레 같은 미생물을 삼켰는데, 그때 아주 이상한 일이 일어났다고 말했다. 아주 이상한 일이란 바로 아무 일도 일어나지 않은 것이었다. 작은 요나(성경에서 큰 물고기 뱃속에 들어간 인물) 미생물이 소화되지 않고 완강히 버텨냈거나 숙주 미생물이 내부의 반란을 진압하는 데 성공했던 듯하다. 그 결과로 교착 상태가 이어졌고, 비록 양측은 싸움을 계속했지만, 어느 쪽도 다른 쪽을 완전히 제압하지 못했다. 수많은 세대가 지난 뒤에 적대적인 만남으로 시작했던 이 결합은 합작 벤처 사업으로 변해갔다. 작은 미생물은 갈수록 산소로 고옥탄가 연료를 합성하는 능력을 발전시켰고, 작은 미생물을 삼킨 고래 미생물은 점차 에너지를 생산하는 능력을 잃고 대신에 작은 미생물에게 영양분과 거처를 제공하면서 그 에너지를 이용하는 쪽으로 변해갔다. 애덤 스미스Adam Smith라면 충분히 예견했을 테지만, 이러한 생물 노동의 분화는 양측 모두에게 이익이 되었고, 얼마 지나지 않아 양측은 죽지 않는 한 상대방을 떠날 수 없게 되었다. 이렇게 합체된 미생물이 바로 우리의 미토콘드리아다.

전체적으로 보면 아주 근사한 이론이었지만, 그뿐이었다. 그리고 불행하게도 마굴리스가 이 이론을 발표했을 때, 과학자들의 반응은 그다지 호의적이지 않았다. 세포 내 공생설을 다룬 마굴리스의 첫 번째 논문을 거절한 학술지는 열다섯 군데나 되었고, 게다가 많은 과학자는 그 이론에 포함된 추측들을 단호하게 공격했다. 하지만 그럴 때마다 마굴리스는 더 많은 증거를 모았고, 미토콘드리아의 독립적 행동(세포 내에서 다른 기관들과는 거꾸로 움직이고, 독자적인 계획에 따라 번식하고, 독자적인 세포막처럼 보이는 것이 있는 등)을 더욱 호전적으로 강조했다. 그리고 무엇보다도 미토콘드리아의 흔적 DNA가 결정적 증거였다. 세포는 DNA가 세포핵 밖의 세포 내 외곽 지역으로 벗어나도록 허용하는 경우가 아주 드물며, 그렇게 빠져나간 DNA는 살아남기 어렵다. 또한, 우리는 미토콘드리아 DNA를 염색체 DNA와는 다른 방식으로 물려받는다. 즉, 미토콘드리아 DNA는 어머니에게서 자식으로 전달되기 때문에 오직 모계를 통해서만 유전된다. 마굴리스는 미토콘드리아 DNA(mtDNA)가 한때 독립적으로 존재하던 세포에서 유래한 게 틀림없다고 주장했다.

반대자들은 미토콘드리아는 혼자서는 제대로 기능할 수 없다고 반박했다.(이 지적은 옳았다.) 미토콘드리아는 기능을 하려면 염색체 유전자가 필요하기 때문에 독립적으로 살아가기 어렵다. 이에 대해 마굴리스는 30억 년이란 세월이 흐르는 동안 오래된 미토콘드리아 유전체에서 체셔 고양이 미소만 오늘날까지 살아남고, 독립적 생활에 필요한 유전자가 많이 사라졌다 하더라도 놀랄 게 전혀 없다고 응수했다. 반대자들은 마굴리스의 주장을 받아들이지 않았지만, 자기 주장을 강하게 내세우지 못했던 미셔와 달리 마굴리스는 자기 주장을 전혀 굽히지 않았다. 마굴리스는 자신의 이론에 대해 곳곳에서 강연을 하고 글도 썼으며, 청중 앞에서 이야기하는 것을 아주 좋아했다.(한번은 다음 질문으로 강연을 시작한 적도 있다. "여기 혹시 진짜 생물학자 있나요? 예컨대 분자생물학자 같은 사람 말이에요." 그리고 손을 든 사람을 일일이 센 다음, 웃으면서 이렇게 말했다. "좋아요. 당신들은 지금부터 제가 하는 이야기가 마음에 들지 않을 거예요.")

생물학자들은 실제로 세포 내 공생설을 싫어했고, 1980년대에 새로운 스캐닝 기술을 통해 미토콘드리아 DNA가 동물과 식물처럼 선 모양의 기다란 염색체에 있는 게 아니라, 세균처럼 고리 모양의 염색체에 있다는 사실이 밝혀질 때까지 논쟁은 계속 이어졌다. 고리에 촘촘하게 늘어선 37개의 유전자는 세균과 비슷한 단백질도 만들었고, A–C–

G–T 염기 서열 자체도 놀랍도록 세균과 비슷했다. 이 증거를 바탕으로 과학자들은 심지어 장티푸스균처럼 살아 있는 미토콘드리아 친척도 확인했다. 비슷한 연구를 통해 엽록체(식물 내에서 광합성을 담당하는 초록색 물질)도 고리 모양의 DNA를 갖고 있음이 확인되었다. 마굴리스는 미토콘드리아와 마찬가지로 엽록체도 큰 조상 미생물이 광합성을 하는 조류藻類를 집어삼키면서 진화했다고 주장했다. 세포 내 공생설을 뒷받침하는 이 두 가지 사례는 아주 강력한 증거여서 반대자들도 쉽게 일축할 수 없었다. 결국 마굴리스가 옳음이 입증되었고, 그녀는 의기양양하게 목소리를 높였다.

마굴리스의 이론은 미토콘드리아를 설명한 것 외에도 지구 상에 탄생한 생명과 관련해 골치 아픈 한 가지 수수께끼를 푸는 데에도 도움을 주었다. 그 수수께끼는 진화가 처음에 장래가 매우 촉망되는 출발을 한 뒤에 왜 갑자기 오랫동안 정지 상태에 머물렀는가 하는 것이었다. 그 상태에서 진화에 다시 시동을 건 미토콘드리아가 없었더라면, 원시 생명체는 우리보다 지능이 훨씬 떨어지는 인류는 말할 것도 없고, 웬만한 고등 생물로도 결코 진화하지 못했을 것이다.

진화 정체 상태가 얼마나 오래 지속되었는지 제대로 이해하려면, 우주가 생명을 얼마나 쉽게 만들어내는지 생각할 필요가 있다. 지구에서 최초의 유기 분자는 해저의 화산 분출구 옆에서 자연 발생적으로 생겨났을 것이다. 그곳의 열 에너지는 탄소를 많이 포함한 단순한 분자들을 결합해 아미노산과 심지어 조악한 세포막 역할을 할 소포小胞(다수의 세포가 모여 이루어진 닫힌 주머니 모양의 구조물)를 만들어냈을 것이다. 유기 물질은 우주에서도 날아왔을 것이다. 천문학자들은 성간 먼지 구름 사이에 떠도는 아미노산을 발견했고, 화학자들은 아데닌 같은 DNA 염기가 우주 공간에서 생겨날 수 있다고 계산했다. 아데닌은 탄소와 수소와 질소로 이루어진 단순한 분자(그중에서도 특히 시안화수소 HCN) 5개가 이중 고리 구조를 이루고 있는 것에 불과하기 때문이다. 혹은 얼음으로 이루어진 혜성에서 DNA 염기들이 생겨났을 수도 있다. 물이 얼어 얼음이 될 때, 불순물을 배척하는 경향이 있는데, 그래서 유기물 불순물은 어떤 것이건 압축되면서 농축된 거품으로 변한다. 그러면 농축된 유기물은 큰 압력을 받아 복잡한 분자가 생겨날 수 있다. 과학자들은 이전부터 초기 지구에 혜성이 수많이 충돌하면서 바다를 물로 채운 게 아닐까 생각했는데, 혜성은 바다에 유기물의 씨앗도 공급했을지 모른다.

이렇게 부글거리는 유기물 혼합물에서 복잡한 막과 교체 가능한 운동 부위들을 가진 독립적인 미생물이 나타나기까지는 불과 10억 년밖에 걸리지 않았다.(생명이 나타나기 얼마나 어려울지 생각해보면, 이것은 정말 빠른 속도이다.) 그리고 이 공통의 출발에서 금방 각자 나름의 생활 방식을 가진 독특한 종이 많이 나타났다. 하지만 이 기적이 일어난 뒤, 진화는 사실상 정지 상태에 머물렀다. 처음에 많은 종류의 생물이 나타났지만, 이 미생물들은 10억 년이 넘도록 더 이상 거의 진화하지 않았다 — 그리고 어쩌면 영영 진화하지 못했을지도 모른다.

그들의 앞길을 가로막은 것은 에너지였다. 원시 미생물은 DNA를 복제하고 유지하는 데 전체 에너지 중 2%를 썼지만, DNA로부터 단백질을 만드는 데에는 75%를 썼다. 따라서 설사 미생물이 살아가는 데 유리한 형질 — 예컨대 막으로 둘러싸인 세포핵, 다른 미생물을 소화하는 '배', 동료들과 의사소통을 하는 장치 등 — 을 나타나게 하는 DNA가 진화한다 하더라도, 그렇게 발전한 특징을 만들려고 하면 에너지가 고갈되고 만다. 두 미생물의 합체는 아예 생각조차 할 수 없었다. 이런 상황에서는 진화가 일어날 수 없었다. 세포들은 단지 더 복잡해지기만 하는 데 그쳤다. 그런 교착 상태에서 미토콘드리아가 값싸게 만들어낸 에너지가 이러한 장애물을 뛰어넘게 했다. 미토콘드리아는 단위 크기당 번개만큼 많은 에너지를 저장할 수 있고, 그 이동성은 우리 조상에게 단번에 환상적인 특징을 많이 추가할 수 있게 해주었으며, 그 덕분에 복잡한 생물로 진화할 수 있었다. 사실, 미토콘드리아는 세포에게 그 DNA 목록을 20만 배나 늘리게 함으로써 새로운 유전자의 발명뿐만 아니라 수많은 조절 DNA의 추가도 가능케 했고, 그 덕분에 세포는 유전자를 사용할 때 훨씬 유연하게 행동할 수 있게 되었다. 미토콘드리아가 없었더라면 이 모든 일은 일어나지 않았을 것이다. 그리고 우리는 마굴리스의 이론이 없었더라면 이 진화의 암흑 시대를 결코 밝혀내지 못했을 것이다.

미토콘드리아 DNA(mtDNA)는 유전자고고학처럼 완전히 새로운 과학 분야도 탄생시켰다. 미토콘드리아는 독자적으로 생식하기 때문에, mtDNA 유전자는 세포 속에 염색체 유전자보다 훨씬 많이 들어 있다. 따라서 과학자들은 혈거인이나 미라 같은 것을 발굴할 때 종종 mtDNA를 찾아내 조사한다. 과학자들은 또한 mtDNA를 이용해 계보를 유례없이 정확하게 추적할 수 있다. 정자는 간신히 핵 DNA만 운반할 수 있기 때문에, 아이는 자신의 모든 미토콘드리아를 정자보다 저장 공간이 훨씬 큰 어머니의 난자를 통해 물려받는다. mtDNA는 한 세대에서 다음 세대로 모계를 통해 큰 변화 없이 전달되기 때문에, 모계의 조상을 추적하는 데 아주 이상적인 단서를 제공한다. 게다가 과학자들은 드물게 일어나는 어떤 변화가 미토콘드리아 계보를 통해 얼마만한 속도(3500년마다 돌연변이 하나의 비율)로 축적되는지 알기 때문에, mtDNA를 일종의 시계처럼 사용할 수 있다. 두 사람의 mtDNA를 비교한 결과 돌연변이가 대조군보다 더 많이 발견된다면, 두 사람이 공통의 모계 조상에서 갈라져 나온 뒤 흐른 시간이 대조군보다 더 오래되었다고 결론 내릴 수 있다. 사실, 이 시계는 오늘날 지구 상에 살고 있는 70억 명은 모두 그 모계를 거슬러 올라가면 17만 년 전에 아프리카에서 살았던 한 여성에게 연결된다고 알려준다. 그래서 그 여성을 '미토콘드리아 이브'라 부른다. 물론 이브가 그 당시 유일하게 존재했던 여성은 아니다. 다만, 오늘날 살고 있는 모든 사람들의 가장 오래된 모계 조상*일 뿐이다.

미토콘드리아가 과학에 아주 중요한 존재라는 사실이 입증된 후, 마굴리스는 자신의 추진력과 갑작스레 얻은 명성을 이용해 엉뚱한 개념을 또 내놓았다. 미생물은 동물에게 정자 꼬리처럼 다양한 운동 수단을 제공했다고 주장하기 시작한 것이다. 이런 구조들은 DNA가 없는데도 불구하고 말이다. 그리고 세포가 단순히 필요한 부품을 미생물에게서 얻었다는 개념을 넘어서서, 세포 내 공생이 모든 진화의 원동력이 되었다는 더 거대한 이론을 전개하면서 돌연변이와 자연 선택의 역할을 사소한 것으로 격하시켰다. 이 이론에 따르면, 돌연변이는 생물을 아주 약간 변화시키는 데 그칠 뿐이다. 진정한 변화는 유전자가 한 종에서 다른 종으로 건너뛰거나 전체 유전체들이 합쳐져 완전히 다른 생물을 만들어낼 때 일어난다. 이러한 '수평적' DNA 이동이 일어난 후에야 자연 선택이 작용할 수 있으며, 자연 선택은 단지 거기서 생겨나는, 싹수가 노란 괴물을 제거하는 역할을 할 뿐이다. 반면에 융합의 수혜자로서 장래가 촉망되는 괴물은 번성을 누린다.

비록 마굴리스는 그것을 혁명적이라고 불렀지만, 어떤 면에서 융합체 이론은 단지 과감한 도약과 즉각적인 신종 탄생을 선호하는 생물학자와 적응과 점진적 종 분화를 선호하는 생물학자 사이에 벌어진 고전적인 논쟁을 연장했을 뿐이다. 점진적 진화론의 원조인 다윈은 미소한 변화와 공통 조상을 자연의 법칙이라고 보았고, 가지들이 서로 겹치지 않고 천천히 자라는 생명의 나무를 선호했다. 마굴리스는 과격파에 속했다. 융합체야말로 진정한 키메라—인어, 스핑크스, 켄타우로스와 다름없는 혼합 생물—를 만들어낼 수 있다고 주장했다. 이 관점에서 본다면, 다윈의 낡은 생명의 나무는 선과 방사상 패턴으로 복잡하게 뒤얽히고 금방 자아낼 수 있는 생명의 거미줄로 대체해야 마땅했다.

아무리 과격한 개념을 주장하더라도, 마굴리스는 충분히 그럴 만한 자격이 있었다. 게다가 한때 비전통적인 과학 개념을 고수한 불굴의 태도를 칭찬했다가 이제 와서 그 사람이 전통적 개념을 받아들이지 않는다고 비난한다면, 앞뒤가 맞지 않는다. 아무리 그렇게 하는 게 편리하다 하더라도, 기존의 상식에 도전하는 정신을 싹 무시하려고 해서는 안 될 것이다. 유명한 생물학자 존 메이너드 스미스John Maynard Smith는 이렇게 말한 적이 있다. "나는 (마굴리스가) 틀릴 때가 종종 있다고 생각하지만, 내가 아는 사람들은 대부분 그녀와 가까이하는 게 좋다고 생각한다. 왜냐하면, 마굴리스는 틀릴 때에도 아주 생산적인 방식으로 틀리기 때문이다." 그리고 잊지 말아야 할 게 있는데, 마굴리스의 첫 번째 거대한 개념은 옳았다는, 그것도 놀라울 정도로 옳았다는 사실이다. 무엇보다도 그녀의 연구는 생명의 역사를 지배한 것은 아름다운 식물과 등뼈가 있는 동물이 아니라는 사실을 일깨워준다. 생명의 역사를 지배한 것은 바로 미생물이고, 미생물은 다세포 생물의 출현을 낳은 진화를 촉진하는 데에도 결정적인 역할을 했다.

옥수수를 연구한 은둔의 과학자

린 마굴리스가 싸움을 즐긴 반면, 같은 시대에 살았던 바버라 매클린톡Barbara McClintock은 싸움을 피했다. 매클린톡은 공개적으로 맞서는 대신에 조용히 심사숙고하는 쪽을 선호했고, 그녀의 특이한 생각은 반골 기질에서 나온 게 아니라 순수한 괴짜 기질에서 나왔다. 그렇게 보면 매클린톡이 인디언옥수수(보통 먹지는 않고 추수 감사절 같은 때 장식용으로 쓰는, 알갱이가 굵은 옥수수) 같은 식물의 괴짜 유전학을 연구하는 데 평생을 바친 것은 충분히 이해가 간다. 인디언옥수수의 기묘한 행동을 파악함으로써 매클린톡은 DNA가 할 수 있는 일에 대한 개념을 확대했고, 우리의 진화를 둘러싼 두 번째 큰 수수께끼를 이해하는 데 중요한 단서를 제공했다. 그 수수께끼란, DNA가 마굴리스의 복잡한 단세포로부터 어떻게 다세포 생물을 만들어냈느냐 하는 것이다.

매클린톡의 생애는 크게 두 시대로 나눌 수 있는데, 1951년 이전까지는 과학자로서 성취감을 느끼던 시대인 반면, 그 이후는 쓰라린 은둔 시대였다. 물론 1951년 이전이라고 해서 모든 일이 순탄하게 굴러갔던 것은 아니다. 어린 시절부터 매클린톡은 피아니스트이던 어머니와 심하게 다투었는데, 주된 이유는 매클린톡이 과학이나 아이스 스케이팅 같은 스포츠를 아주 좋아했기 때문이다. 어머니는 매클린톡이 여성스러운 취미 활동을 하길 원했는데, 그래야 좋은 남자를 만날 기회가 많다고 귀에 못이 박히도록 말했다. 심지어 어머니는 코넬 대학에서 유전학을 공부하겠다는(앞서 코넬 대학을 다닌 허먼 멀러와 윌리엄 프리드먼처럼) 매클린톡의 꿈마저 반대했는데, 좋은 남자는 똑똑한 여자와 결혼하지 않는다는 게 그 이유였다. 과학을 위해서는 다행스럽게도 1919년 가을 학기가 시작되기 전에 의사이던 아버지가 딸을 기차에 태워 뉴욕 주 북부로 보냈다.

코넬 대학에서 매클린톡은 아주 잘 나가는 학생이었는데, 1학년 여학생 학급 회장으로 뽑혔을 뿐만 아니라, 과학 수업 시간에는 단연 스타였다. 하지만 함께 과학을 배우던 동급생들이 늘 매클린톡의 독설을 좋아한 것은 아니었다. 특히 현미경 관찰에 대한 잔소리와 비판은 듣기 싫어했다. 그 시절에 현미경 표본을 준비하는 과정 — 세포들을 얇은 햄처럼 잘라 그 젤라틴 같은 표본을 쏟지 않고 유리 슬라이드 위에 올려놓는 일—은 아주 정교하고 집중력이 필요한 작업이었다. 사실, 현미경을 사용하는 법도 쉬운 것은 아니었다. 세포 안에 들어 있는 작은 물질을 확인하는 것은 뛰어난 과학자에게조차 쉽지 않았다. 하지만 매클린톡은 현미경 관찰 기술을 일찍부터 터득했고, 대학을 졸업할 무렵에는 세계적 수준에 올라 있었다. 대학원생 시절에 매클린톡은 '스쿼시squash'라는 기술을 연마했는데, 이것은 전체 세포들을 엄지로 짓눌러 납작하게 펼치는 동시에 슬라이드 위에 온전하게 남아 있게 함으로써 관찰하기 쉽게 만드는 방법이었다. 스쿼시를 사용해 매클린톡은 인디언옥수수 염색체 10개 모두를 최초로 확인한 과학자가 되었다.(진짜 세포 안에 스파게티처럼 얽혀 있는 염색체를 사팔눈을 뜨면서 관찰해본 사람이라면 잘 알 테지만, 이것은 결코 쉬운 일이 아니다.)

1927년, 코넬 대학 측은 매클린톡에게 전임 연구자 겸 강사가 되어달라고 요청했고, 매클린톡은 가장 우수한 학생이던 해리엇 크레이턴Harriet Creighton의 도움을 받아 염색체들이 어떻게 상호작용하는지 연구하기 시작했다. 남자처럼 행동하길 좋아한 두 사람은 머리를 짧게 자르고, 헐렁한 반바지에 긴 양말을 신는 등 남자 같은 복장을 자주 하고 다녔다. 사람들이 두 사람에 관한 일화를 마구 뒤섞어 이야기하는 바람에 나중에는 어느 이야기가 누구 이야기—예컨대, 2층 연구실 열쇠를 깜빡하고 가져오지 않은 것을 안 뒤 배수관을 타고 기어올라간 사람이 누구인지—인지 모를 지경에 이르렀다. 크레이턴이 좀더 외향적이었는데, 내성적인 매클린톡은 크레이턴처럼 제2차 세계 대전 종전을 기념하기 위해 고물 자동차를 사서 멕시코까지 달리는 짓은 절대로 하지 않았다. 그럼에도 불구하고, 두 사람은 환상적인 팀이었고, 얼마 지나지 않아 획기적인 것을 발견했다. 모건의 플라이 보이스는 몇 년 전에 염색체들이 팔을 교차하면서 끝부분을 교환한다는 사실을 보여주었다. 하지만 그들의 주장은 추상적 패턴을 바탕으로 한 것으로, 통계적 연구 수준에 머물러 있었다. 염색체가 뒤엉키는 모습은 많은 현미경학자가 관찰했지만, 실제로 물질을 교환하는 장면은 아무도 분명하게 확인하지 못했다. 하지만 매클린톡과 크레이턴은 모든 옥수수 염색체의 들쭉날쭉한 형태를 눈으로 보아 속속들이 알고 있었고, 염색체가 실제로 물리적으로 일부를 교환한다는 사실을 알아냈다. 심지어 이러한 교환이 유전자의 작용 방식에 일어나는 변화와 관계가 있다고 주장했는데, 이것은 아주 중요한 확인이었다. 매클린톡은 그 결과를 논문으로 쓰는 걸 꾸물거렸는데, 그 소문을 들은 모건은 서둘러 그것을 발표하라고 촉구했다. 결국 매클린톡은 1931년에 그 논문을 발표했다. 모건은 2년 뒤에 노벨상을 받았다.

이 업적으로 매클린톡은 크레이턴과 함께 미국 과학자 인명록인 『미국의 과학자American Men of Science』에 실렸고, 그 연구를 했다는 사실에 대해 뿌듯해했지만, 그 이상을 원했다.(『*American Men of Science*』는 최근에 『*American Men and Women of Science*』로 제목이 바뀌었다. Men이 사람이란 뜻도 있지만 주로 남자를 가리키는 용어로 쓰이기 때문이다. —옮긴이) 염색체 자체뿐만 아니라, 염색체가 어떻게 변하고 돌연변이를 일으키는지, 그리고 그러한 변화가 어떻게 뿌리와 색과 잎이 제각각 다른 복잡한 생물을 만들어냈는지도 연구하고 싶었다. 불행하게도 연구실을 조직하려고 애쓸 때, 사회적 상황이 불리하게 돌아갔다. 그 당시 미국 대학들은 정교수 자리를 사제직과 마찬가지로 남성에게만 주었는데(가정학과는 예외였지만), 코넬 대학은 매클린톡에게 예외를 인정할 의향이 없었다. 어쩔 수 없이 매클린톡은 1936년에 코넬 대학을 떠나 캘리포니아 주에서 잠깐 모건과 함께 연구하다가 미주리 주와 독일에서 연구직을 맡는 등 이곳 저곳을 떠돌아다녔다. 미주리 주와 독일은 모두 매클린톡의 마음에 들지 않았다.

사실은, 매클린톡에게는 성 문제 외에 다른 문제도 있었다. 쾌활한 성격과는 거리가 먼 매클린톡은 심술궂고 비협력적이라는 평판을 얻었다. 한번은 동료가 하던 연구를 몰래 하다가 그가 연구를 마치기 전에 연구 결과를 발표함으로써 동료를 물먹인 일도 있었다. 옥수수를 연구했다는 점도 문제였다.

옥수수는 식용 작물이기 때문에 당연히 옥수수 유전학에는 큰 이해가 걸려 있었다. 미국의 유명한 유전학자인 헨리 월리스Henry Wallace—나중에 FDR 부의장까지 지낸—는 종자 회사를 차려 큰돈을 벌었다. 옥수수는 다윈과 멘델도 연구했기 때문에 과학적으로도 족보가 있는 식물이다. 농업과학자들도 옥수수의 돌연변이에 큰 관심을 보였다. 1946년, 미국이 비키니 환초에서 핵실험을 시작할 때, 정부 과학자들은 낙진이 옥수수에 어떤 영향을 미치는지 알아보려고 공중 폭발하는 핵폭탄 아래에 옥수수 종자를 놓아두었다.

하지만 매클린톡은 수확량을 늘리거나 더 달콤한 옥수수 알을 만드는 것과 같은 전통적 목적의 옥수수 연구에는 전혀 관심이 없었다. 옥수수는 어디까지나 일반적인 유전과 발생 과정을 연구하기 위한 수단에 불과했다. 불행하게도 옥수수는 그런 연구 목적으로 쓰기에는 심각한 결점이 있었다. 옥수수는 성장 속도가 아주 느리고, 변덕스러운 염색체는 종종 툭 끊어지거나 불룩 솟아오르거나 서로 합쳐지거나 임의로 두 배로 늘어났다. 매클린톡은 그러한 복잡성을 즐겼지만, 대부분의 유전학자는 그런 골칫거리를 피하려고 했다. 그들은 매클린톡의 연구를 신뢰했지만—현미경 관찰 연구에서는 필적할 사람이 없었으므로—옥수수 연구에 몰두하는 매클린톡은 아이오와 주 농부들의 수확량을 늘리도록 도우려는 실용적 과학자들과 골치 아픈 옥수수 DNA는 다루려고 하지 않는 순수 유전학자들 사이에 놓인 처지가 되고 말았다.

마침내 매클린톡은 1941년에 맨해튼에서 동쪽으로 50km쯤 떨어진 시골에 위치한 콜드스프링하버연구소에 일자리를 얻었다. 전과 달리 신경을 써야 할 학생들은 없었고, 조수는 단 한 명뿐이었다. 조수가 맡은 일은 산탄총을 들고 다니면서 옥수수를 먹어치우는 까마귀를 쫓는 것이었다. 옥수수와 함께 외딴 곳에 완전히 고립된 처지였지만, 매클린톡은 그러한 고립 상태를 좋아했다. 몇 안 되는 친구들은 항상 그녀를 과학적 신비주의자라고 불렀는데, 매클린톡은 유전학의 복잡성을 녹여 통합을 탄생시킬 통찰을 늘 좇았기 때문이다. 한 친구는 "매클린톡은 내면의 위대한 불빛을 믿었다."라고 말했다. 콜드스프링하버연구소에서는 심사숙고할 시간과 공간이 충분했고, 1951년까지 자신의 경력에서 가장 생산적인 10년을 보냈다.

매클린톡의 연구 성과는 한 동료가 그녀에게서 편지를 받은 1950년 3월에 절정에 이르렀다. 행간 여백 없이 빽빽하게 쓴 열 장짜리 편지였는데, 문단 전체를 싹 지우고 그 위에 다시 쓴 문장도 많았고, 여백 위아래로 칡넝쿨처럼 구불구불 뻗은 화살표로 연결된 주석도 많이 달려 있었다. 탄저병 검사 설문지 같은 게 아닐까 하는 의심이 드는 그 편지에는 정신 나간 소리처럼 보이는 이론이 적혀 있었다. 모건은 유전자를 염색체 목걸이에 꿰인 채 제자리에 고정돼 있는 진주 같은 것이라고 말했다. 그런데 매클린톡은 진주가 움직이는 것을 보았다고 주장했다. 즉, 한 염색체에서 다른 염색체로 건너뛰면서(도약하면서) 다른 염색체에 자리를 잡는 유전자가 있다는 것이다.

게다가 이 도약 유전자jumping gene는 옥수수 알의 색에 영향을 미쳤다. 매클린톡은 빨간색과 파란색 알이 점점이 섞인 인디언옥수수를 가지고 연구했다. 매클린톡은 도약 유전자가 이 옥수수 알 안에 있는 염색체의 팔을 공격해 그것을 부러뜨려 끝부분을 복합 골절된 팔처럼 덜렁거리게 남겨놓는 것을 보았다. 이 일이 일어날 때마다 옥수수 알은 색소를 만드는 일을 멈추었다. 하지만 나중에 도약 유전자가 가만히 있지 않고 임의로 다른 곳으로 건너뛰면, 부러진 팔이 치유되면서 색소 생산이 다시 시작되었다. 휘갈겨 쓴 글에서 매클린톡은 부러진 팔이 색소를 만드는 유전자의 작용을 방해했다고 주장했다. 실제로 꺼졌다 켜졌다 하는 이 패턴은 매클린톡이 관찰한 옥수수 알에 임의로 나타난, 색을 띤 띠와 소용돌이를 설명하는 것처럼 보였다.

다시 말해서, 도약 유전자는 색소 생산을 제어했다. 매클린톡은 그 유전자를 '제어 요소controlling element'라고 불렀다.(오늘날에는 이동성 유전인자transposon 또는 더 일반적으로는 이동성 DNA라 부른다.) 그리고 마굴리스와 마찬가지로 매클린톡은 자신의 흥미로운 발견을 더 야심만만한 이론으로 발전시켰다. 1940년대의 생물학계에서 어려운 질문 중 하나는 세포들이 왜 모두 똑같이 생기지 않았느냐 하는 것이었다. 피부세포나 간세포나 뇌세포나 모두 똑같은 DNA를 가지고 있는데, 왜 제각각 하는 일이 다를까? 이전의 생물학자들은 세포핵 밖의 세포질 어딘가에 유전자를 조절하는 물질이 있을 것이라고 주장했다. 하지만 매클린톡은 세포핵 안에서 염색체가 스스로를 조절한다는 증거를 얻었다. 그리고 이 제어 장치는 적절한 순간에 유전자를 켜거나 끄는 과정에 관여했다.

사실, (매클린톡이 의심한 것처럼) 유전자를 켜고 끄는 능력은 생명의 역사에서 아주 중요한 단계였다. 마굴리스의 복잡한 세포가 나타난 뒤, 생명은 또다시 10억 년 넘게 진화 정체기에 빠져들었다. 그러다가 5억 5000만 년쯤 전에 엄청나게 많은 다세포 생물이 폭발적으로 나타났다. 최초의 다세포 생물은 필시 실수로 만들어졌을 것이다. 즉, 끈적끈적한 세포들이 서로 들러붙은 뒤 떨어지지 않는 방식으로 생겨났을 것이다.

하지만 시간이 지나면서 들러붙은 세포들 중 어느 세포에서 어느 유전자가 어느 순간에 기능을 발휘해야 하는지 정확하게 제어함으로써 세포들은 전문화되기(고등 생물의 특징) 시작했다. 이제 매클린톡은 이 심오한 변화가 어떻게 나타났는지 파악할 수 있는 통찰을 얻었다고 생각했다.

매클린톡은 정신 사납게 갈겨 쓴 편지를 적절한 강연 내용으로 고쳐 쓴 뒤, 1951년 6월에 콜드스프링하버연구소에서 강연을 했다. 그날, 기대에 들뜬 그녀는 35쪽이 넘는 빽빽한 원고를 읽으며 두 시간이 넘게 강연을 했다. 강연을 듣다가 깜빡 조는 사람은 얼마든지 이해할 수 있었지만, 매클린톡은 청중의 난감한 표정을 보고서 맥이 빠졌다. 그녀가 제시한 사실은 큰 문제가 되지 않았다. 과학자들은 매클린톡의 명성을 잘 알고 있었기 때문에, 유전자가 벼룩처럼 뛰어다닌다는 그녀의 주장을 듣고는 대부분은 그랬을 것이라고 받아들였다. 그들이 당혹스러워한 이유는 유전자 제어에 관한 이론 때문이었다. 기본적으로 삽입과 도약은 너무 무작위적으로 보였다. 그들은 이러한 무작위성은 파란색과 빨간색 옥수수 알을 설명할 수 있을 것이라고 양해했지만, 어떻게 도약 유전자가 다세포 생물의 모든 발달 과정을 제어할 수 있단 말인가? 종잡을 수 없이 깜빡이는 유전자들을 가지고 아기나 강낭콩 줄기를 만들 수는 없다. 매클린톡은 이에 대해 적절한 답을 할 수 없었고, 어려운 질문이 계속 이어지면서 전체적인 분위기는 매클린톡에게 불리하게 돌아갔다. 제어 요소에 관한 혁명적인 개념은 옥수수의 또 한 가지 기묘한 성질로 평가절하되었다.*

이 냉담한 반응에 매클린톡은 큰 상처를 입었다. 그리고 수십 년이 지나도록 자신을 비웃거나 비난을 퍼부은(감히 고정된 유전자 교리에 의문을 제기하느냐고) 동료들에게 서운한 마음이 가시지 않았다. 사람들이 실제로 그녀를 비웃거나 분노의 비난을 퍼부었다는 증거는 거의 없다. 대

매클린톡은 '도약 유전자'를 발견했지만, 다른 과학자들이 그녀의 결론에 대해 어려운 질문들을 하자, 낙담하고 상심하여 은둔 과학자가 되었다. (사진 제공 : 미국국립보건원)

부분의 과학자는 도약 유전자 개념을 받아들였으며, 단지 유전자 제어 이론을 받아들이지 않았을 뿐이다. 하지만 매클린톡은 그 기억을 자신을 겨냥한 음모로 곡해했다. 그녀의 마음속에서 도약 유전자와 유전자 제어는 서로 밀접하게 얽혀 있었기 때문에, 하나를 공격하는 것은 곧 둘 다와 자신을 공격하는 것과 다름없었다. 거기서 좌절을 겪은 매클린톡은 논쟁을 좋아하는 성격도 아니어서 과학계를 떠났다.*

그렇게 하여 은둔 시대가 시작되었다. 30년 동안 매클린톡은 가끔 밤에 연구실의 간이 침대에서 잠을 자면서 옥수수 연구를 계속했다. 하지만 더 이상 학회에 참석하지 않았으며, 동료 과학자들과의 소통도 끊었다. 실험이 끝나면 그 결과를 마치 학술지에 제출하는 논문처럼 타자한 뒤, 학술지로 보내지 않고 그냥 문서 보관함에 집어넣었다. 동료들이 자신을 묵살한다면, 자신도 그들을 무시함으로써 되갚아주려고 했다. 이제 우울증으로까지 발전한 고독 속에서 잠자고 있던 신비주의적 측면이 겉으로 드러났다. ESP와 UFO, 폴터가이스트에 대한 생각에 깊이 빠져들었으며, 정신력으로 자신의 반사 작용을 제어하는 방법을 연구했다. (치과 의사를 찾아갔을 때, 자신은 마음으로 통증을 차단할 수 있으므로 국부 마취제 노보카인을 쓰지 않아도 된다고 말했다.) 그러면서도 옥수수를 기르고, 슬라이드 표본을 만들어 관찰하고, 논문을 쓰는 일을 계속했지만, 그녀의 논문은 그 당시 에밀리 디킨슨Emily Dickinson의 시만큼 읽는 사람이 드물었다. 매클린톡은 자신만의 슬픈 과학계에서 살아갔다.

한편, 더 넓은 과학계에서는 재미있는 일이 벌어지고 있었는데, 그것은 아주 미묘한 변화여서 처음에는 아무도 눈치채지 못했다. 매클린톡이 무시했던 분자생물학자들이 1960년대 후반에 미생물에서 이동성 DNA를 발견하기 시작했다. 이 DNA는 새로운 것이 아니었지만, 그 도약 유전자는 미생물에게 약에 대한 내성이 발달하느냐 여부와 같은 것을 결정했다. 과학자들은 또한 감염성 바이러스가 (이동성 DNA처럼) 염색체에 유전 물질을 집어넣어 그 안에 항구적으로 머물 수 있다는 증거도 발견했다. 이 두 가지 발견은 의학계에 큰 관심을 불러일으켰다. 이동성 DNA는 종들 사이의 진화 관계를 추적하는 데에도 중요한 것으로 밝혀졌다. 그 이유는, 만약 몇몇 종을 비교한 결과 그중 두 종만이 수십억 개의 염기가 늘어선 염색체에서 똑같은 장소에 동일한 이동성 유전자를 갖고 있다면, 두 종은 최근에 같은 조상에서 유래한 게 거의 확실하기 때문이다. 더 중요한 것은, 두 종은 그 이동성 유전자를 갖지 않은 세 번째 종과의 공통 조상보다 더 최근에 공통 조상이 존재했다는 사실이다. 염색체에 늘어선 염기의 수가 너무나도 많아서 동일한 장소에 그러한 이동성 유전자가 삽입되는 사건이 독립적으로 두 번 일어나는 것은 거의 불가능하다. DNA에 관한 하찮은 사실처럼 보이는 이것이 실제로는 숨어 있던 생명의 역사 기록을 드러내는데, 이것과 함께 여러 가지 이유로 매클린톡의 연구가 갑자기 중요한 것으로 떠오르기 시작했다. 그 결과, 그녀의 명성은 추락한 것이 아니라, 해가 갈수록 점점 높아졌다. 1980년 무렵부터 분위기가 확 달라졌고, 1983년 7월에는 매클린톡의 생애를 다룬 전기 『생명체에 대한 느낌 *A Feeling for the Organism*』이 출간되면서 매클린톡은 어느 정도 유명한 인물이 되었다. 그때부터 그녀의 명성은 거침없이 추진력을 받아 치솟기 시작했고, 그 해 10월에는 노벨상까지 받는 상상도 하지 못했던 일이 일어났다.

은둔자는 동화 속의 신데렐라처럼 변신했다. 매클린톡은 버림받고 기억에서 사라진 천재였던 말년의 멘델과 같은 신세가 되었지만, 충분히 오래 살아남아 자신이 옳았음이 입증되는 것을 볼 수 있었다. 그녀의 삶은 곧 페미니스트들의 구심점이 되었고, 어린이 책에서도 절대로 꿈을 포기하지 말라는 주제를 상징하는 인물이 되었다. 매클린톡이 노벨상 수상에 따른 언론의 관심을 싫어했다는 사실(그것은 연구를 방해했고, 기자들이 늘 집이나 연구실 앞에서 서성거렸다)은 팬들에게 중요하지 않았다. 심지어 과학적으로도 노벨상 수상은 그녀에게 고통을 안겨주었다. 노벨상 위원회는 "이동성 유전 인자를 발견한" 공로를 언급했는데, 그것은 물론 틀림없는 사실이었다. 하지만 1951년에 매클린톡은 유전자가 다른 유전자를 어떻게 제어하고, 또 다세포 생물의 발달을 어떻게 제어하는지 그 비밀을 알아냈다고 생각했다. 대신에 과학자들은 사실상 그녀의 현미경 관찰 기술 — DNA 피라미들이 떠돌아다니는 것을 발견한 업적 — 을 높이 평가했다. 이런 이유들 때문에 매클린톡은 노벨상을 받은 이후에 점점 삶에 싫증이 났고 심지어 약간 병적으로 변했다. 80대 후반에 그녀는 친구들에게 90세 때 틀림없이 죽을 것이라고 말했다. 90번째 생일 축하 파티를 하고 나서 몇 달 뒤인 1992년 6월, 정말로 매클린톡은 제임스 왓슨의 집에서 숨을 거두었다. 이로써 죽는 순간까지 그녀는 다른 사람들이 보지 못한 것을 본 사람이라는 명성을 확고히 굳혔다.

결국 매클린톡이 평생을 바친 연구는 완성되지 못한 채 남았다. 그녀는 도약 유전자를 발견했고, 옥수수 유전학에 대한 이해를 크게 넓혔다.(맨 먼저 깡마른 야생 조상 옥수수를 재배 가능한 통통한 농작물로 변화시킨 것은 *hopscotch*라는 한 도약 유전자로 보인다.) 더 일반적으로는 매클린톡은 염색체가 내부적으로 스스로를 조절하며, DNA의 켬on과 끔off 패턴이 세포의 운명을 결정한다는 사실을 확립하는 데 일조했다. 두 개념은 유전학의 핵심 교리로 남아 있다. 하지만 그녀의 높은 기대에도 불구하고, 도약 유전자는 그녀가 상상한 만큼 발달을 제어하거나 유전자를 켜거나 끄지 않는다. 세포는 이러한 일들을 다른 방법으로 한다. 사실, DNA가 이런 일들을 어떻게 하는지 — 오래 전에 독립적인 세포들이 어떻게 서로 결합해 정말로 복잡한 생물, 심지어 미리엄 마이클 스팀슨, 린 마굴리스, 바버라 매클린톡처럼 복잡한 생물을 만들기 시작했는지 — 다른 과학자들이 설명하기까지는 오랜 세월이 걸렸다.

06
살아남은 자와 간

우리에게서 가장 오래되고 중요한 DNA는 무엇인가?

오랫동안 학생들은 유럽의 상인들과 군주들이 식민지 시대에 북서 항로(대서양에서 남아메리카를 도는 대신에 북아메리카의 북쪽 해안을 따라 태평양에 이르는 항로. 이 항로만 발견한다면, 에스파냐와 포르투갈의 방해를 받지 않고 향료와 자기와 차가 있는 인도네시아, 인도, 중국에 쉽게 갈 수 있어 영국인이 열심히 탐사했다)를 발견하느라 얼마나 많은 돈을 쏟아부었는지 배웠다. 하지만 그보다 앞선 세대의 탐험가들이 러시아 위쪽의 얼어붙은 바다를 지나가는 '북동' 항로가 있을 것이라고 믿고서 북서 항로에 못지않게 그것을 찾느라 많은 노력을 기울였다는 사실은 잘 알려져 있지 않다.

북동 항로를 찾던 한 탐험가는 1594년에 오늘날 바렌츠 해로 알려진, 노르웨이 위쪽을 지나가는 바다로 첫 항해에 나섰다. 그는 네덜란드의 항해가이자 지도 제작자인 빌럼 바렌츠Willem Barentsz였는데, 영어 기록에는 Barents, Barentz, Barentson, Barentzoon 등으로 표기돼 있다. 비록 돈을 목적으로 나선 항해이긴 해도 바렌츠와 같은 탐험가의 항해는 과학에 많은 도움을 주었다. 미개한 땅에서 가끔 발견되는 괴물에 놀란 박물학자들은 세계 각지의 동물상과 식물상이 서로 어떻게 다른지 도표로 작성하기 시작했는데, 이것은 오늘날 우리가 작성하는 공통 조상과 공통 DNA 생물학의 선구자 격에 해당하는 연구였다. 지리학자들도 큰 도움을 받았다. 그 당시 많은 지리학자들은 고위도 지역에서는 여름철에 해가 하루 종일 떠 있기 때문에 어느 위도 이상에서는 북극의 빙관이 녹아 북극점은 햇살이 눈부시게 내리쬐는 낙원일 것이라고 믿었다. 그리고 거의 모든 지도는 북극점 자체를 검은색의 거대한 단일 자철석으로 표시했으며, 북극점이 나침반을 끌어당기는 이유가 그 때문이라고 설명했다. 바렌츠는 바렌츠 해로 진입하면서 시베리아 북쪽에 위치한 노바야제믈랴가 발견되지 않은 대륙의 곶인지 아니면 그 주위를 돌아갈 수 있는 섬인지 알아내는 것을 목표로 삼았다. 머큐리호, 스완호, 또 다른 머큐리호, 이렇게 세 척의 배를 준비한 뒤, 1594년 6월에 출발했다.

몇 달 뒤, 바렌츠가 탄 배는 다른 배들과 헤어져 노바야제믈랴 연안을 탐사하기 시작했다. 그러면서 그들은 탐험사에 길이 남을 용감한 업적을 세웠다. 몇 주일 동안 머큐리호는 에스파냐 무적 함대처럼 몰려오는 부빙浮氷을 요리조리 피하면서 아무 피해도 입지 않고 무려 240km나 나아갔다. 마침내 바렌츠의 선원들은 기진맥진하여 이제 그만 돌아가자고 간청했다. 바렌츠도 그만하면 북극해를 항해할 수 있음을 입증했다고 생각하고서 선원들의 간청을 받아들여 네덜란드로 돌아갔다. 아시아로 가는 쉬운 항로를 발견했다고 확신하고서.

그것은 정말 쉬운 항로처럼 보였다. 단, 괴물들만 피할 수 있다면 말이다. 신세계 발견과 계속된 아프리카와 아시아 탐험으로 전에는 꿈도 꾸지 못했던 수많은 동식물이 발견되었고, 그와 함께 선원들이 보았다고 증언하는 짐승들에 대해 꿈같은 이야기도 수없이 생겨났다. 지도 제작자들도 자기 내면에 있던 히에로니무스 보스 Hieronymus Bosch(상상 속의 풍경을 담은 작품으로 유명한 네덜란드 화가)의 재능을 끄집어내, 지도 위의 텅 빈 바다와 대초원에 상반신을 노출한 인어는 말할 것도 없고, 핏빛의 크라켄이 배를 쪼개는 장면, 거대한 수달이 서로를 잡아먹는 장면, 용이 게걸스럽게 쥐를 씹어먹는 장면, 철퇴 같은 나뭇가지로 곰의 머리를 바수는 장면 등을 그려 넣었다. 1544년에 만들어진 한 유명한 지도는 아프리카 서쪽 해안에 그리스 신화에 나오는 거인족인 키클롭스가 사색에 잠긴 채 앉아 있는 모습을 그려 넣었다. 그 지도를 제작한 세바스티안 뮌스터 Sebastian Münster는 훗날 그리핀과 금을 캐는 탐욕스러운 개미에 대한 글을 중간중간에 끼워넣은 지도책을 출판했다. 뮌스터는 지구 주위에 가슴에 얼굴이 있는 인간 블레미아이 Blemmyae(블레미스라고도 함), 개 머리가 달린 인간 키노케팔루스 Cynocephalus, 육지에 사는 인어로 한쪽 발이 거대한 스키오포드 Sciopod(스키오포드는 해가 쨍쨍 비치는 날에는 누워서 큰 발을 머리 위로 치켜들어 그늘을 만들었다고 함)를 비롯해 휴머노이드처럼 보이는 짐승들도 배치했다. 이 짐승들 중 일부는 옛날 사람들의 두려움과 미신을 의인화한 것에 지나지 않았다. 하지만 그럴싸한 신화와 환상적 사실의 잡동사니 사이에서 박물학자들은 과학을 제대로 하기가 어려웠다.

심지어 탐험 시대에 가장 과학적이었던 박물학자 카를 폰 린네 Carl von Linné조차 괴물들을 생각했다. 그가 쓴 『자연의 체계 *Systema Naturae*』는 오늘날에도 사용하는 이명법을 도입하여 호모 사피엔스 *Homo sapiens*나 티라노사우루스 렉스 *Tyrannosaurus rex* 같은 이름을 탄생시키고 유행시켰다. 이 책에서는 또한 '파라독사 paradoxa'라는 동물 집단을 정의했는데, 이 집단에는 용, 불사조, 사티로스, 유니콘, 나무에서 돋아나는 거위, 헤라클레스가 죽인 히드라, 나이를 먹을수록 작아질 뿐만 아니라 물고기로 변해가는 올챙이 등이 포함되었다. 오늘날 우리는 이것을 보고 웃을지 모르

옛날 지도에는 온갖 종류의 괴물들이 등장하여 텅 빈 땅과 바다를 채웠다.(올라우스 마그누스Olaus Magnus가 **1539**년에 제작한 카르타 마리나Carta marina 중 스칸디나비아 지역의 지도이다.)

지만, 맨 마지막 동물의 경우에는 비웃음을 받아야 할 쪽은 우리이다. 몸이 작아지는 올챙이는 실제로 존재한다. 다만 *Pseudis paradoxa*(패러독스 개구리)는 물고기로 변하는 게 아니라 보통 개구리로 변한다. 게다가 현대 유전학 연구는 린네와 뮌스터의 전설 일부에 근거가 있음을 보여준다.

유전자들의 지도 제작자

모든 배아에서 몇 가지 핵심 유전자는 다른 유전자들에게 지도 제작자와 같은 역할을 한다. 즉, 전후, 좌우, 상하 방향이 어디인지 GPS와 같은 정확성으로 몸의 지도를 그려낸다. 곤충, 어류, 포유류, 파충류를 비롯해 모든 동물은 이들 유전자 중 많은 것을 공유하는데, 특히 혹스*hox*라는 유전자 집단을 공유한다. 동물계에 혹스 유전자가 널리 퍼져 있다는 사실은 왜 전 세계 모든 동물의 체형이 기본적으로 똑같은 설계를 바탕으로 하고 있는지 설명해준다. 즉, 원통형 몸통에 한쪽 끝에는 머리가 달려 있고, 반대쪽 끝에는 항문이 달려 있으며, 그 중간에 다양한 부속기관이 돋아나 있다.(얼굴이 배꼽을 핥을 정도로 몸통 아래쪽에 붙어 있는 블레미아이는 이 이유만으로도 존재가 불가능해 보인다.)

유전자로서는 특이하게도 혹스 유전자들은 진화가 수억 년 이상 지난 뒤에도 서로 단단히 들러붙은 채 남아 있고, DNA 가닥에서 연속적으로 뻗어 있는 지역들을 따라 늘 함께 나타난다.(무척추동물은 혹스 유전자들이 유전자 10여 개로 이루어진 한 지역에 모여 있고, 척추동물은 기본적으로 동일한 네 지역에 모여 있다.) 더욱 특이한 것은 그러한 지역에 존재하는 각 혹스 유전자의 위치가 몸에서 담당하는 임무와 밀접한 관계가 있다는 점이다. 첫 번째 혹스 유전자는 머리 꼭대기 부분을 설계하고, 두 번째 혹스 유전자는 그보다 약간 밑에 있는 부분을 설계하며, 세 번째 혹스 유전자는 더 낮은 곳을, …… 그리고 맨 마지막 혹스 유전자는 가장 아랫부분을 설계한다. 자연이 왜 혹스 유전자의 공간적 지도를 이렇게 위아래 방향으로 늘어서게끔 만들었는지는 알 수 없지만, 어쨌든 모든 동물은 이런 특징을 보인다.

이처럼 많은 종에서 DNA가 동일한 기본 형태로 나타나는 것을 과학자들은 '보존성'이 아주 높다고 표현하는데, 동물들은 그것을 변화시키는 데 아주 신중하고 보수적인 태도를 보이기 때문이다.(일부 혹스 유전자와 그 비슷한 유전자는 보존성이 너무나도 높아 닭, 생쥐, 파리에서 그 유전자를 떼어내 종들 사이에 서로 바꿔치기를 하더라도, 각 유전자는 거의 같은 기능을 한다.) 여러분의 짐작대로, 보존성이 높은 것은 해당 DNA의 중요성과 강한 상관관계가 있다. 그리고 동물들이 보존성이 높은 혹스 유전자를 그렇게 자주 손대려 하지 않는 이유는 쉽게 볼 수 있다.(문자 그대로 눈으로 볼 수 있다.) 이들 유전자 중 하나를 없애면, 동물은 턱이 여러 개 발달할 수 있다. 다른 것에 돌연변이가 일어나면, 날개가 사라지거나 엉뚱한 장소에 여분의 눈이 생길 수 있다(눈이 다리에서 불룩 솟아나거나 더듬이 끝에 달리는 식으로). 또 어떤 돌연변이는 머리에 생식기나 다리가 돋아나게 하거나 사타구니에 턱이나 더듬이가 달리게 한다. 이 정도는 그래도 운이 좋은 편이다. 혹스 유전자나 연관 유전자를 가지고 도박을 한 동물은 대부분 살아남지 못하므로 그런 것이 생겨나는 것을 볼 기회조차 없다.

혹스 유전자 같은 유전자는 동물을 만들기보다는 다른 유전자들에게 동물을 어떻게 만들라고 지시한다. 각각의 혹스 유전자는 수십 개의 하위 유전자를 제어한다. 하지만 이들 유전자가 아무리 중요하다 하더라도, 발달의 모든 측면을 다 제어하는 것은 아니다. 특히 활동 범위는 비타민 A 같은 영양분에 따라 좌우된다.

비타민 A는 단일 이름으로 부르긴 하지만, 사실은 서로 밀접한 관계에 있는 여러 가지 분자들을 비전문가들의 편의를 위해 뭉뚱그려 부르는 이름이다. 이 여러 가지 비타민 A는 자연에 가장 광범위하게 존재하는 영양분이다. 식물은 비타민 A를 베타카로틴(당근에 특유의 색깔을 내는 성분)의 형태로 저장한다. 동물은 비타민 A를 간에 저장하고, 우리 몸은 비타민 A를 다양한 형태로 자유롭게 전환시키며, 시력을 좋게 하고, 정자의 수정 능력을 유지하고, 미토콘드리아 생산을 촉진하고, 늙은 세포를 안락사시키는 등 아주 복잡미묘한 생화학 과정에 사용한다. 이런 이유 때문에 전 세계적으로 비타민 A가 부족한 식단은 건강에 심각한 문제를 야기한다. 과학자들이 유전자 조작을 통해 영양분을 보강한 최초의 농산물은 바로 황금쌀이다. 이 쌀은 베타카로틴을 많이 함유하여 비타민 A를 값싸게 공급할 수 있다.

비타민 A는 혹스 유전자 및 연관 유전자와 상호작용하여 태아의 뇌, 폐, 눈, 심장, 팔다리를 비롯해 거의 모든 기관을 만든다. 사실, 비타민 A는 너무나도 중요해 세포들은 세포막에 비타민 A를 들여보낼 수 있는 특수한 다리를 만드는데, 이 다리는 오직 비타민 A만 통과할 수 있다. 일단 세포 안으로 들어온 비타민 A는 특별한 도우미 분자에 들러붙으며, 이렇게 합쳐진 복합체는 직접 DNA 이중 나선에 들러붙어 혹스 유전자와 그 밖의 유전자를 켠다. 신호 전달 물질은 대부분 세포벽에서 거부당해 자신의 지시를 작은 열쇠 구멍을 통해 고함쳐 전달해야 하지만, 비타민 A는 특별 대우를 받는다. 그리고 이 마스터 영양분의 허락이 없으면, 아기에게서 혹스 유전자는 아주 조금밖에 만들어지지 않는다.

하지만 주의해야 할 점이 있다. 이 말을 듣고 임신한 사람을 위해 비타민 A를 공급하려고 약국이나 건강 보조 식품 가게로 달려가기 전에, 비타민 A 과다섭취는 태아 기형의 원인이 된다는 사실을 명심해야 한다. 사실, 우리 몸은 비타민 A 농도를 엄격하게 규제하며, 심지어 농도가 너무 높아지면 비타민 A를 분해하는 것이 주 목적인 유전자도 몇 개 있다(다소 기묘한 이름이 붙은 *tgif* 유전자를 비롯해). 이런 일이 일어나는 한 가지 이유는 태아의 비타민 A 농도가 너무 높으면, 더욱 기묘한 이름이 붙은 필수 유전자인 고슴도치 소닉sonic hedgehog 유전자의 작용을 방해할 수 있기 때문이다.

(그렇다, 고슴도치 소닉 유전자는 비디오 게임에 등장하는 인물인 고슴도치 소닉의 이름을 딴 것이다. 1990년대 초에 한 대학원생—괴짜 초파리 연구자 중 한 명—이 그것을 발견하여 돌연변이가 일어나면 초파리의 몸 전체에 고슴도치처럼 뾰족한 가시가 자라게 하는 유전자군으로 분류했다. 과학자들은 그 전에 이미 '고슴도치' 유전자를 여럿 발견하여 인도고슴도치Indian hedgehog, 달쥐고슴도치moonrat hedgehog, 사막고슴도치desert hedgehog처럼 진짜 고슴도치 종의 이름을 따다 붙였다. 로버트 리들Robert Riddle은 일본의 세가 회사가 만든 게임에 나오는 민첩한 주인공 소닉의 이름을 자신의 유전자에 붙이면 재미있을 것이라고 생각했다. 우연의 일치로 고슴도치 소닉 유전자는 동물의 유전자 명단에서 손꼽힐 정도로 중요한 유전자로 드러났고, 경박하게 붙인 이름은 그리 좋은 평가를 받지 못했다. 이 유전자의 결함은 치명적인 암이나 불행한 선천성 장애를 낳을 수 있으며, 의사는 고슴도치 소닉 유전자가 사랑하는 사람의 목숨을 앗아갈 것이라는 사실을 가족에게 설명해야 할 때 몹시 난감하다. 한 생물학자는 〈뉴욕 타임스〉에 실린 글에서 그런 이름에 대해 이렇게 말했다. "미친한 초파리의 유전자를 '순무*turnip*'라고 부른다면, 그것은 귀여운 이름처럼 들린다. 하지만 인간의 발달에 관여하는 유전자에 그런 이름을 붙인다면, 그것은 결코 귀여운 이름으로 들리지 않는다.")

혹스 유전자가 우리 몸의 상하 패턴을 제어하는 것처럼 *shh* 유전자(고슴도치 소닉이라는 이름을 싫어하는 과학자들이 그 머리글자를 따서 부르는 이름)는 몸의 좌우 대칭을 제어하는 것을 돕는다. *shh* 유전자는 GPS 기울기를 설정함으로써 그렇게 한다. 아직 우리가 원형질 덩어리일 때, 막 생겨난 척주(우리 몸의 정중선을 이루는)는 *shh* 유전자가 만든 단백질을 분비하기 시작한다. 가까이 있는 세포들은 이 단백질을 많이 흡수하고, 멀리 있는 세포들은 적게 흡수한다. 세포들은 흡수한 단백질의 양을 바탕으로 정중선에서 얼마나 떨어진 곳에 있는지 정확하게 '알고', 따라서 자신이 어떤 종류의 세포가 되어야 할지 안다.

하지만 만약 주변에 비타민 A가 너무 많으면(혹은 만약 다른 이유로 *shh* 유전자가 제 기능을 하지 못한다면), 기울기가 제대로 설정되지 않는다. 그러면 세포는 정중선에 대한 자신의 경도를 알 수 없고, 기관들은 비정상적으로 때로는 괴물처럼 자라기 시작한다. 심한 경우에는 뇌가 좌반구와 우반구로 적절히 나누어지지 않아, 제대로 분화가 일어나지 않은 하나의 큰 덩어리가 되고 만다. 다리에도 같은 일이 일어날 수 있다. 만약 너무 많은 비타민 A에 노출되면, 두 다리가 들러붙어 인어체증(일명 인어증후군)이 나타날 수 있다. 들러붙은 뇌나 다리는 모두 치명적이다(후자의 경우는 항문과 방광을 위한 구멍이 발달하지 못하기 때문에). 하지만 가장 가슴 아픈 대칭 파괴는 얼굴이다. *shh* 유전자가 너무 많은 닭은 정중선이 아주 넓은 얼굴을 갖고 태어나는데, 때로는 정중선이 너무 넓어 부리가 2개 생기기도 한다.(코가 2개 달린 채 태어나는 동물도 있다.) *shh* 유전자가 너무 적을 경우에는 큰 콧구멍이 하나만 있는 코가 생기거나 코가 아예 자라지 않을 수도 있다. 심한 경우에는 코가 이마처럼 다른 곳에 달릴 수도 있다. *shh* 유전자가 너무 적어서 나타나는 현상 중 가장 가슴 아픈 경우는 두 눈이 제자리(얼굴 정중선에서 좌우로 2.5cm쯤 떨어진 곳)에 붙어 있지 않는 경우이다. 두 눈이 모두 정중선에 자리를 잡아 지도 제작자들이 지도에 집어넣어 매우 우스꽝스럽게 보였던 바로 그 키클롭스, 즉 외눈박이 아이가 태어날 수 있다.*

북극곰의 간과 비타민 A

린네는 키클롭스를 자신의 분류 체계에 포함시키지 않았는데, 괴물의 존재가 의심스럽다는 것이 큰 이유였다. 『자연의 체계』 후속판에서는 파라독사 범주를 아예 뺐다. 하지만 자신이 들은 이야기를 너무 냉소적으로 일축한 것처럼 보이는 사례가 하나 있다. 린네는 곰들이 속한 속屬을 큰곰속Ursus이라 불렀는데, 갈색곰(불곰이라고도 함)의 학명을 친히 *Ursus arctos*라고 붙인 걸로 봐서 곰이 북쪽 끝 지역의 기후에서도 살 수 있음을 알았던 게 분명하다. 하지만 그는 북극곰의 존재에 대해서는 일절 언급하지 않았는데, 그가 들은 일화들이 의심스러웠기 때문이다. 하기야 유령처럼 창백한 곰이 얼음 위를 걸어 사람 뒤로 몰래 다가와 그저 재미로 머리를 찢어놓는다는 이야기를, 그것도 술집에서 들은 이야기를 누가 쉽게 믿겠는가? 게다가 만약 그 흰 곰을 죽여 고기를 먹으면, 곰은 죽은 뒤에도 복수를 해 그 사람의 피부가 벗겨져 나가게 한다는 이야기를 어떻게 믿을 수 있겠는가? 하지만 실제로 바렌츠 일행에게 그런 일이 일어났다. 이 끔찍한 이야기는 결국은 키클롭스와 인어를 만들어낼 수 있는 바로 그 비타민 A 이야기로 되돌아간다.

1595년, 네덜란드의 네 도시 영주들은 오라녜 공 마우리츠Maurits van Oranje*의 '잔뜩 부풀어 오른 기대'에 자극을 받아 일곱 척의 배에 리넨과 천, 태피스트리를 가득 실은 뒤, 바렌츠에게 다시 아시아로 항해하라고 했다. 하지만 이런저런 실랑이 때문에 출발은 한여름까지 지연되었고, 일단 바다로 나가자 선장들은 항해사에 불과한 바렌츠의 말을 듣지 않고 바렌츠가 원한 지점보다 더 남쪽 항로를 택해 나아갔다. 그들이 그렇게 한 이유는 바렌츠의 북쪽 항로가 터무니없어 보이기도 했지만, 해변에 다이아몬드가 널려 있다는 섬에 대한 소문에 흥미가 끓어올랐기 때문이다. 실제로 그들은 그 섬을 발견했고, 즉시 섬에 상륙했다.

그리고 한참 동안 호주머니에 그 투명한 보석을 가득 담고 있었는데, 영국에서 전해오는 한 이야기에 따르면, "비쩍 마르고 커다란 흰 곰이 어디선가 살금살금 다가와" 앞발로 한 선원의 목을 감았다. 그 선원은 털이 많은 동료가 자기 목을 감은 줄 착각하고 "내 목을 감은 녀석이 도대체 누구야?"라고 소리쳤다. 보석을 줍느라 바닥을 내려다보고 있던 동료들이 고개를 들어 쳐다보고는 소스라치게 놀랐다. 북극곰은 "그 선원을 덮쳐 머리를 산산조각내고는 피를 쭉쭉 빨아먹었다."

이 만남은 앞으로 탐험가들과 이 "잔인하고 사납고 걸신들린 짐승" 사이에 벌어질 백 년 전쟁의 서막이었다. 북극곰은 더럽고 몹쓸 짐승이라는 명성에 딱 어울리는 동물이었다. 북극곰은 선원들이 상륙한 곳이라면 어디서건 무리에서 이탈한 자를 표적으로 정해 잡아먹었고, 심한 응징도 꿋꿋이 견뎌냈다. 북극곰의 등에 도끼를 박거나 옆구리에 총알을 여섯 발이나 명중시켰는데도 오히려 성미만 돋우어 북극곰을 더욱 미쳐 날뛰게 만드는 경우도 종종 있었다. 하지만 북극곰의 입장에서 보면, 나름대로 억울한 점이 있을 것이다. 한 역사학자가 지적한 것처럼 "초기의 탐험가들은 북극곰을 죽여 없애는 걸 자신들의 임무로 여겼다." 그들은 훗날 그레이트플레인스에서 아메리카들소 사냥꾼들이 그런 것처럼 북극곰 시체를 잔뜩 쌓아놓았다. 일부 탐험가는 애완동물로 삼으려고 일부러 북극곰을 불구로 만들어 밧줄 올가미로 매어 끌고 다녔다. 한번은 그런 북극곰을 작은 배에 태웠다가 북극곰이 줄을 끊고 선원들을 공격하며 반란을 일으켜 배를 접수한 일이 있었다. 하지만 길길이 날뛰던 북극곰의 밧줄 올가미가 키에 감기고 말았고, 북극곰은 거기서 벗어나려고 애쓰다가 기운이 빠지고 말았다. 용감한 선원들은 배를 탈환해 곰을 난도질해 죽였다.

바렌츠의 선원들과 맞닥뜨린 그 북극곰은 두 번째 선원까지 죽였고, 만약 본선에서 구조대를 보내지 않았더라면 더 많은 선원이 희생되었을 것이다. 한 명사수가 곰의 미간에 정확하게 총알을 박아넣었지만, 곰은 고개를 한 번 흔들고는 식사를 멈추려 하지 않았다. 다른 사람들이 돌진해 검으로 공격했지만, 머리와 가죽에 부딪친 검은 부러지고 말았다. 마침내 누군가 몽둥이로 주둥이를 갈겨 곰을 기절시켰고, 그 틈을 타 다른 사람이 곰의 목을 땄다. 하지만 두 선원은 이미 숨이 끊어진 뒤였고, 구조대는 곰의 가죽을 벗기고 시체들을 거기에 남겨둔 채 떠날 수밖에 달리 방도가 없었다.

나머지 항해 여정에서도 바렌츠 일행에게 그다지 좋은 일은 없었다. 배들이 좋은 계절을 놓치고 너무 늦게 출발하는 바람에 사방에서 수많은 부빙이 밀려와 선체를 위협했다. 날이 갈수록 위험은 점점 커져갔고, 9월에 이르자 일부 선원이 절박한 심정에서 반란을 일으켰다가 다섯 명이 교수형을 당했다. 결국 바렌츠도 미덥지 못한 상선들이 얼음에 갇혀 좌초할까 봐 염려되어 의지가 꺾였다. 일곱 척의 배는 모두 처음에 실었던 화물 외에 아무것도 얻지 못하고 되돌아가기로 했고, 이 일에 뛰어든 사람들은 모두 빈털터리가 되었다. 다이아몬드라고 생각했던 광물도 쉽게 부서지는 유리 광물로 드러났다.

이 항해로 바렌츠는 자신감이 한풀 꺾였을 것이다. 바렌츠는 지위가 높은 사람을 믿지 말라는 교훈을 얻었다. 그는 시종일관 훨씬 북쪽으로 항해하길 원했다. 그래서 1596년에 그럭저럭 자금을 끌어모아 배 두 척을 마련한 뒤 다시 항해에 나섰다. 처음에는 일이 순탄하게 풀려갔으나, 또다시 바렌츠의 배는 더 신중한 동료인 얀 코르넬리스존 레이프 Jan

Corneliszoon Rijp 선장이 지휘하는 배와 헤어져 각자의 길을 갔다. 그리고 이번에 바렌츠는 너무 북쪽으로 나아갔다. 노바야제믈랴 북단에 이르러 마침내 그곳을 빙 돌아갔지만, 그 순간 북극해에서 계절에 어울리지 않는 한파가 몰려왔다. 한파는 해안선을 따라 남쪽으로 향하는 배를 계속 따라왔고, 날이 갈수록 부빙을 헤치고 나아가기가 힘들어졌다. 얼마 지나지 않아 바렌츠는 얼음 대륙에 고립된 채 진퇴양난에 빠졌다.

그들은 물 위에 떠 있는 관이나 다름없게 변한 배—팽창하는 얼음이 발밑에서 배를 쪼개는 소리를 분명히 들을 수 있었다—를 버리고 노바야제믈랴의 어느 반도에 상륙해 머물 곳을 찾았다. 천만 다행으로 나무가 전혀 자라지 않는 이 섬에서 물에 떠밀려와 쌓여 있는 통나무들을 발견했다. 배에 탔던 목수는 금방 죽고 말았지만, 그 통나무들과 배에서 가져온 목재를 이용해 십여 명의 선원들은 7m×11m 크기의 통나무집을 지었다. 소나무 지붕널도 얹었고, 현관과 앞계단도 만들었다. 그들은 그 집을 '구원받은 집'이란 뜻으로 헷 베하우던 하위스Het Behouden Huys라고 불렀는데, 아이러니보다는 희망을 담아 지은 이름이었다.

추위는 도처에 도사린 위험이었지만, 북극 지방에는 그것말고도 그들을 괴롭히는 요소가 많았다. 태양은 11월부터 석 달 동안 하늘에서 완전히 사라지는데, 캄캄하고 악취가 심한 통나무집에 갇혀 지내다 보니 미칠 것 같았다. 애꿎게도 불마저 그들을 위협했다. 어느 날 밤, 환기가 제대로 되지 않아 모두 일산화탄소 중독으로 죽을 뻔한 적도 있었다. 북극여우 몇 마리를 총으로 쏘아 잡아 가죽과 고기를 얻었지만, 야생 동물은 끊임없이 그들의 식량을 축냈다. 빨래조차 블랙 코미디로 변했다. 빨래를 말리려면 작대기에 옷을 걸어 거의 불 속으로 집어넣어야 했다. 하지만 그러면 한쪽은 그을리면서 연기가 나지만, 반대쪽은 여전히 얼어 있는 경우가 많았다.

하지만 일상적으로 맞닥뜨리는 공포 중에서 북극곰과 마주치는 것만큼 무서운 것도 없었다. 바렌츠의 일행 중 하릿 데 베르Garrit de Veer는 항해 동안 쓴 일기에 곰들이 사실상 헷 베하우던 하위스를 포위했으며, 밖에 쌓아둔 소고기, 베이컨, 햄, 생선 통을 군사 작전을 방불케 할 만큼 정밀하게 습격했다고 기록했다. 어느 날 밤, 한 곰이 난로에 올려놓은 음식물 냄새를 맡고서 살금살금 뒷계단을 기어 올라와 뒷문 문턱을 넘어올 때까지 아무도 눈치채지 못했다. 운 좋게 누가 머스킷총을 발사한 덕분에(총알은 곰의 몸을 관통했고, 놀란 곰은 달아났다) 좁은 방 안에서 벌어졌을지도 모를 살육을 막았다.

혼비백산해 반쯤 넋이 나간 선원들은 곧 정신을 차리고 복수심에 불타 눈 위에 떨어진 핏자국을 추적했고, 마침내 침입자를 찾아내 죽였다. 그 다음 이틀에 걸쳐 곰 두 마리가 공격해왔지만, 선원들은 또다시 그들을 죽였다. 갑자기 사기가 충천한 그들은 그동안 신선한 고기에 굶주렸던지라 곰 고기로 배를 채우기로 결정했고, 먹을 수 있는 것이면 무엇이건 먹어치웠다. 뼈에 붙은 연골도 발라내 먹었고, 골수도 빼내 먹었으며, 심장, 콩팥, 뇌, 육즙이 가장 많은 간 등 고기라면 무엇이건 요리를 해서 먹었다. 유럽 탐험가들은 북위 80°의 우울한 통나무집에서 그 식사를 하면서 처음으로 유전학의 쓰라린 교훈을 배웠다. 그것은 그후 다른 불굴의 북극 탐험가들도 반복적으로 배우게 될 교훈이었는데, 과학자들도 수백 년 동안 그 수수께끼를 완전히 풀지 못했다. 북극곰의 간은 다른 포유류의 간과 다름없이 자주색을 띠고, 냄새도 여느 간과 똑같고, 포크 끝에서 흔들리는 모습도 같지만, 큰 차이점이 하나 있다. 분자 차원에서 북극곰의 간에는 비타민 A가 과포화 상태로 축적돼 있다.

이것이 왜 끔찍한 결과를 낳는지 이해하려면 특정 유전자들을 자세히 살펴보는 게 필요하다. 이 유전자들은 우리 몸에서 아직 제대로 발

a.

b.

c.

얼어붙은 러시아 북단 위쪽으로 지나간 바렌츠의 항해를 묘사한 장면. **a.** 북극곰과 맞닥뜨린 장면 **b.** 얼음에 부서진 배 **c.** 1590년대에 선원들이 혹독한 겨울을 견디며 보낸 오두막집. (출처 : 하릿 데 베르의 『바렌츠의 세 차례 북극 지방 항해』)

달하지 않은 세포들을 피부세포나 간세포, 뇌세포 따위로 특수하게 분화하도록 도와준다. 이것은 매클린톡이 이해하길 원했던 바로 그 과정의 일부이지만, 그 당시 그것을 둘러싼 과학적 논쟁은 수십 년이나 시대를 앞선 것이었다.

19세기 후반에 세포 분화를 설명하려고 나선 과학자들은 두 진영이 있었는데, 그중 하나는 독일 생물학자 아우구스트 바이스만August Weismann*이 이끌었다. 바이스만은 정자와 난자가 합쳐져 만들어진 접합자zygote를 연구했다. 접합자는 어떤 동물을 만들어내는 첫 번째 세포를 이룬다. 바이스만은 이 첫 번째 세포는 필요한 분자 지시들을 완전히 포함하고 있는 게 분명하지만, 접합자와 그 딸세포들이 분열할 때마다 세포들은 그 지시들 중 절반을 잃는다고 주장했다. 세포가 한 종류의 세포에 필요한 것 외에 나머지 지시를 모두 잃으면, 그 세포는 바로 그 종류의 세포가 된다. 이와 대조적으로 다른 과학자들은 세포는 분열을 할 때마다 모든 지시들을 완전히 그대로 유지하지만, 특정 시기가 지나면 대부분의 지시를 무시한다고 주장했다. 독일 생물학자 한스 슈페만Hans Spemann은 1902년에 도롱뇽 접합자를 가지고 연구한 끝에 이 문제에 결론을 내렸다. 그는 크고 부드러운 이 접합자 하나를 현미경 십자선에 올려놓은 뒤, 분열하려고 할 때까지 기다렸다가 어린 딸의 금발 한 가닥으로 두 세포 사이의 경계 주위를 묶었다.(슈페만은 대머리가 아니었는데도 왜 딸의 머리카락을 사용했는지 그 이유는 분명하지 않다. 아마도 어린 딸의 머리카락이 더 가늘었기 때문일 것이다.) 이 올가미를 옭아매자 두 세포로 분열되었고, 슈페만은 그것을 각각 다른 배양 접시로 옮겨 서로 따로 발달하게 했다. 바이스만은 필시 거기서 기형인 반쪽 도롱뇽 두 마리가 발달하리라고 예측했을 것이다. 하지만 슈페만의 두 세포는 모두 완전하고 건강한 도롱뇽 두 마리로 자라났다. 사실, 두 마리는 유전적으로 동일했는데, 이것은 슈페만이 1902년에 사실상 클론을 만들었음을 의미한다. 얼마 전에 과학자들은 멘델을 재발견했는데, 슈페만의 연구는 세포가 모든 지시를 온전히 포함하지만, 그중 일부 유전자만 켜고 나머지는 끈다는 것을 의미했다.

그럼에도 불구하고, 슈페만도 매클린톡도 그리고 어느 누구도 세포가 어떻게 유전자를 끄는지 그 메커니즘을 설명하지 못했다. 그 설명이 나오기까지는 수십 년의 연구가 더 필요했다. 그리고 비록 세포들은 유전 정보 자체를 잃지는 않지만, 그 정보에 접근하는 능력을 잃음으로써 유전 정보 자체를 잃는 것과 같은 결과가 나타나는 것으로 밝혀졌다. 우리는 DNA가 뱀처럼 구불구불한 전체 길이를 작은 세포핵 속에 집어넣기 위해 놀라운 곡예를 펼쳐야 한다는 사실을 앞에서 이미 보았다. 이 과정에서 매듭이 생기는 것을 피하기 위해 DNA는 일반적으로 히스톤histone이라는 단백질 실패 주위에 요요 끈처럼 감긴 뒤에 차곡차곡 쌓여서 세포핵 내부 깊숙한 곳에 자리를 잡는다.(히스톤은 일찍부터 염색체에서 발견된 단백질 중 일부로, 과학자들은 한동안 유전을 제어하는 물질은 DNA가 아니라 히스톤이라고 생각했다.) 히스톤 실패 주위에 DNA가 감기는 것은 DNA가 얽히는 것을 막아줄 뿐만 아니라, 세포 기구가 DNA에 접근해 RNA를 만드는 것을 차단함으로써 사실상 DNA를 끄는 기능을 한다. 세포는 아세틸기(–$COCH_3$)라는 화학 물질로 히스톤 실패에 DNA가 감기는 것을 제어한다. 히스톤에 아세틸기 하나가 들러붙으면 DNA가 풀린다. 반대로 아세틸기를 제거하면 DNA가 다시 감긴다.

세포도 메틸기(–CH_3)라는 분자 압정으로 DNA 자체를 변화시킴으로써 DNA에 대한 접근을 차단한다. 메틸기는 유전자 알파벳 중 C에 해당하는 사이토신에 가장 잘 들러붙는다. 그리고 메틸기는 공간을 많이 차지하지 않지만(탄소는 작은 편이고, 수소는 주기율표의 원소들 중 가장 작다), 그렇게 작은 혹조차 다른 분자들이 DNA에 들러붙어 유전자를 켜는 것을 방해할 수 있다. 다시 말해서, 메틸기를 첨가하면 유전자를 잠재운다.

우리 몸에 있는 200여 종류의 세포는 DNA가 코일 모양으로 꼬이거나 메틸기가 들러붙은 패턴이 제각각 다른데, 이 패턴은 우리가 배아일 때 확립된다. 피부세포가 될 세포는 간 효소나 신경 전달 물질을 만드는 유전자를 모두 꺼야 하고, 나머지 모든 세포에도 이와 상응하는 일이 일어나야 한다. 이 세포들은 살아가는 동안 자신의 패턴을 기억할 뿐만 아니라, 어른 세포가 되어 분열할 때마다 그 패턴을 딸세포에게 전달한다. 과학자들이 유전자를 켜거나 끈다고 하는 말을 들을 때마다 그 현상을 일으키는 범인은 메틸기와 아세틸기일 때가 많다. 특히 메틸기는 아주 중요해 일부 과학자는 DNA 알파벳에 다섯 번째 공식 문자를* 추가하자고 제안하기까지 했다. 즉, A, C, G, T에 메틸기가 붙은 사이토신을 나타내는 mC를 추가하자고 했다.

하지만 DNA를 추가적으로 그리고 때로는 더 섬세하게 제어하기 위해 세포들은 비타민 A 같은 '전사 인자transcription factor'에 의존한다. 비타민 A와 그 밖의 전사 인자들은 DNA에 들러붙어 다른 분자들을 동원해 DNA를 전사하기 시작한다. 여기서 우리의 목적에 가장 중요한 사실은 비타민 A가 성장을 자극하고 미성숙 세포가 완전한 뼈나 근육 혹은 그 밖의 것으로 아주 빠르게 전환하도록 돕는다는 것이다. 비타민 A는 특히 다양한 피부층에 강한 영향력을 미친다. 예를 들면, 어른의 경우 비타민 A는 특정 피부세포를 몸 안쪽에서 바깥쪽으로 밀어올리는데, 맨 바깥층에 이른 피부세포는 죽어서 안쪽 세포들을 보호하는 층을 이룬다. 비타민 A가 너무 많으면 '프로그래밍된 세포 죽음'을 통해 피부가 손상될 수 있다. 일종의 강요된 자살에 해당하는 이 유전적 프로그램은 우리 몸이 병든 세포를 제거하는 데 도움을 주기 때문에 항상 나쁘기만 한 것은 아니다. 하지만 알 수 없는 여러 가지 이유로 비타민 A는 특정 피부세포에서 그 시스템을 장악하는 것처럼 보인다. 바렌츠 일행은 비싼 대가를 치르면서 그것을 발견했다.

암적색 간 덩어리가 들어간 북극곰 스튜를 먹은 선원들은 병으로 앓아누웠는데, 그 고통은 평생 동안 경험한 적이 없을 정도로 심했다. 땀과 고열, 어지럼증과 함께 창자가 뒤틀리는 증상은 정말로 성경에 나오는 몹쓸 역병에 걸린 것 같았다. 일기를 쓴 하릿 데 베르는 의식이 혼미한 상태에서 자신이 살해를 도운 암곰을 기억하고는 "그 암곰은 살아서보다 죽어서 우리에게 더 큰 재앙을 가져다주었다."라고 신음했다. 그보다 더 큰 고통이 기다리고 있었는데, 며칠 뒤 데 베르는 많은 사람에게서 입술이나 입 또는 간에 닿았던 모든 신체 부위 근처에 있는 피부가 벗겨져 나가는 것을 보았다. 데 베르는 공포에 사로잡혀 이렇게 기록했다. 세 사람이 특히 심하게 "앓았고, 우리는 정말로 그들이 죽는 게 아닌가 생각했다. 발끝부터 머리끝까지 피부란 피부는 모조리 다 벗겨져 나왔기 때문이다."

북극곰과 유전자 변화

북극곰의 간에 비타민 A가 왜 그토록 많이 들어 있는지 그 이유는 20세기 중엽에야 밝혀졌다. 북극곰은 주로 반달무늬물범과 턱수염물범을 잡아먹고 살아가는데, 이 물범들은 2°C의 차가운 북극해 물이 몸에서 열을 가차없이 빼앗아가는 환경에서 새끼를 키운다. 비타민 A는 물범이 이 혹독한 환경에서 살아남는 데 도움을 준다. 비타민 A는 성장 호르몬처럼 작용해 새끼물범에게 피부층과 지방층이 빠른 시간에 두껍게 생기도록 돕는다. 이를 위해 어미는 간에 비타민 A를 가득 저장했다가 젖을 먹이는 기간 내내 이것을 이용해 새끼가 비타민 A를 충분히 흡수하게 한다.

북극곰 역시 몸에 지방을 쌓는 데 비타민 A가 많이 필요하다. 하지만 그보다 더 중요한 사실은 북극곰의 몸이 비타민 A의 독성을 견뎌낼 수 있다는 점인데, 만약 그렇지 않다면 물범(북극 지방에서 북극곰의 거의 유일한 먹이 공급원인)을 먹을 수 없기 때문이다. 생태학의 한 법칙에 따르면, 먹이 사슬에서 위로 올라갈수록 독이 많이 누적되며, 꼭대기에 위치한 육식동물은 가장 많이 농축된 독을 흡수한다고 한다. 이 점은 어떤 독소도, 그리고 농도가 높으면 독성을 나타내는 어떤 영양분도 마찬가지다. 하지만 많은 영양분과 달리 비타민 A는 물에 녹지 않기 때문에, 먹이 사슬의 꼭대기에 위치한 포식자가 비타민 A를 지나치게 흡수하면, 오줌을 통해 그것을 배출할 수 없다. 따라서 북극곰은 자신이 삼킨 비타민 A의 독성을 어떻게든 처리해야 하며, 그러지 않으면 굶어죽어야 한다. 북극곰은 자신의 간을 첨단 생물학 위험 처리 시설로 바꿈으로써 비타민 A를 걸러내 나머지 몸으로 가지 않게 하도록 적응했다.(그리고 북극곰은 다른 동물의 간을 먹을 때에도 주의하지 않으면 안 된다. 먹이 사슬에서 아래쪽에 있는 동물의 간은 축적된 비타민 A 함량이 적으므로 먹어도 된다. 하지만 일부 생물학자들은 만약 북극곰이 서로를 잡아먹어 그 간을 먹는다면, 틀림없이 죽을 것이라고 지적했다.)

북극곰은 약 15만 년 전에 알래스카큰곰 중 한 작은 개체군이 얼음으로 뒤덮인 북쪽 지역으로 이동하면서 비타민 A에 대한 저항 능력이 진화하기 시작했다. 하지만 과학자들은 북극 지역에 사는 곰을 북극곰으로 만든 중요한 유전자 변화는 오랜 기간에 걸쳐 서서히 일어난 게 아니라 거의 즉각 일어난 게 아닐까 늘 의심했다. 그 논리는 이렇다. 어떤 두 동물 개체군이 지리적으로 격리되면, 두 개체군에는 서로 다른 DNA 돌연변이가 축적되기 시작한다. 돌연변이가 축적됨에 따라 두 개체군은 몸과 대사와 행동에 차이가 나면서 서로 다른 종으로 발달해간다. 하지만 한 개체군 내에서 모든 DNA가 똑같은 속도로 변하지는 않는다. 혹스 유전자처럼 보존성이 아주 높은 유전자는 따분할 정도로 느리게 지질학적 변화의 속도로 변한다. 반면에 다른 유전자에 일어난 변화는 아주 빨리 확산될 수 있는데, 특히 환경 스트레스에 노출되었을 때 그런 일이 일어난다. 예를 들면, 큰곰들이 배회하다가 북극권을 뒤덮고 있는 황량한 빙원으로 갔을 때, 추위에 견디는 데 도움이 되는 돌연변이 — 예컨대 비타민 A가 풍부한 물범을 소화하는 능력 — 는 일부 곰에게 상당한 이점으로 작용했을 것이고, 그 결과 더 많은 새끼를 낳고 또 더 잘 돌볼 수 있었을 것이다. 환경의 압력이 클수록 그런 유전자가 개체군 내에서 퍼져가는 속도는 더 빠를 것이다.

이것을 달리 표현하면, DNA 시계 — DNA에 일어나는 돌연변이의 수와 속도를 재는 — 가 유전체 각 부분에 따라 제각각 다른 속도로 흐른다고 말할 수 있다. 따라서 과학자들은 두 종의 DNA를 비교하면서 두 종이 얼마나 오래 전에 갈라졌는지 추정할 때 조심하지 않으면 안 된다. 보존된 유전자나 가속적 변화를 고려하지 않는다면, 그 추정치는 정답에서 크게 벗어날 수 있다. 이러한 경고를 감안하여 2010년에 과학자들은 북극곰이 조상인 큰곰 무리에서 떨어져 나와 방황한 지 불과 2만 년 뒤 — 진화의 역사에서는 눈 깜짝할 사이라고 할 만큼 짧은 시간 — 에 추위에 견뎌낼 수 있는 충분한 방어 장치로 무장함으로써 별개의 종이 되었다는 결론을 내렸다.

나중에 보게 되겠지만, 사람이 육식동물의 대열에 끼어든 것은 극히 최근이기 때문에 우리에게 북극곰과 같은 방어 장치가 없는 것(즉,

우리가 먹이 사슬의 서열을 무시하고 북극곰의 간을 먹고서 고통을 겪는 것) 은 전혀 놀라운 일이 아니다. 사람마다 비타민 A 중독(비타민 A 과다증)에 대한 유전적 감수성이 제각각 다르지만, 보통 어른은 북극곰의 간을 30g만 먹더라도 죽을 수 있다. 그것도 아주 끔찍한 방식으로.

우리 몸은 비타민 A를 대사해 레티놀을 만드는데, 그러면 특수한 효소들이 레티놀을 분해한다.(이 효소들은 인간이 흡수하는 가장 흔한 독도 분해하는데, 그 독은 바로 맥주, 럼, 포도주, 위스키를 비롯해 온갖 술에 들어 있는 알코올이다.) 하지만 북극곰의 간에 들어 있는 비타민 A는 우리의 초라한 효소들을 압도하며, 그래서 효소들에 모두 분해되기 전에 레티놀은 혈액 속을 돌아다니기 시작한다. 이것은 아주 심각한 상황이다. 세포는 기름 성분의 막으로 둘러싸여 있는데, 레티놀은 세제처럼 작용해 세포막을 녹인다. 그 결과, 세포 내용물이 억제할 수 없게 새어나오기 시작한다. 머리뼈(두개골) 내부에서 이런 일이 일어나면, 체액이 쌓이면서 두통과 함께 정신이 몽롱해지고 과민해진다. 레티놀은 다른 조직에도 손상을 입히지만(심지어 직모를 구부러지게 하여 곱슬머리로 바꾼다), 가장 큰 손상을 입는 부위는 이번에도 피부이다. 비타민 A는 이미 피부세포의 수많은 유전자 스위치를 작동시켜 일부 세포를 자살하게 만드는가 하면, 일부 세포를 때 이르게 표면으로 밀어올린다. 비타민 A가 더 많으면 추가로 더 많은 피부세포가 죽고, 얼마 지나지 않아 피부가 종잇장처럼 벗겨져 나오기 시작한다.

우리 호미니드는 육식동물의 간을 먹는 위험에 대해 아주 오래 전부터 같은 교훈을 배우고 또 배워왔다. 1980년대에 인류학자들은 160만 년 전의 호모 에렉투스 골격을 발견했는데, 그 뼈에는 비타민 A 중독 때문에 나타나는 특유의 병터가 남아 있었다. 그 당시의 알파 육식동물을 섭취한 것이 그 원인으로 보인다. 북극곰이 진화한 이후—그리고 북극곰과 함께 살아간 사람들 사이에 수백 년 혹은 수천 년 동안 많은 희생자가 나온 이후—에 에스키모와 시베리아 사람들을 비롯해 추운 북쪽 지역에서 살아간 부족들(동물 시체를 먹고 살아가는 새들은 말할 것도 없고)은 북극곰의 간을 피해야 한다는 지혜를 터득했지만, 북극 지방에 처음 발을 들여놓은 유럽 탐험가들은 그 지혜를 알 턱이 없었다. 사실, 많은 사람들은 간을 먹지 않는 현지 주민의 금기를 나무를 숭배하는 관습과 같은 부류의 '속된 편견'으로 간주했다. 1900년까지만 해도 영국 탐험가 레지널드 코틀리츠Reginald Koettlitz는 북극곰의 간을 맛본다는 생각에 큰 기대를 품었으나, 때로는 금기에 지혜가 담겨 있다는 사실을 금방 깨달았다. 몇 시간이 지나자 코틀리츠는 머리뼈 안쪽에 큰 압력을 느꼈고, 머리 전체가 안쪽에서부터 부서지는 듯한 느낌이 들었다. 어지러워 정신을 차릴 수 없었고, 구토를 계속 반복했다. 무엇보다 고통스러웠던 것은 도저히 잠을 잘 수 없다는 점이었다. 누워 있어 봤자 고통만 더 심해졌다. 비슷한 시기에 또 다른 탐험가 옌스 린하르Jens Lindhard는 실험 삼아 북극곰의 간을 자신이 지휘하던 19명에게 먹였다. 그러자 모두 심하게 앓아누웠는데, 일부는 정도가 심해 정신이상 증상까지 보였다. 한편, 굶주리며 탐험을 하던 다른 탐험가들은 비타민 A의 독성이 아주 높은 수준인 동물은 북극곰과 물범뿐만이 아니라는 사실을 발견했다. 순록, 상어, 황새치, 여우, 시베리아허스키*의 간도 훌륭한 마지막 식사가 될 수 있었다.

한편, 1597년에 북극곰의 간을 먹고 한바탕 홍역을 치른 뒤 바렌츠 일행은 지혜를 얻었다. 데 베르가 기록했듯이, 식사를 한 후 "불 위에는 간이 약간 담긴 솥이 여전히 매달려 있었다. 하지만 선장은 그것을 집어들더니 문 밖으로 쏟아버렸다. 우리는 그 소스에 신물이 났기 때문이다."

선원들은 곧 기운을 되찾았지만, 추위 속에서 통나무집과 옷과 사기는 계속 무너져내렸다. 6월이 되자 마침내 얼음이 녹기 시작했고, 그들은 모선에서 보트를 끌어내 그것을 타고 바다로 나갔다. 처음에는 작은 빙산들 사이로만 지나다닐 수 있었고, 북극곰을 쫓다가 맹렬한 공격을 받았다. 하지만 1597년 6월 20일, 바다를 덮고 있던 얼음이 완전히 녹자 본격적인 항해가 가능해졌다. 애석하게도 6월 20일은 오랫동안 앓아오던 빌렘 바렌츠가 이 세상에서 보낸 마지막 날이 되었다. 그의 나이는 50세였다. 남은 12명은 항해사를 잃어 사기가 크게 떨어졌다. 그들 앞에는 작은 보트로 건너가야 할 바다가 아직도 수백 km나 남아 있었다. 하지만 그들은 고생 끝에 간신히 러시아 북부에 도착했고, 현지 주민이 그들을 불쌍히 여겨 음식을 주었다. 한 달 뒤, 그들은 표류하다가 라플란드 해안에 상륙했는데, 그곳에서 전해 겨울에 바렌츠와 헤어졌던 얀 코르넬리스존 레이프 선장을 만났다. 레이프는 크게 기뻐하며(그는 그들이 모두 죽은 줄로만 알았다) 그들을 자신의 배에 태워 고향인 네덜란드로 데려다주었고,* 그들은 누더기가 다 된 옷에 멋진 북극여우 모피 모자를 쓴 채 고향에 도착했다.

하지만 그들이 기대했던 영웅들의 환영 행사는 없었다. 바로 그날, 또 다른 네덜란드 호송선단이 도착했는데, 아프리카 남단의 곶을 돌아 중국까지 갔다가 향료와 진기한 물건을 가득 싣고 돌아왔다. 이들의 여행은 상선도 긴 항해를 할 수 있음을 입증했다. 또, 굶주림과 역경에서 살아남은 이야기는 짜릿한 흥분을 불러일으키긴 했지만, 네덜란드 사람들의 마음을 정말로 사로잡은 이야기는 보물 이야기였다. 네덜란드 정부는 네덜란드 동인도 회사에 아프리카를 경유해 아시아로 항해하는 독점권을 주었고, 이로써 바다의 실크 로드라는 서사시적 무역로가 탄생했다. 바렌츠와 선원들은 사람들의 기억에서 사라졌다.

그런데 아프리카를 경유해 아시아로 가는 항로에 독점권을 주었다는 사실은 다른 해양 모험가들이 무역을 통해 큰돈을 벌려면 오로지 북동 항로를 개척할 수밖에 없다는 것을 뜻했다. 그래서 250만 km^2나 되는 넓은 바렌츠 해를 통과하는 항로를 찾으려는 시도가 계속 이어졌다. 결국 네덜란드 동인도 회사도 이중 독점권에 군침을 흘리고 1609년에 헨리 허드슨Henry Hudson이라는 영국인 선장이 이끄는 탐험대를 보냈다. 하지만 이번에도 일은 틀어지고 말았다. 허드슨과 그가 탄 배 하프문호는 계획대로 노르웨이 북단을 지나갔다. 절반이 네덜란드인으로 구성된 40명의 선원은 굶주림과 추위, 그리고 머리끝부터 발끝까지 피부가 벗겨져 나가는 이야기를 들었던 게 분명했고, 결국 반란을 일으켰다. 그들은 허드슨에게 배를 서쪽으로 돌리라고 강요했다.

만약 그들이 진정 원하는 게 그것뿐이라면, 허드슨은 그들의 요구를 얼마든지 들어주겠다고 했다. 배의 방향을 서쪽으로 틀어 북아메리카 쪽으로 향한 것이다. 그는 노바스코샤(캐나다 동부의 반도)를 스쳐 지나가 대서양 해안에서 그보다 조금 아래 지역 여러 군데를 들렀다. 그 당시 아직 이름이 붙여지지 않은 강을 따라 올라가다가 홀쭉한 습지 섬도 지나갔다. 네덜란드인은 허드슨이 러시아를 돌아 아시아로 가는 항로를 발견하지 못한 데 실망했지만, 꿩 대신 닭이라고 몇 년 안에 그 작은 섬 맨해튼에 뉴암스테르담(훗날의 뉴욕)이라는 교역 식민지를 세웠다. 우리의 유전자 속에는 탐험에 대한 열정이 들어 있다고 흔히 이야기한다. 뉴욕이라는 도시가 세워진 사례를 보면, 이 말이 딱 들어맞는 것처럼 보인다.

07
마키아벨리 미생물

우리의 DNA 중 정말로 우리의 것은 얼마나 될까?

1909년, 맨해튼의 록펠러연구소. 롱아일랜드에서 병든 닭을 안고 온 농부는 무엇이 두려운지 안절부절하지 못했다. 20세기의 첫 10년 동안 암처럼 보이는 전염병이 미국 전역의 닭장들을 휩쓸었는데, 그 농부가 들고 온 플리머스록종 닭의 오른쪽 가슴에는 의심스러운 종양이 있었다. 혹시나 닭이 다 죽는 건 아닐까 하는 불안에 떨면서 농부는 진단을 받기 위해 그 암탉을 록펠러연구소의 과학자 프랜시스 페이턴 루스Francis Peyton Rous(두 번째 이름을 생략하고 프랜시스 루스라고 부르는 게 서양의 관행이지만, 루스의 경우에는 흔히 첫 번째 이름을 생략하고 페이턴 루스라고 부른다)에게 건네주었다. 그런데 농부는 루스가 닭을 치료하는 대신에 곧바로 죽이는 걸 보고 화들짝 놀랐다. 그러고 나서 루스는 종양을 자세히 살펴보기 위해 몇 가지 실험을 했다. 하지만 훗날 과학계는 루스가 이때 닭을 죽인 행동에 대해 크게 고마워하게 된다.

루스는 종양을 떼어낸 뒤에 갈아서 축축한 반죽 상태로 만들었다.

그리고 자기에 뚫린 아주 미세한 구멍으로 통과시켜 걸러냈다. 종양세포는 통과하지 못하고 세포들 사이에 존재하는 액체만 통과했다. 그 액체는 몸속에서 여러 가지 기능을 하겠지만, 특히 영양분이 돌아다니는 데 도움을 준다. 그런데 그 액체에는 미생물도 살 수 있었다. 루스는 이 액체를 다른 플리머스록종 닭의 가슴에 주사해 집어넣었다. 그러자 그 닭에게도 곧 종양이 생겼다. 루스는 레그혼종을 비롯해 다른 품종의 닭들에게도 같은 실험을 반복했는데, 여섯 달이 지나기 전에 이 닭들에게도 모두 대략 2.5cm×2.5cm 크기의 암 덩어리가 생겼다. 이 실험에서 무엇보다 놀랍고 이해하기 힘든 것은 여과 과정이었다. 루스는 주사액을 만들기 전에 여과를 통해 종양세포를 모두 제거했기 때문에, 새로 생긴 종양은 절대로 기존의 종양세포가 새 닭에게 옮겨간 것이 아니었다. 그렇다면 암을 발생시킨 원인은 그 액체에 있는 게 분명했다.

암을 일으키는 바이러스

농부는 루스가 닭을 죽인 데 대해 화가 치밀어올랐겠지만, 전염병의 수수께끼를 밝히는 데에는 루스만 한 적임자도 없었다. 의사이자 병리학자인 루스는 가축을 잘 알았다. 아버지는 남북전쟁 직전에 버지니아 주를 떠나 텍사스 주에 정착했는데, 거기서 루스의 어머니를 만났다. 가족은 다시 동부의 볼티모어로 옮겨갔고, 루스는 고등학교를 마친 뒤 존스홉킨스 대학에 들어갔다. 대학은 고학을 하면서 다녔는데, 한 편당 5달러를 받고 〈볼티모어 선〉에 "이 달의 야생화"라는 제목으로 볼티모어의 식물상을 다룬 칼럼도 썼다. 존스홉킨스 의학대학원에 들어간 뒤에는 칼럼을 그만두었지만, 곧 학업을 중단해야 했다. 결핵에 걸린 사체를 부검하다가 그만 뼈에 손을 베여 결핵에 걸리고 말았는데, 대학 당국은 휴양을 위해 휴학을 하라고 지시했다. 하지만 루스는 유럽식 치료법—산간 지역의 요양소에서 휴양하는 것—대신에 미국식 치료법을 선택해 텍사스 주의 목장에서 일꾼으로 일했다. 체구가 작고 호리호리한 루스는 목장 일을 좋아했고, 가축에 깊은 관심을 갖게 되었다. 병이 다 나은 뒤에 루스는 의사가 되는 대신에 미생물학을 전공하기로 결정했다.

목장과 실험실에서 겪은 모든 훈련 과정과 닭에서 얻은 증거를 바탕으로 판단할 때, 결론은 하나밖에 없었다. 닭은 바이러스에 감염되었고, 그 바이러스가 암을 옮기는 게 분명했다. 하지만 그동안 배운 지식을 바탕으로 생각하면 그 개념은 너무나 터무니없어 보였고, 동료들도 같은 의견이었다. 전염성 암이라고, 루스 박사? 세상에 어떻게 바이러스가 암을 일으킨단 말인가! 어떤 사람은 루스가 종양을 오진했다고 주장했다. 어쩌면 주사가 닭에게 특별한 염증을 유발했을지도 모른다. 루스 자신은 훗날 "나는 혹시 내가 실수를 저지른 게 아닐까 하고 밤중에 부들부들 떨곤 했다."라고 털어놓았다. 연구 결과를 발표하긴 했지만, 완곡한 과학적 산문의 기준에 비춰보더라도 그는 일부 측면만 믿는다고 간신히 인정하는 데 그쳤다. "아마도 (이 발견이) 닭에게 다양한 성격의 신생물(종양)을 초래하는 새로운 실체 집단의 존재를 시사한다고 말하더라도 아주 심한 주장은 아닐 것이다." 하지만 루스는 신중을 기하기 위해 말을 아꼈다. 같은 시대에 살았던 어떤 사람은 닭의 암을 다룬 그의 논문에 대해 "무관심에서부터 의심과 노골적인 적대감에 이르기까지 다양한 반응이 나왔다."라고 기억한다.

몇 주일이 지나자 대부분의 과학자는 루스의 연구를 잊어버렸는데, 그럴 만한 이유가 충분히 있었다. 그 당시 일부 발견은 바이러스와 암 사이에 생물학적 관계가 있음을 보여주었지만, 다른 연구들에서는 여전히 둘 사이에 아무 관련이 없다는 결과가 나왔다. 1950년대에 과학자들은 암세포가 걷잡을 수 없이 증식하는 한 가지 이유는 유전자의 오작동 때문이란 사실을 알아냈다. 또한, 바이러스는 자신의 유전 물질(어떤 바이러스는 DNA를 사용하지만, 루스의 바이러스를 포함해 다른 바이러스들은 RNA를 사용했다)을 갖고 있다는 사실도 밝혀졌다. 엄밀하게 말해서 완전히 살아 있는 생물이라고 볼 수 없는 바이러스는 그 유전 물질을 이용해 세포의 기구를 빼앗아 자신을 복제하게 만든다. 따라서 바이러스와 암세포는 모두 통제 불능 상태로 번식했고, 둘 다 DNA와 RNA를 공통 통화로 사용했는데, 이것은 아주 흥미로운 단서였다. 한편, 프랜시스 크릭은 1958년에 DNA가 RNA를 만들고, RNA는 단백질을 만든다는 중심 원리를 발표했다. 큰 인기를 얻던 이 중심 원리의 기본 해석에 따르면, 루스의 바이러스와 같은 RNA 바이러스는 세포의 DNA를 손상시키거나 수정할 수 없다. 그렇게 되는 것은 중심 원리가 역전되는 것과 같은데, 그런 일은 일어나서는 안 될 일이었다. 따라서 바이러스의 RNA가 암을 유발하는 DNA와 접속할 가능성은 전혀 없어 보였다.

이 문제는 데이터와 중심 원리가 서로 완강하게 맞선 교착 상태에 빠져 있었는데, 1960년대 후반과 1970년대 전반에 몇몇 젊은 과학자가 자연은 원리 따위에 연연하지 않는다는 사실을 발견했다. 특정 바이러스(가장 잘 알려진 사례는 에이즈 바이러스인 HIV)는 이단적 방식으로 DNA를 조작한다는 사실이 드러났다. 구체적으로 말하면, 이 바이러스는 감염시킨 세포에게 바이러스의 RNA를 DNA로 역전사하게 만들 수 있다. 더욱 섬뜩한 사실은, 그러고 나서 세포에게 새로 만들어진 자신의 DNA를 세포의 유전체에 이어 붙이게 한다는 점이다. 요컨대, 이 바이러스는 이 과정을 통해 세포와 융합한다. 이 바이러스는 우리가 '그들의' DNA와 '우리' DNA 사이에 긋고 싶어하는 마지노선을 무시한다.

세포를 감염시키는 이 전략은 아주 복잡해 보일 수 있다. HIV 같은 RNA 바이러스는 왜 귀찮게 자신을 DNA로 바꾼단 말인가? 특히 세포가 나중에 그 DNA를 다시 RNA로 전사해야 한다면 굳이 그래야 할 이유가 있을까? RNA가 DNA에 비해 얼마나 임기응변이 뛰어나고 민첩한지 감안하면 이 점은 더더욱 수수께끼처럼 보인다. 홀로 존재하는 RNA는 기본적인 단백질을 만들 수 있는 반면, 홀로 존재하는 DNA는 아무것도 못 하고 그냥 가만히 있을 뿐이다. 또한 RNA는 두 손이 서로를 그리는 에셔의 그림이 현실화된 것처럼 혼자서 스스로 자신을 복제할 수 있다. 이런 이유 때문에 대부분의 과학자는 생명의 역사에서 RNA가 DNA보다 앞섰을 것이라고 생각한다. 초기의 생명체는 오늘날의 세포들처럼 환상적인 내부 복제 기구를 갖추지 못했을 것이기 때문이다.(이것을 'RNA 세계' 가설*이라 부른다.)

그럼에도 불구하고, 초기 지구는 매우 거칠고 혼란스러웠으며, RNA는 DNA에 비해 매우 조잡했다. RNA는 단일 가닥으로 이루어져 있기 때문에, 그 문자들은 끊임없는 공격에 노출되었다. 또한, RNA는 고리 모양의 당에 산소 원자가 하나 더 붙어 있는데, 만약 RNA가 너무 길게 자라나면 이 산소 원자가 그 뼈대를 먹어치우면서 RNA를 찢어놓는다. 따라서 오래 지속할 수 있고, 또 탐험하고 헤엄치고 자라고 싸우고 짝짓기를 할 수 있는(즉, 정말로 살아 있는) 무엇을 만들어내려면, 허약한 RNA는 DNA로 대체되어야 했다. 수십억 년 전에 RNA가 덜 허약한 매체로 변한 이 전환은 생명의 역사에서 가장 중요한 단계였음이 거의 확실하다. 어떤 면에서 그것은 인류의 역사에서 호메로스의 시가 구전되던 문화가 문자로 기록되는 문화로 바뀐 것에 필적한다고 볼 수 있다. 둔감한 DNA 텍스트에서는 목소리의 뉘앙스와 제스처 같은 RNA의 다재다능함을 볼 수 없다. 하지만 파피루스와 잉크가 없었더라면, 오늘날 우리는 『일리아스』와 『오디세이아』를 읽을 수 없을 것이다. DNA는 영원히 지속하는 속성이 있다.

일부 바이러스가 세포를 감염시킨 후 RNA를 DNA로 바꾸는 이유는 여기에 있다. DNA는 더 튼튼하고 더 지속적이다. 일단 이 '레트로' 바이러스retrovirus('뒤로' 또는 '거꾸로'라는 뜻의 retro를 이름에 쓴 이유는 이 바이러스가 DNA → RNA → 단백질 과정을 거꾸로 일어나게 하기 때문이다)가 어떤 세포의 DNA에 침입하면, 그 세포는 그 바이러스의 유전자를 충실하게 복제한다. 둘 다 살아 있는 한은.

우리 몸속의 바이러스 유전자

바이러스가 DNA를 조작한다는 사실이 밝혀지자, 루스의 불쌍한 닭이 걸렸던 병에 관한 수수께끼가 풀렸다. 그 액체를 주사하자, 바이러스는 세포 간 액체를 통해 근육세포로 침입했다. 그러고는 닭의 DNA에 접근해 감염된 근육세포의 기구를 이용해 자신을 최대한 많이 복제하게 했다. 그리고 바이러스가 미친 듯이 퍼져가기에 아주 훌륭한 전략은 바이러스의 DNA를 갖고 있는 세포에게 미친 듯이 퍼져가도록 설득하는 것인데, 이것이 바로 중요한 핵심이다. 바이러스는 세포의 급속한 분열을 막는 유전자 조속기를 교란함으로써 이 목적을 달성한다. 그 결과로 고삐 풀린 종양(그리고 죽음을 맞이한 많은 닭)이 생겨난다. 이것과 같은 전염성 암은 이례적이지만(대부분의 암은 다른 유전적 원인이 있다), 많은 동물에게 바이러스성 암은 심각한 위험이다.

유전자 침입이라는 이 새로운 이론은 확실히 정통 견해에서 벗어나는 것이었다.(심지어 루스 자신조차 그 일부 측면을 의심했다.) 하지만 그 당시 과학자들은 바이러스와 미생물이 DNA에 침입하는 능력을 과소평가했다. '편재遍在(도처에 존재함)'라는 단어는 그 뜻에 정도의 차이가 존재할 수 없다. 즉, 유일무이라는 단어와 마찬가지로 어떤 것은 편재하거나 편재하지 않을 수 있을 뿐이다. 하지만 현미경적 차원에서 미생물이 보여주는 완전하고도 철저한 편재성에 대해서는 경탄을 금할 수 없다. 이 작은 녀석들은 알려진 생물이라면 어디든지 터를 잡고 살고, 살 수 있는 곳이면 어디건 생태적 지위를 모두 포화 상태로 채운다.(우리 몸속에서 살아가는 미생물의 수는 우리 몸의 세포 수보다 10배나 더 많다.) 심지어 자기 몸보다 그다지 크지 않은 다른 기생충만 감염시키는 바이러스*도 있다. 이들 미생물 중 많은 것은 안정성 때문에 DNA에 침입하는데, 우리 몸의 방어 체계를 피하거나 우회하기 위해 자신의 DNA를 바꾸거나 감출 만큼 영리한 경우가 많다.(한 생물학자의 계산에 따르면, HIV만 해도 지난 수십 년 동안 자신의 유전자에서 바꾼 A, C, G, T의 수는 지난 5000만 년 동안 영장류가 자신의 유전자에서 바꾼 것보다 많다고 한다.)

2000년 무렵에 인간 게놈 프로젝트가 완료되기 전까지만 해도 생물학자들은 미생물이 더 높은 단계의 동물 몸속으로 얼마나 광범위하게 침투하는지 제대로 알지 못했다. '인간' 게놈 프로젝트는 잘못된 이름인데, 우리의 게놈(유전체) 중 8%는 인간의 것이 전혀 아닌 것으로 밝혀졌기 때문이다. 우리의 염기쌍 30억 개 중 약 2억 5000만 개는 아주 오래된 바이러스의 유전자이다. 전체 DNA 중 순수한 인간 유전자는 2% 미만에 불과하기 때문에, 이 기준에 따르면 우리는 인간보다 바이러스의 속성이 4배쯤 많은 셈이다. 바이러스 DNA 연구 분야의 개척자인 로빈 웨이스Robin Weiss는 이 진화적 관계를 "만약 찰스 다윈이 오늘날 다시 태어난다면, 인간이 유인원뿐만 아니라 바이러스에서도 유래했다는 사실을 알고서 깜짝 놀랄 것이다."라고 표현했다.

어떻게 이런 일이 일어났을까? 바이러스의 관점에서 보면, 동물 DNA를 자신의 식민지로 삼는 것은 지극히 당연한 일이다. 암이나 에이즈 같은 질병을 일으키는 레트로바이러스는 교묘함과 이중성에도 불구하고, 아주 멍청한 성질이 한 가지 있다. 숙주를 너무 빨리 죽이는 바람에 자신도 숙주와 함께 죽고 마는 것이다. 하지만 모든 바이러스가 메뚜기처럼 숙주를 갉아먹는 것은 아니다. 그보다 야심이 작은 바이러스는 숙주에게 너무 심한 해를 주면 자신에게도 좋지 않다는 이치를 터득해 자제력을 발휘한다. 그렇게 세포를 속여 수십 년 동안 조용히 자신을 복제하게 한다. 그럼으로써 바이러스는 숙주의 후손들을 통해 영원히 '살아갈' 수 있다.(코알라에게 현재 이런 일이 일어나고 있는데, 과학자들은 코알라의 정자를 통해 퍼져가는 레트로바이러스 DNA를 발견했다.) 이 바이러스들이 많은 동물의 수많은 DNA에 섞였다는 사실은 이러한 침입이 오싹할 정도로 늘 일어남을 시사한다.

인간 DNA에 섞여든 멸종한 레트로바이러스 유전자 중 상당수는 몇 가지 치명적 돌연변이에 축적되어 더 이상 기능을 발휘하지 않는다. 하지만 나머지 경우에는 이 유전자들은 우리의 세포 속에 온전히 남아 있어 원래의 바이러스를 연구할 수 있을 만큼 충분한 세부 정보를 제공한다. 실제로 2006년에 프랑스 바이러스학자 티에리 에드만Thierry Heidmann은 인간 DNA를 사용해 멸종한 바이러스를 부활시켰다. 그 방법은 놀랍도록 쉬웠다. 오래된 바이러스들의 유전자 문자열이 인간 게놈에 여러 차례 나타나는 경우가 있다.(그 복제 횟수는 수십 번에서 수만 번에 이른다.) 하지만 각각의 복제유전자 문자열마다 서로 다른 지점에 치명적 돌연변이가 우연히 나타난다. 따라서 에드만은 많은 문자열을 비교하면서 단순히 각 지점에서 어떤 DNA 문자가 가장 흔했는지 조사함으로써 원래의 건강한 문자열이 어떤 것이었는지 추론할 수 있었다. 에드만은 그 바이러스는 온순한 것이었다고 말하지만, 그것을 다시 만들어 다양한 포유류(고양이, 햄스터, 사람) 세포에 주사했더니 모두가 감염되었다.

에드만은 이 기술을 발견한 것을 후회하거나(오래된 바이러스가 모두 다 온순하지는 않으므로) 악당의 손에 이 기술이 들어가는 암울한 결과를 예측하는 대신에, 이 부활을 과학적 승리로 자축했다. 그리고 자신이 다시 만들어낸 바이러스의 이름을 재 속에서 다시 살아나는 전설의 새 이름을 따 피닉스*Phoenix*라 붙였다. 다른 과학자들도 다른 바이러스를 사용해 에드만의 연구를 재현하는 데 성공했고, 그들은 함께 고바이러스학이라는 새로운 분야를 세웠다. 무르고 작은 바이러스는 고생물학자들이 발굴하는 것과 같은 암석질 화석을 남기지 않지만, 고바이러스학자들은 화석 DNA에서 진짜 화석 못지않은 단서를 얻는다.

이 '젖은' 화석 기록을 자세히 조사한 결과는 우리의 유전체 중 바이러스 유전자가 8% 이상일 가능성을 시사한다. 2009년, 과학자들은 인간 유전체에서 태곳적부터 유제류를 감염시킨 보르나바이러스bornavirus에서 유래한 DNA 부분을 4개 발견했다.(보르나바이러스는 1885년에 독일 보르나 근처에 주둔한 기병대의 말들 사이에 특별히 크게 발병했기 때문에 이런 이름이 붙었다. 일부 말은 완전히 미쳐서 머리를 땅이나 다른 물체에 부딪쳐 머리뼈가 깨졌다.) 약 4000만 년 전에 이리저리 떠돌던 일부 보르나바이러스가 우리의 조상 유인원에 침입하여 그 DNA에 자리잡았다. 그리고 그 이후로 발견되지도 않고 의심받지도 않고 숨어 있었는데, 보르나바이러스는 레트로바이러스가 아니어서 과학자들은 그것이 RNA를 DNA로 바꾸고 자신을 어딘가에 집어넣는 분자 기구를 가졌을 것이라고 생각하지 못했기 때문이다. 하지만 실험 결과, 보르나바이러스는 적게는 30일이면 인간 DNA에 침입할 수 있는 것으로 드러났다. 그리고 우리가 레트로바이러스에게서 물려받은 조용한 DNA와 달리, 보르나바이러스 DNA 네 부분 중 둘은 진짜 유전자처럼 작용한다.

과학자들은 이 유전자들은 어떤 일을 하는지 확실히 밝혀내지 못했지만, 우리가 살아가는 데 필요한 단백질을 만들 수 있을지 모르며, 그럼으로써 우리의 면역계에 도움을 줄지 모른다. 비치명적 바이러스를 우리의 DNA에 침입하도록 허용하면, 해를 끼칠 가능성이 있는 다른 바이러스의 침입을 방해할지 모른다. 그보다 더 중요한 사실은, 세포가 온순한 바이러스 단백질을 이용해 다른 감염에 맞서 싸울 수 있다는 점이다. 이것은 실로 단순한 전략이다. 카지노는 카드 카운터card counter(이제까지 사용된 카드를 기억함으로써 앞으로 나올 카드를 예측하고 그것을 바탕으로 베팅을 하는 카드 도박 전문가)를 고용하고, 컴퓨터 보안업체는 해커를 고용한다. 바이러스와 맞서 싸우고 바이러스를 무력화하는 방법은 누구보다도 개량된 병원체가 잘 안다. 우리의 유전체를 조사한 결과는 바이러스가 우리에게 중요한 조절 DNA도 제공했음을 시사한다. 예를 들면, 우리의 소화관에는 탄수화물을 단당류로 분해하는 효소가 오래 전부터 존재했다. 그런데 바이러스는 우리에게 똑같은 효소를 침 속에서도 작용하게 하는 스위치도 주었다. 그 결과, 탄수화물을 포함한 음식은 우리 입 속에서 단맛이 난다. 이 스위치가 없었더라면, 우리는 빵이나 파스타, 곡물에 대한 기호가 발달하지 않았을 것이다.

이 사례들은 시작에 불과한 것일 수 있다. 매클린톡의 주장에 따르면, 인간 DNA 중 약 절반은 이동성 요소와 도약 유전자로 이루어져 있다. 한 이동성 유전 인자 — 염기 300개로 이루어진 *alu* — 는 인간 염색체에서 100만 번이나 나타나며, 우리의 전체 유전체 중 무려 10%를 차지한다. 이 DNA가 한 염색체에서 스스로를 떼어내 다른 염색체로 이동해 진드기처럼 거기에 파고드는 행동은 바이러스와 아주 흡사하다. 과학에 감정을 개입시켜서는 안 되지만, 이들 사실이 매우 흥미로운 이유 중 하나는, 우리 유전자의 8%(혹은 그 이상)가 화석화된 바이러스라는 이야기가 매우 오싹하게 다가오기 때문이다.

우리는 선천적으로 질병과 불순물에 대해 혐오감을 느끼며, 침입해오는 병균을 피하거나 몰아내야 할 대상으로 보지, 자신의 친밀한 일부로 보지 않는다. 하지만 바이러스와 바이러스 비슷한 입자들은 태곳적부터 항상 동물 DNA에 영향을 미쳐왔다. 인간의 보르나바이러스 유전자를 추적한 과학자는 "자신을 하나의 종으로 바라보는 개념 자체는 약간 잘못된 것이다."라고 말했다.

문제는 여기서 그치지 않는다. 모든 종류의 미생물—바이러스뿐만 아니라 세균과 원생동물도—은 그 편재성 때문에 동물의 진화에 영향을 미치지 않을 수 없다. 미생물은 질병을 통해 일부 생물을 죽임으로써 개체군의 생존과 진화에 영향을 미치는 게 분명하지만, 그것은 미생물이 미치는 전체 영향력 중 일부에 지나지 않는다. 바이러스와 세균과 원생동물은 가끔 동물에게 새로운 유전자를 물려주는데, 그런 유전자는 우리 몸의 작용 방식을 변화시킬 수 있다. 심지어 동물의 마음까지 조종할 수 있다. 한 마키아벨리 미생물은 아무도 모르게 수많은 동물의 몸속에 침입해 자리를 잡고 살아갈 뿐만 아니라, 동물의 DNA를 탈취하기까지 했다. 그리고 심지어 그 DNA를 사용해 자신이 원하는 목적을 위해 동물의 마음을 세뇌하기까지 한다.

동물을 조종하는 기생충

우리는 가끔 비싼 대가를 치르고 교훈을 얻는다. 잭 라이트Jack Wright는 "고양이 100마리는 시각화할 수 있다. 하지만 그 이상은 할 수 없다. 200마리나 500마리로 넘어가면, 다 똑같아 보인다."라고 말한 적이 있다. 이것은 단지 추측에 불과한 것이 아니다. 잭은 아내 도나 벨와Donna Belwa와 함께 한때 고양이를 689마리나 키워 기네스 세계 기록으로 인정받은 적이 있기 때문에, 이 사실을 경험적으로 확실히 안다.

그 이야기는 미드나이트라는 이름의 고양이로 시작되었다. 캐나다 온타리오 주에서 주택 페인트공으로 일하던 라이트는 1970년 무렵에 웨이트리스로 일하던 도나 벨와와 사랑에 빠졌다. 그래서 두 사람은 도나가 기르던 털이 긴 검은색 고양이와 함께 동거를 시작했다. 그런데 어느 날 밤 미드나이트가 마당에서 작은 실수를 저질러 임신을 했다. 라이트 부부는 마음이 여려 새끼들을 다른 데로 보내지 못했다. 사실, 고양이가 더 많아지니 집 안 분위기가 더 밝아졌고, 얼마 후 그들은 동물 보호소에 갇혀 있는 고양이를 더 입양하기로 마음먹었다. 그 고양이들이 안락사당하는 것을 막기 위해서였다. 현지 주민들은 그들의 집을 캣 크로싱 Cat Crossing(고양이 건널목)이라 불렀고, 길 잃은 고양이를 여기저기서 데려와 맡겼다. 1980년대에 〈내셔널 인콰이어러〉가 한 집에 고양이를 가장 많이 키우는 사람을 뽑는 대회를 열었을 때, 라이트 부부는 145마리로 우승을 차지했다. 두 사람은 곧 〈필 도나휴 쇼〉에도 출연했고, 그후 (고양이) '기부'가 걷잡을 수 없이 쏟아져 들어왔다. 어떤 사람은 새끼고양이들을 라이트 부부의 피크닉용 테이블에 묶어놓고 가버렸고, 또 다른 사람은 택배 회사를 통해 비행기로 고양이를 보내고는 라이트 부부에게 운임을 부담하게 했다. 하지만 라이트 부부는 고양이를 한 마리도 돌려보내지 않았으며, 그 수가 700마리 가깝게 불어날 때까지도 그랬다.

이렇게 고양이들을 돌보는 비용은 개별적으로 포장한 크리스마스 장난감까지 포함해 연간 11만 1000달러에 이르렀다. 도나(책의 페인트 일을 관리하면서 집에서 일하기 시작한)는 매일 새벽 5시 30분에 일어나 흙 묻은 고양이 침대를 세탁하고, 변기를 비우고, 고양이에게 알약을 먹이고, 물그릇에 얼음을 넣어주는(너무 많은 고양이의 혀가 닿다 보니 그 마찰로 물이 너무 따뜻해져 얼음을 넣어주어야만 제대로 물을 먹을 수 있었다) 일을 하면서 그 다음 15시간을 보냈다. 하지만 무엇보다도 하루 종일 고양이를 먹이고 먹이고 또 먹이는 일에 매달려 지냈다. 라이트 부부는 매일 고양이 먹이 통조림 180개를 땄고, 식성이 까다로운 고양이를 위해 돼지고기와 햄, 등심을 저장하느라 냉장고를 3개 더 샀다. 결국 그들은 2차 담보 대출을 받았고, 집을 깨끗하게 유지하기 위해 벽에까지 리놀륨을 발랐다.

결국 잭과 도나는 마음을 단호하게 먹고 1990년대 후반에 고양이 수를 359마리까지 줄였다. 하지만 그 수는 다시 슬금슬금 증가했는데, 두 사람은 고양이 수가 더 줄어드는 걸 견디지 못했기 때문이다. 사실, 행간을 유심히 읽은 사람이라면, 라이트 부부가 거의 고양이에 중독되었다는 사실을 간파했을 것이다. 중독은 동일한 대상에 대해 큰 즐거움을 얻는 동시에 큰 불안을 느끼는 흥미로운 상태를 말한다. 두 사람이 고양이를 사랑한다는 사실은 분명하다. 잭은 신문에 자신의 고양이 '가족'을 옹호했고, 각각의 고양이에게 이름을 붙여주었다* — 심지어 자기 방을 떠나길 거부하는 고양이에게조차. 그와 동시에 도나는 고양이에게 예속된 노예로 지내는 고통을 숨길 수 없었다. 한번은 이렇게 불평을 털어놓은 적도 있다. "여기서 먹기 힘든 게 무엇인지 아세요? 켄터키 프라이드 치킨이에요. 그것을 먹을 때마다 접시를 턱 밑에 받치고 집 안을 걸어다니면서 먹어야 해요."(고양이들이 쫓아오는 것을 막기 위한 이유도 있었지만, 끈적끈적한 닭다리에 고양이 털이 붙는 것을 막기 위한 이유도 있었다.) 도나는 더욱 가슴 아픈 말을 한 적도 있다. "나는 가끔 약간 기분이 우울해져요. 그래서 가끔 '잭, 몇 달러만 줘요.'라고 말하곤 밖으로 나가서 맥주를 한두 캔 마셔요. 그렇게 몇 시간 동안 앉아 있으면 그렇게 좋을 수가 없어요. 너무나도 평화롭거든요. 주변 어디에도 고양이 모습은 일절 보이지 않으니까요." 이렇게 문제점이 명료하게 드러났는데도, 그리고 점점 커져가는 고충*에도 불구하고, 두 사람은 너무나도 명백한 해결책(그 망할 고양이들을 모두 버리는 것)을 선택할 수 없었다.

라이트 부부에게서 칭찬할 만한 점을 찾는다면, 도나가 늘 깨끗하게 청소해 집이 다소 쾌적한 곳으로 보인다는 점이다. 동물을 많이 키우는 데 집착하는 일부 사람들의 집이 매우 지저분한 것과 비교하면 특히 그렇다. 동물 복지 조사관은 최악의 집들에서 종종 썩어가는 고양이 시체를 발견하며, 심지어는 고양이가 탈출하려고 뚫고 들어간 것으로 보이는 벽 속에서 고양이 시체를 발견할 때도 있다. 고양이 오줌 때문에 바닥이나 벽이 썩고 구조적 손상을 입은 경우도 많다. 무엇보다 놀라운 사실은, 동물을 많이 키우는 데 집착하는 사람들 중 많은 사람은 상황이 통제 불능 상태에 빠졌음을 부정한다는 점인데, 이것은 중독을 드러내는 전형적인 증상이다.

과학자들은 최근에야 중독의 화학적 및 유전적 기초를 파악하기 시작했지만, 점점 쌓여가는 증거는 고양이를 많이 키우는 데 집착하는 사람이 고양이 무리에 집착하는 이유 중 최소한 일부는 톡소포자충 *Toxoplasma gondii*이라는 기생충에 감염되었기 때문임을 시사한다. 톡소포자충은 단세포 원생동물로, 조류藻類와 아메바의 친척이다. 원래는 고양이를 감염시키는 병원균이었지만, 그후 선택의 폭을 넓혀 지금은 원숭이, 박쥐, 고래, 코끼리, 땅돼지, 개미핥기, 나무늘보, 아르마딜로, 유대류, 닭까지 감염시킬 수 있다.

야생 박쥐나 땅돼지 또는 그 밖의 동물은 감염된 먹이나 배설물을 통해 톡소포자충이 몸속으로 들어가며, 가축은 거름에 포함된 배설물을 통해 간접적으로 톡소포자충을 흡수한다. 사람도 음식물을 통해 톡소포자충을 흡수할 수 있으며, 고양이를 기르는 사람은 고양이 배설물을 다룰 때 피부를 통해 감염될 수도 있다. 전 세계 사람들 중 약 3분의

1이 톡소포자충에 감염된다. 포유류 몸속으로 침입한 톡소포자충은 대개 곧장 뇌로 헤엄쳐가 거기서(특히 포유류 뇌에서 즐거움과 불안을 포함한 감정을 처리하는 영역인 편도에) 아주 작은 낭종을 만든다. 과학자들은 아직 그 이유를 모르지만, 어쨌든 편도에 생긴 낭종은 반응 시간을 느리게 하고, 질투나 공격적 행동을 유발할 수 있다. 톡소포자충은 사람에게서 냄새 감각도 변하게 할 수 있다. 고양이를 많이 키우는 데 집착하는 사람들(톡소포자충에 가장 취약한) 중 일부는 자극적인 고양이 오줌 냄새에 면역이 생겨 그 냄새를 맡지 못한다. 심지어 창피스럽게도 그 냄새가 너무 좋다고 이야기하는 사람도 있다.

톡소포자충은 고양잇과 동물의 좋은 먹이인 설치류에게는 훨씬 이상한 행동을 하게 한다. 수백 세대 동안 실험실에서 길러 평생 동안 포식 동물을 본 적이 없는 설치류도 고양이 오줌 냄새를 맡으면 두려움에 벌벌 떨면서 가까운 구멍으로 도망가려고 한다. 그것은 프로그래밍된 두려움에서 나오는 본능적 반응이다. 그런데 톡소포자충에 노출된 쥐는 정반대 반응을 보인다. 쥐는 다른 포식 동물 냄새는 여전히 두려워하며, 평소에는 잠자고 짝짓기를 하고 미로를 헤매고 치즈를 갉아먹는 등 그 밖의 모든 일을 정상적으로 한다. 하지만 이 쥐는 고양이 오줌 냄새를 아주 좋아하는데, 특히 숫쥐가 더 심하다. 사실, 단순히 좋아하는 데 그치지 않는다. 숫쥐는 고양이 오줌 냄새를 맡자마자 마치 발정한 암컷을 만난 것처럼 편도가 요동치면서 고환이 부풀어 오른다. 고양이 오줌은 숫쥐를 오르가슴에 빠지게 한다.

톡소포자충은 자신의 성 생활을 풍요롭게 하기 위해 이처럼 쥐의 욕망을 가지고 논다. 설치류 뇌 속에서 살 때, 톡소포자충은 대부분의 미생물과 마찬가지로 둘로 분열하면서 자신을 복제한다. 나무늘보와 사람을 비롯해 다른 종들의 몸속에서도 이와 똑같은 방법으로 생식을 한다. 하지만 대부분의 미생물과는 달리 톡소포자충은 성을 가질 수 있고, 유성 생식을 할 수 있다. 다만, 유성 생식은 고양이 창자 속에서만 한다. 이것은 확실히 아주 특이한 취향이지만, 어쨌든 그렇다. 대부분의 생물과 마찬가지로 톡소포자충도 섹스를 갈망하며, 그래서 무성 생식을 통해 유전자를 전달한 횟수가 얼마나 많으냐에 상관없이 항상 에로틱한 고양이 창자 속으로 돌아가려고 도모한다. 고양이 오줌이 그 기회를 제공한다. 쥐를 고양이 오줌에 끌리도록 만듦으로써 톡소포자충은 쥐를 고양이에게 다가가도록 유인한다. 물론 고양이는 기뻐하면서 다가와 쥐를 덮치고, 쥐의 몸 중 일부는 톡소포자충이 그토록 갈망하던 바로 그 장소, 즉 고양이의 소화관에 이르게 된다. 과학자들은 톡소포자충이 비슷한 이유로 얼룩 고양이에서부터 호랑이에 이르기까지 온갖 크기의 고양잇과 동물이 자신이 들어 있는 먹이를 계속 삼키도록 하기 위해 다른 잠재적 포유류 먹이에도 자신의 마술을 구사하는 방법을 터득한 게 아닌가 의심한다.

이것은 지금까지는 그냥 그럴듯한 이야기(즉, 가능성은 있어 보이지만, 실질적인 증거는 없는 이야기)로 들릴 수 있다. 하지만 한 가지 증거가 있다. 과학자들은 톡소포자충의 유전자 8000여 개 중에서 2개가 도파민이라는 화학 물질을 만드는 일을 돕는다는 사실을 발견했다. 뇌화학을 좀 아는 사람이라면, 이 말에 귀가 솔깃할 것이다. 도파민은 뇌의 보상 회로를 활성화시켜 우리에게 행복한 기분, 즉 자연적 황홀감을 느끼게 한다. 코카인과 엑스터시를 비롯한 마약도 도파민 수치를 끌어올림으로써 인위적으로 황홀감을 느끼게 한다. 톡소포자충은 이 강력한 습관성 화학 물질을 만드는 유전자를 갖고 있으며(그것도 2개나!), 감염된 뇌가 의식적으로건 무의식적으로건 고양이 오줌 냄새를 감지할 때마다 톡소포자충은 우리 뇌에 도파민을 분비하게 한다. 그 결과, 톡소포자충은 포유류의 행동에 영향력을 행사할 수 있으며, 도파민 분비를 자극하는 현상은 고양이를 많이 키우는 데 집착하는 행동에 그럴듯한 생물학적 이유를 제공한다.*

동물을 조종하는 기생충은 톡소포자충뿐만이 아니다. 아주 작은 어떤 벌레는 톡소포자충과 비슷하게 조류의 창자를 돌아다니길 좋아하지만, 가끔 새똥에 섞여 강제적으로 배출된다. 이렇게 배출된 벌레는 개미 몸속으로 기어들어가 개미의 몸을 선홍색으로 변하게 하고 크게 부풀어 오르게 하여 새들의 눈에 맛있는 베리 열매처럼 보이게 한다. 목수개미도 우림에 사는 한 균류에게 정신을 조종당하는데, 이 균류에 감염된 목수개미는 생각이 없는 좀비로 변한다. 먼저 균류는 개미의 뇌를 탈취한 뒤, 나뭇잎 밑면처럼 축축한 장소로 이동하도록 조종한다. 그곳에 도착한 좀비 개미는 나뭇잎을 베어물어 턱이 잎에 박힌 채 고정된다. 균류는 개미의 내장을 달콤하고 끈적끈적한 영양 죽으로 만들고, 개미 뇌에서 줄기를 뻗친다. 그리고 포자를 내보내 다른 개미를 감염시킨다. '헤롯 벌레Herod bug'라는 별명이 붙은 것도 있는데, 말벌과 모기, 나방, 파리, 딱정벌레를 감염시키는 월바키아*Wolbachia* 세균을 말한다. 월바키아는 암컷 곤충의 난자 속에서만 생식할 수 있기 때문에, 성경에 나오는 헤롯 왕처럼 종종 유전적으로 만들어낸 독소를 분비해 어린 수컷을 모조리 죽인다.(운 좋은 일부 곤충의 경우에는 월바키아가 자비를 베풀어 곤충의 성을 결정하는 유전자만 조작함으로써 수컷 유충을 죽이는 대신에 암컷으로 바꾼다. 이 경우에는 테이레시아스 벌레라는 별명이 더 어울릴지 모르겠다. 테이레시아스Teiresias는 그리스 신화에 나오는 맹인 예언자인데, 맹인 예언자가 되기 전에 교미하는 뱀을 죽였다가 7년 동안 여자가 되는 경험을 한 적이 있다.) 벌레 외에 실험실에서 유전자를 변형시킨 한 바이러스는 일부다처제 습성이 있는 수컷 밭쥐—한 과학자의 표현대로 평소에 암컷에게 "컨트리 음악처럼…… 사랑했다가 버리고 떠나는" 태도를 보이는—를 집에 틀어박혀 지내면서 아내에게 충실한 남편으로 바꿔놓는다. 뇌의 화학을 조절하는 유전자에 반복적인 DNA '말더듬'을 약간 집어넣기만 하면 된다. 이 바이러스에 노출된 밭쥐는 심지어 더 똑똑해지기까지 했다. 주변을 배회하는 암컷만 보면 닥치는 대로 교미를 하는 대신에 수컷 밭쥐는 한 암컷하고만 지속적인 관계를 유지하며 교미를 하기 시작했는데, 이것은 이전에는 전혀 볼 수 없었던 '연합 학습associative learning'이라는 특징이다.

밭쥐와 톡소포자충 사례는 자율성과 지능을 중요하게 생각하는 우리 같은 종에게는 매우 언짢은 가능성을 제기한다. 우리의 DNA에 바이러스 유전자 파편이 남아 있는 것은 그렇다 하더라도, 미생물이 우리의 감정과 내면의 정신적 삶을 조종할 수 있다는 사실은 쉽게 인정하기 어렵다. 하지만 톡소포자충은 그럴 수 있다. 오랜 기간에 걸쳐 포유류와 함께 공진화하면서 톡소포자충은 도파민 생산 유전자를 훔쳤고, 그 이후로 그 유전자는 동물의 행동에 영향을 미치는 데 아주 효과적임을 증명했다—고양이와 함께 있으면 즐거운 느낌을 증가시키고, 고양이에 대한 자연적 두려움을 완화시킴으로써. 톡소포자충이 뇌에서 다른 두려움 신호(고양이와 관련이 없는 신호)도 변화시킬 수 있고, 그러한 자극을 무아지경의 즐거움으로 변화시킬 수 있다는 일화적 증거도 있다. 일부 응급실 담당 의사들은 오토바이 사고 희생자들의 뇌에 톡소포자충 낭종이 비정상적으로 많은 경우가 있다고 보고한다. 이들은 고속도로를 질주하면서 아슬아슬한 S자 곡예 주행을 즐긴다. 즉, 목숨을 위험에 빠뜨리면서 짜릿한 전율을 느끼는 사람들이다. 그런데 공교롭게도 이들의 뇌에는 톡소포자충이 가득 자리잡고 있다.

톡소포자충을 연구하는 과학자들의 주장을 반박하기는 어렵다. 이들 역시 톡소포자충이 감정의 생물학에 대해, 그리고 두려움과 매력과 중독 사이의 연관 관계에 대해 드러내는 사실에 전율을 느끼는 반면, 자신들의 연구가 의미하는 것에 오싹함을 느낀다. 톡소포자충을 연구하는 스탠퍼드 대학의 한 신경과학자는 "그것은 어떤 면에서 약간 두렵다. 우리는 두려움을 기본적이고 자연적인 것으로 간주한다. 하지만 두려움을 없앨 수 있을 뿐만 아니라, 그것을 존경받는 속성인 매력으로 변화시키는 존재가 있다. 그리고 그 매력을 조종함으로써 우리를 최악의 적에게 매력을 느끼도록 만들 수 있다."라고 말한다. 이 때문에 톡소포자충은 마키아벨리 미생물이라는 칭호를 받을 자격이 충분히 있다. 톡소포자충은 우리를 조종할 뿐만 아니라, 악을 선으로 보이게 만들 수 있다.

진화에 중요한 역할을 한 바이러스

루스의 삶은 좀 복잡하긴 했지만 그래도 해피엔딩으로 끝났다. 제1차 세계 대전 때 루스는 젤라틴과 당을 사용해 적혈구를 보관하는 방법(일종의 혈액 젤리로 만듦으로써)을 개발해 최초의 혈액 은행을 몇 군데 세우는 데 기여했다. 또, 잘 알려지지 않은 전염성 종양을 연구함으로써 닭을 대상으로 했던 이전 연구를 보강했다. 그 전염성 종양은 미국에서 한때 솜꼬리토끼 사이에 크게 번졌던 큰 유두종 무사마귀였다. 루스는 심지어 과학 학술지 편집자로서 유전자와 DNA 사이의 연관 관계를 확실히 밝힌 최초의 연구를 발표하는 영예까지 얻었다.

하지만 이 연구와 그 밖의 연구에도 불구하고, 루스는 유전학자들이 섣부른 결론을 주장하는 게 아닐까 하는 의심이 점점 커졌고, 그래서 다른 과학자들이 열정적으로 이으려고 시도하던 점들을 이으려 하지 않았다. 예를 들면, 유전자와 DNA 사이의 연관 관계를 밝힌 논문을 발표하기 전에 제1저자에게 세포에서 DNA는 아미노산만큼 중요하다고 시사하는 문장을 지우게 했다. 사실, 루스는 바이러스가 유전 물질을 세포에 집어넣어 암을 일으킨다는 개념 자체를 받아들이지 않았으며, DNA 돌연변이가 암을 일으킨다는 개념도 마찬가지였다. 대신에 바이러스가 다른 방법(예컨대 독소를 분비하여)으로 암을 유발한다고 믿었다. 그리고 어떻게 그런 일이 일어나는지 제대로 아는 사람은 아무도 없었지만, 자신의 연구가 암시하는 것처럼 미생물이 동물의 유전학에 영향을 미칠 수 있다는 사실을 받아들이려고 애썼다.

그래도 바이러스가 종양의 원인이라는 신념은 전혀 흔들리지 않았으며, 동료들은 그가 연구한 닭의 전염성 암에 대해 복잡한 세부 사실을 밝혀내면서 그가 앞서 한 연구의 명료성을 더욱 높이 평가하게 되었다. 하지만 일부 사람들은 그에게 존경을 보이는 데 인색했고, 루스는 자신보다 훨씬 어린 사위가 1963년에 노벨 의학상을 받는 걸 참고 바라보아야 했다. 하지만 1966년에 노벨상위원회는 마침내 프랜시스 페이턴 루스에게 노벨상을 수여했다. 루스는 중요한 논문들을 발표하고 나서 노벨상을 받기까지는 55년이란 긴 세월이 걸렸는데, 노벨상 역사를 통틀어 그 간격이 가장 길었던 사례 중 하나였다. 그래도 노벨상 수상은 그의 과학자 경력에서 가장 보람된 순간이었다. 비록 그 기쁨을 누릴 시간이 4년밖에 없었지만 말이다. 그는 1970년에 세상을 떠났다. 루스가 죽고 나자, 루스 자신이 무엇을 믿었느냐 혹은 받아들지 않았느냐 하는 것은 이제 문제가 되지 않았다. 미생물이 생명을 어떻게 재프로그래밍하는지 밝혀내는 데 뛰어든 젊은 미생물학자들은 루스를 우상처럼 떠받들었고, 오늘날 교과서들에서도 그의 연구를 그 당시에는 비난을 받았지만 훗날 DNA의 증거로 옳음이 입증된 고전적 사례로 인용한다.

캣 크로싱 이야기도 그후 드라마틱하게 전개되다가 끝났다. 빚이 점점 쌓이자, 채권자들이 라이트 부부의 집을 사실상 빼앗았고, 두 사람은 오로지 고양이를 사랑하는 사람들이 보내준 기부로 근근이 버텨 나갔다. 그 무렵에 신문들이 잭의 과거를 파헤치기 시작했는데, 잭은 동물을 사랑하는 순수한 사람이기는커녕 스트리퍼를 목 졸라 살해한 혐의로 기소된 전력이 있다고 보도했다.(스트리퍼의 시체는 어느 집 지붕 위에서 발견되었다.) 이 위기들이 지나가고 난 뒤에도 잭과 도나는 귀찮고 피곤한 일상에서 벗어나지 못했다. 한 방문객은 "두 사람 다 휴가는 생각도 못 했고, 새 옷이나 가구나 커튼조차 구입하지 못했다."라고 보고했다. 밤에 자다가 화장실에 가려고 일어나기라도 하면, 침대 위에 있던 고양이 수십 마리가 아메바처럼 팽창하며 따뜻한 빈자리를 채워, 돌아오면 누울 자리가 없었다. 한번은 도나가 솔직하게 자신의 심경을 털어놓았다. "때로는 미칠 것 같다는 생각이 들어요. 하지만 우리는 벗어날 수가 없어요……. 여름철에는 거의 매일 울면서 지내요." 작은 불편들을 더 이상 견딜 수 없어 도나는 결국 다른 곳으로 거처를 옮겼다. 하지만 차마 고양이를 버릴 수 없어 되돌아왔다. 도나는 매일 새벽이면 되돌아와 잭이 고양이를 돌보는 일을 돕는다.*

두 사람은 톡소포자충에 노출되어 감염된 게 거의 확실하지만, 톡소포자충이 잭과 도나의 삶을 어느 정도나 바꾸어놓았는지는 아무도 모른다. 설사 두 사람이 감염되었다 하더라도 — 그리고 설사 톡소포자충이 그들을 완전히 조종할 수 있음을 신경학자들이 증명한다 하더라도 — 동물을 지나치게 사랑한다는 이유만으로 그 사람을 비난하기는 어렵다. 그리고 (훨씬) 더 넓은 관점에서 보면, 동물을 많이 키우는 데 집착하는 사람의 행동은 진화상 더 큰 선을 행하는 것인지도 모른다. 우리의 DNA가 다른 생물의 DNA와 섞이면서 진화해왔다는 린 마굴리스의 관점에서 본다면 말이다. 레트로바이러스는 여러 차례 큰 물결을 이루어 우리 유전체에 침입했다. 일부 과학자는 포유류가 번성하기 직전에 그리고 호미니드 영장류가 나타나기 직전에 이러한 물결이 일어난 것은 결코 우연의 일치가 아니라고 말한다. 이 사실은 새로운 종의 기원을 둘러싼 다윈의 오랜 고민을 미생물이 설명할 수 있다는 최근의 이론과 아귀가 딱 맞아 떨어진다. 서로 다른 종을 구별하는 한 가지 전통적 정의는 유성 생식이다. 만약 두 개체군이 짝짓기를 하여 생존할 수 있는 자식을 낳지 못한다면, 두 개체군은 별개의 종이다. 대개 생식적 장벽은 기계적 이유(두 동물이 딱 '들어맞지' 않음)이거나 생화학적 이유(생존할 수 있는 배아가 생기지 않음)이다. 하지만 야생 자연에서는 건강한 배아를 만들 수 없는, 월바키아에 감염된 두 말벌 개체군에 항생제를 투여하는 실험을 한 적이 있다. 항생제는 월바키아를 죽였고, 그러자 갑자기 두 말벌 개체군은 생식을 하기 시작했다. 두 개체군을 별개의 종으로 갈라지게 한 원인은 바로 월바키아였던 것이다.

몇몇 과학자는 같은 맥락에서 만약 HIV가 정말로 유행병 수준에 이르러 지구 상의 사람들을 대부분 죽인다면, HIV에 면역력을 가진 극소수 사람들(실제로 그런 사람들이 있다)은 새로운 인류 종으로 진화할 것이라고 추측했다. 이것 역시 문제는 결국 생식적 장벽으로 귀결된다. 이들은 면역력이 없는 집단 사람들(대부분의 사람들)과 섹스를 하면, 그들을 HIV에 감염시켜 죽이고 말 것이다. 그 사이에서 태어난 아이도 HIV 감염으로 죽을 확률이 아주 높다. 일단 생기기만 하면, 이러한 성적·생식적 장벽은 서서히 그렇지만 불가피하게 두 집단을 갈라놓을 것이다. 또 레트로바이러스인 HIV는 언젠가 자신의 DNA를 새로운 인류에게 영구적 방식으로 집어넣음으로써 다른 바이러스가 그랬듯이 인간 유전체의 일부로 합쳐질 것이라고 추측할 수 있다. 그러면 HIV 유전자는 우리 후손을 통해 영원히 복제될 것이고, 우리 후손은 한때 HIV 유전자가 얼마나 파괴적인 살육 행위를 저질렀는지 전혀 눈치채지 못할 것이다.

물론 미생물이 우리의 DNA에 침입한다고 말하는 것은 편협한 종 중심적 사고 방식에 불과할 수도 있다. 일부 과학자는 바이러스는 하이쿠(5·7·5의 3구句 17자字로 이루어진 일본의 단시)와 비슷한 속성을 갖고 있다고 지적한다. 이것은 숙주에게 없는 유전 물질이 바이러스에 농축되어 있다는 뜻이다. 일부 과학자는 또한 수십억 년 전에 DNA를 맨 처음 만든 것도(RNA로부터) 바이러스라고 지적하며, 지금도 바이러스가 새로운 유전자를 발명한다고 주장한다. 사실, 인간 게놈에서 보르나바이러스 DNA를 발견한 과학자들은 보르나바이러스가 이 DNA를 우리 영장류에게 강제로 집어넣은 것이 아니라 우리 염색체가 이 DNA를 '훔쳤다고' 생각한다. 우리의 이동성 DNA는 헤엄을 치면서 돌아다니기 시작하면 종종 다른 DNA 조각을 붙잡아 자신이 가는 곳으로 함께 끌고 간다. 보르나바이러스는 우리 DNA가 있는 장소인 세포핵에서만 복제를 하는데, 이동성 DNA가 오래 전에 보르나바이러스를 공격해 그 DNA를 납치한 다음, 그것을 갖고 있는 편이 유리하다고 판단하자 계속 보존했을 가능성이 충분히 있다. 같은 맥락에서 나는 톡소포자충이 더 복잡한 포유류 숙주에게서 도파민 유전자를 탈취했다고 생각한다. 역사적 증거는 실제로 그랬을 가능성을 시사한다. 하지만 톡소포자충도 주로 세포핵에서 머무는데, 대신에 우리가 그 유전자를 탈취하지 않았다고 보아야 할 이론적 이유는 없다.

미생물이 우리의 방어벽을 무력화시키고 침입한 뒤, 포유류가 진화하는 데 꼭 필요했던 환상적인 유전 도구를 우연한 사건을 통해 우리 유전체에 집어넣었다는 주장과, 포유류가 작은 병균을 위협해 그 유전자를 강탈했다는 주장 중 어느 쪽이 우리 마음에 더 드는지는 말하기 어렵다. 그리고 일부 경우에 이런 사건은 정말로 우리를 인간으로 만드는 데 결정적 도움을 준 진전 혹은 도약이었다. 포유류의 태반도 필시 바이러스가 만들어냈을 것이다. 어머니와 태아 사이의 접촉면인 태반은 우리가 살아 있는 새끼를 낳게 하고, 또 뱃속에서 태아에게 영양분을 공급하게 해주었다. 게다가 톡소포자충은 도파민을 생산하는 데 그치지 않고 인간의 신경세포 안에 있는 유전자 수백 개의 활동을 증가시키거나 감소시킬 수 있으며, 그럼으로써 뇌의 작용을 변화시킬 수 있다. 보르나바이러스는 두 귀 사이에 자리를 잡고 살면서 활동하는데, 일부 과학자는 보르나바이러스가 뇌를 만들고 작동시키는 DNA에 다양성을 추가한 주요 원천일 수 있다고 주장한다. 이러한 다양성은 진화의 원재료이며, 보르나바이러스 같은 미생물이 사람과 사람 사이에서 전달된 사건(필시 섹스를 통해)은 우리가 더 유리한 DNA를 얻을 가능성을 높였을 수 있다. 사실, 그런 유리한 변화를 가져오는 미생물은 대부분 섹스를 통해 전달되기 쉽다. 만약 일부 과학자의 주장처럼 진화를 촉진하는 데 미생물이 그토록 중요한 역할을 한다면, 인간이 이렇게 똑똑하게 진화한 데에는 성병이 어떤 역할을 했을 가능성이 있음을 뜻한다.

바이러스학자 루이스 빌라리얼Luis Villarreal이 지적했듯이(그리고 그의 생각은 다른 미생물에도 적용된다), "모든 생명에서 바이러스가 담당하는 역할에 대해 우리의 이해를 제약한 요인은 바로 우리가 바이러스를, 특히 조용한 바이러스를 지각하지 못한 데 있었다. 유전체학 시대인 지금에 와서야 우리는 모든 생명의 유전체에서 도처에 존재하는 발자국을 분명히 볼 수 있게 되었다." 따라서 우리는 고양이를 많이 키우는 데 집착하는 사람이 미치지 않았거나 혹은 적어도 단지 미치기만 한 게 아님을 알 수 있다. 그들은 동물과 미생물의 DNA를 섞으면 어떤 일이 일어나는지 보여주는 흥미진진한 이야기, 지금도 계속 펼쳐지고 있는 이야기의 일부이다.

08
사랑과 격세 유전

포유류를 포유류로 만드는 유전자는 무엇인가?

도쿄와 그 주변에서 매년 태어나는 아기가 수십만 명이나 된다는 사실을 감안하면, 대부분의 아기는 그다지 주목을 끌 일이 없지만, 2005년 12월에 마유미라는 여성은 40주하고도 5일 동안 임신한 끝에 에미코라는 딸을 낳았다.(이 책에서는 당사자들의 프라이버시 보호를 위해 가명을 사용하기로 한다.) 마유미는 28세였고, 임신 기간에 혈액 검사나 초음파 검사 결과에는 아무 이상이 없었다. 출산 과정과 그 후유증도 일상적인 수준이었다.(물론 그 부모는 예외인데, 그들에게는 첫 번째 아이가 절대로 일상적인 사건일 리가 없다.) 마유미와 남편 히데오는 의사가 에미코의 입에서 점액을 닦아내고 첫 울음을 울게 하려고 할 때 보통 부모들이 느끼는 것과 같은 정상적인 불안감을 느꼈다. 간호사들은 통상적인 검사를 위해 에미코에게서 피를 뽑았고, 언제나처럼 모든 것은 정상으로 돌아왔다. 그들은 에미코의 탯줄을 클램프로 고정하고 잘랐다. 탯줄은 어머니의 태반에 연결된 생명줄이었는데, 잘라내고 남은 탯줄은 결국 말라붙으면서 검게 변해 정상적으로 떨어져 나가고 그 자리에 배꼽이 남았다. 며칠 뒤, 히데오와 마유미는 에미코를 팔에 안고 지바(만을 사이에 두고 도쿄와 마주 보는 곳에 위치한 도시)의 병원을 떠났다. 모든 것은 지극히 정상이었다.

출산 후 36일째 되던 날, 마유미는 하혈을 시작했다. 많은 여성이 출산 후에 하혈을 하지만, 마유미는 사흘 뒤에 고열까지 나기 시작했다. 돌봐야 할 아기 때문에 마유미는 며칠 동안 집에서 어떻게든 버텨보려고 했다. 하지만 일주일이 지나기 전에 하혈이 걷잡을 수 없이 계속되자, 할 수 없이 병원으로 달려갔다. 혈액이 응고하지 않았기 때문에 의사들은 마유미의 혈액에 뭔가 문제가 생긴 게 아닐까 하고 의심했다. 그들은 혈액 검사를 맡기고 결과를 기다렸다.

결과는 좋지 않았다. ALL(acute lymphoblastic leukemia, 급성림프모구백혈병)이라는 무서운 혈액암 검사에서 양성이 나왔다. 대부분의 암은 결함이 있는 DNA(세포가 A, C, G, T 중 하나를 누락하거나 잘못 복제한 뒤, 우리 몸을 공격하는 적으로 돌아선)에서 비롯되는 반면, 마유미의 암은 그 발생 원인이 훨씬 복잡했다. 마유미의 DNA에는 필라델피아 전좌(1960년에 이 사례가 발견된 도시 이름을 따서 붙인 용어)가 일어났다. 전좌轉座는 서로 짝이 아닌 두 염색체가 교차하는 사고가 일어나 DNA를 교환할 때 생긴다. 어떤 종에서나 일어나는 돌연변이의 철자 오류와 달리 이 실수는 특정 유전적 특징을 지닌 고등 동물에서 주로 일어난다.

필라델피아 전좌가 낳은 백혈병

고등 동물의 전체 DNA 중 단백질을 만드는 DNA—유전자—는 극히 일부에 지나지 않으며, 적게는 1% 정도에 불과하다. 모건 연구팀은 유전자들이 염색체상에서 다닥다닥 붙어 있다고 생각했다. 즉, 알류샨 열도처럼 매우 촘촘한 간격으로 늘어서 있다고 보았다. 하지만 실제로는 유전자는 광대한 태평양에 여기저기 흩어져 있는 미크로네시아의 섬들처럼 염색체상에서 드문드문 존재한다.

그렇다면 나머지 DNA는 무슨 일을 할까? 과학자들은 오랫동안 나머지 DNA는 아무 일도 하지 않는다고 생각하고 '정크 DNA'라 부르며 무시했다. 하지만 그후 이 이름은 두고두고 그들에게 창피스러운 실수로 남게 되었다. 실제로는 정크 DNA에도 유전자를 켜고 끄거나 다른 방식으로 조절하는 기능을 하는 중요한 부분이 수천 개나 포함돼 있다. '정크junk', 곧 '쓰레기'라고 불렀던 부분이 유전자를 조절하는 기능을 하는 것이다. 한 예를 들면, 침팬지와 그 밖의 영장류는 음경에 손톱처럼 딱딱한 돌기('가시'라고 부르는)가 돋아나 있다. 인간은 이 가시가 없는데, 지난 수백만 년 사이의 어느 시점에 조절 정크 DNA 문자를 약 6만 개나 잃었기 때문이다. 이 DNA 부분은 사라지지 않았더라면, 특정 유전자(우리가 아직도 가지고 있는)를 자극해 가시를 만들도록 했을 것이다. 가시가 사라진 것은 여성의 질을 보호하는 것 외에 섹스를 하는 동안 남성의 흥분을 감소시켜 교접 시간을 늘리는 효과를 나타내는데, 과학자들은 이것이 인간 사회에서 쌍 결합과 일부일처제를 촉진한 요인이라고 생각한다. 다른 정크 DNA는 암에 대항하거나 우리가 매 순간 살아가도록 돕는다.

과학자들은 놀랍게도 유전자들 사이를 너저분하게 채우고 있는 정크 DNA — 지금은 '비암호화 DNA'라 부르는 — 도 발견했다. 세포는 문자를 하나도 누락하는 일 없이 기계적으로 DNA를 RNA로 바꾼다. 하지만 완전한 RNA 원고를 손에 쥔 세포는 눈을 가늘게 뜨고 빨간색 연필에 침을 묻힌 뒤, 가차없이 난도질하기 시작한다. 이 편집은 대부분 불필요한 RNA를 잘라내고, 남은 부분들을 이어붙여 실질적인 전령 RNA

를 만드는 과정이다.(혼란스럽게도, 잘라낸 부분은 '인트론 intron'이라 부르고, 포함되는 부분은 '엑손 exon'이라 부른다. 그야 엿장수, 아니 과학자들 마음대로지만.) 예를 들어 엑손(대문자)과 인트론(소문자)을 모두 포함한 원래 RNA가 abcdefGHijklmnOpqrSTuvwxyz라고 하자. 이것이 편집되어 엑손만 남으면 GHOST가 된다.

곤충과 벌레 같은 하등동물은 인트론을 아주 조금만 포함하고 있다. 만약 그렇지 않고 인트론이 아주 길거나 성장하면서 문자 수가 너무 많아진다면, 세포들은 혼란을 일으켜 더 이상 뭔가 일관성 있는 것을 꿰어맞추지 못하게 될 것이다. 이 점에서 포유류의 세포들은 더 뛰어난 능력을 보이는데, 우리는 수많은 페이지에서 필요 없는 인트론을 꼼꼼히 살펴 추려낼 수 있으며, 엑손이 말하는 것이 무엇인지 그 맥락을 잃지 않는다. 하지만 이러한 능력에는 단점도 있다. 무엇보다도, 포유류의 RNA 편집 기구는 아주 오랫동안 힘들게 일해야 한다. 평균적인 인간 유전자 하나에는 인트론이 8개 들어 있고, 각각의 인트론은 평균 길이가 문자 3500개로 이루어져 있는데, 이것은 인트론이 둘러싸고 있는 엑손보다 30배나 긴 것이다. 가장 큰 인간 단백질인 티틴 titin을 만드는 유전자는 178조각으로 이루어져 있고, 염기 수는 약 8만 개나 되는데, 이것들을 모두 정확하게 이어붙여야 한다. 그보다 훨씬 긴 유전자는 디스트로핀 dystrophin으로, 220만 개의 인트론 사이에 암호화 DNA 염기를 1만 4000개 포함하고 있다. 디스트로핀은 전사하는 데에만 16시간이 걸린다. 끊임없이 일어나는 이 유전자 스플라이싱 splicing(잘라 이음)은 엄청난 에너지를 소비하는데, 사소한 실수가 한 번만 일어나더라도 중요한 단백질 합성을 망칠 수 있다. 한 유전적 장애는 피부세포에서 스플라이싱이 제대로 일어나지 않는 데서 발생하는데, 이것은 지문에서 고랑과 소용돌이를 모두 지워 지문이 전혀 없는 손가락을 만든다.(과학자들은 이 상태에

'입국 심사 지연 질환'이라는 별명을 붙였는데, 이 돌연변이를 가진 사람은 국경을 건널 때 많은 질문을 받기 때문이다.) 더 심각한 스플라이싱 장애도 있는데, 디스트로핀에 일어난 실수는 근육퇴행위축을 일으킨다.

동물은 이러한 낭비와 위험을 견뎌낼 수 있는데, 인트론이 우리 세포에게 융통성을 주기 때문이다. 어떤 세포들은 가끔 엑손을 누락하거나 인트론 일부를 제자리에 남겨놓거나 혹은 그 밖의 방법으로 같은 RNA를 달리 편집한다. 따라서 인트론과 엑손을 가진 세포는 실험을 할 자유를 얻는다. 시간에 따라 다른 RNA를 만들거나 몸속의 환경에 따라 그에 맞는 단백질을 만들 수 있다.* 이 이유만으로도 포유류는 엄청나게 많은 수의 긴 인트론을 참아내는 능력이 특별히 발달했다.

하지만 마유미에게 일어난 것처럼, 그러한 관용적 태도는 역효과를 낳을 수 있다. 긴 인트론은 제 짝이 아닌 염색체들이 얽힐 수 있는 장소를 제공하는데, 뒤섞이는 것을 염려해야 할 엑손이 없기 때문이다. 필라델피아 전좌는 예외적으로 긴 두 인트론(하나는 염색체 9번, 또 하나는 염색체 22번에 존재한다)이 늘어선 곳에서 일어나는데, 아주 긴 길이는 이 부분들이 접촉할 확률을 높인다. 처음에는 참을성 많은 세포들이 이 전좌를 대수롭지 않게 여기는데, 전좌가 곧 편집될 인트론에만 일어나기 때문이다. 하지만 이것은 결코 가벼운 문제가 아니다. 마유미의 세포들은 절대로 합쳐져서는 안 될 두 유전자를 융합했다. 이 두 유전자는 함께 협력해 괴물 같은 잡종 단백질을 만들어내는데, 그 결과는 백혈병으로 나타난다.

의사들은 병원에서 마유미에게 화학 요법을 받게 했지만, 암을 너무 늦게 발견한 바람에 마유미는 계속 심각한 상태에 머물러 있었다. 게다가 마유미의 상태가 악화돼가는 가운데 의사들은 에미코가 걱정되기 시작했다. ALL은 진행이 빠른 암이지만, 아주 빠르지는 않다. 마유미는 에미코를 임신했을 때 암에 걸린 게 거의 확실했다. 그렇다면 에미코도 어머니로부터 암이 옮지 않았을까? 임신부가 암에 걸리는 일은 드물지 않으며, 천 명당 한 명꼴로 발생한다. 하지만 태아가 암에 걸리는 걸 본 의사는 그때까지 아무도 없었다. 어머니와 아이를 연결하는 기관인 태반이 그런 침입을 막아주는데, 태반은 태아에게 영양분을 전달하고 노폐물을 제거하는 일 외에 미생물과 악당 세포를 차단하는 태아의 면역계 역할을 한다.

하지만 태반이 완벽한 보호막은 아니다. 의사들은 임신부에게 고양이를 만지지 말라고 충고하는데, 간혹 톡소포자충이 태반을 통과해 태아의 뇌에 침입할 수 있기 때문이다. 그리고 의사들은 일부 조사 결과와 전문가들의 의견을 참고하여 아주 드물게 어머니와 태아가 동시에 암에 걸리는 사례가 있다는 사실을 알아냈다.(최초로 알려진 사례는 1860년대에 일어났고, 그후 수십 건이 더 발생했다.) 하지만 그 암이 임신부와 태아 사이에 전염된 것인지는 아무도 '입증'하지 못했다. 임신부와 태아와 태반은 서로 밀접하게 얽혀 있어 인과 관계를 밝히기가 매우 어렵기 때문이다. 어쩌면 이 사례들에서는 태아가 어머니에게 암을 옮겼을지 모른다. 어쩌면 둘 다 미지의 발암 물질에 노출되었을지 모른다. 어쩌면 운 나쁜 우연의 일치일지도 모른다—즉, 암에 대한 유전적 질병 소질 두 가지가 동시에 작동했을지 모른다. 하지만 2006년에 지바 의사들에게는 이전 세대들이 사용할 수 없었던 도구가 있었는데, 유전자 서열 분석이 바로 그것이다. 이 의사들은 유전자 서열 분석을 사용해 어머니가 태아에게 암을 옮기는 게 가능한지 역사상 처음으로 밝혀냈다. 게다가 이들의 연구는 포유류만 가진 DNA의 일부 기능과 메커니즘을 분명히 드러냈다. 그것은 포유류가 유전적으로 얼마나 특별한지 탐구하는 데 도약대 역할을 할 수 있는 특성이었다.

물론 지바 의사들은 자신들의 연구가 그 분야의 발전을 크게 이끌리라고는 기대하지 않았다. 시급한 문제는 마유미를 치료하고 에미코를 주의 깊게 관찰하는 것이었다. 다행히도 에미코는 아무 이상이 없어 보였다. 사실, 에미코는 왜 엄마가 자신을 떠났으며, 화학 요법을 받는 동안 왜 수유(포유류 어미와 새끼 사이에 아주 중요한 일)가 중단되었는지 영문을 몰랐을 것이다. 따라서 에미코는 심한 정신적 고통을 느꼈을 것이다. 하지만 에미코는 정상적으로 발달하고 성장했고, 모든 의료 검사를 아무 문제 없이 통과했다. 에미코만큼은 모든 것이 정상처럼 보였다.

포유류의 태반

이 이야기를 들으면 임신부는 불안감을 느낄지 모르지만, 이것은 태아가 기생충이라는 주장을 뒷받침하는 좋은 사례이다. 수정된 뒤에 분열을 계속해가던 작은 배아는 숙주(어머니)에 침투하여 자궁벽에 착상한다. 그러고는 어머니의 호르몬을 조종해 영양분을 자신에게 공급하게 한다. 태아는 어머니를 아프게 하면서 자신을 어머니의 면역계로부터 차단한다. 그러지 않으면 어머니의 면역계가 태아를 공격해 죽이고 말 것이다. 이것들은 모두 기생충이 사용하는 게임이다. 그리고 우리는 아직 태반 이야기는 꺼내지조차 않았다.

동물계에서 태반은 사실상 포유류를 정의하는 특성*이다. 오래 전에 우리 계통에서 갈라져나간 일부 괴짜 포유류(오리너구리처럼)는 어류와 파충류, 조류, 곤충을 비롯해 거의 모든 동물처럼 알을 낳는다. 하지만 2150여 종에 이르는 전체 포유류 중 아주 광범위한 지역에 퍼져 성공적으로 살아가는 박쥐류나 설치류, 사람을 포함해 2000여 종은 태반이 있으며, 새끼를 낳는다. 태반을 가진 포유류(태반류)가 시작은 미미했지만 바다와 하늘을 비롯해 열대 지방에서부터 극 지방에 이르기까지 모든 생태적 지위로 퍼져갔다는 사실은 태반이 포유류(그리고 우리)의 생존에 아주 유리했음을 시사한다.

태반의 가장 큰 이점은 어미에게 새끼를 자기 몸속에서 자라게 하면서 데리고 다닐 수 있게 한 것이 아닌가 싶다. 그 결과, 어미는 새끼를 자궁 속에 넣어 다니며 보호하고 위험이 닥치면 함께 데리고 피할 수 있는데, 이것은 물 속에 알을 뿌려놓거나 둥지 위에 앉아 알을 품는 동물에 비해 상당히 유리한 점이다. 또한, 살아 있는 태아는 임신 기간이 길어 뇌처럼 에너지가 많이 필요한 기관을 발달시킬 시간을 더 많이 얻을 수 있다. 태반이 노폐물을 배출하는 능력 또한 뇌의 발달에 도움을 주는데, 그 덕분에 태아가 헤엄치는 양수에서 독소를 제거할 수 있기 때문이다. 게다가 어미 포유류는 발달하는 태아에게 아주 많은 에너지를 투자하기 때문에(태반 때문에 새끼에게 느끼는 친밀한 연결의 느낌은 제외하고라도), 새끼를 잘 기르고 돌봐야 할 동기를 강하게 느끼는데, 그러한 양육 기간은 때로는 몇 년 동안 이어지기도 한다. 다른 동물들 사이에서는 어미가 이렇게 자식을 오래 돌보는 경우가 드물며, 새끼는 어미와 특별히 강한 유대를 형성함으로써 이에 보답한다. 어떤 의미에서 태반은 이 모든 것을 가능하게 함으로써 우리 포유류를 새끼를 잘 보살피는 동물로 만들었다.

이 모든 것을 감안할 때, 태반이 우리의 오랜 친구 레트로바이러스에서 진화한 게 거의 틀림없다는 사실은 기겁할 만한 소식이다. 하지만 생물학적 관점에서 본다면, 이 연결 관계는 충분히 일리가 있다. 세포에 들러붙는 성질은 바로 바이러스의 장기이다. 바이러스는 껍질(외피)을 세포에 들러붙게 한 뒤에 유전 물질을 세포 속으로 집어넣는다. 배아세포 덩어리가 자궁 속에서 헤엄쳐 다니다가 자궁벽에 착상할 때에도 배아는 특별한 융합 단백질을 사용해 자신의 일부를 자궁세포에 들러붙게 한다. 그리고 영장류와 생쥐 및 그 밖의 포유류가 융합 단백질을 만드는 데 사용하는 DNA는 레트로바이러스가 자신의 껍질을 들러붙게 하는 데 사용하는 유전자를 표절한 것처럼 보인다. 게다가 태반류의 자궁은 맡은 일을 수행하는 데 바이러스의 것과 비슷한 다른 DNA에 과도하게 의존한다. 즉, 자궁세포들의 유전자 1500여 개를 켜고 끄는 데 *mer20*이라는 특별한 도약 유전자를 사용한다. 두 기관의 경우, 우리는 기생충에게서 편리한 유전 물질을 빌려와 우리 목적에 맞게 변형시킨 것으로 보인다. 게다가 태반에 있는 바이러스 유전자는 추가로 면역력까지 제공하는데, 레트로바이러스 단백질의 존재는 다른 미생물이 태반에서 돌아다니는 것을 억제하기 때문이다(경고를 해서 쫓아내거나 경쟁을 통해 물리침으로써).

태반은 또한 면역 기능의 일환으로 암세포를 포함해 태아에게 침입하려고 시도하는 세포를 모두 걸러낸다. 하지만 불행하게도 태반의 다른 측면들은 암세포에게 아주 매력적이다. 태반은 태아 세포의 활발한 분열을 촉진하기 위해 성장 호르몬을 만들어내는데, 일부 암은 이 성장 호르몬을 공급받으면 아주 잘 성장한다. 게다가 태반은 태아를 위해 많은 양의 혈액과 영양 물질을 빨아들인다. 이것은 백혈병 같은 혈액암이 태반 속에 숨어 자랄 수 있다는 걸 의미한다. 피부암인 흑색종처럼 유전적으로 전이하도록 프로그래밍된 암은 혈액에 들러붙어 몸속을 돌아다니는데, 살아가기에 아주 좋은 장소로 태반을 선택할 수 있다.

사실, 흑색종은 임신부와 태아가 동시에 걸리는 암 중 가장 흔한 암이다. 최초로 기록된 동시 발병 사례는 1866년에 독일에서 일어났는데, 몸속을 돌아다니던 흑색종이 어머니의 간과 아기의 무릎에 자리를 잡고 자랐다. 어머니와 아기는 둘 다 9일 만에 죽었다. 또 하나의 불행한 사례는 28세의 필라델피아 여성이 희생자였는데, 의사들은 그녀를 '알 맥R. McC'이라는 이름으로만 불렀다. 그 사건은 맥이 1960년 4월에 햇볕에 심한 화상을 입으면서 시작되었다. 얼마 후, 양 어깨뼈 사이에 길이 1cm쯤 되는 사마귀가 생겨났고, 그것을 만질 때마다 피가 났다. 그래서 맥은 병원에 가서 그 사마귀를 제거했고, 임신한 지 몇 주일이 지난 1963년 5월까지 아무도 그것에 대해 다시 생각하지 않았다. 검사를 하다가 의사들은 배 피부 아래에서 결절을 하나 발견했다. 8월이 되자 결절은 그녀의 배보다 더 빠른 속도로 커졌고, 다른 결절들도 생겨났다. 1월이 되자 병터가 팔다리와 얼굴로 퍼져갔고, 의사들은 제왕절개를 하려고 맥의 배를 갈랐다. 뱃속의 남자아이는 몸무게가 3.54kg이었고, 아무 이상이 없어 보였다. 하지만 맥의 뱃속에는 종양이 수십 개 있었고, 일부는 검은색이었다. 그리고 출산을 하자마자 맥은 기력이 다하고 말았다. 한 시간 만에 맥박은 분당 36회로 떨어졌고, 의사들이 소생술을 시도했지만, 맥은 몇 주일 만에 죽고 말았다.

아기는 어떻게 되었을까? 처음에는 희망이 있었다. 암이 곳곳에 퍼지긴 했지만, 맥의 자궁과 태반—태아와 접촉하는 경계면—에서는 종양이 전혀 발견되지 않았다. 또 아기는 병약하긴 했지만, 몸 구석구석을 다 살펴봐도 의심스러운 사마귀는 전혀 보이지 않았다. 하지만 몸속까지 살펴보지는 못했다. 11일 뒤, 검푸른 색의 반점이 피부 곳곳에 나타나기 시작했다. 그 뒤부터 상태는 급속하게 악화돼갔다. 종양들은 커지면서 번져갔고, 아기는 7주일 만에 죽었다.

마유미는 흑색종이 아닌 백혈병에 걸렸지만, 그녀의 가족들은 맥의 드라마를 40년 뒤에 그대로 반복했다. 병원에서 마유미의 상태는 날이 갈수록 악화되었고, 면역계도 3주간 받은 화학 요법으로 크게 약해졌다. 결국에는 세균 감염이 일어났고, 뇌염에 걸렸다. 마유미의 몸은 경련과 발작이 일어나기 시작했고(뇌가 혼란 상태에 빠져 잘못된 신호를 마구 발사한 결과로), 심장과 폐도 기능이 불안정해졌다. 집중 치료에도 불구하고, 마유미는 감염된 지 이틀 후에 죽었다.

게다가 아내의 장례식을 치른 지 아홉 달이 지난 2006년 10월, 히데오는 에미코를 데리고 병원을 다시 찾았다. 그때까지 건강했던 딸의 폐에 체액이 찼고, 게다가 빨간 혹덩어리가 자라나면서 오른쪽 뺨과 턱을 보기 흉하게 일그러뜨렸다. MRI 검사 결과, 이 혹덩어리는 에미코의 작은 뇌만 할 정도로 아주 컸다.(입 안에 공기를 집어넣어 뺨을 최대한 크게 부풀려보라. 그래도 그 혹덩어리보다는 작을 것이다.) 뺨 속의 위치를 바탕으로 의사들은 그것이 결합 조직에 생기는 암인 육종이라고 진단했다. 하지만 마유미의 사례를 염두에 둔 그들은 도쿄와 영국의 전문가들에게 조언을 구한 뒤에 무엇을 발견할 수 있는지 알아보기 위해 종양의 DNA를 선별 검사하기로 결정했다.

그 결과, 필라델피아 전좌를 발견했다. 그런데 그것은 흔히 보는 필라델피아 전좌가 아니었다. 이 교차는 문자 수가 한 염색체는 6만 8000개, 다른 염색체는 20만 개로 아주 긴 두 인트론 사이에서 일어난다.(이 책의 '사랑과 격세 유전'에 포함된 문자 수는 약 3만 개이다.) 두 염색체의 팔들은 수천 군데나 되는 장소 중 어디에서도 교차가 일어날 수 있었지만, 마유미와 에미코의 암 DNA는 모두 같은 장소의 똑같은 문자에서 교차가 일어났다. 이것은 우연일 리가 없다. 비록 에미코의 암은 뺨에 자리를 잡았지만, 기본적으로 마유미의 암과 같은 것이었다.

그렇지만 암은 누가 누구에게 옮긴 것일까? 과학자들은 이전에는 이 수수께끼를 결코 풀지 못했다. 심지어 맥의 사례도 모호했는데, 치명적인 종양이 임신이 시작된 직후에야 나타났기 때문이다. 의사들은 에미코가 출생할 때 채취했던 혈액점 카드를 꺼내 조사한 결과, 거기에 아직도 암세포가 있다는 사실을 알아냈다. 그리고 추가 유전자 검사를 통해 에미코의 정상적인(종양이 아닌) 세포들은 필라델피아 전좌가 일어나지 않았다는 사실도 발견했다. 따라서 에미코는 이 암에 대한 질병 소질을 전혀 물려받지 않았다. 그것은 수태와 출산 사이의 40주일 중 어느 시기에 나타난 게 분명했다. 게다가 에미코의 정상 세포들은 예상대로 어머니와 아버지에게 물려받은 DNA가 모두 있었다. 하지만 뺨의 종양세포에는 히데오에게서 물려받은 DNA가 전혀 없었다. 그것들은 전부 마유미의 DNA였다. 이 사실은 마유미가 에미코에게 암을 전해준 것이고, 그 반대가 아니라는 사실을 논란의 여지 없이 입증했다.

설사 여기서 과학자들이 승리의 기쁨을 느꼈다 하더라도, 그것을 겉으로 표현할 수는 없었다. 의학 연구에서는 아주 끔찍한 고통에서 흥미로운 사례가 발견되는 경우가 많다. 그리고 태아와 어머니가 동시에 암에 걸린 역사적 사례에서는 거의 예외 없이 둘 다 금방(대개 1년 안에) 사망했다. 마유미는 이미 죽었고, 의사들은 생후 11개월의 에미코에게 화학 요법을 시도하면서 이 암담한 가능성 때문에 마음이 몹시 무거웠다.

이 사례에서 유전학자들은 다른 이유 때문에 고민했다. 여기서 암의 전염은 본질적으로 한 사람에게서 다른 사람에게로 세포들이 옮겨가는 것이다. 만약 에미코가 어머니에게서 어떤 기관을 받거나 어머니의 조직을 뺨에 이식했다면, 에미코의 신체는 그것을 이질적인 것으로 여기고 거부 반응을 보였을 것이다. 하지만 이 암세포는 태반의 경고나 에미코의 면역계의 분노를 촉발하지 않고 아무 문제 없이 뿌리를 내렸다. 어떻게 그럴 수 있을까? 과학자들은 결국 그 답을 필라델피아 전좌에서 멀리 떨어진 DNA 부분, MHC라는 구역에서 발견했다.

MHC 돌연변이

린네 시대의 생물학자들은 포유류를 '포유류'로 만드는 모든 특성을 목록으로 작성하는 것을 흥미로운 일로 여겼다. 출발점으로 삼기에 좋은 한 가지 특성은 수유였다.(사실, 포유류를 뜻하는 단어 mammal은 젖을 뜻하는 라틴어 mamma에서 유래했다.) 수유는 젖을 빠는 새끼에게 영양분을 공급하는 것 외에 수십 개의 유전자를 작동시키는 기능도 하는데, 그 유전자들은 대부분 창자에 있지만, 뇌 같은 장소에도 있을 가능성이 있다. 임신부에게 계속 겁을 주려는 의도는 없지만, 분유가 아무리 탄수화물과 지방, 단백질, 비타민 등의 성분이 모유와 비슷하다 하더라도, 아기의 DNA를 모유와 똑같은 방식으로 촉진시키지는 않는 것으로 보인다.

그 밖에 주목할 만한 포유류의 특성으로는 털(심지어 고래와 돌고래도 약간의 털이 있다), 포유류만의 속귀와 턱 구조, 음식을 삼키기 전에 씹는 괴상한 버릇(파충류는 그런 버릇이 없다) 등이 있다. 하지만 현미경적 차원에서 포유류의 기원을 찾을 수 있는 한 장소는 바로 MHC(major histocompatibility complex, 주조직적합복합체)이다. 척추동물은 거의 다 면역계를 돕는 유전자 집단인 MHC를 갖고 있다. 하지만 MHC는 특히 포유류에게 아주 소중하다. MHC는 우리가 가진 DNA 중 유전자를 가장 풍부하게 포함한 부분 중 하나로, 좁은 지역에 100개 이상의 유전자가 빽빽하게 들어 있다. 그리고 우리의 인트론/엑손 편집 도구와 마찬가지로 우리는 다른 동물들보다 더 복잡하고 훨씬 광범위한 MHC*를 갖고 있다. 이 100여 개의 유전자 중에서 일부는 사람의 경우 그 종류가 1000가지가 넘어 물려줄 수 있는 조합의 수가 사실상 무한에 가깝다. 아주 가까운 친척조차도 MHC에 큰 차이가 날 수 있는데, 무작위로 선택한 사람들 사이에서 MHC의 차이는 DNA의 다른 부분들에서 나타나는 차이보다 100배나 크다. 과학자들은 가끔 사람들은 서로 일치하는 유전자를 99% 이상 갖고 있다고 말한다. 하지만 MHC 부분만큼은 일치하지 않는다.

MHC 단백질은 기본적으로 두 가지 일을 한다. 첫째, 일부 MHC 단백질은 세포 안에서 무작위로 분자들의 표본을 붙잡은 뒤에 세포 표면에 전시한다. 이것은 다른 세포들, 특히 '처형자' 면역세포들에게 세포 안에서 무슨 일이 일어나는지 알린다. 만약 처형자 면역세포가 MHC가 정상 분자만 전시하는 걸 보면 그 세포를 무시한다. 반면에, 이상 물질—세균 파편이나 암 단백질, 그 밖에 좋지 못한 일이 일어나고 있다는 신호—을 볼 경우에는 그 세포를 공격할 수 있다. 여기서 MHC의 다양성은 포유류에게 큰 도움을 주는데, 위험의 종류에 따라 각각 다른 MHC 단백질이 그것을 붙잡아 경보를 울리기 때문에, 포유류의 MHC가 다양할수록 맞서 싸울 수 있는 위험의 종류가 더 많다. 그리고 또 한 가지 중요한 사실은, 다른 특성과 달리 MHC 유전자들은 서로 간섭하지 않는다는 점이다. 오히려 서로 협력하면서 공동 지배한다.

둘째, 이것은 좀더 철학적인 기능이라 할 수 있는데, MHC는 우리 몸이 자신과 자신이 아닌 것을 구별하게 해준다. 단백질 파편을 전시하면서 MHC 유전자는 모든 세포 표면에 작은 털을 돋아나게 한다. 그리고 각 동물은 자신만의 독특한 MHC 유전자 조합을 가지기 때문에, 세포에 돋아나는 털은 색과 꼬불꼬불한 정도가 각각 독특하다. 몸속에 들어온 외부 침입자(동물이나 다른 사람의 세포 같은)도 나름의 독특한 MHC 유전자를 갖고 있고 독특한 털이 돋아난다. 우리의 면역계는 아주 정밀해서 그런 털들을 이질적인 것으로 인식하고 침입자를 죽이기 위해 군대를 소집한다(설사 그 털들이 질병이나 기생충이라는 신호를 전혀 내비치지 않더라도).

침입자를 죽이는 것은 보통은 우리에게 좋은 일이다. 하지만 MHC의 이런 경계 활동에서 생겨나는 부작용이 한 가지 있는데, 바로 우리 몸이 이식 기관을 거부하는 반응이다. 그래서 이식을 받을 때에는 면역계를 억제하는 약을 투여해야 한다. 때로는 이 방법도 통하지 않는다. 동물 장기 이식은 장기 기증자 부족이라는 고질적 문제를 완화하는 데 도움을 줄 수 있지만, 동물들은 아주 기묘한(우리에게는) MHC를 갖고 있어 우리 몸은 즉각 거부 반응을 나타낸다. 심지어 우리는 후퇴하는 군대가 적이 사용하지 못하도록 곡식을 불태우는 것처럼 이식된 동물 기관 '주위'의 조직과 혈관마저 파괴한다. 의사들은 면역계를 완전히 마비시키는 방법으로 비비의 심장과 간을 이식한 사람이 몇 주일 동안 살게 할 수 있었으나, 지금까지는 항상 MHC가 승리했다.

비슷한 이유로 MHC는 포유류의 진화에 걸림돌로 작용했다. 어미 포유류는 원칙대로라면 몸속의 태아를 이물질의 성장으로 간주해 공격해야 하는데, 태아의 DNA 중 절반과 MHC를 비롯해 여러 가지가 자신의 것이 아니기 때문이다. 다행히도 태반이 태아에 대한 접근을 제한함으로써 갈등을 중재한다. 태반 속에는 혈액이 고여 있지만, 실제로 태반을 통과해 태아에게 건너가는 혈액은 전혀 없다. 단지 영양분만 건너갈 뿐이다. 그 결과, 에미코 같은 아기는 마유미의 면역세포의 눈에 띄지 않고 온전한 상태로 자랄 수 있고, 마유미의 세포들은 태반을 넘어 에미코에게 건너가는 일이 없다. 설사 일부가 태반의 관문을 통과한다 하더라도, 에미코의 면역계가 이질적인 MHC를 인식해 파괴할 것이다.

하지만 암에 걸린 마유미의 혈액세포에서 MHC를 조사한 과학자들은 해롭지만 않다면 그 창의성을 존경할 만한 것을 발견했다. 사람의 경우, MHC는 6번 염색체 중 더 짧은 팔에 위치한다. 과학자들은 마유미의 암세포에서 이 짧은 팔이 정상적인 짧은 팔보다 훨씬 짧다는 사실을 발견했는데, 세포가 그 MHC를 제거했기 때문이었다. 미지의 어떤 돌연변이가 그것을 자신의 유전자에서 삭제해버렸다. 그 결과, 이 염색체는 기능적으로 외부에서 보이지 않게 되었고, 태반이나 에미코의 면역세포는 그것들을 분류하거나 인식할 수 없었다. 에미코는 그것들이 암세포인지는 물론이고 외래 침입자인지조차 관찰을 통해 증거를 포착할 방법이 없었다.

결국 과학자들은 마유미의 암이 에미코에게 옮겨진 원인 두 가지를 찾아냈다. 하나는 그 세포를 악성으로 만든 필라델피아 전좌였고, 또 하나는 암세포를 눈에 띄지 않게 만듦으로써 결국 에미코의 뺨으로 이동해 자리를 잡게 한 MHC 돌연변이였다. 이 두 가지가 일어날 확률은 아주 낮은 편이고, 우연히 한 임신부의 똑같은 세포들에 두 가지가 동시에 일어날 확률은 극히 낮다. 하지만 0은 아니다. 사실, 오늘날 과학자들은 어머니가 태아에게 암을 옮긴 역사적 사례들에서는 대부분 이와 비슷한 과정이 MHC를 무력화하거나 위태롭게 한 게 아닐까 의심한다.

페로몬이 행동에 미치는 영향

이야기의 맥락을 충분히 추적하면, MHC는 히데오와 마유미와 에미코의 이야기에서 또 한 가지 측면을 드러내는 데 도움을 주는데, 그 이야기는 우리가 초기 포유류였던 시절까지 거슬러 올라간다. 발달하는 태아는 모든 세포 속에 들어 있는 유전자들의 오케스트라를 지휘해야 한다. 즉, 때와 장소에 따라 어떤 DNA는 더 큰 소리로 연주하도록 북돋아주고, 다른 악기들은 조용히 하게 해야 한다. 임신 초기에 가장 활발하게 활동하는 것은 포유류가 알을 낳던 도마뱀 비슷한 조상들에게서 물려받은 유전자들이다. 생물학 교과서에서 새와 도마뱀, 물고기, 사람을 비롯해 많은 동물의 태아가 발달 초기에 얼마나 비슷한지 보는 순간, 누구나 자신의 존재에 대해 다시 생각해보는 경험을 했을 것이다. 발달 초기에 우리는 심지어 아가미 구멍과 꼬리까지 나타난다. 이것은 우리의 먼 동물 조상이 가졌던 형질이 흔적으로 남아 발생 과정에서 다시 나타나는 것이다.

몇 주 뒤, 태아는 파충류의 유전자를 침묵시키고, 포유류 특유의 유전자들을 작동시키며, 얼마 지나지 않아 태아는 비로소 여러분이 상상하는 모습을 닮기 시작한다. 하지만 이 단계에서도 제대로 작동해야 할 유전자가 침묵을 지키거나 변형이 일어난다면, 격세 유전atavism(즉, 유전적 회귀)이 나타날 수 있다. 어떤 사람은 암퇘지처럼 여분의 젖꼭지* 가 많이 달린 채 태어난다. 이 여분의 젖꼭지는 대부분 몸통에서 '젖선'을 따라 수직 방향으로 돋아나지만, 멀게는 발바닥에도 돋아날 수 있다. 또 다른 격세 유전자는 뺨과 이마를 포함해 전신을 털로 뒤덮는다. 과학자들은 심지어 털의 굵기와 색, 그 밖의 속성을 바탕으로 '개 얼굴'과 '원숭이 얼굴' 털을 구별한다. 5번 염색체 끝부분에 작은 조각이 빠진 아기는 고양이울음증후군이 나타나는데, 우는 소리가 꼭 고양이 울음소리처럼 들리기 때문에 이런 이름이 붙었다. 꼬리가 달린 채 태어나는 아기도 있다. 이 꼬리(대개 엉덩이 한가운데에 달린)는 근육과 신경도 있으며, 길이는 12.5cm, 두께는 2.5cm 정도이다. 꼬리는 가끔 광범위한 해부학적 문제를 일으키는 열성 유전 질환의 부작용으로 나타나지만, 다른 점에서는 지극히 정상인 아이한테도 특이하게 나타날 수 있다. 소아과 의사들은 이런 아이들이 꼬리를 코끼리 코처럼 말 수 있으며, 기침이나 재채기를 할 때 자기도 모르게 꼬리가 수축한다고* 보고했다. 사실, 임신 6주째의 태아는 모두 꼬리가 있지만, 8주가 지나면 꼬리세포들이 죽으면서 꼬리는 들어가고 잉여 조직은 몸에 흡수된다. 그래도 계속 남아 있는 꼬

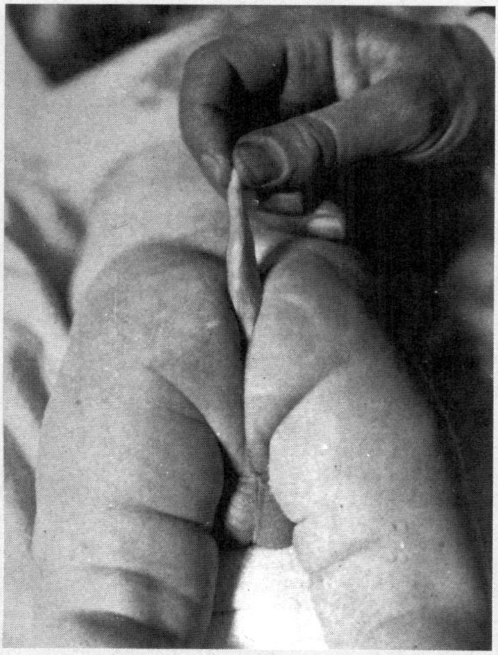

아주 건강하지만 꼬리가 달린 채 태어난 남자아이. 우리의 영장류 조상에게서 물려받은 격세 유전이다. (사진 제공 : **Jan Bondeson, A Cabinet of Medical Curiosities.** 저자의 허락을 받고 실음.)

리는 자연 발생적 돌연변이에서 생긴 것으로 보이지만, 꼬리가 달린 아이들 중 일부는 친척 중에 꼬리가 달린 사람이 있는 경우가 가끔 있다. 대부분의 아기는 태어난 직후에 아무 해가 없는 이 부속 기관이 떨어져 나가지만, 어른이 될 때까지 붙어 있는 경우도 있다.

우리 몸속에는 적절한 유전적 신호가 자신을 깨워주길 기다리며 잠자고 있는 격세 유전자들이 있다. 사실, 어느 누구도 피해갈 수 없는 격세 유전이 한 가지 있다. 우리는 수태 후 40일쯤 지나면, 비강 안에 길이가 0.025cm쯤 되는 관이 발달한다. 관 양쪽 옆에는 작은 틈이 나 있다. 보습코 기관이라 부르는 발생 초기의 이 구조는 포유류 사이에서는 일반적으로 나타나는데, 포유류는 이것을 주변 세계의 지도를 작성하는 데 사용한다. 보습코 기관은 보조 코 역할을 하는데, 다만 후각이 있는 동물이라면 누구나 맡을 수 있는 냄새를 맡는 대신에 페로몬을 감지한다. 페로몬은 분명하게 드러나지 않는 냄새로, 호르몬과 약간 비슷하다. 호르몬이 우리 몸에 내부적 지시를 내리는 반면, 페로몬은 같은 종의 다른 구성원에게 지시(혹은 적어도 윙크나 의미 있는 시선에 해당하는 신호)를 전달한다.

페로몬은 사회적 상호작용, 특히 친밀한 접촉을 촉진하는 데 도움을 주기 때문에, 일부 포유류의 경우 보습코 기관이 제 기능을 발휘하지 못하면 불편한 결과를 낳을 수 있다. 2007년, 하버드 대학의 과학자들은 유전자 조작을 통해 일부 암컷 생쥐의 보습코 기관이 제 기능을 발휘하지 못하도록 했다. 그러자 생쥐들은 자기들끼리 있을 때에는 아무 문제 없이 정상적으로 행동했다. 하지만 정상적인 암컷과 섞어놓자, 유전자가 변형된 생쥐는 정상적인 암컷을 마치 로마인이 사비니족 여인들을 다루는 것처럼 다루었다. 이들은 정상적인 암컷들을 덮쳐 그 위에 올라타고는, 적절한 성기가 없는데도 불구하고 엉덩이를 들썩이며 왕복 운동을 했다. 이 괴상한 암컷들은 심지어 수컷처럼 신음 소리를 냈고, 절정에 이른 수컷 생쥐만 내는 초음파 울음소리를 토해냈다.

인간은 다른 포유류에 비해 냄새에 덜 의존한다. 진화의 역사를 통해 우리는 냄새를 감지하는 일반적인 포유류의 유전자를 약 600개나 잃거나 그 스위치를 껐다. 그런데도 우리 유전자가 여전히 보습코 기관을 만든다는 사실은 놀랍다. 과학자들은 심지어 태아의 보습코 기관에서 뇌로 연결된 신경도 발견했고, 이 신경이 신호를 내보내고 받는 것도 목격했다. 하지만 알 수 없는 이유로 우리 몸은 이 기관을 만들어내고 작동하게끔 온갖 수고를 다한 뒤에 이 여섯 번째 감각을 등한시하며, 16주가 지나고 나서부터는 이 감각이 위축되기 시작한다. 어른이 되면 보습코 기관은 극도로 위축되어 대부분의 과학자는 그 기능적 감각은 차치하고 우리가 과연 보습코 기관 자체를 갖고 있는지 의문스럽게 생각한다.

인간의 보습코 기관을 둘러싼 논쟁은 냄새와 성욕과 행동 사이의 관계에 대해 더 큰 역사적 논쟁을 상기시킨다. 지그문트 프로이트 Sigmund Freud의 괴짜 친구 빌헬름 플리스 Wilhelm Fliess 박사는 19세기 후반에 코를 몸에서 가장 강력한 성기로 분류했다. 그의 '비강 역류 신경증 가설'은 자위와 생리, 코 안에 있는 가설상의 '생식기 장소들' 지도, 점막에 코카인을 묻힌 뒤 그 사람의 성욕을 감시하는 것을 포함한 실험들에 관한 수비학과 일화를 비과학적으로 섞어놓은 것이었다. 플리스는 인간의 성욕에 대해 실제로는 아무것도 제대로 설명하지 못했지만, 그렇다고 그의 위상이 추락하지는 않았다. 오히려 반대로 그의 연구는 프로이트에게 영향을 주었고, 프로이트는 플리스에게 자위에 푹 빠진 자신의 환자들(그리고 일부 사람들의 추측으로는 프로이트 자신)을 치료하게 했다. 플리스의 개념은 결국 무대 뒤로 사라지고 말았지만, 사이비과학 비슷한 성과학 性

科學은 결코 사라지지 않았다. 최근 수십 년 동안 많은 장사치가 페로몬 성분이 든 향수와 오드콜로뉴를 성적 매력을 발산하는 묘약이라고 선전하며 팔았다.(하지만 이 말을 곧이곧대로 믿었다간 실망을 금치 못할 것이다.) 1994년에는 미군 소속의 한 과학자가 공군에 페로몬을 바탕으로 한 '게이 폭탄'을 만들겠다고 750만 달러의 개발 자금을 신청했다. 그는 신청서에서 그 무기를 "역겹지만 완전히 비치명적" 형태의 전쟁 무기라고 표현했다. 적군(대부분 남성인)에게 페로몬을 살포하면, 그 냄새는 어떻게 하여(자세한 내용은 아주 개략적이다) 그들을 성적으로 매우 흥분한 상태로 만들어 무기를 내려놓고 전쟁 대신에 섹스에 열을 올리게 한다. 가스 마스크를 쓴 아군은 그냥 그들을 포위하여 사로잡기만 하면 된다.*

향수와 게이 폭탄은 접어두더라도, 제대로 된 일부 과학 연구는 페로몬이 인간의 행동에 영향을 미칠 수 있음을 보여주었다. 40여 년 전에 과학자들은 페로몬이 함께 사는 여성들의 생리 주기를 같은 날짜로 수렴하게 한다는 사실을 밝혀냈다.(이것은 결코 도시 전설이 아니다.) 그리고 우리는 인간의 사랑을 단순한 화학 물질의 상호작용으로 축소하는 데 거부감이 들지 모르지만, 인간의 욕정 — 혹은 좀더 점잖은 표현을 쓴다면 매력 — 에는 냄새가 중요한 요소를 차지한다는 증거들이 발견되었다. 찰스 다윈은 말할 것도 없고 오래된 인류학 책들은 키스 관습이 전혀 발달하지 않은 사회에서 사귀려는 사람들끼리 흔히 키스 대신에 서로의 냄새를 맡는다는 사실에 놀라움을 표시했다. 더 최근에 스웨덴 의사들은 하버드 대학에서 한 극적인 연구를 재현한 실험을 했다. 그들은 이성애자 여성과 남성, 그리고 동성애자 남성을 남성의 땀에 섞인 페로몬에 노출시켰다. 그러자 이성애자 여성과 동성애자 남성의 뇌 영상은 약간 흥분한 신호를 나타냈다.(반면에 이성애자 남성은 전혀 그런 신호를 나타내지 않았다.) 후속 실험에서는 여성의 오줌에 포함된 페로몬이 이성애자 남성과 동성애자 여성을 흥분시키지만, 이성애자 여성은 흥분시키지 않는다는 결과가 나왔다. 성적 지향이 다른 사람들의 뇌는 양 성의 냄새에 서로 다르게 반응하는 것처럼 보인다. 이것은 우리가 제대로 기능하는 보습코 기관을 갖고 있음을 증명하진 않지만, 페로몬 감지 능력을 일부 지니고 있음을 시사하는데, 아마도 그 임무를 유전학적으로 우리의 정상적인 코로 옮김으로써 그렇게 했을 것이다.

냄새가 사람의 흥분에 영향을 미친다는 주장을 뒷받침하는 가장 명백한 증거는 MHC(우리는 마침내 먼 길을 빙 돌아 다시 이곳으로 되돌아왔다)에서 나온다. 여러분이 좋아하건 싫어하건, 팔을 들어올릴 때마다 여러분의 몸은 자신의 MHC를 선전한다. 사람은 겨드랑이에 땀샘이 많이 모여 있고, 땀으로 배출되는 물과 염분과 기름에는 페로몬이 함께 섞여 있는데, 이 페로몬은 질병에서 우리를 보호하는 MHC 유전자들이 정확하게 어떤 것인지 알려준다. 이 MHC 광고들은 공기를 통해 여러분의 콧속으로 들어가는데, 콧속의 세포들은 다른 사람의 MHC가 여러분의 MHC와 얼마나 다른지 파악할 수 있다. 이것은 잠재적 배우자를 판단하는 데 도움이 된다. 함께 낳을 아이의 건강이 어떨지 대략 평가할 수 있기 때문이다. MHC 유전자는 서로 간섭하지 않는다고 했던 말을 기억하라. 그들은 함께 공동 지배한다. 따라서 만약 아버지와 어머니가 서로 다른 MHC를 가졌다면, 아기는 두 사람의 질병 저항력을 합친 저항력을 물려받을 것이다. 유전적으로 질병 저항력이 강할수록 아기는 더 건강하게 자라날 것이다.

이 정보는 무의식적으로 우리 뇌로 흘러들어가지만, 낯선 사람이 갑자기 설명할 수 없게 섹시해 보일 때 스스로를 드러낸다. 검사를 하지 않고서는 확실히 말할 수 없지만, 이런 일이 일어날 때에는 섹시한 상대의 MHC가 여러분의 것과 크게 다를 가능성이 아주 높다. 다양한 연구에서 여성들에게 만나거나 본 적이 없는 남성이 입고 잔 티셔츠 냄새를 맡게 했을 때, 여성들은 거친 MHC(자신의 것에 비해)를 가진 남성을 가장 섹시하다고 평가했다. 한편, 다른 연구 결과들은 아프리카 일부 지역처럼 유전적 다양성이 이미 상당히 높은 곳에서는 MHC가 크게 다르다고 해서 매력이 높아지지는 않는다고 시사한다. 하지만 유타 주에서 한 연구들이 보여주는 것처럼, MHC와 매력의 연관 관계는 유전적으로 더 균질한 장소에서 더 강하게 나타나는 것처럼 보인다. 이 발견은 왜 우리가 형제자매와 섹스를 하는 것에 거부감을 느끼는지 설명하는 데에도 도움을 줄 수 있다(평균보다 더 비슷한 MHC를 갖고 있기 때문에).

그리고 인간의 사랑을 단순히 화학 물질의 작용으로 축소해 설명하는 것은 온당치 않다. 인간의 사랑은 그것보다 훨씬 복잡하다. 하지만 우리는 우리가 생각하는 것처럼 다른 포유류와 크게 다르지 않다. 화학 물질은 사랑의 준비 작업을 하고 사랑을 추진시키며, 사랑을 촉진하는 데 가장 강력한 화학 물질 중 일부는 MHC를 선전하는 페로몬이다. 만약 유전적으로 균질한 지역 출신의 두 사람 — 예컨대 히데오와 마유미 — 이 만나 사랑에 빠지고 아이를 갖기로 결정했다면, 이러한 일에 대해 우리가 생물학적으로 내놓을 수 있는 최선의 설명은 그들의 MHC가 그 일과 뭔가 관계가 있다는 것이다. 바로 그 MHC가 사라짐으로써 에미코를 죽음으로 몰아넣은 암이 생겨났다는 사실을 생각하면 이 설명은 더욱 가슴을 저미게 한다.

에미코는 거의 죽음 직전까지 갔다. 1866년 이래 의학에 큰 발전이 일어났지만, 동시에 암에 걸린 어머니와 아기의 생존율은 형편없이 낮았다. 하지만 에미코는 어머니와 달리 치료에 잘 반응했는데, 의사들이 종양의 DNA에 맞춰 화학 요법을 쓸 수 있었던 게 한 가지 이유일 것이다. 에미코는 같은 종류의 암에 걸린 아이들에게 대부분 필요하지만 매우 고통스러운 골수 이식도 할 필요가 없었다. 그리고 이 글을 쓰고 있는 지금 만 일곱 살이 다 된 에미코는 지바에서 아직까지는(이 말이 씨가 되지 않길!) 무사히 살아가고 있다.

우리는 암을 전염성 질환으로 생각하지 않는다. 그래도 자궁 속에 있는 쌍둥이는 암을 옮길 수 있고, 이식된 장기는 이식을 받은 사람에게 암을 옮길 수 있으며, 태반의 방어막에도 불구하고 어머니는 태아에게 암을 옮길 수 있다. 하지만 에미코의 사례는 태아일 때 진행된 암이더라도 반드시 치명적이지는 않음을 증명한다. 그리고 에미코와 같은 사례는 MHC가 암에서 담당하는 역할에 대한 우리의 시각을 크게 확대했으며, 태반은 대부분의 과학자가 생각했던 것보다 침투하기가 훨씬 쉬움을 보여주었다. 에미코 가족을 연구했던 한 유전학자는 "어쩌면 약간의 세포들이 늘 [태반을] 통과하는 게 아닐까 생각합니다. 의학에서는 아주 기묘한 사례들에서 많은 것을 배울 수 있습니다."라고 말한다.

사실, 다른 과학자들은 각고의 노력 끝에 전부 다는 아니더라도 대다수 사람의 몸속에 어머니에게서 물려받은 세포 수천 개가 은밀하게 숨어 있다는 사실을 알아냈다. 이 세포들은 우리가 태아일 때 우리의 기관 속으로 침투해 밀항한 세포들이다. 모든 어머니도 틀림없이 자기 몸속에 있던 태아로부터 기념 세포를 일부 얻어 어딘가에 숨겨두었을 것이다. 이러한 발견들은 우리의 생물학에 대해 흥미로운 측면들을 드러낸다. 한 과학자는 "만약 뇌가 완전히 우리 자신의 것이 아니라면, 우리의 심리적 자아를 구성하는 것은 무엇일까?"라는 의문을 제기했다. 더 개인적 측면에서 보면, 이 발견들은 어머니나 아기가 죽은 뒤에도 한 사람의 세포가 다른 사람의 몸속에서 살아갈 수 있음을 보여준다. 이러한 어머니와 자식 간의 연결 관계는 포유류를 특별한 동물로 돋보이게 하는 또 한 가지 측면이다.

09
휴먼지와 아슬아슬했던 위기의 순간들

인간이 유인원과 갈라선 것은 언제이며, 왜 갈라섰을까?

인류의 진화가 털이나 젖샘, 태반을 발달시키는 데 그치지 않았다는 것은 확실하다. 우리 역시 영장류이다. 물론 이 사실은 6000만 년 전에는 그다지 자랑스럽게 내세울 만한 사실이 아니었을 것이다. 최초의 원시적인 영장류는 몸무게가 500g을 넘지 못했고, 수명은 6년을 넘기지 못했을 것이다. 그들은 아마도 나무 위에서 살았을 테고, 성큼성큼 걷는 대신에 깡충거리며 걸었을 것이다. 곤충보다 큰 동물은 사냥하지도 못했을 테고, 밤에만 은신처에서 기어나와 돌아다녔을 것이다. 밤중에만 나와 벌레를 잡아먹던 이 겁 많은 동물은 운 좋게 진화를 계속해갔다. 수천만 년이 지난 뒤, 아프리카에서 똑똑하고, 엄지가 나머지 손가락과 마주 보고, 가슴을 두드리는 영장류가 나타났다. 그리고 그러한 영장류 계통 중 한 종류가 두 발로 걷기 시작하면서 사바나를 가로질러 이동하기 시작했다. 과학자들은 인간성의 본질에 대한 단서를 찾기 위해 이 발전 과정을 집중적으로 조사했다. 그리고 우리는 전체 그림—너클 보행을 하던 동물이 두 발로 일어서고, 몸에서 털을 벗어버리고, 앞으로 툭 튀어나온 턱이 쑥 들어가는 동물로 변해가는 전체 과정—을 돌아보면서 우리의 출현에 대해 다소 의기양양해한다.

하지만 인류의 출현은 정말로 소중한 사건이긴 하지만, 개선장군을 따라다니던 로마 시대의 노예처럼 늘 따라다니는 우리의 DNA는 우리 귀에다 대고 속삭인다. "너는 언젠가 죽을 운명임을 잊지 마라." 유인원 비슷한 조상에서 현생 인류로 변해온 과정은 우리가 생각하는 것보다 훨씬 많은 사건으로 점철돼 있다. 우리 유전자에 문신처럼 새겨진 증거는 인류 계통은 하마터면 여러 차례 멸종할 뻔했다고 알려준다. 자연은 우리의 거대한 계획 따위에는 아랑곳하지 않고 우리를 마스토돈이나 도도처럼 영영 사라지게 할 뻔했다. 또, 우리의 DNA 서열이 여전히 하등 영장류의 그것과 아주 비슷하다는 사실은 우리가 타고날 때부터 운명처럼 느끼는 자부심—즉, 우리는 나머지 동물보다 우월한 존재라는—을 가차없이 짓밟으면서 겸허한 시각으로 자신을 돌아보게 만든다.

우리에게 그런 타고난 자부심이 있다는 사실을 뒷받침하는 한 가지 강력한 증거는 인간의 조직을 다른 동물의 조직과 섞는다는 생각에 대해 우리가 느끼는 거부감이다. 하지만 역사를 통해 인간과 동물을 합성한 키메라를 만들려고 시도한 과학자들이 있었으며, 최근에는 우리의 DNA에 다른 생물의 DNA를 섞는 실험도 일어났다. 이 분야에서 모든 시대를 통틀어 가장 놀라운 시도는 1920년대에 일어났다. 일리야 이바노비치 이바노프Ilya Ivanovich Ivanov라는 러시아 생물학자는 이오시프 스탈린이 직접 승인한 섬뜩한 실험을 통해 인간 유전자를 침팬지 유전자와 합치려고 시도했다.

이바노프는 1900년 무렵에 과학자로서 경력을 쌓기 시작했는데, 심리학자 이반 파블로프(개에게 침을 질질 흘리게 한 실험으로 유명한)와 함께 일하다가 독립해 가축 인공 수정 부문에서 세계적인 전문가가 되었으며, 특히 말의 인공 수정을 많이 했다. 이바노프는 정액을 흡수하는 특수 스펀지, 정액을 암말의 몸속 깊이 집어넣는 고무 카테터를 비롯해 그 일에 필요한 도구를 직접 만들었다. 그는 로마노프 왕조 정부에 아름다운 말을 공급하던 국영종마사육청에서 10년 동안 일했다. 그런 일을 정치적 우선 순위로 간주한 사정을 감안한다면, 왜 로마노프 왕조가 1917년에 전복되었는지 그 이유를 쉽게 짐작할 수 있다. 그리고 볼셰비키가 권력을 잡고 소련을 세우자, 이바노프는 실직자가 되고 말았다.

그 당시 대부분의 사람들이 인공 수정을 자연적 교접을 타락시키는 행위라며 수치스럽게 여긴 것도 이바노프의 앞날에 도움이 되지 않았다. 그 기술을 옹호한 사람들조차 정상적 교접 분위기를 살리기 위해 우스꽝스러운 짓을 벌였다. 한 유명한 의사는 불임 부부의 방 밖에서 기다리며 열쇠 구멍을 통해 두 사람의 정사 장면을 엿듣다가 적절한 순간에 정액이 담긴 용기를 들고 뛰어들어가 사실상 남편을 밀어내고 그것을 여성의 몸속에 집어넣었다. 수정이 정상적인 성교 과정에서 일어났다고 여성의 난자를 속이기 위해 그런 난리법석을 피운 것이다. 바티칸 교황청은 1897년에 가톨릭교도에게 인공 수정을 금지했고, 러시아의 그리스 정교회도 이바노프처럼 인공 수정을 시술하는 사람들을 비난했다.

하지만 종교계의 분노는 결국 이바노프의 경력에 도움을 주었다. 농장에 처박혀 죽은 듯이 지낼 때에도 이바노프는 자신의 연구를 원대한 시각에서 바라보았다. 즉, 단순히 품종이 더 좋은 소나 염소를 만드는 방법에 불과한 것이 아니라, 서로 다른 종들의 배아를 섞는 연구를 통해 다윈과 멘델의 기본 생물학 이론을 탐구하는 방법으로 본 것이다. 결국 그의 스펀지와 카테터는 그 연구의 주요 장벽을 제거했고, 임의의 동물들을 짝짓게 해주었다. 그는 1910년부터 다윈식 진화를 궁극적으로 검증할 수 있는 휴먼지humanzee 실험을 생각했는데, 마침내 1920년대 초에(소련을 사랑하던 초파리 과학자 허먼 멀러의 조언을 구한 뒤에) 용기를 끌어모아 연구비 지원을 신청했다.

이바노프는 소련의 과학 연구 지원을 담당하고 있던 인민계몽위원회 위원장에게 제안서를 제출했다. 연극과 미술 전문가 출신인 위원장은 그 제안서를 거들떠보지도 않았지만, 다른 볼셰비키 고위 인사들이 이바노프의 아이디어에서 다른 활용 가능성을 보았다. 소련의 공적公敵이던 종교를 모욕할 구실을 제공하리라고 기대한 것이다. 앞을 멀리 내다본 이들은 휴먼지를 만들면 "노동자를 교회의 권력에서 해방시키는 우리의 선전과 투쟁에" 중요한 역할을 할 것이라고 주장했다. 표면적으로는 바로 이 이유 때문에 1925년 9월 — 미국에서 스코프스 재판(테네시 주에서 과학 교사 존 스코프스John Scopes가 공립학교에서 진화론을 가르치지 못하도록 한 테네시 주 법률을 어겼다는 이유로 재판을 받은 사건. 흔히 원숭이 재판이라 부른다)이 일어난 지 불과 넉 달 뒤 — 에 소련 정부는 이바노프에게 1만 달러(오늘날의 가치로는 약 13만 달러)에 해당하는 연구비를 지원했다.

이바노프는 그 연구가 성공할 것이라고 믿을 만한 과학적 이유가 충분히 있었다. 그 당시 과학자들은 인간과 영장류의 피가 놀랍도록 비슷하다는 사실을 알고 있었다. 더욱 흥미로운 사실은 러시아 출신의 프랑스 과학자 세르제 보로노프Serge Voronoff가 영장류의 샘과 고환을 이식함으로써 노인의 정력을 회춘시키는 실험을 해 성공을 거두었다는 소문이 나돌고 있었다는 점이다.(아일랜드의 유명한 시인 윌리엄 버틀러 예이츠

William Butler Yeats도 이 시술을 받았다는 소문이 나돌았다. 예이츠는 그런 적이 없지만, 사람들이 그 소문을 헛소리로 일축하지 않았다는 사실은 예이츠의 사생활에 대해 많은 것을 말해준다.) 보로노프의 이식 실험은 최소한 생리학적으로는 하등 영장류와 사람 사이에 별 차이가 없음을 입증하는 것으로 보였다.

이바노프는 또한 상당히 다른 종들끼리도 생식이 가능함을 알고 있었다. 그 자신도 영양과 소, 기니피그와 토끼, 얼룩말과 당나귀를 교잡하는 실험을 했다. 이 연구는 차르와 그 신하들을 즐겁게 한 것(이 점은 아주 중요했다) 외에 심지어 수천만 년 전에 계통이 서로 갈라진 동물들끼리도 새끼를 낳는 것이 가능함을 증명했고, 나중에 다른 과학자들이 한 실험은 추가 증거를 내놓았다. 여러분이 생각하는 환상—사자와 호랑이, 양과 염소, 돌고래와 범고래의 교잡—은 거의 다 어디선가 과학자들이 실현시켰다. 물론 이 잡종들 중 일부는 생식 능력이 없어 유전적으로 막다른 길에 이른 것이나 다름없었다. 하지만 어디까지나 일부만이었다. 생물학자들은 야생에서 기묘한 짝짓기를 많이 발견했는데, 자연적으로 이계 교배異系交配(계통이 다른 품종·변종·종·속 사이에서 일어나는 교배)를 하는 300종 이상의 포유류 중 약 3분의 1은 생식 능력이 있는 새끼를 낳았다. 이바노프는 교잡을 열정적으로 믿었고, 자신의 계산에 낡은 마르크스주의 유물론을 약간 가미하자, 그의 휴먼지 실험은 충분히 시도할 만한 가치가 있는 것으로 보였다.

과학자들은 지금도 휴먼지가 아무리 불쾌하고 실현 가능성이 없어 보이더라도, 최소한 가능하기나 한지조차 모른다. 실험실에서 사람의 정자는 일부 영장류 난자의 바깥층을 뚫고 들어갈 수 있고(수정의 첫 단계), 사람과 침팬지의 염색체는 거시적 차원에서는 거의 같아 보인다. 심지어 사람의 DNA와 침팬지의 DNA는 서로 함께 섞이는 걸 좋아한다. 두 가

현대의 종키zonkey — 얼룩말zebra과 당나귀donkey의 잡종. 이바노프는 휴먼지를 만들려고 시도하기 전에 종키(그는 '지동크zeedonk'라 불렀다)를 비롯해 유전적 잡종을 많이 만들었다. (사진 제공 : **Tracy N. Brandon**)

지 DNA가 섞인 용액을 준비한 뒤 이중 나선이 풀릴 때까지 가열하면, 사람의 DNA는 아무 문제 없이 침팬지의 DNA와 섞이며, 냉각되면 서로 짝을 이루어 맞물린다. 두 종의 DNA는 이토록 서로 비슷하다.*

게다가 일부 영장류 유전학자들은 우리 조상이 별개의 종으로 갈라져 나오고 나서 한참 지난 뒤에도 침팬지와 교잡을 했다고 생각한다. 그리고 논란이 많지만 생명력이 끈질긴 그들의 가설에 따르면, 우리가 침팬지와 교잡을 하며 지낸 기간은 대부분의 사람이 불편하게 느낄 정도로 긴 무려 100만 년이다. 만약 이게 사실이라면, 우리가 침팬지 계통과 갈라선 과정은 복잡하고도 지저분한 이별이었고, 반드시 불가피한 것은 아니었다. 만약 일이 조금만 다른 쪽으로 일어났더라면, 우리의 성적 취향 때문에 인류 계통은 나타난 지 얼마 안 돼 지워져 버렸을지도 모른다.

그 가설을 자세하게 소개하면 이렇다. 700만 년 전에 일어난 미지의 사건(지진 때문에 열곡이 생겼을 수도 있고, 어느 날 저녁에 먹이를 찾다가 무리 중 절반이 길을 잃었을 수도 있고, 무리가 둘로 갈라져 치열한 싸움이 일어났을 수도 있다)으로 영장류 개체군이 둘로 갈라졌다. 서로 따로 떨어져 지내는 동안 각각 침팬지와 사람의 조상에 해당하는 이 두 집단은 돌연변이가 축적되면서 각자 독특한 특성이 발달하게 되었다. 여기까지는 표준 생물학에서 하는 이야기와 똑같다. 하지만 두 집단이 시간이 좀 지난 뒤에 다시 합쳤다고 상상해보라. 이번에도 그 이유는 추측하기 어렵다. 어쩌면 빙하기가 서식지를 대부분 파괴하는 바람에 작은 삼림 지대 피난처로 모였는지도 모른다. 어쨌거나 우리는 그 다음에 일어난 일에 대해 사드Sade류의 변태 성욕적 동기를 제시할 필요는 없다. 만약 외로웠거나 그 수가 적었다면, 원시 인류protohuman는 두 집단이 합쳐졌을 때 상대 집단이 자신들의 침대로 돌아온 것을 열렬히 환영했을 것이다 — 100

만 년 동안 원시 침팬지의 편의를 거부했음에도 불구하고. 100만 년이라고 하면 영원에 가까운 시간처럼 들릴지 몰라도, 원시 인류와 원시 침팬지는 오늘날 교잡을 하는 많은 종들보다 유전적 차이가 훨씬 적었을 것이다. 따라서 이러한 교잡에서 영장류 '노새'가 일부 탄생했겠지만, 생식능력이 있는 잡종도 탄생했을 것이다.

바로 여기에 원시 인류를 위협한 위험이 도사리고 있다. 과학자들은 영장류의 역사에서 오랫동안 서로 떨어져 지내던 두 종이 다시 짝짓기를 시작하면서 두 종의 특별한 차이가 사라지고 하나로 합쳐진 사례를 최소한 한 가지 알고 있다. 짧은꼬리원숭이가 바로 그런 경우이다. 우리가 침팬지와 교잡한 사건은 주말에 잠깐 즐길 상대를 찾은 탈선에 불과한 것이 아니었다. 그것은 충실한 사랑을 바탕으로 긴 시간에 걸쳐 일어났다. 만약 우리 조상이 원시 침팬지와 함께 영구 정착했더라면, 우리만의 독특한 유전자는 마찬가지 방식으로 유전자 풀에서 익사했을지 모른다. 그랬더라면 우리는 그런 교잡을 통해 영영 사라졌을지 모른다.

물론 이 모든 것은 침팬지와 인간이 처음에 갈라선 뒤에 다시 만나 함께 자기 시작했다는 가정을 전제로 한다. 그렇다면 이 주장을 뒷받침하는 증거가 있는가? 증거는 대부분 우리의 성염색체, 특히 X에 있다. 하지만 이것은 아주 미묘한 사례이다.

암컷 잡종이 생식 능력에 문제가 있을 때, 그 결함은 대개 한 X 염색체는 한 종에서 오고 다른 X 염색체는 다른 종에서 오는 데에서 비롯된다. 이유야 무엇이건, 두 X 염색체가 조화를 이루지 못할 때 생식이 제대로 일어나지 않는다. 조화롭지 못한 성염색체는 수컷에게 더 큰 타격을 준다. 각각 다른 종에게서 물려받은 X 염색체와 Y 염색체 쌍은 거의 대부분 씨 없는 수박과 같은 결과를 낳는다. 하지만 집단의 생존이라는 측면에서 볼 때에는 암컷의 불임이 훨씬 큰 위협이다. 생식 능력이 있는 수컷은 몇몇만 있어도 많은 암컷을 임신시킬 수 있지만, 생식 능력이 있는 수컷이 아무리 많더라도 암컷의 낮은 생식 능력을 보완할 수 없다. 암컷은 새끼를 임신하고 낳는 데 시간이 많이 걸리기 때문이다.

여기에 자연이 내놓은 해결책은 집단 학살이다. 정확하게는 유전자 학살이다. 자연은 교잡을 하는 종들 사이에서 한 종의 X 염색체를 완전히 없앰으로써 부조화가 일어날 가능성을 제거한다. 제거되는 X 염색체가 어느 쪽인지는 중요하지 않다. 어쨌거나 한쪽의 X 염색체는 사라져야 한다. 이것은 그야말로 소모전이다. 원시 침팬지와 원시 인류가 얼마나 많이 교잡하는지, 잡종 제1대가 정확하게 누구와 짝짓기를 하는지, 그리고 각자 다른 출산율과 사망률 등의 세부 내용에 따라 처음의 유전자 풀에서 한 종의 X 염색체가 더 많이 나타나게 된다. 그리고 이어지는 세대들에서는 그 수가 더 많은 X 염색체가 서서히 다른 종의 X 염색체를 질식시켜 나간다. 비슷한 X 염색체를 둘 가진 개체가 잡종 개체보다 더 빨리 번식하기 때문이다.

이에 비해 성염색체가 아닌 상염색체를 제거하려는 압력은 별로 없다는 사실에 주목할 필요가 있다. 상염색체는 다른 종의 상염색체와 섞이는 것에 대해 아무 거부 반응을 보이지 않는다.(설사 거부 반응을 보인다고 해도, 그 싸움은 DNA에 무엇보다 중요한 일인 아기를 만드는 데 지장을 초래하지 않을 것이다.) 그 결과, 잡종과 그 후손은 조화롭지 못한 쌍으로 이루어진 상염색체를 많이 지니고서도 잘 살아남을 수 있었을 것이다.

2006년, 과학자들은 성염색체와 상염색체의 이러한 차이가 인간 DNA의 재미있는 특징 한 가지를 설명할 수 있다는 사실을 알아냈다. 원시 침팬지와 원시 인류는 이렇게 계통이 갈라지는 최초의 사건이 일어난 후 각자 다른 길을 걸어가기 시작하면서 각자의 염색체에 서로 다른 돌연변이가 축적되었을 것이다. 대개는 그랬다. 하지만 과학자들이 오늘날의 침팬지와 인간을 조사해보니, 그들의 X 염색체는 다른 염색체들보다 훨씬 균일했다. 마치 X 염색체의 DNA 시계가 재설정된 것처럼 보였다. 즉, 아이 같은 앳된 모습을 지니고 있었다.

우리의 DNA 암호화 지역 중 99%가 침팬지와 일치한다는 이야기를 종종 듣는데, 그것은 전체를 평균한 값이다. 이 수치는 이바노프의 연구에 중요한 염색체인 사람과 침팬지의 X 염색체는 그보다 더 많이 일치한다는 사실을 가린다. 이 유사성을 간단하게 설명할 수 있는 방법은 교잡과 그것에 이어진 소모전을 통해 한 종류의 X가 제거되었다고 보는 것이다. 사실, 과학자들이 원시 인류와 원시 침팬지의 짝짓기에 관한 가설을 만든 이유도 바로 이 때문이다. 심지어 과학자들도 이것이 살짝 정신 나간 이야기처럼 들린다는 사실을 인정하지만, 사람과 침팬지의 X 염색체가 다른 염색체들보다 다양성이 왜 적은지 설명할 수 있는 다른 방법이 없다.

하지만(이성 간 전투를 감안한다면) Y 염색체에 관한 연구는 사람과 침팬지의 교잡을 지지하는 증거(X 염새체와 연관된 증거)를 부정할 수 있다. 과학자들은 한때 Y 염색체 — 지난 3억 년 동안 계속 줄어들어 오늘날에는 아주 짤막해진 — 가 계속 유전자를 잃어가다가 언젠가는 사라질 것이라고 믿었다. 그것은 진화의 흔적으로 간주되었다. 하지만 사실은, Y 염색체는 인간이 침팬지와 교잡하지 않기로 하고 갈라선 후(혹은 그 반대였는지도) 지난 수백만 년 동안에도 급속히 진화했다. Y 염색체에는 정자를 만드는 유전자가 있는데, 정자 생산은 난잡한 종에서는 경쟁이 아주 치열한 특징이 있다. 각각의 원시 여성은 많은 원시 남성과 섹스를 했을 것이고, 원시 여성의 질 속에서 각 원시 남성의 정자는 다른 원시 남성의 정자와 치열하게 경쟁을 할 수밖에 없었다.(그다지 유쾌한 이야기는 아니지만 사실이다.) 여기서 유리한 고지를 확보할 수 있는 한 가지 진화 전략은 사정을 할 때마다 정자를 많이 생산하는 것이다. 물론 그렇게 하려면 DNA를 아주 많이 복제하고 첨부하는 게 필요한데, 각각의 정자는 나름의 적절한 유전자 하중이 필요하기 때문이다. 그리고 복제가 많이 일어날수록 돌연변이도 더 많이 일어난다. 이것은 숫자 게임이다.

하지만 이 불가피한 복제 실수는 다른 염색체보다 X 염색체에 덜 일어나는데, 그 이유는 바로 우리의 생식 생물학 때문이다. 난자를 만드는 과정도 정자를 만드는 것과 마찬가지로 DNA를 많이 복제하고 첨부하는 게 필요하다. 여성의 염색체는 모두 같은 종류의 염색체 한 쌍으로 이루어져 있다. 즉, 1번 염색체도 2개, 2번 염색체도 2개, 그리고 성염색체도 X 염색체 2개로 이루어져 있다. 따라서 난자를 만들 때 X 염색체를 포함해 모든 염색체는 똑같은 횟수만큼 복제된다. 남성도 1번부터 22번 염색체까지는 동일하게 같은 염색체 한 쌍으로 이루어져 있다. 하지만 성염색체인 23번 염색체는 X 염색체 2개가 아니라, X 염색체 1개와 Y 염색체 1개로 이루어져 있다. 그래서 정자를 만들 때 X 염색체는 다른 염색체에 비해 복제되는 횟수가 더 적다. X 염색체는 덜 복제되기 때문에 돌연변이가 덜 일어난다. X 염색체와 다른 염색체 사이의 돌연변이 차이는 남성이 정자를 많이 만들기 시작할 때 더욱 커진다. 따라서 침팬지와 사람을 비교할 때 X 염색체의 돌연변이가 적어 보이는 것은 정교하게 일어난 불법적인 성의 역사 때문이 아닐 수 있다고 일부 생물학자는 주장한다. 그것은 우리의 기본적인 생물학에서 비롯되었을 수도 있는데, X 염색체는 항상 돌연변이가 덜 일어나기 때문이다.*

누가 옳건 간에, 이런 맥락의 연구는 Y 염색체를 포유류 유전체의 부적자로 간주해온 낡은 견해의 기반을 흔들었다. Y 염색체도 나름의 방식으로 아주 정교하다. 하지만 이렇게 고쳐 쓴 역사가 우리에게 반드시 더 나은 것이라고는 보기 어렵다. 수컷 침팬지는 여러 암컷과 교미를 더 많이 하기 때문에, 수정 능력이 뛰어난 정자를 발달시키라는 압력은 사람보다 침팬지가 훨씬 크다. 그래서 진화는 침팬지의 Y 염색체를 머리끝부터 발끝까지 완전히 새로 만들었다. 얼마나 철저하게 새로 만들었느냐 하면, (대부분의 남성이 믿고 싶어하는 것과는 반대로) 침팬지는 진화상 우리보다 훨씬 앞서갔다. 침팬지는 자신의 Y 염색체를 훨씬 강하고 똑똑하고 방향 감각도 뛰어난 수영 선수로 만들었으며, 이에 비하면 인간의 Y 염색체는 초라하기 짝이 없다.

하지만 이 초라한 DNA가 바로 우리의 것이다. 어느 Y 염색체 전문가는 이렇게 말했다. "침팬지의 유전체 염기 서열을 알아냈을 때, 사람들은 왜 우리가 언어를 발달시키고 시를 쓰는지 알 수 있을 것이라고 생각했다. 하지만 가장 극적인 차이점 중 하나는 바로 정자 생산으로 드러났다."

이바노프의 휴먼지 프로젝트

DNA의 관점에서 이바노프의 실험을 이야기하는 것은 약간 시대착오적이다. 하지만 그 당시 과학자들은 염색체가 세대 간에 유전 정보를 전달한다는 사실과 부모에게서 각각 물려받은 염색체가 양립해야(특히 그 수에서) 한다는 사실을 알고 있었다. 그리고 많은 증거를 바탕으로 이바노프는 침팬지와 사람은 생물학적으로 비슷한 점이 충분히 많아 자신의 계획을 추진할 수 있다고 판단했다.

자금을 확보한 이바노프는 파리에 있던 동료를 통해 프랑스 식민지이던 기니의 영장류연구소에서 연구를 할 수 있도록 준비를 끝냈다. 연구소 상태는 매우 열악했다. 침팬지는 바깥 날씨에 그대로 노출된 우리에 갇혀 살았는데, 현지 밀렵꾼들이 사로잡아 끌고 온 700마리 중 절반은 질병이나 관리 소홀로 죽었다. 그럼에도 불구하고, 이바노프는 자신의 아들 일리야 일리치 이바노프Ilya Ilich Ivanov와 함께 수천 해리를 여행하며 러시아와 아프리카, 파리를 왔다 갔다 하기 시작했다. 이바노프 부자는 마침내 1926년 11월에 뜨거운 기니에 도착해 실험을 시작할 준비를 마쳤다.

사로잡은 침팬지들은 너무 어려 수태를 하기에는 성적으로 미성숙했기 때문에, 이바노프는 매일 침팬지의 은밀한 부위 주변 털을 헤치며 혹시 생리를 시작하지 않았는지 살펴보면서 몇 달을 그냥 흘려보냈다. 그러는 사이에도 1927년 밸런타인 데이까지 새로 잡은 침팬지가 계속 연구소로 실려왔다. 이바노프는 현지 주민의 분노를 피하기 위해 자신의 연구를 비밀에 부쳤다. 기니 주민들은 잡종 괴물에 대한 전설을 근거로 사람이 영장류와 짝짓기를 하는 것을 금기로 여겼다. 마침내 2월 28일, 바베트와 시베트라는 이름의 두 침팬지가 생리를 시작했다. 다음 날 오전 8시, 익명의 현지인 증여자를 방문한 뒤에 이바노프 부자는 정액이 든 주사기를 들고 우리로 다가갔다. 브라우닝 권총 두 자루도 가져갔는데, 며칠 전에 아들이 침팬지에게 물려 병원 신세를 진 적이 있었기 때문이다. 이바노프 부자는 권총까지 쓸 필요는 없었지만, 바베트와 시베트를 그물로 묶어놓고 강간이나 다름없는 짓을 저질렀다. 그래도 교미 경험이 없는 침팬지들은 발버둥을 쳤고, 이바노프는 간신히 주사기를 질에 꽂을 수 있었지만, 가장 적합한 장소인 자궁 속 깊이 넣지는 못했다. 이 실험은 실패로 끝났고, 바베트와 시베트는 몇 주일 뒤에 다시 생리를 했다. 다음 몇 개월 동안 어린 침팬지가 이질로 많이 죽었고, 이바노프가 그 해 봄에 다시 정액을 주입하는 데 성공한 침팬지는 겨우 암컷 한 마리뿐이었다.(그것도 약물을 사용한 끝에 간신히 성공했다.) 이 시도 역시 실패로 돌아갔고, 결국 이바노프는 연구 자금을 더 얻어내기 위해 소련으로 데려가 보여줄 휴먼지를 한 마리도 얻지 못했다.

이바노프는 인민계몽위원회 위원장이 두 번째 기회를 주지 않을까 봐 새로운 계획과 연구 방안을 찾기 시작했는데, 일부는 비밀리에 추진했다. 그는 아프리카로 떠나기 전에 오늘날의 그루지야에 위치한 수후미에 소련 최초의 영장류연구소를 착공하는 일에 힘을 보탰다. 수후미는 광대한 소련 영토 중에서 드물게 아열대 지역에 위치했고, 또 그루지야는 마침 소련의 새 지도자 스탈린의 고향이기도 했다. 이바노프는 또한 쿠바의 부유한 괴짜 사교계 명사 로살리아 아브레우Rosalià Abreu에게도 접근해 환심을 사려고 했다. 아브레우는 아바나에 있는 자신의 사유지에 개인적으로 영장류 보호소를 운영하고 있었다. 그녀가 그런 보호소를 마련한 이유 중 하나는 침팬지가 초자연적 능력이 있으므로 보호해야 마땅하다고 믿었기 때문이다. 아브레우는 처음에는 이바노프의 실험을 허락했지만 나중에 약속을 철회했는데, 신문 기자들이 그 이야기를 어디서 듣고서 기사로 쓸까 봐 두려웠기 때문이다. 그 염려는 현실로 나타났다. 이바노프를 지지하는 미국인들이 홍보에 굶주린 미국무신론진흥협회에 자금 지원을 호소하면서 그 연구 계획을 널리 알리기 시작한 뒤에 〈뉴욕 타임스〉가 그 이야기를 어디선가 입수했다. 〈타임스〉에 실린 이야기*를 보고 큐 클럭스 클랜Ku Klux Klan은 이바노프에게 그 연구는 "조물주에게 혐오스러운" 짓이므로 대서양 이쪽에서 악마의 연구를 하지 말라는 경고의 편지를 보냈다.

한편, 이바노프는 대규모의 침팬지 하렘을 건강하고 안전하게 유지하는 일이 비용도 많이 들고 관리하기도 성가시자, 실험 과정을 정반대로 하는 방법을 생각해냈다. 암컷 영장류는 새끼를 가지는 데 시간이 많이 걸리는 반면, 정력이 좋은 수컷 한 마리는 적은 비용으로 씨를 많이 뿌릴 수 있다. 그래서 이바노프는 사람의 정자로 임신시킬 암컷 침팬지를 많이 사육하는 대신에 한 수컷 침팬지를 확보해 여성들을 임신시키기로 계획을 바꾸었다. 계획은 이처럼 아주 간단했다.

이를 위해 이바노프는 콩고의 한 식민지 의사와 비밀 계약을 맺고 환자들을 임신시키게 해달라고 요구했다. 의사가 환자들이 동의할 거라고 생각하느냐고 묻자, 이바노프는 그들에게 그 사실을 알려주지 않을 것이라고 대답했다. 의사는 그 대답에 만족했고, 이바노프는 프랑스령 기니를 떠나 모든 것이 준비돼 있는 것처럼 보이는 콩고로 얼른 출발했다. 하지만 마지막 순간에 현지 총독이 개입하여 이바노프에게 병원 내에서는 실험을 할 수 없다고 통보했다. 실험을 하려면 실외에서 하라고 했다. 총독의 간섭에 화가 난 이바노프는 그 요구를 거절했다. 그러한 비위생적 조건은 실험과 환자의 안전에 해를 끼칠 수 있다고 말하면서. 하지만 총독의 고집은 요지부동이었다. 이바노프는 자신의 일기에 그 좌절을 "치명적 타격"이라고 기록했다.

아프리카에서 머문 마지막 날까지 이바노프는 수정을 시킬 여성을 찾으려고 애썼지만, 아무 성과도 없었다. 결국 1927년 7월에 프랑스령 기니를 떠나면서 더 이상 머나먼 이국 땅까지 가서 헛된 고생을 하지 않기로 결심했다. 대신에 수후미에 새로 문을 연 소련영장류연구소에서 자신의 실험을 계속할 생각이었다. 또, 암컷 침팬지 하렘을 유지하는 번거로움을 피하기 위해 믿을 만한 수컷 침팬지를 확보한 뒤, 소련 여성에게 그 침팬지와 생식을 하도록 설득하기로 했다.

염려했던 대로 이바노프는 수정한 실험 계획에 대한 지원금을 얻는 데 어려움을 겪었지만, 유물론생물학자협회가 이바노프의 연구가 볼셰비키의 대의에 부합한다면서 자금을 지원했다. 하지만 실험을 시작하기도 전에 그 해 겨울 수후미에서 사육하던 영장류가 대부분 병이 나 죽어버렸다.(수후미는 소련 기준으로는 따뜻한 곳이지만, 아프리카 영장류가 살기에는 너무 북쪽에 위치했다.) 다행히도 유일하게 살아남은 영장류는 타잔이라는 이름의 수컷으로, 스물여섯 살 먹은 오랑우탄이었다. 이제 인간 지원자만 구하면 되었다. 하지만 관리들은 이바노프에게 대리모로 지원하는 사람에게 대가로 돈을 주어서는 안 된다고 통보했다. 즉, 보상금을 노린 사람이 아니라 오로지 국가를 위한 이데올로기적 사랑에서 자원한 사람에 한해 실험을 할 수 있다는 것이었다. 이 때문에 일이 더욱 지연되었지만, 1928년 봄에 마침내 이바노프는 그토록 원하던 지원자를 구했다.

그녀의 이름은 그저 'G'로만 전한다. 호리호리했는지 뚱뚱했는지, 얼굴에 주근깨가 있었는지 피부가 하얬는지, 전업 주부였는지 파출부였는지 등은 전혀 알 수 없다. 우리에게 전하는 것은 그녀가 이바노프에게 보낸 편지뿐인데, 그 내용은 애절하고도 함축적이다: "존경하는 교수님께 : 제 개인적인 삶은 돌이킬 수 없는 지경에 이르러, 더 이상 살아가는 것에 아무 의미도 느낄 수 없습니다. …… 하지만 저도 과학을 위해 뭔가 봉사할 수 있다는 생각이 들어 이렇게 용기를 내 연락을 드립니다. 애원하건대, 제발 제 청을 거절하지 말아 주세요."

이바노프는 그녀의 청을 거절하지 않겠다고 약속했다. 하지만 수정을 위해 G를 수후미로 데려오는 절차를 밟는 도중에 타잔이 뇌출혈로 죽고 말았다. 그전에 타잔의 정액을 추출해 보관하려고 생각한 사람은 아무도 없었다. 또 한 번 실험은 연기되었다.

이번 연기는 끝이 없었다. 1930년, 다른 유인원을 구하기도 전에 비밀 경찰이 불확실한 이유로 이바노프를 체포해 카자흐스탄으로 유형을 보냈다.(공식 혐의는 상투적인 구실인 '반혁명 활동'이었다.) 이미 60세가 넘은 이바노프는 교도소에 도착했을 때 건강 상태가 그가 사육했던 영장류와 비슷했으며, 급속하게 나빠졌다. 그는 1932년에 엉터리 혐의를

소련 생물학자 일리야 이바노비치 이바노프는 영장류와 사람의 잡종을 만들려는 시도에서 어느 누구보다도 과감한 실험을 했다. (사진 제공 : 러시아과학원의 자연과학기술역사연구소)

벗었지만, 교도소를 떠나기 하루 전날, 타잔처럼 뇌출혈이 일어났다. 그리고 며칠 후, 그는 하늘나라의 거대한 영장류연구소에서 타잔과 해후했다.

이바노프가 죽은 후, 그가 추구하던 연구 계획은 물거품이 되고 말았다. 영장류를 수정시키는 기술을 가진 과학자는 거의 없었고, 게다가 과학이 발전한 나라 중에서 소련만큼 모든 윤리 지침을 무시하고 그런 연구를 지원할 수 있는 나라는 없었다.(공정하게 말한다면, 냉혹한 소련 정치국 간부들조차 이바노프가 콩고에서 침팬지 정액으로 병원에 입원한 여성들을 임신시키려 한다는 비밀 계획을 듣고서 구역질을 했다고 한다.) 그 결과, 1920년대 이후로 사실상 과학자들은 인간과 영장류의 잡종을 만들려는 연구를 전혀 하지 않았다. 그래서 이바노프가 추구했던 중요한 질문에 대한 답은 아직 나오지 않은 채 남아 있다. 그 질문은 G와 타잔 같은 동물 사이에서 아이가 태어날 수 있느냐 하는 것이다.

어떤 면에서는 가능할 수 있다. 1997년, 뉴욕의 한 생물학자는 사람과 침팬지의 배아세포를 섞어 대리모의 자궁에서 임신시키는 과정에 대해 특허를 신청했다. 그 생물학자는 그 계획이 기술적으로 가능하다고 생각했지만, 그런 휴먼지 키메라를 실제로 만들려는 생각은 전혀 없었다. 그는 다만 나쁜 의도를 가진 사람이 그 특허를 먼저 얻는 걸 막기 위해서 그런 행동을 취했을 뿐이었다.(특허청은 2005년에 그 신청을 거절했는데, 여러 가지 이유가 있겠지만 무엇보다도 노예 제도와 사람이 타인을 소유하는 것을 금지한 수정 헌법 제13조에 위배된다는 것이 큰 이유였다.) 하지만 그 과정에서는 실질적인 교잡, 즉 두 종의 DNA가 실제로 섞이는 일이 일어나는 것은 아니었다. 침팬지와 사람의 배아세포는 각각 수정이 일어난 다음에야 접촉하기 때문이었다. 따라서 몸을 이루는 각각의 세포는 침팬지나 사람의 본질을 완전히 그대로 유지할 것이다. 그래서 그 동물은 완전한 잡종이 아니라 두 종의 세포가 여기저기 섞여 있는 모자이크 동물이 되었을 것이다.

오늘날 과학자들은 인간 DNA의 일부를 잘라내 침팬지의 배아에(혹은 그 반대로) 쉽게 붙일 수 있지만, 이것은 생물학적으로 약간 변형이 일어난 것에 지나지 않는다. 진정한 교잡(혼성화)이 일어나려면, 정자와 난자가 50대50의 비율로 섞이는 게 필요한데, 오늘날 권위 있는 과학자라면 거의 다 사람과 침팬지의 수정이 불가능하다는 쪽에 내기를 걸 것이다. 무엇보다도 접합자를 만들고 분열하게 하는 분자들은 각 종마다 고유하다. 설사 살아남을 수 있는 휴먼지 접합자가 생긴다 하더라도, 사람과 침팬지는 DNA를 조절하는 방식이 아주 다르다. 따라서 그 모든 DNA를 협력하게 하여 유전자들을 동시에 조화롭게 켜거나 끄면서 적절한 피부세포와 간세포, 특히 뇌세포를 만들게 하는 것은 결코 쉬운 일이 아니다.

인간의 염색체 수가 46개인 까닭은?

사람과 침팬지 사이에 잡종이 태어나기 어려운 또 한 가지 이유는 두 종의 염색체 수 차이 때문이다. 이바노프 시대의 과학자들은 이 사실을 몰랐다. 사실, 20세기 말에 이를 때까지도 염색체 수를 정확하게 세는 것은 놀라울 정도로 힘든 일이었다. DNA는 세포핵 안에서 심하게 말려 있다가 세포가 분열하기 직전의 아주 짧은 순간에야 치밀한 염색체의 형태로 나타난다. 염색체는 또한 세포가 죽은 후에 녹아 사라지기 때문에 그 수를 세는 일을 더욱 어렵다. 따라서 염색체 수를 세려면 살아 있고 분열을 자주 하는 세포(예컨대 수컷의 생식샘 안에서 정자를 만드는 세포) 표본을 선택하는 것이 가장 좋다. 신선한 유인원 고환을 구하는 일은 20세기 초에도 그렇게 힘들지 않았으며(그 당시 그들이 유인원을 얼마나 많이 죽였는지는 아무도 모른다), 생물학자들은 침팬지, 오랑우탄, 고릴라 같은 친척 영장류의 염색체 수가 모두 48개임을 알아냈다. 하지만 여전히 남아 있던 금기 때문에 사람의 고환을 구하기는 훨씬 어려웠다. 그 당시만 해도 사람들은 과학을 위해 자기 몸을 기증하는 일이 드물었고, 르네상스 시대에 무덤에서 시체를 훔쳤던 해부학자들처럼 절박한 처지에 놓인 일부 생물학자는 교수대 옆에 숨어 있다가 처형된 죄수의 고환을 훔쳤다. 신선한 표본을 얻을 수 있는 방법은 그것말고는 없었다.

이렇게 어려운 상황 때문에 사람의 염색체 수를 알아내려는 연구는 개략적인 수준에 머물러 있었다. 추정치는 16개부터 50여 개까지 난무했다. 그리고 다른 종들은 모두 각 종의 염색체 수가 일정한 것으로 밝혀졌는데도 불구하고, 인종주의에 사로잡힌 일부 유럽 과학자들은 아시아인과 흑인과 백인의 염색체 수가 제각각 다르다고 주장했다.(어느 인종의 염색체 수가 더 많은지는 중요하지 않다.) 1923년, 텍사스 주의 생물학자 시오필러스 페인터(훗날 초파리에서 거대한 침샘 염색체를 발견한 사람)가 마침내 결정적 연구를 통해 인종에 따라 염색체 수가 다르다는 가설에 사망 선고를 내렸다.(페인터는 신선한 표본을 얻기 위해 사법 제도에 의존하지 않아도 되었는데, 운 좋게도 정신병원에 근무하는 제자의 도움을 받아 거세한 환자에 접근할 수 있었기 때문이다.) 하지만 페인터가 본 최선의 슬라이드 표본에서도 사람 세포에 들어 있는 염색체 수는 46개 또는 48개로 나타났다. 모든 각도에서 그 수를 세고 또 세어도 페인터는 둘 중 어느 쪽이 정답인지 결정을 내릴 수 없었다. 적어도 정답을 아는 척이라도 하지 않으면 자신의 논문이 거부당할까 봐 염려한 페인터는 그런 불확실성을 인정하면서도 어느 한쪽을 찍었는데, 하필이면 틀린 쪽을 찍었다. 그는 사람의 염색체 수는 48개라고 말했고, 그것이 표준적인 염색체 수로 받아들여졌다.

30년이 지나 현미경의 성능이 훨씬 좋아지자(사람 조직에 대한 제약이 완화된 것은 말할 것도 없고) 과학자들은 실수를 바로잡았고, 1955년 무렵에는 사람의 염색체 수가 46개라는 사실이 확실해졌다. 하지만 과학에서는 한 가지 수수께끼를 풀고 나면 또 다른 수수께끼가 나타나는 일이 흔하다. 이제 과학자들은 왜 사람은 다른 친척 영장류와 달리 염색체 수가 2개 줄어들었는가 하는 수수께끼를 풀어야 했다.

놀랍게도 그들은 그 과정이 필라델피아 전좌 같은 사건으로 시작되었다는 사실을 알아냈다. 약 100만 년 전에 어떤 운명적인 남성 또는 여성에게서 12번과 13번 염색체였던 것(그리고 지금도 많은 영장류에서는 12번과 13번 염색체로 남아 있는)이 끝부분의 팔이 꼬이면서 물질을 교환하려고 시도했다. 하지만 12번과 13번 염색체는 깨끗하게 분리되는 대신에 들러붙고 말았다. 두 염색체는 허리띠 버클이 채워지듯이 양 끝부분이 들러붙고 말았다. 이 융합체는 결국 사람의 2번 염색체가 되었다.

이와 같은 융합은 드문 것이 아니며(신생아 1000명당 한 명꼴로 일어난다), 끝부분끼리 들러붙는 염색체 융합은 대부분 건강에 아무 문제를 일으키지 않기 때문에 눈에 띄지 않고 지나간다.(염색체 끝부분에는 유전자가 하나도 없는 경우가 많기 때문에 양 끝부분끼리 들러붙더라도 아무 문제가 일어나지 않을 수 있다.) 하지만 이러한 염색체 융합으로는 염색체 수가 48개에서 46개로 줄어든 이유를 설명할 수 없다는 데 주의할 필요가 있다. 두 염색체가 융합한다 하더라도, 염색체 수는 46개가 아니라 47개로 줄어들 뿐이다. 그리고 같은 세포 안에서 염색체 융합이 두 번이나 일어날 확률은 아주 낮다. 그리고 염색체 수가 47개로 줄어든 뒤에도 그 사람은 자신의 유전자를 전달해야 하는데, 이것은 심각한 장벽에 부닥친다.

과학자들은 마침내 어떤 일이 일어났는지 그 전모를 알아냈다. 원시 인류의 염색체 수가 대부분 48개이던 100만 년 전으로 돌아갔다고 상상해보자. 그리고 염색체 수가 47개인 가상의 남성 A를 추적해보자. 끝부분끼리 서로 들러붙은 염색체는 A의 건강에 아무 영향도 미치지 않는다고 가정하자. 하지만 염색체 수가 홀수이면, 단순한 이유 때문에 정자의 생존 가능성이 크게 떨어진다.(여성의 관점에서 생각하길 선호한다면, 똑같은 논리를 난자에 적용하면 된다.) 염색체 융합으로 A에게 정상 12번 염색체 1개와 정상 13번 염색체 1개, 그리고 12번과 13번이 합쳐진 12-13번 염색체 1개가 생겼다고 하자. 정자를 생산할 때, 그의 몸은 이 세 염색체를 절반씩 쪼개 두 세포에 나누어주어야 하는데, 경우의 수를 따져보면 그렇게 할 수 있는 방법은 몇 가지밖에 없다: {12}와 {13, 12-13}, {13}과 {12, 12-13}, {12, 13}과 {12-13}. 처음의 네 정자는 염색체가 하나뿐이거나 중복된 부분이 있는데, 이것은 배아에게는 사실상 독극물이 든 캡슐이나 같다. 나머지 두 정자({12, 13}과 {12-13})는 적절한 양의 DNA를 포함하고 있어 정상적인 아기를 만들 수 있다. 하지만 A는 맨 마지막 경우에만 융합 염색체를 전달할 수 있다. 전체적으로 보면, 염색체 수가 홀수이기 때문에 A의 아이들 중 3분의 2는 자궁 속에서 죽고, 6분의 1만이 융합 염색체를 물려받는다. 하지만 융합 염색체를 물려받은 자식은 홀수 염색체 때문에 생식하는 데 똑같은 어려움을 겪게 된다. 따라서 이것은 융합 염색체를 퍼뜨리는 데 결코 좋은 방법이 아니다. 또한, 그래 봤자 염색체 수는 46개가 아니라 47개에 불과할 뿐이다.

A에게 필요한 것은 똑같은 융합 염색체를 가진 B라는 여성이다. 똑같은 융합 염색체를 가진 두 사람이 만나 아기를 낳을 확률은 아주 낮아 보일 것이다. 실제로도 그 확률은 아주 낮지만, 근친 결혼을 하는 집단이라면 이야기가 달라진다. 친척끼리는 공유하는 유전자가 충분히 많기 때문에, 같은 융합 염색체를 가진 사촌이나 반쪽 형제(이복 형제처럼

부모 중 한 명만 같은 생물학적 부모인 형제)를 만날 확률은 쉽게 0으로 떨어지지 않는다. 게다가 A와 B가 건강한 자식을 낳을 확률은 낮은 반면, 유전자 룰렛 바퀴가 도는 36번 가운데 한 번은(1/6 × 1/6 = 1/36이므로) 자식이 융합 염색체를 2개 다 물려받아 염색체 수가 46개가 된다. 여기에는 후한 보상이 따른다. 그 자식인 C와 그의 염색체 46개는 생식을 하기가 훨씬 수월해진다. 융합 자체는 염색체의 DNA를 손상시키거나 파괴하지 않는다고 했던 말을 기억하라. 전 세계에서 건강하게 살아가는 사람들 중에도 융합 염색체를 가진 사람이 많다. 문제가 되는 것은 생식뿐인데, 융합 염색체는 배아에게 DNA 과잉이나 결손을 가져오기 때문이다. 하지만 짝수 염색체를 가진 C의 정자 중에는 불균형한 DNA를 가진 것이 하나도 없다. 각각의 정자는 사람으로 발달하는 데 정확하게 필요한 만큼 DNA를 갖고 있다. 그 결과, 그 자식들은 모두 건강할 것이다. 그리고 C의 자식들이 자식을 낳기 시작하면(특히 염색체 수가 46개이거나 47개인 친척과 함께), 융합 염색체가 확산될 수 있다.

과학자들은 이 시나리오가 가설에 불과한 것이 아니라고 말한다. 2010년, 중국 농촌에서 한 의사가 혈족 결혼을 해온 가족을 발견했다. 그리고 복잡하게 얽히고설킨 가계도의 가지들 사이에서 염색체 수가 44개인 남성을 발견했다. 이 가족의 경우, 14번과 15번 염색체가 융합했는데, 앞서 보았던 A와 B의 사례에서 일어난 것처럼 과거에 이 가족은 낙태와 자연 유산을 아주 많이 겪었다. 하지만 그러한 난파선의 잔해에서 염색체 수가 2개 적지만 완전히 건강한 남성이 나타났다. 이것은 100만 년 전에 우리 조상이 46개의 염색체를 향해 나아가는 길을 걷기 시작한 이후 염색체 수가 안정적으로 줄어든 최초의 사례이다.*

어떤 면에서는 페인터의 생각이 옳다. 영장류 역사 전체를 놓고 볼 때, 대부분의 기간에 인류 계통은 많은 영장류와 염색체 수가 똑같았다.

그리고 그 전환이 일어나기 전에는 이바노프가 갈망했던 잡종은 가능성이 훨씬 높았다. 염색체 수가 다르다고 해서 반드시 생식이 불가능한 것은 아니다. 말은 염색체 수가 64개이고, 당나귀는 62개인데도 생식을 하여 노새를 낳는다. 하지만 염색체 수가 일치하지 않을 때에는 분자 톱니바퀴와 이가 부드럽게 맞물려 돌아가지 않는다. 사실, 이바노프가 실험을 시작하기 직전인 1923년에 페인터가 자신의 연구 결과를 발표한 것은 아주 큰 영향을 미쳤다. 만약 페인터가 인간의 염색체 수를 48개가 아니라 46개라고 판단했더라면, 이바노프의 기대에 찬물을 끼얹었을 것이다.

어쩌면 이에 타격을 받았을 사람은 이바노프뿐만이 아니었을 것이다. 이 문제는 논란거리로 남아 있는데, 대부분의 역사학자는 이 이야기를 완전히 허위는 아니더라도 일종의 전설로 치부한다. 하지만 한 러시아 과학사학자가 소련 시절의 문서 보관함에서 찾아낸 문서에 따르면, 스탈린은 이바노프의 연구 자금 지원을 승인했다고 한다. 스탈린은 유전학을 혐오했기 때문에 이 조처는 좀 이상해 보인다. 스탈린은 훗날 과학계에서 자신의 하수인으로 일한 트로핌 리센코Trofim Lysenko가 소련에서 멘델 유전학을 불법화하도록 허용했고, 리센코의 영향력에 중독되어 소련 시민을 개량하겠다는 허먼 멀러의 우생학 계획을 듣고서 화를 내며 거부했다.(그러자 멀러는 달아났고, 남겨두고 간 동료들은 '인민의 적'으로 몰려 총살당했다.) 이러한 모순 — 한편으로는 이바노프의 비인도적 제안을 지원하면서 다른 한편으로는 멀러의 제안을 강하게 거부한 행동 — 때문에 일부 러시아 역사학자들은 스탈린이 이바노프의 휴먼지를 노예로 써먹을 구상을 했다고(이것은 좀 의심스러운 부분이다) 주장한다. 이 전설이 본격적으로 널리 알려진 것은 2005년에 영국 신문 〈스코츠맨*Scotsman*〉이 모스크바의 한 익명 신문을 인용한 이야기를 실으면서부터였다. 그 이야기는 얼마 전에 새로 찾아낸 문서를 인용한 것이었는데, 거기서 스탈린은 "고통을 느끼지 않으며, 음식의 질에 저항력이 있고 상관하지도 않는 무적의 새로운 인류를 원한다."라고 말한 것으로 나온다. 같은 날, 타블로이드판 신문인 〈선*Sun*〉은 스탈린이 휴먼지가 "막강한 힘을 낼 수 있되…… 제대로 발달하지 않은 뇌"를 가지는 게 좋겠다고 말한 것으로 인용했다. 뇌가 제대로 발달하지 않길 바란 것은 그래야 휴먼지가 반란을 일으키거나 자신의 비참한 처지에 절망해 자살하는 일이 없으리라고 생각했기 때문일 것이다. 필시 스탈린은 그 짐승들을 인류 역사상 가장 낭비적인 짓 중 하나였던, 수용소 군도를 지나가는 시베리아 횡단 철도 건설에 동원하고 싶었을 테지만, 일차적 목표는 제1차 세계 대전 때 엄청난 손실을 입은 병력을 보충하는 것이었다.

스탈린이 이바노프의 연구에 자금 지원을 승인한 것은 사실이다. 하지만 수백 명의 다른 과학자에게도 자금 지원을 승인했으므로, 그 자체는 그다지 대수로운 일이 아니다. 그리고 나는 스탈린이 휴먼지 군대를 갈망했음을(또, 일부 사람들이 주장하는 것처럼 휴먼지의 샘들을 떼어내 자신과 크렘린의 고위 인사들에게 이식함으로써 영생을 추구하는 계획을 세웠음을) 뒷받침하는 확실한 증거는 물론이고 어떤 증거도 찾아내지 못했다. 하지만 솔직하게 말해서, 이와 같은 이야기를 추측하고 상상하는 것은 아주 재미있다. 만약 스탈린이 이바노프의 연구에 오싹한 흥미를 느꼈다면, 자신의 권력을 굳히고 군대를 재건하려고 마음먹었을 때 왜 이바노프가 연구비 지원을 받았는지 충분히 설명된다. 또, 왜 이바노프가 영장류연구소를 스탈린의 고향인 그루지야에 세웠는지도 설명이 된다. 게다가 이바노프가 실험에 실패한 뒤에 왜 비밀 경찰이 그를 체포했는지, 그리고 왜 이바노프가 돈을 주고 대리모를 구할 수 없었고, 대신에 조국 러시아에 대한 사랑 때문에 헌신할 자원자만 구할 수 있었는지도(수유가 끝난 뒤에는 자신의 '아들'과 '딸'을 아버지 스탈린에게 넘겨주어야 하므로) 설명할 수 있다. '만약에~'라는 추측을 국제적으로 확대한 이야기는 더욱 흥미진진하다. 스탈린은 북극을 지나 북아메리카를 침공하기 위해 휴먼지 여단을 북극으로 보내려고 했을까? 만약 스탈린이 코카서스 인종(현생 인류에 대한 인종 분류 중 하나로, 전체 백색 인종을 가리키는 말이지만, 지금은 거의 쓰이지 않음—옮긴이)을 이렇게 오염시키고 있다는 사실을 히틀러가 알았더라면, 그래도 히틀러는 독소 불가침 조약에 서명을 했을까?

이바노프가 휴먼지를 만드는 데 성공했다고 가정하더라도, 스탈린이 의도했던 군사 계획은 아무 성과도 거두지 못했을 것이다. 침팬지의 속성을 절반쯤 지닌 휴먼지에게 탱크를 몰거나 칼라시니코프를 쏘도록 훈련시키는 어려움 따위는 무시하더라도, 소련의 추운 기후만으로도 휴먼지는 살아남기 힘들었을 것이다. 이바노프가 야자나무가 늘어선 그루지야 해안에서 사육한 영장류도 평소의 서식지에서 너무 북쪽에 위치한 지역에서 살아가는 데 큰 어려움을 겪었기 때문에, 휴먼지가 시베리아나 몇 개월 동안의 참호전에서 살아남을 수 있었을지 의심스럽다.*

스탈린에게 정말로 필요했던 것은 휴먼지가 아니라, 추운 날씨에 잘 적응하고 체격이 건장하며 성질이 고약하고 온몸이 털로 뒤덮인 네안데르탈인이었다. 물론 네안데르탈인은 수만 년 전에 불확실한 이유로 멸종했다. 한때 일부 과학자는 우리가 전쟁이나 집단 학살을 통해 네안데르탈인을 멸종으로 내모는 데 적극적인 역할을 했다고 믿었다. 그후 이 가설은 인기가 시들해지고, 먹이를 놓고 벌어진 경쟁이나 기후 변화에 관한 가설이 부상했다. 하지만 우리의 생존과 네안데르탈인의 멸종 사이에 연관 관계가 반드시 있어야 할 이유는 없다. 사실, 우리 인류는 전체 진화 역사를 통해 대부분은 이바노프의 영장류처럼 얌전하고 취약했다. 시시때때로 일어나는 일시적 한파, 서식지 상실, 자연 재해는 우리의 개체수를 그때마다 격감시켰을 것이다. 그리고 이것은 그렇게 먼 역사가 아니다. 우리는 아직도 그 영향에서 벗어나지 못하고 있다. 인간 DNA의 수수께끼를 또 한 가지(혈족 결혼을 하는 가족 사이에서 어떻게 염색체가 2개 줄어들 수 있는지) 설명하자마자, 우리는 또 다른 수수께끼(새로운 DNA가 어떻게 모든 사람들 사이에서 표준으로 자리잡았는지)에 맞닥뜨린다. 옛날에 12번 염색체와 13번 염색체가 융합해 새로운 유전자가 만들어져 그 가족에게 살아남는 데 유리하게 작용하는 것은 충분히 가능하다. 하지만 그러지 않을 수도 있다. 더 그럴듯한 설명은 우리의 과거 진화 역사에 유전적 병목이 일어났다고 보는 것이다. 즉, 뭔가가 지구 상에서 몇몇 부족만 남기고 나머지 인류를 전멸시켰으며, 운 좋게 살아남은 사람들의 유전자가 널리 퍼졌다는 것이다. 일부 종은 그 병목을 통과하지 못했다. 네안데르탈인이 바로 그런 경우이다. 우리의 DNA에 남은 흉터가 증언하듯이, 우리는 아주 좁은 병목들을 어찌어찌하여 통과했지만, 자칫 잘못했으면 다윈의 쓰레기통에서 이마가 두꺼운 형제와 합류했을 가능성도 아주 높았다.

3장

유전자와 천재성

인간은 어떻게 진정한 인간이 될 수 있었을까?

10
주홍 글씨 A, C, G, T

인류는 왜 하마터면 멸종할 뻔했을까?

황금색 튀김옷을 입힌 바삭바삭한 생쥐, 표범 고기, 코뿔소 파이, 코끼리 코, 악어 고기, 얇게 자른 돌고래 머리 고기, 말 혀, 캥거루 햄.

그렇다, 윌리엄 버클랜드William Buckland의 집에서 펼쳐진 일상은 약간 정상에서 벗어난 것이었다. 옥스퍼드에 있는 그의 집을 방문한 사람들 중에는 화석화된 괴물들의 두개골이 죽 늘어서서 지하 묘지 분위기를 풍긴 현관 복도가 가장 기억에 남는다고 말한 사람들도 있다. 어떤 사람들은 여기저기 뛰어다니던 원숭이나 사각모와 대학 예복을 차려입은 애완용 곰, 또는 식탁 아래에서 사람들의 발가락을 갉아대던(어느 날 저녁에 하이에나에게 잡아먹히기 전까지는) 기니피그가 기억에 남는다고 했다. 19세기의 동료 박물학자들은 버클랜드가 파충류의 교미를 주제로 한 외설적인 강연을 기억했다.(그렇다고 모든 사람이 그를 좋게 본 것은 아니다. 젊은 날의 찰스 다윈은 그를 어릿광대라고 생각했으며, 〈런던 타임스〉는 "숙녀 앞에서" 점잖게 처신할 필요가 있을 것이라고 비꼬았다.) 옥스퍼드 주민이라면 누구나 어느 봄날에 버클랜드가 박쥐 배설물을 비료로 선전하려고 그것으로 잔디 위에 "G-U-A-N-O"라고 쓴 행위 미술을 기억했다. 그 단어는 여름 내내 눈부신 초록색 광채를 발했다.

하지만 대부분의 사람들은 버클랜드라고 하면 그의 별난 식성을 떠올렸다. 성서지질학자였던 버클랜드는 노아의 방주 이야기를 아주 좋아해, 노아의 방주에 탔던 동물들을 대부분 먹었는데, 스스로 그것을 '주퍼지zoophagy, 동물먹기'라 불렀다. 피나 피부, 연골 혹은 그보다 더 심한 것도 동물에게서 나온 것이라면 살과 체액을 가리지 않고 모조리 다 먹었다. 한번은 매일 밤 서까래에서 '순교자의 피'가 기적처럼 뚝뚝 떨어진다는 교회에 들렀다가 바닥에 엎드려 혀로 핏자국을 핥아 목사를 깜짝 놀라게 했다. 바닥을 핥던 그는 맛을 음미하며 "박쥐 오줌이군요."라고 말했다. 버클랜드가 먹을 수 없는 동물은 세상에 거의 없는 것처럼 보였다. 그는 "내가 맛본 것 중에서 가장 역겨웠던 것은 두더지였다. 검정파리를 맛보기 전까지는 그랬다."라고 말했다.*

버클랜드의 동물먹기 버릇은 먹을 것을 구하기 힘든 유럽 오지에서 화석을 수집하던 도중에 생겼는지도 모른다. 어쩌면 그가 파낸 뼈의 주인공인 멸종 동물의 마음속으로 들어가보고 싶어서 시도한 무모한 계획이었는지도 모른다. 하지만 대개는 그는 구운 고기를 좋아했으며, 육식을 과도하게 좋아하는 식성은 늙을 때까지 변하지 않았다. 하지만 어떤 의미에서 버클랜드의 식성에서 가장 놀라운 점은 다양성이 아니었다. 그것은 바로 버클랜드의 창자와 동맥과 심장이 그토록 많은 고기를 소화하고도 19세기에 인체의 신비전이 열릴 때까지 수십 년 동안 아무 탈이 나지 않았다는 사실이다. 사촌 영장류였다면 같은 걸 혹은 심지어 그것과 비슷한 걸 먹고서 절대로 살아남지 못했을 것이다.

윌리엄 버클랜드는 동물계에 존재하는 거의 모든 동물을 먹어보았다.
(앙투안 클로데 Antoine Claudet가 찍은 사진)

인간의 육식 유전자

원숭이와 유인원은 식물을 가는 데 적합한 어금니와 위를 갖고 있으며, 야생에서 주로 식물을 섭취하며 살아간다. 침팬지 같은 일부 영장류는 흰개미나 다른 동물을 평균적으로 매일 수십 g씩 먹고, 또 가끔 방어 능력이 없는 작은 포유류도 먹길 좋아한다. 하지만 대부분의 원숭이와 유인원에게 고지방, 고콜레스테롤 먹이는 신체 내부에 손상을 입히며, 그 때문에 현생 인류에 비해 건강이 급속도로 악화된다. 육류(그리고 유제품)를 규칙적으로 먹인 영장류는 흔히 우리 속에서 헐떡거리며 돌아다니고, 콜레스테롤 수치는 300까지 올라가며, 동맥에는 지방이 잔뜩 낀다. 우리의 원시 인류 조상들도 고기를 먹은 게 확실하다. 거대 포유류의 뼈 무더기 옆에 자르개 석기가 많이 발견되는 것은 결코 우연의 일치가 아닐 것이다. 하지만 고기를 사랑한 초기 인류는 원숭이와 마찬가지로 건강이 나빠졌을 테고, 그런 상황은 아주 오래 지속되었을 것이다.

그렇다면 그때와 지금 사이에 무엇이 변한 것일까? 다시 말해서, 먼 옛날에 아프리카를 걸어다니던 원시 인류 조상과 옥스퍼드의 윌리엄 버클랜드의 차이점은 무엇일까? 그것은 바로 우리의 DNA이다. 우리가 침팬지와 갈라선 후 인간의 *apoE* 유전자는 돌연변이가 두 번 일어나면서 독특한 형태로 변했다. 전체적으로 볼 때, 이 유전자는 인간의 '육식 유전자'로 가장 유력한 후보이다(비록 유일한 후보는 아닐지라도). 첫 번째 돌연변이는 날고기에 가득 들어 있는 치명적인 미생물을 비롯해 미생물을 공격하는 킬러 혈액세포의 효능을 높였다. 이것은 미생물 감염이 깨끗이 치료되지 않을 때 일어나는 결조직 손상인 만성 염증도 막아주었다. 불행하게도 이 *apoE* 유전자는 단기적으로는 이롭지만 장기적으로는 건강에 해를 끼쳤을 것이다. 우리는 고기를 더 많이 먹을 수 있었지만,

대신에 동맥은 쇼트닝 통 내부처럼 변해갔다. 다행히도 약 22만 년 전에 두 번째 돌연변이가 일어났는데, 이것은 나쁜 지방과 콜레스테롤을 분해함으로써 우리가 일찍 노쇠하지 않도록 막아주었다. 게다가 몸에서 음식물 독소를 제거함으로써 세포를 더 건강하게 만들고, 뼈를 더 치밀하고 튼튼하게 만들어 중년에 잘 부러지지 않게 함으로써 이른 죽음을 막는 데 추가로 도움을 주었다. 그래서 설사 초기 인류가 열매를 주로 먹던 사촌들에 비하면 로마인의 만찬 같은 식사를 즐겼다 하더라도, *apoE* 유전자와 다른 유전자의 도움으로 사촌들보다 두 배나 더 오래 살 수 있었다.

하지만 우리가 원숭이보다 더 나은 *apoE* 유전자를 갖게 된 것을 자축하기 전에 짚고 넘어갈 점이 몇 가지 있다. 우선, 자른 자국이 남은 뼈를 비롯해 여러 가지 고고학적 증거는 콜레스테롤에 대항하는 *apoE* 유전자가 나타나기 오래 전에, 적어도 250만 년 전에 우리가 이미 고기를 먹기 시작했음을 시사한다. 따라서 수백만 년 동안 우리는 너무 어리석어서 육식을 하면 일찍 죽음을 맞이한다는 사실을 전혀 몰랐거나, 먹을 것이 빈약해 고기를 먹지 않으면 칼로리를 충분히 얻을 수 없었거나, 고기 맛에 중독된 나머지 자신을 죽이리란 사실을 알면서도 고기를 먹지 않을 수 없었던 것으로 보인다. 심지어 *apoE* 유전자의 첫 번째 돌연변이 결과로 생긴 항균 능력은 썩 유쾌하지 않은 사실을 시사한다. 고고학자들은 40만 년 전의 나무창을 발견했다. 따라서 일부 동굴 거주인은 그 무렵에 이미 사냥에서 구한 베이컨을 가지고 집으로 돌아왔을 것이다. 그런데 그 이전에는 어땠을까? 적절한 무기가 없었다는 사실과 *apoE* 유전자가 미생물—썩어가는 고기에 많이 번식하는—에 대항했다는 사실은 원시 인류가 청소 동물처럼 동물 사체를 찾아다니면서 썩어가는 고기를 먹었음을 시사한다. 잘 봐준다고 해도, 우리는 다른 동물이 먹이 동물을 사냥하길 기다렸다가 그 동물을 쫓아낸 뒤에 먹이를 빼앗았을 텐데, 이것은 그다지 자랑스러운 행동이라고 할 수 없다.(그나마 우리에겐 위안으로 삼을 만한 동지가 있다. 과학자들은 티라노사우루스에 대해서도 한동안 같은 논쟁을 벌였다. 티라노사우루스는 백악기의 알파 포식자였을까, 아니면 남이 사냥한 고기를 빼앗아 먹은 비열한 청소 동물이었을까?)

DNA는 또 한 번 우리 자신을 바라보는 관점을 겸허하게 만든다. 그리고 *apoE* 유전자는 DNA 연구가 과거의 우리 자신에 대한 지식을 크게 바꿔놓은 많은 사례 중 하나에 지나지 않는다. 이 사례들은 일부 이야기에 누락된 세부 사실을 채워넣고, 오랫동안 이어져온 믿음을 뒤집어엎지만, 호미니드의 역사에 파란만장한 일들이 얼마나 많았는지 드러낸다.

고유전학의 등장

DNA가 과거의 역사를 얼마나 많이 보완하고 주석을 달고 완전히 다시 고쳐 쓸 수 있는지 감을 잡으려면, 과학자들이 인류 화석을 처음 발굴하고 연구하기 시작하던 시절 — 고고학과 고생물학이 시작되던 시절 — 을 살펴보는 게 큰 도움이 된다. 이들 과학자는 인류의 기원에 대해 확신을 갖고 연구를 시작했지만, 예상치 못한 발견으로 혼란에 빠졌다가 최근에 와서야 대체로 유전학 덕분에 복잡하게 얽혀 있던 실타래를(전부 다는 아닐지라도) 명확하게 풀게 되었다.

도도를 학살한 네덜란드 선원들처럼 비자연적 사례를 제외하고는 1800년 이전에 종이 멸종한다고 믿은 과학자는 사실상 아무도 없었다. 종들은 현재 모습 그대로 창조되었다고 믿었다. 하지만 프랑스 박물학자 조르주 퀴비에Georges Cuvier, 정식 이름은 Jeans-Léopold-Nicolas-Frédéric Cuvier는 1796년에 이 개념을 뒤집어엎었다. 퀴비에는 다윈과 마키아벨리를 합쳐놓은 듯한 인물이었다. 그는 훗날 나폴레옹에게 잘 보여 독재자의 권력에 편승해 유럽 과학계의 정상에 올라섰고, 죽기 직전에는 남작 작위까지 받았다. 하지만 퀴비에는 자신이 역사상 위대한 박물학자 중 한 명임을 보여주었고(그가 누린 명예와 권력은 전혀 자격이 없는 게 아니었다), 종이 실제로 사라질 수 있음을 입증하는 증거를 내놓았다. 첫 번째 단서는 파리 부근 채석장에서 발견된 먼 옛날의 후피동물(코끼리처럼 가죽이 두꺼운 동물)에서 나왔는데, 살아 있는 동물 중에서는 그 후피동물의 후손을 발견할 수 없었기 때문이다. 또 퀴비에는 그보다 더 극적으로 호모 딜루비이 테스티스*Homo diluvii testis*('노아의 홍수를 목격한 증인'이라는 뜻)의 골격에 대한 전설이 옳지 않음을 증명했다. 그 당시에 유럽에서 발견된 이 뼈들은 팔다리가 제대로 발달하지 못하고 골격이 변형된 남자의 것으로 보였다. 민간에 떠도는 속설에 따르면, '그'는 하느님이 노아의 홍수로 벌한 음탕하고 타락한 사람들 중 한 명이라고 했다. 그럴듯한 이야기에 쉽사리 넘어가지 않는 퀴비에는 그 골격을 오래 전에 지구에서 사라진 거대한 도롱뇽이라고 정확하게 밝혀냈다.

하지만 종이 영원하지 않다는 퀴비에의 주장을 모두가 믿은 것은 아니었다. 예리한 아마추어 박물학자(그리고 미국 대통령이었던) 토머스 제퍼슨Thomas Jefferson은 루이스Lewis와 클라크Clark에게 루이지애나 준주(미국이 1803년에 프랑스에서 사들인 루이지애나를 중심으로 한 광대한 지역. 그 당시 미국 영토의 두 배에 이를 정도로 넓은 지역으로, 오늘날의 루이지애나 주와는 다름)를 탐험할 때 자이언트늘보와 마스토돈이 없는지 잘 찾아보라고 지시했다. 그보다 앞서 두 동물의 화석이 북아메리카에서 발견된 적이 있었는데, 많은 사람이 그것을 구경하려고 발굴 현장으로 달려갔다.(찰스 윌슨 필Charles Willson Peale이 그린 그림 〈마스토돈 발굴*The Exhumation of the Mastodon*〉은 그 장면을 아주 우아하게 묘사했다.) 제퍼슨은 애국적인 이유로 살아 있는 이 동물들을 찾으려고 했다. 그는 아메리카 땅을 밟아본

찰스 윌슨 필의 〈마스토돈 발굴〉은 1801년에 뉴욕에서 마스토돈 뼈가 발견된 장면을 묘사한 그림이다. 미국 대통령이던 토머스 제퍼슨은 마스토돈이 아직도 북아메리카 어딘가에서 돌아다니고 있을 것이라고 주장했고, 루이스와 클라크에게 마스토돈이 없는지 유심히 살피라고 지시했다. (사진 제공 : 메릴랜드 주 역사학회)

적도 없으면서 아메리카의 동물상을 병들고 약하고 제대로 발달하지 않았다고 깎아내리는('아메리카의 퇴화'라 부르는 속물적 가설에 따라) 유럽 박물학자들이 몹시 싫었다. 제퍼슨은 아메리카의 야생 동물들이 유럽의 동물들만큼 크고 털이 많고 번식력이 왕성하다는 것을 입증하려고 했는데, 마스토돈과 자이언트늘보가 아직도 그레이트플레인스를 배회할 것이라는 그의 기대 뒤에는 종은 멸종하지 않는다는 믿음이 깔려 있었다.

비록 버클랜드는 쉽게 흥분하는 비멸종주의자보다 냉정한 멸종주의자의 견해에 더 끌렸지만, 특유의 이색적인 방식으로 그 논쟁에 뛰어들었다. 신혼 여행 때 그는 아내를 데리고 유럽 전역을 돌아다니면서 화석을 찾았다. 그리고 외딴 곳에 있는 화석 발굴지로 하이킹을 가거나 화석을 찾느라 곡괭이로 암석을 팔 때에도 항상 검은색 대학 예복 차림이었으며, 때로는 실크해트까지 썼다. 버클랜드는 뼈 외에 동물 똥 화석(분석糞石이라 부르는)에도 큰 관심을 가졌으며, 그것들을 채집해 관대하게 박물관에 기증했다. 하지만 버클랜드는 기행을 충분히 용서받을 만큼 흥미로운 발견을 했다. 한번은 요크셔 주에서 먼 옛날에 살았던 포식 동물의 땅굴을 발굴했는데, 사나운 이빨과 물어뜯긴 머리뼈가 많이 나와 대중의 큰 관심을 끌었다. 이 발견은 과학적으로 중요한 가치가 있었으며, 멸종주의자의 주장을 뒷받침해주었다. 포식 동물의 정체는 동굴하이에나였는데, 이 동물은 더 이상 영국에 살지 않기 때문에 멸종한 게 분명했다. 버클랜드는 영국의 한 채석장에서 그보다 더 중요한 의미를 지닌 발견을 했는데, 거기서 나온 많은 뼈가 새로운 거대 파충류 종의 뼈라고 확인했다. 즉, 역사상 가장 무서운 육식동물인 공룡 화석을 최초로 발견한 것이다. 버클랜드는 그 종을 메갈로사우루스*Megalosaurus*라고 이름 붙였다.*

버클랜드는 비록 멸종 동물에 대해서는 자신만만했지만, 더 오래된 인류 계통이 존재했느냐 하는 훨씬 부담스러운 질문에는 쉽게 답을 하지 못했으며, 심지어 얼버무리는 대답을 했다. 비록 성직자로 임명되긴 했지만, 버클랜드는 구약 성경이 문자 그대로 옳다고 믿진 않았다. 그는 성경에 나오는 천지 창조 순간보다 더 앞선 지질 시대가 있었고, 메갈로사우루스 같은 동물들이 살았던 시대가 있지 않았을까 하고 생각했다. 그럼에도 불구하고, 거의 모든 과학자와 마찬가지로 버클랜드는 창세기에 나오는 인간의 기원과 비교적 최근에 우리가 특별히 창조되었다는 이야기를 반박하길 주저했다. 1823년에 매혹적인 파빌랜드의 붉은 여인 — 조가비 보석으로 치장되고 붉은 황토 화장으로 뒤덮인 골격 — 을 발견했을 때, 버클랜드는 많은 상황 증거를 무시하고 그녀를 로마 시대에 살았던 마녀나 매춘부라고 주장했다. 그 여인은 실제로는 3만 년 전에 살았던 남자였다. 버클랜드는 또 다른 발굴 장소에서 매머드나 검치호 같은 창세기 이전 시대의 동물과 같은 지층에서 부싯돌로 만든 뗀석기가 발견되었을 때에도 명백한 증거를 무시했다.

더욱 용서받기 힘든 실수는 역사상 아주 극적인 고고학적 발견에 재를 뿌린 사건이었다. 1829년, 필리프-샤를 슈메를링Philippe-Charles Schmerling은 벨기에에서 먼 옛날의 동물 뼈와 함께 인간의 것으로 보이지만 딱히 인간의 것이라고 할 수도 없는 기묘한 뼈를 발굴했다. 슈메를링은 특히 한 아이의 머리뼈 파편을 분석한 결론을 바탕으로 그 뼈가 멸종한 호미니드 종이라고 주장했다. 버클랜드는 1835년에 한 과학 회의에서 그 뼈를 조사했지만, 성경의 시각에서 벗어나지 못했다. 그는 슈메를링의 가설에 반대했는데, 조용히 말하지 않고 공개적으로 모욕을 하고 나섰다. 버클랜드는 다양한 화학적 변화 때문에 화석으로 변한 뼈는 혀에 자연적으로 들러붙는 반면, 더 최근의 뼈는 들러붙지 않는다고 자주 주장했다. 그 회의에서 강연을 하던 도중에 버클랜드는 슈메를링이 발견한 뼈 중에서 호미니드의 뼈와 섞여 있던 동물 뼈 하나(곰의 것)를 자신의 혀 위에 올려놓았다. 곰 뼈는 혀에 착 들러붙었고, 버클랜드는 혀에 붙은 뼈를 입 속에서 굴리면서 강연을 계속했다. 그러고 나서 슈메를링에게 그의 '멸종 인류' 뼈를 자신의 혀에 붙여보라고 말했다. 그 뼈는 혀에서 떨어지자, 그것은 아주 오래된 뼈일 리가 없다고 결론내렸다.

그것은 전혀 결정적인 증거가 아니었지만, 고생물학자들의 마음속에 오랫동안 강한 인상으로 남았다. 그래서 1848년에 지브롤터에서 기묘한 머리뼈들이 발견되었을 때에도 신중한 과학자들은 그것을 무시했다. 8년 뒤 — 그리고 대홍수를 믿던 마지막 위대한 과학자인 버클랜드가 죽기 몇 달 전 — 에 독일의 네안더 계곡에 있던 한 석회암 채석장에서 일꾼들이 기묘한 뼈를 더 많이 발견했다. 한 과학자는 그 뼈를 나폴레옹 군대에 부상을 당한 뒤 그곳 절벽의 동굴로 기어가 죽은 카자흐인의 것이며, 그 사람은 원래 변형된 뼈를 가지고 있었다고 주장했다. 하지만 이번에는 두 과학자가 그 뼈가 성경에 나오는 이스마엘의 자손보다 훨씬 멀리 추방된 독자적인 호미니드 계통에 속한다고 다시 주장했다. 두 사람이 밝혀낸 여러 뼈 중에서도 눈확(안와)까지 내려오는 어른의 머리덮개뼈가 이 주장에 신빙성을 더했다. 그 머리덮개뼈는 오늘날 네안데르탈인이라고 하면 우리 마음속에 떠오르는 두껍고 찌푸린 이마*가 인상적이었다.

마침내 눈을 뜬(마침 1859년에 출간된 다윈의 『종의 기원』도 큰 영향을 미쳤다) 고생물학자들은 아프리카와 중동, 유럽에서 네안데르탈인과 그와 관련이 있는 호미니드를 발견하기 시작했다. 고인류의 존재는 이제 과학적 사실이 되었다. 하지만 누구나 예상할 수 있듯이, 새로운 증거는 새로운 혼란을 낳았다. 지층이 접히거나 비틀어지면 땅 속에 묻혀 있던 골격이 다른 데로 이동할 수 있는데, 이것은 화석의 연대를 측정하거나 화석을 해석하려는 노력을 방해했다. 또, 뼈는 이리저리 흩어지거나 산산조각나기 쉽기 때문에, 과학자들은 여기저기 흩어져 있는 어금니나 발허리뼈 몇 개를 가지고 전체 동물을 복원해야 할 때가 많은데, 이것은 상당히 주관적인 작업이어서 이견이나 다른 해석이 많이 나올 수 있었다. 과학자들이 대표적인 표본을 찾는다는 보장도 없다. 만약 100만 년 후의 과학자들이 윌트 체임벌린Wilt Chamberlain(미국 NBA에서 활약한 농구 선수)과 톰 섬Tom Thumb(미국의 난쟁이 연예인)과 조지프 메릭Joseph Merrick(기형적 체구를 가져 엘리펀트 맨Elephant Man이라 불리며 전시되었던 영국인)의 뼈를 발견한다면, 과연 이들을 같은 종으로 분류할까? 이런 이유 때문에 19세기와 20세기에 새로운 호모Homo 화석이 발견될 때마다 새로운 논란거리가 생겨났고, 때로는 격앙된 논쟁이 벌어졌다. 궁극적인 질문(사람 비슷한 이 화석들은 모두 우리의 조상인가? 만약 아니라면, 인류의 잔가지는 몇 개나 존재했는가?)에 대한 명확한 답이 나오지 않은 채 세월만 계속 흘러갔다. 고생물학자 20명을 한 방에 모아놓으면, 인류의 진화에 관한 가설이 21가지나 나온다는 재미없는 농담이 생길 정도였다. 고인류유전학 분야에서 세계적 전문가인 스반테 페에보Svante Pääbo는 "나는 종종 고생물학 분야에서 많은 과학자들이 서로 싸우는 걸 보고 깜짝 놀란다. …… 나는 그 이유가 고생물학이 자료가 빈약한 과학이라는 데 있다고 생각한다. 아마도 전 세계에 존재하는 중요한 화석보다 고생물학자의 수가 더 많을 것이다."라고 말했다.

이런 상황에서 1960년대부터 유전학이 고생물학과 고고학을 침공하기 시작했다.(여기서 '침공'이란 단어를 사용한 것은 아주 적절한 표현이다.) 그동안 잦은 다툼과 입장 번복과 낡은 도구에도 불구하고, 고생물학자와 고고학자는 인류의 기원에 대해 많은 것을 알아냈다. 그들은 굳이 유전학이 뻗친 구원의 손길 같은 건 필요 없다고 사양하고 싶었다. 그래서 많은 사람들은 분자를 바탕으로 한 가계도와 DNA 시계로 무장한 생물학자의 침공을 불쾌하게 여겼다. 이 잘 나가는 친구들이 달랑 논문 한 장으로 그들이 수십 년간 해온 연구를 뒤집어엎을지도 모른다는 두려움 때문이었다.(한 인류학자는 완전히 분자에 기초한 접근 방법을 비웃었다. "수선이나 법석을 떨 필요도, 궂은 일로 손이 험해질 일도 없다. 그저 단백질 몇 개를 실험 장비에 집어넣고 흔들기만 하면, 빙고! 우리가 30년 동안 골머리를 앓아온 질문에 대한 답이 떡하니 나온다니!") 그리고 실제로 그들의 의심은 옳았던 것으로 드러났다. 고유전학은 처음에는 장밋빛 청사진을 제시하는 것처럼 보였지만, 실질적 성과를 얻는 연구 과정은 엄청나게 복잡하고 어려웠고, 고유전학자들은 그 가치를 입증하기까지 다년간의 시간을 쏟아부어야 했다.

한 가지 문제는 DNA가 열역학적으로 불안정하다는 점이었다. 시간이 지나면 C는 화학적 분해 과정을 거쳐 T로 변하고, G는 A로 변한다. 따라서 고유전학자는 오래된 화석 시료를 판독한다 하더라도 그것을 곧이곧대로 믿을 수 없다. 게다가 아주 추운 기후에서도 10만 년 정도 지나면 DNA는 분해돼 그 정체를 알 수 없는 것으로 변하고 만다. 그러니 10만 년 이전의 화석에는 온전한 DNA가 사실상 하나도 남아 있지 않다고 봐야 한다. 비교적 최근의 화석이라 하더라도, 겨우 문자 50개 길이의 파편을 가지고 염기쌍 10억 개에 이르는 유전체 전체를 꿰어맞춰야 하는 처지에 놓일 수 있다. 이것은 문자를 이루는 선이나 세리프(로마자 활자의 글씨에서 획의 시작이나 끝부분에 있는 작은 돌출선) 혹은 i의 점보다 더 작은 그 밖의 파편을 가지고 양장본 책 한 권을 복원하는 것에 비유할 수 있다.

그런데 그 파편들 중 대부분은 정크이다. 시체가 묻힌 곳이 어디이건 — 추운 북극 지방의 얼음 위이건 바싹 말라붙은 사하라 사막의 모래

언덕이건—세균과 균류는 그 속으로 파고들어 자신의 DNA로 화석을 오염시킨다. 오래된 뼈에는 이질적인 DNA가 99% 이상 포함돼 있어 힘든 과정을 통해 모두 제거해야 하는 경우가 많다. 이것은 그래도 처리하기가 쉬운 종류의 오염이다. 인간의 접촉을 통해서도 DNA는 쉽게 옮겨 가는데(만지거나 심지어 그 위에서 숨만 쉬어도 표본이 오염될 수 있다), 먼 옛날 호미니드의 DNA는 우리의 것과 아주 비슷하기 때문에, 표본에서 인간의 접촉을 통한 오염을 배제하는 것은 거의 불가능하다.

이러한 오염 문제(거기다가 부끄럽게도 지난 수십 년 동안 일어난 몇몇 번복 사례) 때문에 고유전학자들은 거의 노이로제 상태에 빠졌으며, 그래서 생물학전生物學戰 연구소에 더 어울리는 수준의 통제와 안전 장치를 요구하게 되었다. 고유전학자들은 사람이 전혀 손대지 않은 표본을 선호한다. 외딴 발굴 장소에서 작업자들이 수술용 마스크와 장갑을 끼고 채취해 모든 것을 멸균 봉지에 집어넣어 가지고 와 아직도 지저분한 상태에 있는 표본이 가장 이상적이다. 가장 좋은 표본은 머리카락인데, 머리카락은 오염 물질을 덜 흡수하고, 쉽게 깨끗하게 할 수 있기 때문이다. 하지만 고유전학자들은 잘 부서지지 않는 뼈 정도로도 만족한다.(오염되지 않은 장소가 거의 없다는 사실을 감안하면, 박물관의 보관함에 들어 있는 뼈로도 만족해야 할 때가 많다. 특히 아주 따분하여 아직까지 아무도 조사하려고 하지 않은 뼈라면 더욱 좋다.)

표본을 선택했으면, 다음에는 그것을 '청정실'로 옮긴다. 이 방은 기압을 정상보다 더 높게 유지하는데, 문을 열 때 공기—더 정확하게는 공기의 흐름을 타고 돌아다니는 DNA 조각—가 방 안으로 들어오지 못하게 하기 위해서이다. 방 안에 들어오는 사람은 머리끝부터 발끝까지 멸균 수술복을 입고 마스크와 부츠와 장갑을 착용하며, 표면이란 표면은 거의 다 닦는 데 쓰이는 표백제 냄새에 아주 익숙하다.(한 실험실은 거기서 일하는 사람들이 표백제에 젖은 스펀지로 몸을 닦는 목욕을 한다고 자랑했다. 아마도 그 목욕은 옷을 입은 채 했을 것이다.) 만약 표본이 뼈라면, 과학자들은 치과용 드릴이나 이쑤시개로 뼛가루를 몇 g 깎아낸다. 드릴을 100rpm으로 회전하도록 변조하기도 하는데, 1000rpm으로 회전하는 보통 드릴을 사용하면 마찰열 때문에 DNA가 탈 수 있기 때문이다. 그러고 나서 극소량의 가루를 화학 물질에 녹여 DNA를 분리한다. 여기서 고유전학자는 흔히 각각의 파편에 꼬리표—인공 DNA 조각—를 붙인다. 그러면 표본이 청정실 밖으로 나간 뒤에 꼬리표가 붙지 않은* 이물질 DNA가 표본에 스며들 경우 그것을 가려낼 수 있다. 실험실에서 일한 기술자와 과학자(심지어 수위까지도)의 인종적 배경도 기록하는데, 만약 예기치 못한 인종적 염기 서열이 나타나면 그것과 비교함으로써 표본이 오염되었는지 판단할 수 있기 때문이다.

이 모든 것이 준비되면, 비로소 DNA 염기 서열 분석이 시작된다. 이 과정에 대해서는 나중에 자세히 이야기하겠지만, 기본적으로 개개 DNA 조각의 A-C-G-T 서열을 결정하고, 정교한 소프트웨어를 사용해 수많은 조각들을 꿰어맞춘다. 고유전학자들은 박제 콰가quagga(남아프리카 초원에 서식하던, 몸 반쪽에만 줄무늬가 있는 얼룩말의 일종. 인간의 사냥으로 그 수가 점점 줄어들다가 1872년에 멸종했다), 동굴곰 머리뼈, 털매머드 털, 호박 속에 갇힌 벌, 미라 피부, 심지어 버클랜드가 좋아한 분석糞石에 이 기술을 사용해 성공적인 결과를 얻었다. 하지만 가장 극적인 성과는 네안데르탈인의 DNA에서 나왔다. 네안데르탈인을 발견한 후, 많은 과학자는 네안데르탈인을 고인류로 분류했고, 잃어버린 고리 중 최초로 발견된 고리라고 생각했다. 다른 과학자들은 네안데르탈인을 자신들의 진화 계통도에서 말단 가지에 놓았고, 일부 유럽 과학자들은 네안데르탈인을 일부 인종의 조상이며 다른 인종의 조상은 아니라고 보았다.(한

숨이 나오지만, 이번에도 그들이 지목한 인종이 누구인지 짐작이 갈 것이다. 바로 아프리카인과 오스트레일리아 원주민이었다.) 정확한 분류와는 상관없이, 과학자들은 네안데르탈인을 아둔하고 교양 없는 인류로 간주했고, 그들이 멸종했다는 사실에 아무도 놀라지 않았다. 그러다가 결국 일부 과학자가 네안데르탈인은 우리가 생각하는 것보다 훨씬 똑똑했다고 주장하기 시작했다. 그들은 석기를 사용했고, 불을 다룰 줄 알았으며, 죽은 자를 매장했고(때로는 꽃으로 장식하여), 약한 자와 절름발이를 돌봤으며, 어쩌면 보석으로 몸을 치장하고 뼈로 만든 피리를 불었을 것이다. 하지만 이 과학자들은 네안데르탈인이 인간이 그렇게 하는 걸 보고서 흉내낸 게 아님을 증명할 수 없었다. 단순히 흉내만 내는 데에는 대단한 지능이 필요하지 않았을 것이다.

그렇지만 DNA는 네안데르탈인에 대한 우리의 견해를 돌이킬 수 없이 바꾸어놓았다. 이미 1987년에 미토콘드리아 DNA는 네안데르탈인이 우리의 직계 조상이 아님을 보여주었다. 그와 함께 2010년에 네안데르탈인의 완전한 유전체가 나오자, 만화 〈파 사이드*Far Side*〉에 나오는 많은 조롱 대상은 사실은 바로 우리 자신의 속성인 것으로 드러났다. 사실, 우리의 유전체 중 네안데르탈인과 일치하는 것은 99% 이상이나 된다. 특별히 친근감이 드는 일치도 있다. 네안데르탈인은 불그스름한 머리카락에 흰색 피부를 가졌을 가능성이 높고, 혈액형은 세상에서 가장 흔한 O형이었으며, 대부분의 사람들과 마찬가지로 어른은 우유를 소화할 수 없었다. 더 중요한 의미를 지닌 발견도 있었다. 네안데르탈인은 우리와 비슷한 MHC 면역 유전자가 있었고, 또 언어 능력과 관련이 있는 *foxp2* 유전자도 있었는데, 이것은 그들이 말을 했을 가능성을 시사한다.

네안데르탈인이 다른 버전의 *apoE* 유전자를 가지고 있었는지는 아직 확실하지 않지만, 그들은 우리보다 고기에서 단백질을 더 많이 섭취했기 때문에 콜레스테롤을 대사하고 감염에 맞서 싸우는 유전적 적응 능력이 어느 정도 있었을 가능성이 높다. 실제로 고고학적 증거는 네안데르탈인이 죽은 동족을 먹는 것도 서슴지 않았음을 시사한다. 그것은 원시적 샤머니즘 의식의 일부였을 수도 있고, 아니면 더 섬뜩한 이유 때문이었을 수도 있다. 과학자들은 에스파냐 북부의 한 동굴에서 5만 년 전에 살해당한 네안데르탈인 어른과 아이 유해 열두 구를 발견했는데, 그중 많은 사람들은 가족이나 친척 관계였다. 아마도 굶주렸던 공격자들은 이들을 죽인 뒤에 석기로 살점을 발라내고 뼈를 깨 골수를 꺼내, 먹을 수 있는 것은 모두 먹었다. 매우 섬뜩한 이야기이지만, 이 1700여 점의 뼈로부터 과학자들은 네안데르탈인 DNA에 대한 초기의 지식 중 많은 것을 얻었다.

마음에 들건 들지 않건, 인류의 식인 행위를 뒷받침하는 증거가 또 있다. 몸무게가 50kg쯤 나가는 어른은 굶주린 동료들에게 약 20kg의 귀중한 근육 단백질에다가 먹을 수 있는 지방, 연골, 간, 피를 제공할 수 있다. 더욱 불편한 진실이 있는데, 사람들은 굶주리지 않을 때조차 서로를 잡아먹었음을 시사하는 고고학적 증거가 오래 전부터 발견되었다. 하지만 굶주리지 않은 상태에서의 식인 행위가 종교적 동기 때문에 선별적으로 일어났는지, 아니면 순전히 음식물 섭취의 일환으로 일상적으로 일어났는지는 오랫동안 의문으로 남아 있었다. DNA는 그런 일이 일상적으로 일어났다고 시사한다. 전 세계 각지에서 알려진 모든 종족 집단은 인육을 먹는 사람이 걸리는 특정 질병(특히 사람 뇌를 먹을 때 걸리는 광우병 비슷한 질병)에 대항하는 유전자 지문 두 가지 중 하나를 갖고 있다. 이러한 방어 능력을 가진 DNA가 한때 꼭 필요한 것이 아니었다면, 전 세계 도처에서 살아가는 사람들의 몸속에 자리잡았을 리가 없다.

식인 DNA가 보여주듯이, 과학자들은 옛날의 인공 유물에만 의존해 우리의 과거에 대한 정보를 얻지 않는다. 현생 인류의 DNA도 단서를 제공한다. 그런데 과학자들이 현생 인류의 DNA를 조사하면서 맨 먼저 주목한 것은 다양성 부족이었다. 오늘날 살아 있는 사람의 수는 약 70억 명인 데 비해 침팬지는 약 70만 마리이고, 고릴라도 대략 그와 비슷하다. 하지만 사람은 이 유인원들에 비해 유전적 다양성이 빈약하며, 그것도 매우 빈약하다. 이것은 세계 인구가 비교적 최근에 침팬지나 고릴라보다 더 낮은 수준으로, 그것도 여러 차례 떨어진 적이 있음을 시사한다. 만약 그때 멸종 위기종 보호법이 있었더라면, 구석기 시대의 호모 사피엔스는 오늘날의 판다나 콘도르와 맞먹는 대우를 받았을 것이다.

우리의 개체수가 그토록 감소한 원인에 대해 과학자들의 견해는 각양각색이지만, 이 논쟁의 기원은 윌리엄 버클랜드 시대에 처음 나온 두 가지 가설 — 혹은 두 가지 세계관 — 로 거슬러 올라간다. 그 이전 과학자들은 사실상 모두 격변설(천변지이설)을 믿었다. 즉, 홍수나 지진 또는 그 밖의 큰 재앙이 일어나 일주일 만에 산맥이 솟아나고, 하룻밤 사이에 많은 종이 절멸하는 등 지구의 모습이 단기간에 크게 바뀌었다고 믿었다. 더 젊은 세대 — 특히 버클랜드의 제자로 유명한 지질학자가 된 찰스 라이엘Charles Lyell — 는 동일 과정설이라는 일종의 점진설을 지지했다. 동일 과정설은 바람과 조수, 침식 등 그 밖의 부드러운 힘들이 지구의 모습과 거기서 살아가는 생물들을 아주 긴 시간에 걸쳐 빚어냈다고 주장한다. 여러 가지 이유로(사후에 일어난 일부 인신 공격을 포함해) 동일 과정설은 정통 과학 이론으로 받아들여진 반면, 격변설은 게으른 추론이나 성경의 과장된 기적과 같은 취급을 받았고, 20세기 전반에 격변설은 과학계에서 사실상 축출되었다. 하지만 시간이 지나자 상황이 바뀌었는데, 지질학자들이 도시만 한 크기의 소행성이나 혜성의 충돌로 공룡이 절멸했다는 사실을 밝혀낸 1979년 이후에 격변설은 화려하게 복귀했다. 그후 과학자들은 대부분의 역사는 동일 과정설에 따라 진행되지만, 때로는 격변적 사건이 일어날 수 있다는 사실을 받아들였다. 하지만 그러고 나서 과학자들은 먼 옛날에 일어난 다른 격변—공룡을 절멸시킨 충돌이 일어난 지 일 년이 지나기 전에 일어난—에는 왜 그토록 적은 관심을 보였는지 몹시 의문스럽다. 특히 토바 초화산이 공룡보다 우리에게 훨씬 친숙한 종을 거의 멸종시킬 뻔했다는 사실을 감안하면 더욱 그렇다. 그 종은 바로 호모 사피엔스였다.

토바 초화산 분화의 위력이 어느 정도였는지 감을 잡으려면 약간의 상상력이 필요하다. 토바는 약 7만 년 전에 분화한 인도네시아의 산이다.(약 2만 6650km³의 암석과 흙을 날려보내기 전에는 분명히 산이었다.) 하지만 살아서 그것을 증언한 목격자가 아무도 없기 때문에, 그 위력과 공포는 같은 군도에서 일어난 둘째로 큰 규모의 화산 분화와 비교해 감을 잡을 수밖에 없다. 1815년에 일어난 탐보라 화산 분화가 그것이다.

1815년 4월 초, 탐보라 산 꼭대기에서 마치 출애굽기에 나오는 듯한 불기둥 3개가 치솟았다. 산비탈을 따라 내려오는 시뻘건 용암에 수만 명이 목숨을 잃었고, 시속 240km로 나아가던 1.5m 높이의 지진 해일이 부근의 섬들을 덮쳤다. 2400km나 떨어진 곳에서도 화산이 폭발하는 소리가 들렸으며, 연기 기둥이 16km 상공까지 치솟으면서 사방 수백 km의 하늘이 캄캄해졌다. 그 연기에는 황을 포함한 화학 물질이 엄청나게 많이 들어 있었다. 처음에 이 먼지 입자들은 무해해 보였고, 심지어 아름다운 풍경으로 보이기까지 했다. 그 해 여름, 영국에서는 이 입자들이 석양의 분홍색, 주황색, 선홍색을 더 강렬하게 만들어 아주 아름다운 일몰 장면을 연출했는데, 유명한 화가 터너J. M. W. Turner가 그 당시 그린 풍경화에 큰 영향을 미친 것으로 보인다. 하지만 그 뒤에 미친 영향은 그다지 달가운 게 아니었다. 1816년(흔히 '여름이 없이 지나간 해'로 알려진 해)에 황을 포함한 화산 분출 물질은 상층 대기에서 균일하게 퍼지면서 햇빛을 반사해 우주 공간으로 되돌려보내기 시작했다. 이렇게 지구에 들어오는 열이 줄어드는 바람에 막 건국한 미국에서는 7월과 8월에 눈보라가 날렸고, 많은 지역에서 농작물 피해가 속출했다(몬티셀로에 있던 토머스 제퍼슨의 옥수수밭을 포함해). 유럽에서는 1816년 7월에 바이런Byron이 「어둠Darkness」이라는 제목의 암울한 시를 썼다. 그 시는 다음 구절로 시작한다.

"I had a dream, which was not all a dream.
The bright sun was extinguish'd……
Morn came and went — and came, and brought no day,
And men……
Were chill'd into a selfish prayer for light."
(꿈을 꾸었지. 완전히 꿈이라고만 할 수 없는 꿈을.
밝은 태양은 꺼져버리고……
아침은 왔다가 갔다가 — 또 왔지만, 낮은 오지 않았지,
그리고 사람들은……
추위를 못 이겨 빛을 달라고 이기적인 기도를 했지.)

그 해 여름, 몇몇 작가는 레만 호(독일어와 영어로는 제네바 호) 근처에서 우연히 바이런과 함께 휴가를 보냈는데, 날씨가 너무 음울하여 거의 실내에 틀어박혀 지냈다. 분위기를 띄우기 위해 몇 사람이 여흥으로

유령 이야기를 했는데, 그중 젊은 작가 메리 셸리Mary Shelley가 한 이야기가 나중에 『프랑켄슈타인*Frankenstein*』이라는 작품으로 발전했다.

탐보라 화산에 관한 이 모든 이야기를 염두에 두고 토바 초화산이 그보다 5배나 더 오래 분화했고, 12배나 더 많은 물질을 뿜어냈다는 사실—최고조에 달했을 때에는 기화된 암석을 초당 수백만 톤*씩이나—을 생각해보라. 그 엄청난 규모 때문에 토바 초화산에서 뿜어나온 연기 기둥은 훨씬 큰 피해를 초래할 수 있었다. 탁월풍에 실려 화산재는 대부분 서쪽으로 흘러갔다. 일부 과학자는 그 연기가 남아시아를 건넌 뒤에 인간이 살고 있던 아프리카 초원을 휩쓸고 지나갈 때 DNA 병목 중 하나가 일어났다고 생각한다. 이 가설에 따르면, 파괴는 두 단계에 걸쳐 일어났다. 단기적으로는 토바 초화산은 햇빛을 6년 동안 침침하게 만들고, 계절적 강우 패턴에 혼란을 가져왔고, 시냇물을 말라붙게 했고, 뜨거운 재를 광범위한 지역의 식물(주요 식량원이던) 위에 뿌렸다. 이것이 인구를 크게 감소시키는 결과를 가져왔으리란 건 쉽게 상상할 수 있다. 다른 영장류는 처음에는 인간보다 피해를 덜 입었을지 모르는데, 인간은 화산재가 몰려오는 아프리카 동쪽 가장자리 지역에서 야영을 하며 살아간 반면, 대부분의 영장류는 화산재를 어느 정도 막아주는 산맥 뒤쪽의 내륙에 살았기 때문이다. 하지만 처음에는 일부 동물이 피해를 덜 입었다 하더라도, 두 번째 단계에서는 아무도 그런 요행을 기대할 수 없었다. 지구는 기원전 7만년경에 이미 빙하기로 접어들었는데, 거기다가 햇빛까지 많이 반사되는 일이 장기간 계속되면서 사태는 더욱 악화되었다. 일부 장소에서는 평균 기온이 10℃ 이상 떨어졌다는 증거가 있다. 그랬다면 아프리카 사바나—우리의 옛날 고향—는 8월의 뜨거운 햇볕에 졸아드는 물웅덩이처럼 줄어들었을 것이다. 그렇다면 전체적으로 토바 초화산 병목 가설은 화산 분화가 광범위한 기아를 초래했다고 주장하지만, 인구를 급감시킨 진짜 원인은 점점 심해진 빙하기였다.

마카크, 오랑우탄, 호랑이, 고릴라, 침팬지의 DNA도 토바 초화산 분화가 일어날 무렵에 병목이 일어났다는 단서가 일부 남아 있지만, 인간은 정말로 심각한 타격을 입었다. 한 연구는 전 세계 인구가 불과 어른 40명 수준으로 격감했을지 모른다고 주장한다.(전화 부스 안에 사람을 최대한 집어넣는다면, 몇 명까지 들어갈 수 있을까? 세계 신기록은 25명이다.) 이것은 재난 과학자들 사이에서조차 지나치게 비관적인 추정치이지만, 어른 수천 명 정도에 불과했다는 추정치는 흔히 발견할 수 있다. 이들이 한 장소에서 모여 산 게 아니라 아프리카 주변의 격리된 작은 지역들에 흩어져 살았다는 사실을 감안하면, 인류의 미래는 더욱 암담해 보였다. 만약 토바 초화산 병목 가설이 옳다면, 인간 DNA에 다양성이 부족한 이유는 아주 간단하다. 우리가 거의 멸종 직전까지 다가갔다가 회생했기 때문이다.

당연한 일이지만, 많은 고고학자들은 유전적 다양성이 부족한 이유에 대한 이 설명이 너무 번드르르하다고 생각하며, 이 가설은 여전히 논란의 대상으로 남아 있다. 문제는 병목 자체의 존재가 아니다. 지난 수백만 년 동안 원시 인류 번식 개체군이 여러 차례 놀라울 정도로 작은 규모로 감소했다는 것(이것은 여러 가지 중에서도 46개의 염색체 같은 기묘한 특징이 퍼져나가는 데 도움을 주었을 것이다)은 확립된 사실이다. 그리고 많은 과학자는 20만 년 전에 해부학적으로 현생 인류로 분류되는 인류가 나타난 뒤에 심각한 병목이 최소한 한 번은 일어났음을 뒷받침하는 유력한 증거가 우리 DNA에 있다고 주장한다. 하지만 과학자들은 특정 병목을 토바 초화산 분화와 연결짓기를 주저하는데, 격변설에 대한 거부감과 의심이 여전히 남아 있는 것처럼 보인다.

일부 지질학자는 토바 초화산 분화는 동료들이 말하는 것만큼 위력이 크지 않았다고 주장한다. 또 다른 사람들은 토바 초화산 분화가 수천 km 밖에 있던 개체군들을 절멸시켰다는 주장이나 작은 화산 하나가 빙하기를 심화시킬 만큼 황 물질을 충분히 많이 뿜어냈다는 주장에 의심을 품는다. 일부 고고학자는 약 15cm 두께의 토바 화산재층 바로 위와 아래에 석기가 존재한다는 증거(물론 논란의 대상이지만)를 발견했다. 이것은 토바 초화산 분화로 가장 큰 피해가 일어난 지역에서 절멸이 일어나지 않고 사람들이 계속 살아갔음을 의미한다. 유전학적으로 토바 초화산 병목을 의심해야 할 이유도 있다. 무엇보다 중요한 사실은, 과거를 돌아볼 때 강하고 짧게 지속된 병목으로 일어난 다양성 부족과 약하고 길게 지속된 병목으로 일어난 다양성 부족을 유전학자들이 구별할 방법이 없다는 점이다. 다시 말해서, 이 문제에는 모호성이 존재한다. 만약 토바 초화산이 우리를 어른 수십 명 수준으로 감소시켰다면, 우리 DNA에서 특정 패턴이 발견될 것이다. 하지만 만약 인구가 수천 명 수준으로 줄어들고, 그 인구 수준이 일관성 있게 유지된다면, 그 사람들의 DNA 역시 예컨대 1000년쯤 지난 뒤에 그것과 '똑같은' 지문을 보여줄 것이다. 그리고 그 기간이 더 오래 지속될수록 토바 초화산이 병목과 어떤 관련이 있을 가능성은 더 낮아진다.

윌리엄 버클랜드를 비롯해 여러 사람들도 즉각 이 문제점을 알아챘을 것이다. 약하지만 지속적인 압력이 우리 종을 그토록 오랫동안 적은 수로 유지한 것일까, 아니면 격변이 일어난 것일까? 어느 쪽이 옳은지 딱 꼬집어 말할 수 없었다. 하지만 버클랜드 시대의 격변설이 완패를 당하고 그후 1세기 동안 비웃음을 받은 것과는 달리, 현대의 과학적 격변설을 지지하는 사람들은 자신들의 주장을 설득력 있게 제시할 수 있다. 그리고 누가 알겠는가? 토바 초화산이 우주에서 날아와 공룡을 절멸시킨 암석과 함께 역사상 최대 규모의 재앙 중 하나로 인정받게 될 날이 올지.

네안데르탈인의 흔적

그런데 이 모든 DNA 고고학 이야기는 결국 무엇을 말하는가? 이 분야가 독자적인 분야로 확립되자, 과학자들은 현생 인류가 어떻게 출현했고, 또 어떻게 지구 전체로 퍼져나갔는지 개략적으로 설명할 수 있는 유력한 가설을 만들었다.

무엇보다 중요한 것은 DNA가 우리의 아프리카 기원설을 입증했다는 사실이다. 끝까지 저항을 포기하지 않은 일부 고고학자는 인류는 인도나 아시아에서 기원했다고 줄곧 주장해왔지만, 일반적으로 종은 자신이 기원한 장소(발달하는 데 가장 오랜 시간을 보낸 곳) 근처에서 유전적 다양성이 가장 높게 나타난다. 과학자들은 아프리카에서 바로 그것을 발견했다. 한 예를 들면, 아프리카 사람들 사이에서는 매우 중요한 인슐린 유전자에 연결된 특정 DNA 부분의 버전이 스물두 가지나 존재하는 반면, 나머지 지역 사람들 사이에서는 전부 합해서 세 가지만 나타난다. 오랫동안 인류학자들은 아프리카 민족들을 모두 한 '인종'으로 뭉뚱그렸지만, 더 넓은 세계의 다양성은 아프리카의 다양성에 비하면 그 부분집합에 불과하다는 진실을 유전자가 말해준다.

DNA는 또한 우리가 오래 전에 어떻게 행동했고, 심지어 어떻게 생겼는지 세부 사실을 드러냄으로써 인류의 기원 이야기를 풍부하게 만든다. 약 22만 년 전에 육식 유전자인 *apoE* 유전자가 나타나 퍼지기 시작하면서 우리에게 노년을 생산적으로 보낼 수 있는 기회를 선물했다. 그리고 불과 2만 년 뒤, 또 다른 돌연변이('헤어스타일' 유전자) 때문에 머리카락이 원숭이 머리카락이나 체모와 달리 무한정 길게 자라기 시작했다. 그리고 3만 년 뒤, 우리는 동물 가죽을 옷으로 입기 시작했다. 이 사실은 머릿니(두피에만 사는)의 DNA 시계와 그 친척이긴 하지만 종류가 다른 이(옷에서만 사는 이)의 DNA 시계를 비교하는 방법으로 두 종이 언제 갈라졌는지 알아냄으로써 밝혀졌다. 이러한 변화들은 나름의 크고 작은 영향을 미치며 사회를 변화시켰다.

적절한 옷을 갖춰 입고 헤어스타일도 완벽하게 갖춘 인류는 약 13만 년 전에 아프리카에서 중동으로 진출하기 시작했다. 하지만 무슨 이유—추운 날씨, 향수병, 포식 동물, 네안데르탈인의 '출입 금지' 간판 등—로 그들은 더 이상 뻗어가지 못하고 아프리카로 되돌아갔다. 그 다음 수만 년 동안 인류의 개체수는 병목에서 벗어나지 못했는데, 토바 초화산 분화가 그 이유일지 모른다. 어쨌든 인류는 어찌어찌하여 그 병목을 벗어나 결국에는 원래의 상태를 회복했다. 그런데 적게는 다 합쳐야 수천 명에 불과했던 인류는 이번에는 움츠린 채 다음 번 멸종 위협을 기다리는 대신에, 작은 무리를 이루어 아프리카를 벗어나 다른 곳들에 정착하기 시작했다. 그것은 약 6만 년 전부터 시작하여 여러 차례의 물결을 이루어 일어났다. 이 무리들은 아마도 썰물 때 모세와 비슷한 방식으로 바브엘만데브('비탄의 관문'이란 뜻)라는 남쪽 갑을 통해 홍해를 건넜을 것이다. 병목 때문에 이 집단들은 수천 년 동안 격리된 채 살아왔기 때문에, 그동안 각자 독특한 유전적 특성이 발달했을 것이다. 그래서 그들이 새로운 땅으로 퍼져가 개체군이 두 배, 네 배로 늘어나면서 이러한 특성들이 오늘날과 같은 유럽인과 아시아인 개체군의 독특한 특징들로 활짝 꽃을 피우게 되었다.(아프리카에서 기원한 인류가 여러 갈래로 퍼져 나갔다는 이 주장을 때로는 약한 에덴 동산 가설이라 부르는데, 버클랜드가 좋아했을 법한 이름이다. 하지만 이 이야기는 성경 이야기보다 훨씬 낫다. 우리는 에덴 동산을 잃은 게 아니라, 전 세계에 다른 에덴 동산을 만드는 법을 터득했기 때문이다.)

우리가 아프리카를 벗어나 널리 팽창해가면서 DNA는 경이로운 여행기를 기록했다. 유전자 분석 결과, 아시아에서는 두 차례의 큰 이주 물결이 일어났던 것으로 밝혀졌다. 첫 번째 물결은 약 6만 5000년 전에 인도를 빙 돌면서 나아가 결국 오스트레일리아까지 이르렀다. 따라서 오스트레일리아 원주민은 인류 역사상 최초의 진정한 탐험가였다고 할 수 있다. 그리고 두 번째 물결은 오늘날의 아시아인을 만들어냈고, 인류 최초의 인구 급증을 낳았다. 약 4만 년 전에는 세계 인구의 60%가 인도 반도와 말레이 반도와 타이 반도에 살았다. 북아메리카에서는 다른 유전자 풀을 조사한 결과, 최초의 아메리카인은 아시아를 떠나 신세계로 건너가길 몹시 주저한 듯이 시베리아와 알래스카 사이의 베링 육교에서 약 1만 년이나 머문 것으로 드러났다. 남아메리카에서 과학자들은 이스터 섬 원주민을 조사하다가 아메리카 인디언의 MHC 유전자를 발견했다. 이 섬 원주민의 다른 염색체들은 모두 아시아인의 것인데, 이 유전자가 그 사이에 섞여 있다는 사실은 10세기 전반에 누군가 콘티키호(노르웨이 인류학자 토르 헤위에르달Thor Heyerdahl이 1947년에 남아메리카에서 태평양을 건너 폴리네시아로 항해하는 데 사용한 대형 뗏목)와 비슷한 항해를 하면서 이스터 섬과 아메리카 사이를 왔다 갔다 했음을 말해준다. 그 무렵에 콜럼버스는 아직 할아버지의 할아버지의 할아버지의…… 할아버지의 생식샘에 퍼져 있던 작은 DNA 조각에 지나지 않았다.(고구마, 호리병박, 닭뼈의 유전자를 분석한 결과 역시 콜럼버스 이전 시대에 접촉이 있었음을 시사한다.) 오세아니아에서는 원주민 DNA의 확산과 정착이 언어의 확산과 정착과 밀접한 관계가 있는 것으로 밝혀졌다. 인류의 요람인 남아프리카 사람들은 어느 누구보다도 DNA의 다양성이 풍부할 뿐만 아니라 언어도 풍부한 것으로 드러났는데, 유명한 '칙-칙' 소리를 포함해 독특한 소리가 100가지에 이른다. 다양성이 중간 정도로 풍부한 지역의 언어들은 소리의 종류가 적다(영어는 40여 가지 정도). 하와이처럼 먼 옛날의 이

주 여정에서 맨 끝에 위치한 지역에 사는 사람들은 10여 가지의 소리를 사용하며, 또 하와이 원주민은 DNA가 비교적 균일하다. 이 모든 것은 너무나도 잘 들어맞는다.

우리 종의 경계를 조금 넘어선 지점을 살펴보면, DNA는 고고학의 큰 수수께끼 하나를 밝히는 데에도 도움을 준다. 그 수수께끼란 바로 네안데르탈인에게 과연 무슨 일이 일어났느냐 하는 것이다. 네안데르탈인은 유럽에서 오랫동안 잘 살아가다가 무슨 이유 때문인지 그 서식지가 점점 줄어들기 시작했는데, 마지막까지 살아남은 자들은 약 3만 5000년 전에 남유럽에서 최후를 맞이했다. 이들이 멸종한 원인을 놓고 기후 변화, 인간이 옮긴 질병, 먹이를 놓고 벌어진 경쟁, 살해(호모 사피엔스에게), 뇌를 너무 많이 먹다가 걸린 '미친 네안데르탈인 병' 등등 많은 가설이 난무하는데, 이런 상황은 정확한 원인을 아는 사람이 아무도 없다는 반증이다. 하지만 네안데르탈인의 유전체를 해독한 결과, 네안데르탈인이 완전히 사라진 게 아니라는 사실을 마침내 알게 되었다. 세계 곳곳에서 살아가는 우리 몸속에 그들의 씨가 남아 있다.

약 6만 년 전에 아프리카를 떠난 인류 집단들은 결국 네안데르탈인의 영역이던 레반트(역사적으로 팔레스타인과 시리아 부근을 가리키는 지리적 용어)까지 흘러들어갔다. 각 집단의 남성이 상대 집단의 여성을 보는 순간, 폭군처럼 지배적인 호르몬이 분비되면서 그들의 몸과 마음을 지배했고, 얼마 지나지 않아 여기저기서 인간과 네안데르탈인의 잡종인 휴먼데르탈humanderthal이 태어났다. 원시 인류가 원시 침팬지와 교미를 하던 것과 비슷한 일이 반복된 것이다. 그 다음에 일어난 일은 불확실하지만, 어쨌든 두 집단은 그후에 다시 갈라섰는데, 그 일은 비대칭적으로 일어났다. 어쩌면 분노한 인간 원로들이 타락한 자식들과 휴먼데르탈 손자들을 데리고 떠났는지도 모른다. 어쩌면 교잡은 네안데르탈인 남성과 인간 여성 사이에서만 일어났고, 인간 여성은 자기 무리와 함께 떠났을지 모른다. 어쩌면 두 집단은 우호적 분위기에서 헤어졌지만, 인간 집단이 계속 번성하면서 지구 전체로 퍼져나가는 동안 네안데르탈인이 기르던 휴먼데르탈 자식들은 모두 죽었을지 모른다. 어쨌든 구석기 시대의 모험적인 탐험가들은 네안데르탈인 연인들과 헤어질 때 그들의 유전자 풀에 네안데르탈인 DNA가 일부 섞이게 되었다. 그 결과, 우리 몸속에는 아직도 그중 몇 %의 DNA(각자의 할아버지의 할아버지의…… 할아버지에게서 물려받은 양에 해당하는 DNA)가 남아 있다. 이들 DNA가 어떤 일을 하는지는 아직 분명하게 밝혀지지 않았지만, 일부는 MHC 면역 DNA이다. 이 사실은 새로운 땅(네안데르탈인에게서 빼앗은)에서 맞닥뜨린 새로운 질병에 대항하는 DNA를 인간에게 줌으로써 네안데르탈인은 자기도 모르게 스스로의 파멸을 앞당겼음을 의미한다. 하지만 기묘하게도 상호 교환은 일어나지 않은 것으로 보인다. 질병에 대항하는 것이건 다른 것이건 인간만의 독특한 DNA가 네안데르탈인에게서 발견된 적이 아직까지 전혀 없기 때문이다. 그 이유는 아무도 모른다.

그리고 우리 중 일부만 네안데르탈인 DNA를 흡수했다. 두 종 사이의 사랑은 모두 아시아와 유럽 사이의 중간 지역에서만 일어났고, 아프리카에서는 일어나지 않았다. 이것은 네안데르탈인 DNA를 물려준 사람들은 옛날의 아프리카인이 아니라(지금까지 과학자들이 조사한 바로는 아프리카인은 네안데르탈인과 엮인 적이 전혀 없다) 초기의 아시아인과 유럽인이고, 이들이 전 세계로 퍼져갔음을 의미한다. 이것은 너무나도 큰 아이러니이기 때문에 그냥 넘어갈 수 없다. 잘난 체하던 19세기의 인종주의 과학자들은 인종을 천사 바로 아래 단계에서 짐승 바로 위 단계까지 층을 나누어 분류하면서 검은 피부를 네안데르탈인 같은 '인간 이하의' 짐승과 동일시했다. 하지만 그런다고 해서 진실을 바꿀 수는 없다. 네안데르탈인 DNA는 오늘날의 아프리카인보다 순수한 북유럽인에게 더 많이 들어 있다. 우리 DNA의 품위는 또 한 번 훼손되고 말았다.

하지만 2011년에 아프리카인은 다른 종과 나름의 관계를 맺었다는 증거가 나타나면서 고고학자들은 또 한 번 좌절을 맛보았다. 중앙아프리카의 고향에 계속 머물면서 살아왔고 평생 동안 네안데르탈인을 전혀 본 적이 없는 일부 부족은 지금은 멸종하고 없는 미지의 고인류로부터 비암호화 DNA를 얻었고, 초기의 아시아인과 유럽인이 떠난 뒤에도 잘 살아온 것으로 보인다. 과학자들이 전 세계에서 인간의 유전자 다양성을 계속 조사함에 따라 다른 집단들에서도 그 DNA의 기억에 우리가 다른 종과 밀회한 흔적이 틀림없이 나타날 것이다. 그러면 '인간' DNA 중 더 많은 부분이 다른 종에게서 왔다는 사실이 밝혀질 것이다.

하지만 단순히 어떤 종족 집단이 다른 집단보다 낡은 DNA를 덜 가지고 있는지 알아내는 것은 문제의 초점이 아니다. 중요한 진실은 누가 네안데르탈인에 더 가까운가 혹은 먼가 하는 것이 아니다. 드러난 진실은 어디서 살아간 어떤 집단이건, 사람들은 모두 기회만 닿으면 다른 고인류 집단과 사랑을 즐겼다는 것이다. 이러한 DNA의 기억은 우리의 이드id보다 더 깊숙한 곳에 숨어 있는데, 인류가 지구 전체로 퍼져나간 과정을 들려주는 영웅담은 개인적이고 은밀하고 너무나도 인간적인 수정과 주석이 필요하다는 사실을 상기시켜준다. 그러한 수정과 주석에는 여기저기서 다른 종을 만나기도 하고 눈이 맞아 달아나기도 하고 거의 모든 곳에서 유전자가 섞이는 일이 일어난 이야기가 포함될 것이다. 하지만 모든 인간은 이 수치스러운 일(만약 그것을 수치스럽다고 부른다면)과 주홍 글씨 A, C, G, T를 공유한 공범이다.

11
중요한 차이를 빚어낸 크기

왜 인간은 이렇게 큰 뇌를 갖게 되었을까?

우리 조상이 지구 전체로 퍼져 나가 성공을 거두는 데에는 단순히 운이나 불굴의 끈기만으로는 부족했다. 계속 닥쳐오는 멸종의 위협을 피하려면 좋은 뇌도 필요했다. 인간의 지능을 만들어내는 생물학적 기초는 분명히 존재한다. 우리의 높은 지능은 매우 보편적인 특성이므로 그것은 분명히 DNA에 새겨져 있을 것이다. 또, 뇌세포는 대부분의 세포와는 달리 우리가 가진 DNA를 거의 전부 다 사용한다. 하지만 골상학자부터 NASA의 공학자까지 많은 사람들이 아인슈타인에서부터 천재 백치에 이르기까지 많은 사람들을 수백 년 동안 연구해왔지만, 아직도 우리의 뛰어난 지능이 어디서 나오는지 정확하게 아는 사람은 없다.

지능의 생물학적 기초를 찾으려는 초기의 시도들은 클수록 좋다는 개념(근육이 많을수록 물체를 들어올리는 힘이 센 것처럼 뇌 용량이 클수록 사고 능력도 더 뛰어나다는 개념)을 만지작거렸다. 비록 직관적 개념이긴 하지만, 이 가설에는 결점이 있었다. 고래는 뇌 무게가 9kg이나 나가지만, 지구를 지배하는 동물이 되지 못했다. 나폴레옹 시대의 프랑스에서 다윈과 마키아벨리를 합쳐놓은 듯한 인물로 막강한 영향력을 떨친 퀴비에는 과학자들에게 동물의 뇌 무게를 그 몸무게와 비교한 상대 뇌 무게도 검토해보라고 제안했다.

하지만 그 시대의 과학자들은 뇌가 클수록 사고 능력이 더 뛰어나다고 주장했으며, 한 종 내에서는 특히 그렇다고 주장했다. 그 주장을 뒷받침하는 최고의 증거는 퀴비에 자신이었는데, 그는 호박만큼 큰 머리로 유명했기 때문이다. 하지만 1832년 5월 15일 화요일 오전 7시 전까지는 퀴비에의 뇌 자체에 대해 아무도 결정적인 진술을 할 수 없었다. 그날, 파리에서 가장 유명하고 뻔뻔한 의사들이 퀴비에의 사체를 부검했다. 그들은 퀴비에의 몸통을 가르고 내장을 꼼꼼히 훑으며 살핀 뒤에 퀴비에가 정상적인 기관들을 가졌다고 확인했다. 이 임무를 무사히 마친 뒤, 그들은 퀴비에의 두개골을 톱으로 잘라 엄청나게 큰 표본을 추출했다. 그의 뇌는 무게가 65온스(약 1840g)로 이전에 측정한 뇌들보다 10% 이상 컸다. 그들이 알고 있던 사람들 중 가장 똑똑했던 과학자는 그들이 본 어떤 뇌보다 큰 뇌를 갖고 있었다. 이것은 상당히 설득력 있는 증거였다.

하지만 1860년대에 들어 클수록 머리가 좋다는 가설은 그 기반이 무너지기 시작했다. 무엇보다도, 일부 과학자는 뇌 측정의 정확성에 의문을 품었는데, 측정 결과가 상식에서 크게 벗어나는 것처럼 보였기 때문이다. 불행하게도 퀴비에의 뇌를 보존 용액에 담아 보존할 생각을 한 사람은 아무도 없었기 때문에, 후대의 과학자들은 얻을 수 있는 증거는 무엇이건 확보해 그것을 바탕으로 추측할 수밖에 없었다. 누군가가 마침내 퀴비에의 모자를 발견했는데, 그 모자는 실제로 상당히 컸다. 여러 사람이 모자를 써보았지만, 모두 모자가 눈 밑으로 내려왔다. 하지만 모자를 제작하는 방법을 잘 아는 사람들은 시간이 흐르면서 모자의 펠트가 늘어났을지 모른다고 지적했다. 한편, 이발업에 종사하는 사람들은 퀴비에는 부스스한 머리카락 때문에 머리가 아주 커보였을 수 있으며, 그 때문에 의사들이 뇌도 클 것이라는 편견에 사로잡혔을 수 있다고(그리고 그런 기대 때문에 큰 뇌를 발견했다고) 지적했다. 또 어떤 사람들은 퀴비에가 어렸을 때 수두증을 앓았다고 주장했다. 어릴 때 수두증에 걸리면 뇌와 머리뼈가 크게 부풀어 오를 수 있다. 그렇다면 퀴비에의 큰 머리는 우연한 사고로 생긴 것일 뿐, 그의 천재성과는 아무 관계가 없을 수 있다.*

뇌가 클수록 머리가 좋을까?

퀴비에에 대해 아무리 논쟁을 벌여봤자 문제가 해결될 기미가 보이지 않자, 해부학자들은 더 많은 사람들의 자료를 얻기 위해 머리뼈 부피를 측정하는 방법을 개발했다. 기본적으로는 모든 구멍을 틀어막고 머리뼈 속을 (각자의 기호에 따라) 콩이나 완두콩, 쌀, 수수, 후추 열매, 겨자 씨, 물, 수은, 납 산탄 등으로 채우는 방법이었다. 탁자 위에 깔때기가 꽂힌 머리뼈들이 죽 늘어서 있고, 조수가 수은이 든 용기나 곡물 마대를 들고 돌아다니는 장면을 상상해보라. 측정 결과들을 담은 논문이 많이 발표되었지만, 그 결과는 오히려 혼란만 더 부추겼다. 머리가 가장 큰 에스키모가 과연 지구에서 가장 머리가 좋은 종족일까? 게다가 새로 발견된 한 네안데르탈인 종의 머리뼈는 우리보다 평균적으로 약 90cc나 더 컸다.

이것은 혼란의 시작에 불과했다. 상관 관계가 엄밀하게 성립하는 것은 아니지만, 일반적으로 뇌가 큰 종일수록 머리가 더 좋은 것은 사실이었다. 그리고 원숭이와 유인원과 사람은 모두 머리가 아주 좋기 때문에, 과학자들은 영장류 DNA에 어떤 압력이 강하게 작용해 뇌의 크기를

다윈과 마키아벨리를 합쳐놓은 듯한 생물학자로 나폴레옹 시대와 그 이후의 프랑스 과학계를 좌지우지했던 퀴비에는 지금까지 가장 큰 뇌를 가진 사람 중 하나로 꼽힌다. (제임스 톰슨 James Thomson의 동판화)

증가시켰을 것이라고 가정했다. 그것은 기본적으로 군비 경쟁이었다. 뇌가 큰 영장류가 먹이를 대부분 차지하고 위험에서도 잘 살아남는데, 그런 경쟁자를 물리칠 수 있는 방법은 더 똑똑해지는 것뿐이다. 하지만 자연은 가끔 인색하게 굴 수 있다. 지금은 유전자와 화석의 증거를 바탕으로 지난 수천만 년 동안 대부분의 영장류 계통이 어떻게 진화해왔는지 추적할 수 있다. 그 결과 어떤 종들은 몸 크기가 그리고 그와 함께 뇌도 시간이 지나면서 줄어든 것으로 밝혀졌다. 즉, 머리뼈가 작아진 것이다. 뇌는 많은 에너지를 소비하는데(사람의 경우 전체 에너지의 약 20%), 식량 부족이 만성적으로 계속되는 시기에 영장류 사이에서 승리를 거둔 DNA는 뇌를 만드는 데 자원을 아낀 자린고비 DNA였다.

오늘날 가장 잘 알려진 난쟁이 인류는 인도네시아의 플로레스 섬에서 발견된 '호빗' 골격이다. 2003년에 처음 발견되었을 때, 많은 과학자는 성장이 위축된 사람이거나 머리가 작은 사람의 뼈라고 주장했다. 그들은 진화가 호미니드의 뇌를 그토록 작아지도록 방치할 만큼 무책임할 리가 없다고 생각했다. 뇌야말로 우리 호미니드를 규정하는 전부라고 말할 수 있으니까. 하지만 오늘날 과학자들은 호빗(정식 학명은 호모 플로레시엔시스Homo florensiensis)의 뇌가 정말로 축소되었다는 사실을 받아들인다. 이런 일이 일어난 일부 원인은 소위 섬 왜소화island dwarfism와 관련이 있을지 모른다. 섬은 공간이 크게 제한돼 있고 먹이가 적기 때문에, 만약 어떤 동물이 키와 크기를 조절하는 수백 개의 유전자 중 일부를 억제한다면, 적은 칼로리로 충분히 버틸 수 있다. 섬 왜소화는 매머드와 하마를 비롯해 섬에 갇힌 동물을 난쟁이로 만든 사례가 많이 있기 때문에, 그 압력이 호미니드도 왜소화를 향해 진화하도록 작용하지 말라는 법이 없다. 설사 그 결과로 뇌가 줄어든다 하더라도 말이다.*

어떤 척도에서 보면, 현생 인류 역시 난쟁이다. 박물관에서 영국 왕이나 다른 역사적 인물이 입었던 왜소한 갑옷을 보고 킥킥댄 사람들이 있을 것이다. 그토록 왜소한 사람이 대단한 인물이었다니 하고 말이다. 하지만 우리 조상들도 우리가 입은 옷을 보았더라면, 마찬가지로 킥킥거렸을 것이다. 약 3만 년 전부터 시작하여 우리의 DNA는 인간의 몸 크기를 평균적으로 약 10%(키로 따지면 약 12.5cm)나 줄어들게 했다. 우리가 우쭐하게 여기는 뇌 크기도 같은 기간에 최소한 10%가 줄어들었으며, 일부 과학자는 그보다 훨씬 많이 줄어들었다고 주장한다.

20세기 초에 머리뼈에 산탄이나 수수를 채워넣던 과학자들은 DNA에 대해서는 전혀 몰랐지만, 그들의 조악한 도구로도 뇌 크기와 지능 사이에 밀접한 관계가 있다는 가설이 성립하지 않는다는 사실을 알 수 있었다. 천재들을 조사한 한 유명한 연구 — 1912년에 〈뉴욕 타임스〉에 2페이지짜리 양면 펼침 기사로 실린 — 에서는 정말로 큰 기관을 일부 발견했다. 러시아 작가 이반 투르게네프Ivan Turgenev의 뇌는 보통 사람의 뇌가 50온스(약 1400g)인 데 비해 70온스(약 1980g) 이상 나갔다. 반면에 정치인 대니얼 웹스터Daniel Webster나 프로그래밍이 가능한 컴퓨터를 최초로 꿈꾸었던 수학자 찰스 배비지Charles Babbage의 뇌는 평균 정도에 지나지 않았다. 그리고 월트 휘트먼Walt Whitman은 뇌가 44온스(약 1250g) 정도에 불과했다. 프란츠 요제프 갈Franz Joseph Gall은 더 심했다. 갈은 아주 똑똑한 과학자였지만(그는 처음으로 뇌는 각 부분마다 서로 다른 기능을 담당한다고 주장했다), 머리뼈의 형상으로 인간의 성격과 심리적 특성 및 운명을 알 수 있다고 주장한 골상학도 창시했다. 그런데 그의 추종자들에게는 당황스럽게도, 갈의 뇌는 무게가 겨우 1190g밖에 나가지 않았다.

공정하게 말한다면, 휘트먼의 머리뼈는 측정하기 전에 실수로 그만 바닥에 떨어지고 말았다. 그 바람에 머리뼈는 말라붙은 케이크처럼 산산조각났고, 모든 조각을 다 회수했는지도 불확실하기 때문에, 휘트먼의 뇌는 실제로는 그보다 더 컸을지도 모른다.(하지만 갈의 경우에는 그런 사고조차 일어나지 않았으므로 변명의 여지가 없다.) 어쨌든 1950년대까지 뇌가 클수록 머리가 좋다는 가설은 치명상을 몇 차례 입었고, 그래도 남아 있던 일부 미련마저 1955년에 아인슈타인이 죽은 지 몇 시간 뒤에 완전히 사라지고 말았다.

아인슈타인의 뇌

1955년 4월 13일에 대동맥류를 앓은 후 아인슈타인은 전 세계 사람들이 임종을 기다리는 유명 인사가 되었다. 그리고 결국 4월 18일 오전 1시 15분에 내출혈로 사망했다. 사체는 곧바로 의례적인 부검을 위해 뉴저지주 프린스턴의 한 병원으로 옮겨졌다. 근무 중이던 병리학자 토머스 하비Thomas Harvey는 냉혹한 선택에 직면했다.

누구라도 같은 유혹을 받았을 것이다. 아인슈타인을 아인슈타인으로 만든 근본 원인이 무엇인지 궁금하지 않을 사람이 어디 있겠는가? 아인슈타인도 죽은 뒤에 자신의 뇌를 연구하는 것에 관심을 표명한 바 있었고, 심지어 뇌 스캔을 받은 적도 있었다. 자신의 뇌를 보존하는 것에는 반대했는데, 그 이유도 단지 사람들이 그것을 20세기의 중세 가톨릭 성유물처럼 숭배하지 않을까 하는 염려 때문이었다. 하지만 그날 밤에 부검실에서 수술칼을 준비하던 하비는 역사상 손꼽을 정도로 위대한 과학자의 뇌를 인류가 구할 기회는 그 순간밖에 없다는 사실을 잘 알고 있었다. 그래서 다음 날 오전 8시 무렵, 훔쳤다고 말하면 좀 심할지 모르지만, 어쨌든 친족의 허락도 없이, 그리고 자신의 시체를 화장하라고 한 아인슈타인의 유언을 거스르고 하비는 아인슈타인의 뇌를 '해방'시킨 시체를 가족에게 돌려주었다.

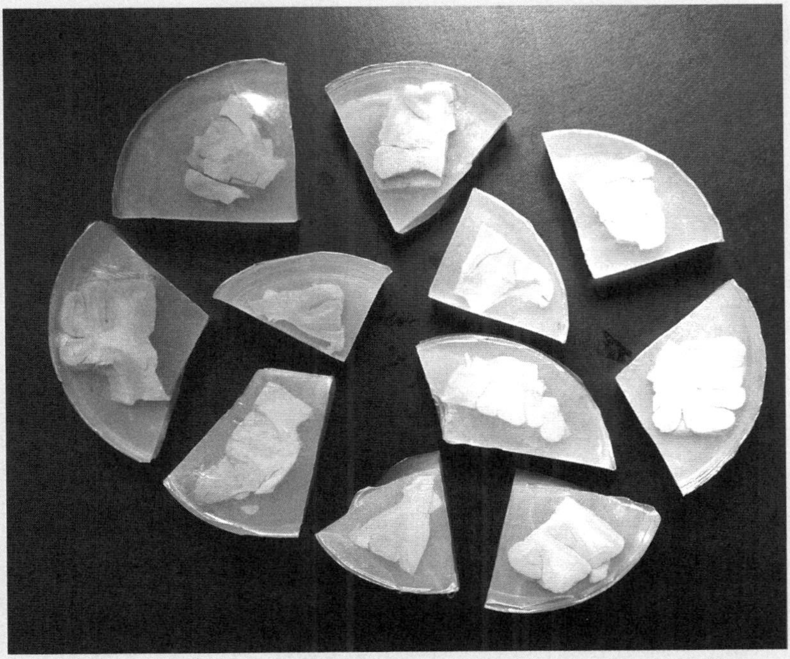

1955년에 아인슈타인이 사망한 뒤 딱딱한 셀로이딘에 굳혀 보존한 그의 뇌 조각들. (사진 제공 : Getty Images)

실망은 처음부터 찾아왔다. 아인슈타인의 뇌는 무게가 43온스(약 1220g) 정도밖에 나가지 않아 정상인 중에서도 작은 편에 속했다. 그리고 하비가 다른 것을 더 측정하기도 전에 그 성유물에 대한 소문이 퍼져나갔다. 다음 날, 학교에서 아인슈타인의 죽음에 대해 토론하는 시간에 평소에는 말수가 적던 하비의 아들이 불쑥 "우리 아빠가 그의 뇌를 갖고 있어요!"라고 말했다. 다음 날, 미국 전역의 신문들은 1면에 실린 사망기사에서 하비의 계획을 언급했다. 하비는 분노한 아인슈타인 가족을 설득해 결국 그 뇌에 대해 추가 연구를 할 수 있는 허락을 받아냈다. 그래서 캘리퍼스로 크기를 측정하고, 후대의 연구자를 위해 35mm 흑백 카메라로 사진을 찍은 뒤에 뇌를 캐러멜만 한 덩어리 240개로 잘라 각각의 덩어리를 래커로 칠하고 셀로이딘(현미경 절편 고정체)에 고정시켰다. 그리고 그 덩어리들을 마요네즈 용기에 넣어 신경학자들에게 우송했다. 거기서 나올 과학적 성과가 자신의 사소한 잘못을 정당화시켜 주리라 확신하면서.

물론 유명한 사람의 사체가 부검을 통해 곤욕을 치른 일은 이번이 처음이 아니었다. 1827년에 의사들은 베토벤의 청각 장애를 연구하기 위해 그의 귀뼈를 따로 떼두었지만, 한 의사가 그것을 훔쳐갔다. 소련은 레닌의 뇌를 연구해 무엇이 혁명가를 혁명가로 만드는지 알아내기 위한 목적으로 연구소를 따로 설립하기까지 했다.(이 연구소는 스탈린과 차이코프스키의 뇌도 따로 보존했다.) 이와 비슷하게, 비록 군중에게 신체가 심각하게 훼손되긴 했지만, 제2차 세계 대전이 끝난 후 미국인은 무엇이 독재자를 독재자로 만드는지 알기 위해 무솔리니의 뇌 절반을 챙겼다. 같은 해에 미 군부는 핵 방사능 피해를 연구하기 위해 일본 검시관들이 보관하고 있던 인체 표본 4000점을 압수했다. 그중에는 심장, 간과 뇌 조각, 심지어 몸에서 떨어져 나온 눈알도 있었는데, 의사들은 이것들을 모두 단지에 담아 워싱턴 D. C.에 있는 방사능 차단 저장고에 보관했다. 이를 위해 미국 납세자들이 부담한 비용은 연간 6만 달러였다.(미국은 1973년에 이 유해를 일본으로 송환했다.)

더욱 엽기적인 일도 있었는데, 윌리엄 버클랜드는 한 친구가 루이 14세의 말라붙은 심장 조각을 자랑하려고 코담뱃갑을 열었을 때, 대식가로서의 경력에 정점을 찍는 행동을 보여주었다.(이 이야기는 출처가 불분명해 사실이 아닐 가능성이 높지만, 같은 시대 사람들은 이 이야기를 믿었다.) 버클랜드는 생각에 잠겨 이렇게 중얼거렸다고 한다. "나는 기묘한 것을 수많이 먹어보았지만, 왕의 심장은 먹어본 적이 없어." 그러고는 누가 말리기도 전에 그것을 꿀꺽 삼켜버렸다. 훔친 신체 부위 중 가장 입에 담기 민망한 것은 퀴비에의 후원자이던 나폴레옹의 은밀한 부위였다. 1821년에 나폴레옹의 시체를 부검하던 한 의사가 앙심을 품고 그의 성기를 잘랐고, 어느 비열한 성직자가 그것을 유럽으로 몰래 들여왔다. 100년쯤 뒤인 1927년에 그것은 뉴욕의 경매 시장에 나왔다. 그것을 본 한 사람은 "잘못 처리한 벅스킨(사슴이나 염소의 부드러운 가죽) 구두끈 조각" 같다고 평했다. 그것은 3.7cm 정도의 길이로 쪼그라들었지만, 뉴저지 주의 한 비뇨기과 의사가 2900달러에 샀다. 이 오싹한 명단을 덮기 전에 1955년에 아인슈타인의 눈알을 훔쳐간 뉴저지 주의 의사 이야기를 빼놓을 수 없다. 나중에 이 의사는 그 눈알을 수백만 달러에 팔라는 마이클 잭슨Michael Jackson의 제의를 거절했다 — 그 눈알을 바라보는 즐거움에 푹 빠진 게 한 가지 이유였다. 아인슈타인의 나머지 유해는 어떻게 되었을까? 다행히도 그것은 무사히 화장되었고, 프린스턴에서 가족이 그 재를 뿌린 장소가 어디인지는 아무도 모른다.*

아인슈타인이 수난을 겪은 이 모든 이야기에서 가장 낙담스러운 사실은 과학자들이 얻은 지식이 보잘것없었다는 것이 아닐까 싶다. 신경학자들은 40년 동안 아인슈타인의 뇌에 대해 단 세 편의 논문만 발표하는 데 그쳤는데, 특별한 것을 전혀 발견하지 못했기 때문이다. 하비는 계속해서 과학자들에게 더 자세히 조사할 것을 촉구했지만, 처음의 조사 결과가 되풀이되자 뇌 조각들은 대부분 방치되었다. 하비는 각 부위를 천으로 싼 뒤에 아가리가 넓고 포름알데히드가 담긴 유리 쿠키 병 2개에 넣어 보관했다. 그 병들을 'Costa Cider'라는 라벨이 붙은 마분지 상자에 넣어 하비의 연구실에 있는 빨간색 맥주 냉각기 뒤에 놓아두었다. 훗날 하비가 일자리를 잃고 캔자스 주의 푸른 초원으로 옮겨갈 때, 자신의 차 조수석에 아인슈타인의 뇌를 싣고 갔다.

하지만 지난 15년 사이에 하비의 집념은 어느 정도 정당화되었다. 몇몇 신중한 논문은 아인슈타인의 뇌에서 미시적 또는 거시적으로 특이한 측면을 몇 가지 지적했다. 이것은 뇌 성장 유전학에 대해 쏟아져나온 연구와 합쳐져 인간의 뇌가 다른 동물의 뇌와 다른 점이 무엇인가에 대해, 그리고 아인슈타인을 거기서 조금 더 나아가 표준에서 벗어나게 한 요인이 무엇인가에 대해 중요한 직관을 제공할지도 모른다.

첫째, 뇌 크기에 대한 집착은 특정 뇌 부위의 크기에 대한 집착으로 바뀌었다. 영장류는 다른 동물에 비해 신경 돌기(축삭)가 유난히 굵으며, 따라서 각각의 신경세포(뉴런)를 통해 정보를 더 빨리 보낼 수 있다. 더 중요한 점은 뇌의 가장 바깥층에 해당하는 겉질(피질)의 두께인데, 겉질은 사고와 꿈과 그 밖의 복잡한 활동을 촉진하는 기능을 담당한다. 과학자들은 겉질을 두껍게 성장하게 하는 데 어떤 유전자들이 중요한 역할을 하는지 알아냈는데, 이 유전자들이 기능을 제대로 발휘하지 못하면 좋지 못한 결과가 분명하게 나타나기 때문이다. 그런 일이 일어날 경우에는 원시적이라 할 정도로 작은 뇌를 갖고 태어난다. 그 유전자 중 하나는 *aspm*이다. 영장류는 다른 포유류에 비해 *aspm* 유전자에 여분의

DNA가 더 있다. 이 DNA는 겉질을 두껍게 만드는 데 필요한 여분의 아미노산열에 대한 암호가 담겨 있다.(이 아미노산열은 대개 아이소류신과 글루타민으로 시작한다. 생화학자들은 아미노산을 약자로 표시할 때가 많은데, 글루타민은 대개 *Q*로[*G*는 어디론가 사라지고], 아이소류신은 그냥 *I*로 나타낸다. — 이것은 우연의 일치로 '*IQ* 영역'이라 부르는 DNA 문자열이 우리에게 높은 지능이 발달하도록 하는 데 도움을 준다는 걸 의미한다.)

겉질의 크기 증가와 함께 *aspm* 유전자는 겉질에서 신경세포의 밀도를 증가시키는 과정(지능과 밀접한 상관관계가 있는 또 한 가지 특성)을 인도하는 데 도움을 준다. 이 밀도 증가는 우리에게 줄기세포(아직 어떤 세포가 될지 분명히 정해지지 않아 어떤 경로로 나아갈지 알 수 없고 어떤 종류의 세포라도 될 수 있는 세포)가 아주 많을 때인 초기 시절에 일어난다. 초기의 뇌에서 분열을 시작한 줄기세포는 줄기세포를 더 많이 만들거나 아니면 맡은 역할이 결정되어 성숙한 신경세포가 될 수 있다. 신경세포가 좋은 것임은 분명하지만, 신경세포가 하나 생길 때마다 새로운 줄기세포(나중에 추가로 신경세포를 만들 수 있는)의 생산은 멈춘다. 따라서 큰 뇌를 만들려면 먼저 줄기세포를 일정 기준에 이르는 수만큼 만드는 게 필요하다. 그러려면 줄기세포들이 균일하게 분열하도록 보장하는 게 꼭 필요하다. 만약 세포 내 물질이 두 딸세포에 똑같이 나누어진다면, 각각의 딸세포는 또 다른 줄기세포가 된다. 하지만 분열이 불균일하게 일어난다면, 신경세포가 너무 일찍 생겨난다.

균일한 분열을 촉진하기 위해 *aspm* 유전자는 '방추체'를 안내하는 일을 하는데, 알다시피 방추체는 세포 분열 시에 염색체에 들러붙어서 염색체를 깨끗하게 대칭적으로 떼어내 끌고 간다. 만약 *aspm* 유전자가 제 기능을 하지 못하면, 분열이 불균일하게 일어나 신경세포가 너무 일찍 생기는데, 그러면 그 아이의 뇌는 정상적으로 발달하지 못한다. 물론 *aspm* 유전자 자체는 큰 뇌를 직접 만드는 일을 담당하는 유전자가 아니다. 세포 분열은 많은 유전자 사이에 정교한 통합 조정이 일어나야 가능하며, 마스터 조절 유전자가 위에서 모든 것을 지휘한다. 하지만 *aspm* 유전자는 제대로 신호를 발사한다면 겉질을 신경세포로 가득 채울 수 있다.* 반대로 신호를 제대로 발사하지 못하면 신경세포 생산에 지장을 초래할 수 있다.

아인슈타인의 겉질에는 남다른 특징이 몇 가지 있었다. 한 연구에 따르면, 정상적인 노인과 비교했을 때 그의 겉질에 있는 신경세포의 수와 평균 크기는 같았다. 하지만 겉질의 일부인 이마엽앞겉질(전전두엽피질)은 더 얇았는데, 그 때문에 신경세포의 밀도가 더 높았다. 신경세포들이 더 촘촘하게 모여 있으면 뇌가 정보를 더 빨리 처리하는 데 도움이 될지 모른다. 이마엽앞겉질이 뇌 전체의 생각들을 조율하고 다단계 문제를 푸는 데 도움을 준다는 사실을 고려하면, 이것은 감질나게 하는 발견이다.

다른 연구들은 아인슈타인의 겉질에서 특정 주름과 고랑을 조사했다. 뇌 크기와 마찬가지로 주름이 많을수록 뇌의 능력이 더 좋다는 이야기도 하나의 전설에 불과하다. 하지만 주름이 많다는 것은 일반적으로 뇌가 그만큼 더 잘 돌아간다는 것을 시사한다. 예를 들면, 우리보다 더 작고 지능이 낮은 원숭이는 겉질에 주름이 더 적다. 흥미롭게도 갓 태어난 아기도 그렇다. 이것은 우리가 아기에서 젊은이로 성장함에 따라, 그리고 그와 함께 뇌에 주름을 만드는 유전자가 작동하기 시작함에 따라 수백만 년에 걸친 인류 진화를 다시 경험한다는 뜻이다. 과학자들은 또한 뇌에 주름이 부족하면 치명적 결과를 초래한다는 사실도 알고 있다. '반반한 뇌smooth brain'라는 유전 질환은 설사 아기가 출산일까지 살아남는다 하더라도, 아기의 발달을 심각하게 지연시킨다. 반반한 뇌는 복잡하게 골이 져 있는 대신에 기묘할 정도로 반들반들해 보이며, 그 단면은 돌돌 구겨진 뇌 조직 대신에 두껍고 반듯하게 자른 간처럼 보인다.

아인슈타인은 수학적 추론과 이미지 처리를 돕는 지역인 마루엽(두정엽) 겉질에 특이한 주름과 능선이 있었다. 이것은 대부분 그림을 통해 물리학을 한다고 했던 아인슈타인의 말과 일치한다. 예를 들면, 상대성 이론을 발견할 때, 아인슈타인은 광선 위에 올라타고 달리면 어떤 일이 일어날지 상상하는 방법을 사용했다. 마루엽은 또한 소리와 시각과 그 밖의 감각 입력을 뇌의 나머지 사고 능력과 통합한다. 아인슈타인은 추상적 개념은 자신의 마음속에서 "오직 감각 경험과의 연결을 통해서만" 의미를 지닌다고 말한 적이 있다. 그리고 그의 가족은 아인슈타인이 물리학 문제로 고민할 때마다 바이올린을 연주했다고 기억한다. 그러다가 한 시간 후, "알았어!" 하고 소리치고는 다시 물리학 연구로 돌아간 적이 자주 있었다고 한다. 이 경우, 청각 신호 입력이 그의 사고를 자극한 것처럼 보인다. 아마도 가장 두드러진 특징은 마루엽 겉질의 주름과 능선이 아주 두꺼운 것이 아닌가 싶은데, 보통 사람들보다 약 15%나 더 두꺼웠다. 우리처럼 사고 능력이 낮은 대다수 사람들은 오른쪽 마루엽 겉질이 얇고 왼쪽 마루엽 겉질은 더욱 얇지만, 아인슈타인은 양쪽 다 동일하게 두꺼웠다.

마지막으로 아인슈타인은 중간뇌의 일부인 마루덮개가 없는 것처럼 보였는데, 적어도 제대로 발달하지 않은 게 분명하다. 이곳은 언어를 만들어내는 일을 돕는데, 아인슈타인이 만 두 살이 될 때까지 말을 하지 못했고, 일곱 살 때까지 모든 문장을 낮은 목소리로 말하며 미리 연습했던 이유도 이 부분이 없어서 그랬을 수 있다. 하지만 이에 따르는 보상이 있을지 모른다. 보통 사람들은 이곳에 틈새가 있는데, 그러면 생각은 먼 길을 돌아서 전달된다. 그러한 틈새가 없었던 아인슈타인은 서로 분리된 양쪽 뇌가 직접 접촉함으로써 특정 정보를 더 빨리 처리할 수 있었을 것이다.

이 모든 이야기는 아주 흥미진진하다. 하지만 흥미진진하기만 할 뿐, 허튼소리에 불과한 것은 아닐까? 아인슈타인은 자신의 뇌가 성유물이 되지 않을까 염려했지만, 우리는 그에 못지않게 어리석은 짓을 저지르고 골상학으로 되돌아간 것은 아닐까? 아인슈타인의 뇌는 지금은 상태가 나빠져 토막낸 간처럼 변했기 때문에(심지어 색도 비슷하다), 과학자들은 어쩔 수 없이 주로 사진을 보고 연구할 수밖에 없는데, 사진으로 연구하면 아무래도 정확성이 떨어질 수밖에 없다. 그리고 노골적으로 말하면, 토머스 하비는 아인슈타인의 뇌에 나타난 '비범한' 특징을 다룬 갖가지 연구 논문 중 약 절반에 공동 저자로 참여했고, 자신이 훔친 기관이 과학에 기여를 하는 것이 있느냐 없느냐에 큰 이해 관계가 걸려 있었던 게 사실이다. 게다가 퀴비에의 큰 뇌와 마찬가지로 아인슈타인의 특징도 기이하지만 천재성과는 아무 관계가 없을지 모른다. 표본 크기가 1에 불과한 자료를 가지고 어떤 결론을 이끌어내기는 어렵다. 더욱 어려운 문제는, 만약 뇌의 색다른 특징(두꺼운 주름처럼)이 아인슈타인에게 천재성을 나타나게 했는지, 아니면 그의 천재성이 뇌의 그 부분들을 '단련해' 만들어냈는지 알 수 없다는 점이다. 일부 회의적인 신경과학자들은 어릴 때부터 바이올린을 연주하면(아인슈타인은 6세 때부터 바이올린을 연주했다), 아인슈타인에게서 관찰된 것과 같은 뇌의 변형이 일어날 수 있다고 지적한다.

만약 하비가 보관한 뇌 조각에서 DNA를 추출해 분석해보면 좋지 않을까 하는 생각을 한다면, 그런 기대는 접는 게 좋다. 1998년, 하비는 자신이 보관한 병을 갖고 한 작가와 함께 뷰익을 타고 캘리포니아 주에 살고 있던 아인슈타인의 손녀를 찾아갔다. 할아버지의 뇌를 보고 기묘한 기분이 들었겠지만, 이블린 아인슈타인Evelyn Einstein이 방문객을 맞이한 이유는 오직 하나였다. 그녀는 가난했고, 우둔하다는 소문이 있었으며, 일자리를 얻더라도 일을 하는 데 어려움을 겪었다. 즉, 어느 모로 보나 아인슈타인의 혈족으로 어울리지 않았다. 사실, 이블린은 아인슈타인의 아들 한스Hans가 자신을 입양했다는 이야기를 늘 들으면서 살아왔다. 하지만 이블린은 수학을 약간 할 수 있었으며, 아내가 죽은 뒤 아인슈타인이 많은 여자와 사랑을 나누었다는 소문을 듣고는 자신이 아인슈타인의 사생아가 아닐까 하는 생각이 들었다. '입양'은 그것을 감추기 위한 술책일지 몰랐다. 그래서 이블린은 유전자 검사를 통해 문제를 해결하길 원했지만, 방부 처리 과정이 뇌의 DNA를 변화시킨 것으로 드러났다. 아인슈타인의 DNA는 아마 아직도 다른 곳—수염을 빗은 솔에 끼인 털이나 파이프에 묻은 침, 바이올린에 스며든 땀 등으로—에 떠돌아다니고 있겠지만, 아직까지는 우리는 1955년에 죽은 남자의 유전자보다는 5만 년 전에 죽은 네안데르탈인의 유전자에 대해 더 많은 것을 알고 있다.

하지만 비록 아인슈타인의 천재성은 수수께끼로 남아 있다 하더라도, 과학자들은 다른 영장류에 비해 인간이 지닌 천재성의 원인에 대해 많은 것을 알아냈다. 인간의 지능을 높이는 데 도움을 주는 DNA 중 일부는 그 일을 우회적 방법으로 한다. 수백만 년 전에 사람에게 일어난 틀 이동 돌연변이는 우리의 턱 근육을 크게 키우는 유전자의 작동을 멈추게 했다. 그 결과로 우리는 더 얇고 연약한 머리뼈를 갖게 되었는데, 이것은 뇌가 팽창해갈 수 있는 머리뼈 속 공간을 넓히는 결과를 가져왔다. 또 한 가지 놀라운 사실은 육식 유전자인 *apoE* 유전자가 콜레스테롤을 뇌가 처리하는 데 큰 도움을 주었다는 점이다. 뇌가 제대로 기능을 발휘하려면 말이집(수초)이 축삭을 감싸야 하는데, 말이집은 전선을 에워싼 고무 절연체처럼 신경 신호의 합선이 일어나거나 잘못된 신호가 발사되지 않도록 한다. 콜레스테롤은 말이집의 주요 성분인데, 특정 형태의 *apoE* 유전자는 뇌의 콜레스테롤을 필요한 곳에 분배하는 일을 하는데 아주 뛰어나다. 또한, *apoE* 유전자는 뇌의 가소성을 높이는 데에도 도움을 주는 것으로 보인다.

어떤 유전자들은 뇌의 구조적 변화를 이끄는 작용을 한다. *lrrtm1* 유전자는 정확하게 어떤 신경세포들이 언어와 감정 및 그 밖의 정신적 속성을 제어해야 하는지 결정하는 데 도움을 주며, 이것은 인간의 뇌에 특이한 비대칭성과 좌뇌와 우뇌의 전문화가 일어나도록 돕는다. 어떤 버전의 *lrrtm1* 유전자는 심지어 좌뇌와 우뇌 부분들을 뒤바꿈으로써 우리가 왼손잡이가 될 확률을 높인다. 이것은 왼손잡이와 관련해 유일하게 알려진 유전적 연관성이다. 다른 DNA는 좀 우스꽝스러운 방식으로 뇌의 구조를 변화시킨다. 유전 가능한 특정 돌연변이는 재채기 반사를 다른 반사와 뒤얽히게 하여 우리가 해를 보거나 음식을 너무 많이 먹거나 오르가슴을 느끼거나 할 때, 재채기가 나오게 만들 수 있다(한 번에 43번이나 계속 나온 사례도 있음). 과학자들은 최근에 침팬지 뇌에 있는 '정크 DNA' 염기쌍 3181개가 사람에게서 사라졌다는 사실을 발견했다. 이 부분은 신경세포가 통제 불능 상태로 성장하지 못하게 막는다. 신경세포가 통제 불능 상태로 성장하면 뇌는 커지겠지만, 대신에 뇌 종양으로 발전할 위험이 있다. 인간은 이 DNA를 삭제하는 모험을 했지만, 그 모험은 상당히 큰 보상을 가져다주어 우리 뇌가 크게 팽창했다. 이 발견은 우리를 인간으로 만드는 데(혹은 적어도 우리를 유인원이 아닌 존재로 만드는 데. 네안데르탈인 역시 이 DNA가 없다)에는 DNA로 우리가 얻은 것뿐만 아니라, 때로는 우리가 잃은 것에도 크게 기여했다는 사실을 말해준다.

한 개체군 내에서 DNA가 어떻게 그리고 얼마나 빨리 퍼져나가는지 알면, 지능을 높이는 데 기여하는 유전자가 어떤 것인지 파악할 수 있다. 2005년, 과학자들은 돌연변이가 일어난 뇌 유전자 2개가 우리 조상들 사이에 급속하게 퍼진 것으로 보인다고 보고했다. 마이크로세팔린 microcephalin 유전자는 3만 7000년 전에, *aspm* 유전자는 불과 6000년 전에 그런 일이 일어났다. 과학자들은 컬럼비아 대학의 초파리 연구실에서 처음 개발된 기술을 사용해 이 확산이 일어난 시기를 알아냈다. 토머스 헌트 모건은 특정 버전의 유전자들은 집단으로 유전된다는 사실을 발견했는데, 단지 이 유전자들이 염색체상에서 서로 가까이 있다는 이유 때문에 그런 일이 일어난다. 예를 들면, 정상적으로는 세 유전자의 *A*, *B*, *D* 버전이 함께 나타나거나 *a*, *b*, *d* 버전이 함께 나타난다. 하지만 시간이 지나면 염색체 교차와 재교차가 일어나면서 이 유전자 집단이 뒤섞여 *a*, *B*, *D*나 *A*, *b*, *D* 같은 조합이 나타날 수 있다. 세대가 충분히 많이 지난 뒤에는 모든 조합이 다 나타날 것이다.

그런데 어느 시점에서 *B*가 돌연변이를 일으켜 B_0으로 변하고, B_0는 그 사람의 뇌를 개조한다고 가정해보자. 그 시점에서 그 유전자는 개체군 전체로 퍼져나갈 수 있는데, B_0는 다른 사람들보다 훨씬 똑똑하게 만들기 때문이다.(만약 개체군의 크기가 아주 작게 줄어들었다면, 그러한 확산이 특히 쉽게 일어날 것이다. 새로운 유전자에 맞설 경쟁자가 별로 없기 때문이다. 그러니 병목이 항상 나쁜 것만은 아니다!) 그리고 B_0가 한 개체군 내에서 널리 퍼짐에 따라 돌연변이가 처음 일어났던 사람의 염색체에서 B_0 옆에 자리잡았던 *A*/*a*와 *D*/*d* 역시 개체군 내에 널리 퍼진다는 사실에 주목할 필요가 있다. 교차를 통해 나란히 늘어선 이 세 유전자가 분리되기에는 시간이 충분치 않기 때문이다. 다시 말해서, 이 유전자들은 유리한 유전자에 편승해 함께 확산되는데, 이것을 유전적 히치하이킹이라 부른다. 과학자들은 *aspm*과 마이크로세팔린 유전자에서 유전적 히치하이킹이 일어났음을 알려주는 특별히 강력한 단서를 발견했다. 이것은 이 유전자들이 특별히 빨리 확산되었고, 특별히 유리한 이점을 제공했을 가능성을 시사한다.

뇌의 발달을 촉진하는 특정 유전자에 대한 이야기를 넘어서서 DNA 조절은 우리 뇌에 대해 많은 것을 설명할 수 있다. 사람 DNA와 유인원 DNA의 명백한 차이점 한 가지는 우리 뇌세포가 DNA를 훨씬 더 자주 이어 붙인다는 점이다. 즉, 똑같은 문자열을 잘라내고 편집하여 다양한 효과를 만들어낸다. 신경세포는 DNA를 하도 많이 뒤섞기 때문에, 일부 과학자는 생물학의 한 중심 원리—즉, 우리 몸의 모든 세포는 똑같은 DNA를 가졌다는—를 거꾸로 뒤집었다고 생각한다. 이유야 무엇이건, 우리의 신경세포는 이동성 DNA(무작위적으로 염색체에 파고들어가는 '도약 유전자') 조각들 사이에 자유로운 활동을 훨씬 많이 허용한다. 이것은 신경세포의 DNA 패턴을 변화시키는데, 그러면 신경세포의 작동 방식이 변할 수 있다. 한 신경과학자는 "단일 신경세포의 신호 발사 패턴이 변할 때 행동에 뚜렷한 효과가 나타난다는 사실을 감안하면…… 일부 사람들의 어떤 세포들에서는 일부 [이동성 DNA]가 사람 뇌의 최종 구조와 기능에 아주 큰 효과는 아닐지라도 상당한 효과를 미칠 가능성이 있다."라고 말한다. 바이러스 같은 입자가 우리의 인간성에 아주 중요한 역할을 한다는 사실이 또 한 번 입증될지 모른다.

메가사방 킴 픽의 뇌

만약 DNA처럼 환원적인 것을 연구함으로써 천재성처럼 말로 표현할 수 없는 속성을 설명할 수 있다는 주장이 아무래도 의심스럽게 보인다면, 많은 과학자도 같은 생각을 한다는 사실에서 위안을 받을 수 있다. 그리고 킴 픽Kim Peek과 같은 천재 백치 사례가 종종 튀어나온다. 이런 사례는 DNA와 뇌의 구조가 지능에 어떤 영향을 미치는지 우리가 알아낸 지식을 비웃기 때문에, 가장 열정적인 신경과학자조차 독한 위스키에서 위안을 얻으면서 그만 연구를 접고 행정 업무에나 전념할까 진지한 고민에 빠져들게 만든다.

솔트레이크시티 토박이인 픽은 사실은 메가사방megasavant이었다. 메가사방은 천재 백치를 뜻하는 이디오사방idiot-savant보다 특별한 능력이 훨씬 뛰어난 사람을 말한다. 픽은 완벽한 원을 그리거나 신성로마제국 황제들의 이름을 순서대로 외우는 것처럼 그다지 쓸모없는 재주를 보여주는 데 그치지 않고, 지리와 오페라, 미국 역사, 셰익스피어, 클래식 음악, 성경을 비롯해 기본적으로 서양 문명의 모든 것을 백과사전처럼 꿰고 있었다. 더욱 놀라운 것은 생후 18개월부터 시작해 자신이 외운 책 9000권 안에 있는 어떤 문장이라도 구글처럼 언제든지 끄집어낼 수 있는 능력이었다.(책 한 권을 다 외우고 나면, 그는 책등을 뒤집어 그 책을 책장에 꽂았는데, 그 책을 끝장냈음을 표시하기 위해서였다.) 픽은 그 외에도 미국 전국의 우편번호처럼 별 쓸데없는 것까지 다 외웠다. 픽은 자신을 모델로 삼아 제작한 영화 〈레인 맨〉도 통째로 외웠고, 모르몬교 신학도 아주 자세하게 알았다.*

유타 주 의사들은 1988년에 픽의 재능을 파악하기 위해 그의 뇌를 촬영했다. 2005년, NASA도 무슨 이유에서인지 이 일에 뛰어들어 MRI와 컴퓨터 단층 촬영으로 픽의 정신적 배관 구조를 완전히 촬영했다. 그 결과, 픽은 뇌의 우반구와 좌반구를 연결하는 조직이 없는 것으로 드러났다.(사실, 픽의 아버지는 어릴 때 픽이 양쪽 눈을 제각각 따로 움직일 수 있었다고 기억했는데, 이것 역시 좌뇌와 우뇌가 연결되지 않아 가능했을 것이다.) 큰 그림 개념에 초점을 맞춰 생각하는 좌뇌 역시 모양이 정상이 아닌 것으로 보였는데, 정상 뇌에 비해 더 둔하고 질벅거리는 것처럼 보였다. 하지만 이러한 세부 사실 외에 더 알아낸 것은 별로 없었다. 결국

NASA 수준의 기술로도 픽의 뇌가 지닌 '문제'인 비정상적 특징만 밝혀내는 데 그쳤다. 픽이 왜 자기 옷 단추를 잠그지 못하고, 아버지 집에서 수십 년이나 살아왔는데도 나이프나 포크가 어디 있는지 전혀 기억하지 못하는지 그 이유를 알고 싶다면, 그 답을 내놓을 수는 있었다. 하지만 그가 지닌 재능이 어디서 나오느냐고 묻는다면, NASA는 어깨를 으쓱할 뿐이었다.

그런데 의사들은 픽이 희귀 유전 질환인 FG 증후군을 앓고 있다는 사실도 알아냈다. FG 증후군이 있으면, 한 유전자가 제 기능을 하지 못해 신경세포들이 적절히 발달하는 데 필요한 DNA 부분의 스위치를 켤 수 없다(신경세포는 아주 까다롭기 때문에). 그리고 대부분의 천재 백치처럼 이 문제가 야기하는 결과는 모두 픽의 좌뇌에 집중되었는데, 아마도 자궁에서 큰 그림을 그리는 경향이 강한 좌뇌가 발달하는 데 시간이 더 오래 걸리기 때문일 것이다. 따라서 제대로 기능을 발휘하지 못하는 유전자는 그곳에서 해를 끼칠 시간이 더 많다. 하지만 기묘한 반전이 기다리고 있다. 정상 상태에서 지배적인 역할을 담당하는 좌뇌가 손상을 입으면, 세부적인 것에 예민한 우뇌의 재능이 빛을 발할 수 있다. 실제로 대부분의 천재 백치는 그 재능—예술적 모방, 음악의 완벽한 재현, 달력 계산 묘기—이 모두 뇌에서 덜 취약한 부분인 우뇌에 모여 있다. 하지만 슬프게도 억압된 우뇌의 재능은 좌뇌가 손상을 입지 않는 한 겉으로 드러나지 않는다.

유전학자들은 네안데르탈인의 유전체를 사용해 비슷한 발견을 했다. 지금 과학자들은 히치하이킹의 증거를 찾으려고 네안데르탈인과 인간의 DNA를 샅샅이 살피고 있는데, 우리가 네안데르탈인과 갈라선 후에 사람들 사이에 널리 퍼진 DNA, 따라서 우리를 네안데르탈인과 다르게 만든 요소를 확인하기 위해서이다. 지금까지 200여 개 지역을 발견했는데, 대부분은 유전자를 최소한 몇 개 이상 포함하고 있다. 인간과 네안데르탈인의 이 차이점 중 일부는 뼈의 발달이나 대사와 관련이 있는 아주 따분한 것이다. 하지만 과학자들은 인지와 관련이 있는 유전자도 몇 개 확인했다. 하지만 역설적으로 이 유전자들의 특정 변이를 갖고 있으면, 노벨상이나 맥아서상 수상과는 아무 상관이 없고, 오히려 다운증후군이나 자폐증, 정신분열병, 그 밖의 정신 장애가 나타날 위험이 커진다. 더 복잡한 마음일수록 더 취약한 것처럼 보인다. 만약 이 유전자들이 우리의 지능을 높였다면, 그와 함께 나름의 위험도 선사했다.

이런 취약성에도 불구하고, 결함이 있는 DNA를 가진 뇌는 다른 상황에서는 기적적인 탄력을 보일 수 있다. 1980년대에 영국의 한 신경학자는 검사를 의뢰한 어느 젊은이의 유난히 큰 머리를 촬영했다. 머리뼈 속에는 뇌척수액(대부분 소금물) 외에는 거의 아무것도 없었다. 젊은이의 겉질은 기본적으로 물풍선이나 다름없었다. 즉, 액체가 출렁이는 안쪽의 텅 빈 공간을 둘러싸고 있는 두께 1mm의 주머니였다. 신경학자는 뇌의 무게는 5온스(약 140g) 정도가 되지 않을까 추측했다. 하지만 그 젊은이는 IQ가 126이었으며, 더군다나 대학에서는 수학을 전공하는 우등생이었다. 신경학자들은 소위 이러한 고기능 물뇌(수두水頭)를 가진 사람이 어떻게 정상적인 삶을 살아가는지 전혀 알지 못하지만, 또 다른 물뇌를 가진 사람(두 자녀를 둔 프랑스 공무원)을 연구한 의사는 만약 뇌가 오랜 시간에 걸쳐 천천히 위축된다면, 뛰어난 탄력 때문에 중요한 기능들이 완전히 사라지기 전에 그것들을 다른 곳으로 재할당하는 게 아닐까 추측한다.

머리가 퀴비에만큼 컸던 픽의 IQ는 87이었다. 아마도 픽은 세부사항에 너무 몰입하고 손에 잡히지 않는 개념들을 제대로 처리할 수 없었기 때문에 IQ가 그렇게 낮게 나왔을 것이다. 예를 들면, 과학자들은 픽이 일반적인 속담을 이해하지 못한다는 사실을 발견했다.(필시 속담에 사용된 은유적 비약을 따라잡기가 너무 힘들었을 것이다.) 또, 한번은 식당에서 아버지가 목소리를 낮추라고 말하자, 픽은 의자에서 미끄러져 내려가 목소리가 나오는 후두를 지면 가까이까지 낮추었다.(그는 소리가 같은 단어나 두 가지 뜻을 가진 단어를 사용하는 말장난이 이론적으로 재미있다는 사실을 이해한 것처럼 보였다. 아마도 그런 말장난은 의미와 단어를 수학적으로 치환하는 과정을 포함하고 있기 때문일 것이다. 그는 링컨의 게티즈버그 연설Gettysburg Address에 대한 질문에 이렇게 대답했다. "윌의 집, 프런트 거리 227 N.W. 하지만 그는 그곳에서 하룻밤만 머물렀고, 연설은 그 다음 날에 했다.") 픽은 다른 추상적 개념도 이해하는 데 애를 먹었고, 기본적으로 집에서는 완전히 무력하여 아이처럼 아버지의 보살핌에 의존해야 했다. 하지만 다른 재능들을 감안하면, 87이란 수치는 범죄에 가깝게 부당하며, 그의 능력을 제대로 파악하지 못한 게 분명하다.*

픽은 2009년 크리스마스 무렵에 심장마비로 죽었고, 시신은 매장되었다. 따라서 그의 놀라운 뇌는 아인슈타인과 같은 사후의 삶을 누리지 못할 것이다. 그의 뇌 스캔은 아직 남아 있지만, 현재로서는 대체로 우리를 비웃는다. 인간의 마음을 빚어내는 과정에 대해 우리가 아는 지식에 뻥 뚫린 틈 — 픽과 아인슈타인의 차이를 빚어낸 것은 무엇인지, 혹은 심지어 평범한 인간 천재와 유인원의 지능에 차이를 빚어낸 것은 무엇인지 — 을 지적하면서. 인간의 지능을 깊이 이해하려면 신경세포망을 만들고 설계하는 DNA를 이해하는 게 필수적이다. 신경세포망은 우리의 생각을 빚어내고, '아하!' 순간을 만들어낸다. 하지만 아인슈타인의 바이올린 레슨처럼 우리의 DNA를 촉진하고 큰 뇌가 그 잠재력을 발휘하도록 돕는 환경의 영향을 이해하는 것도 필요하다. 아인슈타인은 자신의 유전자 때문에 아인슈타인이 되었지만, 그게 전부는 아니다.

아인슈타인과 우리 가운데 나머지 평범한 천재들을 양육한 환경은 우연히 생겨난 것이 아니다. 다른 동물과 달리 인간은 주변 환경을 만들어내고 설계한다. 그렇게 만들어낸 것이 바로 문화이다. 문화를 만드는 데에는 뇌를 발달시키는 DNA가 필요하지만, 그것만으로는 부족하다. 다른 동물이 사냥한 고기를 빼앗거나 채집을 하며 살아가던 시절에도 우리는 큰 뇌(어쩌면 지금보다 더 큰 뇌)를 갖고 있었지만, 정교한 문화를 만들어내는 데에는 익힌 음식을 소화하고, 앉아서 활동하는 생활 방식에 적응하는 유전자의 확산이 필요했다. 어쩌면 무엇보다도 행동과 관련된 유전자들이 필요했을 것이다. 그러니까 낯선 사람을 포용하고, 지배자 밑에서 고분고분하게 살아가고, 일부일처제를 받아들이고, 규율을 높이고, 만족을 뒤로 미루고, 세대 간의 시간에 맞춰 일들을 계획하고 추진하는 데 도움을 주는 유전자들 말이다. 우리가 발달시킨 문화는 대체로 유전자가 빚어냈지만, 반대로 문화도 우리의 DNA를 변화시키는 데 영향을 미쳤다. 문화의 위대한 업적 — 예술, 과학, 정치 — 을 제대로 이해하려면 DNA와 문화가 어떻게 서로 만나 함께 진화했는지 이해하는 게 필요하다.

12
유전자의 예술

예술적 천재성은 우리의 유전자에 얼마나 깊이 자리 잡고 있을까?

미술, 음악, 시, 회화…… 우리의 우수한 지능이 이보다 더 훌륭하게 발현된 사례는 찾기 어렵다. 그리고 아인슈타인이나 픽의 천재성에 관한 사례처럼 유전학은 순수 예술에서 예상치 못한 측면을 몇 가지 드러내는 데 도움을 준다. 심지어 유전학과 시각 예술은 지난 150년 동안 일부 구간에서 함께 손을 잡고 나란히 발전하는 모습을 보여주었다. 만약 유럽 화학자들이 19세기에 선명한 색깔의 염료와 안료를 발명하지 않았더라면, 폴 세잔Paul Cézanne과 앙리 마티스Henri Matisse는 강렬한 색채를 사용하는 그림 스타일을 발전시키지 못했을 것이다. 그러한 염료와 안료는 그와 동시에 과학자들에게 처음으로 염색체를 관찰하며 연구하게 해주었는데, 염색체를 나머지 세포의 균일한 색과 다른 색으로 염색할 수 있었기 때문이다. 사실, 서구어에서 염색체를 뜻하는 chromosome도 '색'을 뜻하는 그리스어 단어 크로마chrōma에서 유래했고, 염색체를 염색하는 일부 기술—예컨대, 희미하게 빛나는 초록색 배경 앞에서 염색체를

'콩고 레드'로 변화시키는 것 같은—을 보았더라면, 세잔과 마티스도 부러움을 감추지 못했을 것이다. 한편, 새로운 사진 예술의 부산물인 은 염색법은 다른 세포 구조를 처음으로 깨끗한 사진으로 보여주었고, 사진술 자체는 과학자들에게 분열하는 세포를 저속 촬영함으로써 염색체가 어떻게 변하는지 연구할 수 있게 해주었다.

유전자 예술의 탄생

20세기 전반에 입체파와 다다이즘 같은 운동—사진술의 경쟁은 말할 것도 없고—은 많은 예술가에게 사실주의를 버리고 새로운 종류의 예술을 실험하는 길로 이끌었다. 그리고 사진 작가 에드워드 스타이컨 Edward Steichen은 세포 염색에서 얻은 통찰을 바탕으로 1930년대에 '바이오아트'를 창시했는데, 이것은 예술가가 유전공학을 기웃거린 초기의 시도였다. 열정적인 원예가였던 스타이컨은 어느 날 봄에 참제비고깔 씨를 자신의 통풍 약에 담갔다.(왜 그랬는지 그 이유는 정확하게 알 수 없다.) 그러자 자주색 꽃이 피는 이 식물의 염색체 수가 두 배로 늘어났는데, 일부 씨는 제대로 자라지 못한 불량품을 낳았지만, 다른 씨들은 쥐라기 시대의 식물 비슷하게 줄기가 2.4m에 이르는 큰 식물을 낳았다. 1936년, 스타이컨은 뉴욕 시 현대미술관에서 참제비고깔 500그루를 전시하여 17개 주의 신문들로부터 열광적인 호평을 받았다. 한 비평가는 "거대한 수상 꽃차례와…… 찬란한 암청색, 이전에 한 번도 본 적이 없는 진자주색…… 놀랍도록 새카만 눈들."이라고 썼다. 진자주색과 암청색은 사람들을 감탄시켰지만, 자연을 숭배하는 범신론자인 스타이컨은 진정한 예술은 참제비고깔의 발달을 제어하는 데 달려 있다고 바바라 매클린톡을 연상시키는 주장을 펼쳤다. 예술에 대한 이러한 견해는 일부 비평가에게 등을 돌리게 했지만, 스타이컨은 "사물은 자신의 목적을 달성할 때 아름답다. 만약 제대로 기능을 한다면 말이다."라고 주장했다.

1950년대에 형태와 기능에 대한 집착은 예술가들을 추상주의에 빠지게 했다. 우연의 일치로 DNA 연구도 그런 흐름과 보조를 맞추었다. 왓슨과 크릭은 주석이나 마분지로 다양한 DNA 실물 모형을 만드느라 여느 조각가 못지않게 많은 시간을 쏟아부었다. 두 사람이 이중 나선 모형이 옳다고 결론을 내린 이유 중 하나는 그 소박한 아름다움에 매료되었기 때문이다. 왓슨은 나선 계단을 볼 때마다 DNA도 그와 마찬가지로 우아해야 한다는 확신이 점점 커졌다고 말한 적이 있다. 크릭은 화가인 아내 오딜Odile에게 DNA에 관한 그들의 첫 번째 논문 여백에 돌돌 휘감기면서 위아래로 뻗어 있는 멋진 이중 나선을 그려달라고 부탁했다. 훗날 크릭은 이런 일도 있었다고 털어놓았다. 어느 날 밤, 왓슨은 술에 취해 자신들의 가늘고 구불구불한 모형을 황홀한 눈으로 바라보면서 "너무 아름다워. 그렇지 않나? 정말 아름다워."라고 중얼거렸다. 그러자 크릭은 "당연히 그렇지."라고 맞장구를 쳤다.

하지만 A, C, G, T의 형태에 대한 추측과 마찬가지로 DNA의 전체 형태에 대한 그들의 추측도 다소 불확실한 토대 위에 서 있었다. 1950년대에 생물학자들은 세포 분열 속도를 바탕으로 이중 나선이 초당 150바퀴씩 풀려야 한다고 계산했는데, 그것은 엄청나게 빠른 속도였다. 불안감을 더욱 키우는 주장도 있었는데, 몇몇 수학자는 매듭 이론을 바탕으로 나선 DNA 가닥들의 분리(복제 과정의 맨 첫 단계)는 위상수학적으로 불가능하다고 주장했다. 이중 나선 DNA는 너무 지나치게 꼬이고 얽혀 있어, 설사 두 가닥으로 나누어진다 하더라도 깨끗하게 좌우로 분리되는 게 불가능했기 때문이다. 그래서 1976년에 몇몇 과학자는 DNA의 구조를 '비틀린 지퍼' 구조라고 주장하기 시작했다. 이 모형에서는 하나의 기다란 우회전성 나선 대신에 DNA 길이 방향으로 우회전성 나선과 좌회전성 나선이 교대로 맞물리면서 뻗어 있어 분열할 때 깨끗하게 둘로 갈라질 수 있다. 이중 나선에 대한 비판에 맞서 왓슨과 크릭은 가끔 DNA의 대체 형태를 논의했지만, 그러자마자 두 사람은(특히 크릭이) 그것을 일축했다. 크릭은 자신의 의심에 대해 가끔은 건전한 전문적 이유를 댔지만, 한번은 노골적으로 "게다가 그 모형들은 못생겼다."라고 덧붙였다. 결국은 수학자들의 의심이 옳은 것으로 드러났다. 세포는 단순히 이중 나선을 풀 수가 없다. 대신에 특별한 단백질을 사용해 DNA를 자른 뒤에 구불구불한 가닥들을 떼어내고, 나중에 다시 용접해 붙인다. 이중 나선은 비록 그 형태는 아무리 우아하더라도, 바로 그 우아한 형태 때문에 매우 불편한 복제 방법*을 감수해야 한다.

1980년대에 과학자들은 첨단 유전 공학 도구들을 개발했고, 예술가들은 '유전자 예술genetic art'에 대한 협력을 모색하면서 과학자들에게 접근하기 시작했다. 솔직하게 말해서, 유전자 예술에 대한 주장을 진지하게 받아들인다면, 터무니없는 소리를 받아들이는 여러분의 포용력이 매우 넓은 게 분명하다. 바이오아티스트 조지 게서트George Gessert에게는 대단히 죄송하지만, "장식용 식물, 애완동물, 스포츠용 동물, 의식 변성 약물 식물"이 정말로 "인정받지 못한 방대한 유전자 대중 예술"을 이룰까? 그리고 일부 특이한 생물 — 초파리 유전자로 변형시켜 초록색 빛을 내는 백색증 토끼처럼 — 은 대체로 사람들을 자극하기 위해 만들었다고 당사자인 예술가가 인정했다. 하지만 그 모든 번지르르한 말에도 불구하고, 일부 유전자 예술은 선동가 역할을 효과적으로 수행하면서 최고의 공상 과학 소설처럼 과학에 대한 우리의 가정에 도전한다. 한 유명한 작품은 강철 틀에 집어넣은 한 남자의 정자 DNA로만 이루어져 있다. 그 예술가는 이 초상화를 "(런던의 영국) 초상화미술관에서 가장 사실주의적인 초상화"라고 주장하면서 그 이유는 제공자의 벌거벗은 DNA를 보여주기 때문이라고 설명했다. 이것은 지나치게 환원주의적으로 보일지 모르지만, 그 초상화의 '주인공'은 역사상 가장 환원주의적인 생물학 프로젝트인 인간 게놈 프로젝트에서 영국 팀을 이끈 인물이다. 예술가들은 창세기에서 인간에게 자연을 지배하라고 한 구절도 보통 세균의 A-C-G-T 염기 서열로 암호화했다. 만약 그 세균이 자신의 DNA를 충실하게 복제한다면, 그 구절은 성경보다 수백만 년 더 오래 살아남을 것이다. 고대 그리스 시대부터 예술가들은 피그말리온 충동, 즉 '살아 있는' 예술 작품을 만들려는 욕망에 사로잡혔는데, 그것은 생명공학이 발전할수록 더욱 강해질 것이다.

심지어 과학자들조차 DNA를 예술로 만들고 싶은 유혹에 굴복했다. 염색체가 3차원에서 어떻게 꼬불꼬불 뻗어가는지 연구하기 위해 과학자들은 형광 염료로 염색체를 '색칠'하는 방법을 개발했다. 그러자 종이 인형들처럼 짝을 지어 늘어선 23쌍의 염색체로 이루어진 핵형核型(각 생물이 지닌 고유의 염색체 종류 및 그 수. 정상 남자의 핵형은 46, XY이고, 정상 여성의 핵형은 46, XX이다)은 따분한 두 가지 색의 이미지에서 야수파 화가조차 놀랄 정도로 화려하고 눈부신 그림으로 변했다. 과학자들은 또한 DNA 자체를 사용해 다리, 눈송이, '나노플라스크', 키치kitsch 스타일의 웃는 얼굴, 마구 날뛰는 로봇 비슷한 형태, 모든 대륙의 메르카토르 지도 등을 만들어냈다. 계단을 내려가는 슬링키처럼 옆으로 재주를 넘는 DNA '보행자'도 있고, DNA '열쇠'로 돌리면 뚜껑이 열리는 DNA 상자도 있다. 과학예술가들은 이 기발한 작품들을 'DNA 오리가미'라 부른다.

DNA 오리가미 작품을 만들려면, 컴퓨터 화면에서 가상 블록을 가지고 시작해야 한다. 하지만 블록은 대리석처럼 단단하지 않고, 빨대

다발로 만든 직사각형처럼 겹쳐 쌓은 관들로 이루어져 있다. 예컨대 베토벤 흉상처럼 뭔가를 '조각'하려면, 먼저 디지털 방식으로 관들의 표면을 끌로 깎아내 남은 관들과 관 파편들로 원하는 모양으로 만들어간다. 그 다음에는 '단일' 가닥의 기다란 DNA를 모든 관 속으로 지나가게 한다.(이 작업은 가상 현실에서 일어나지만, 컴퓨터는 진짜 바이러스에게서 얻은 DNA 가닥을 사용한다.) 이런 식으로 작업하면, 결국 DNA 실은 충분히 많이 왔다 갔다 하면서 베토벤 얼굴과 머리카락의 모든 윤곽을 연결한다. 여기서 과학예술가는 디지털 방식으로 관들을 녹여 없애고, 복잡하게 접힌 DNA의 순수한 모습을 드러내는데, 이것이 바로 흉상의 청사진이다.

실제로 흉상을 만들려면, 과학예술가는 접힌 DNA 가닥을 자세히 살펴봐야 한다. 구체적으로는, 접히지 않은 직선 DNA 가닥 위에서는 서로 멀리 떨어져 있지만 접힌 배열에서는 서로 가까이 위치한, 짧은 염기 서열들을 찾는다. AAAA와 CCCC가 서로 가까이 위치한다고 가정해보자. 여기서 핵심 단계는 진짜 DNA에서 별개의 조각인 TTTTGGGG를 만들 때 일어난다. 이 DNA 조각에서 앞부분은 네 문자로 이루어진 한 염기 서열(AAAA)과, 뒷부분은 다른 염기 서열(CCCC)과 상보적이다. 그들은 이 상보적 염기를 상업적 장비와 화학 물질을 사용해 만든 뒤에 꼬인 가닥이 풀린 기다란 바이러스 DNA와 섞는다. 어느 지점에서 DNA 조각의 TTTT가 긴 바이러스 DNA 가닥의 AAAA와 만나 서로 맞물리며 결합한다. 이렇게 분자 차원에서 서로 밀치고 충돌하는 일들이 일어나는 와중에 GGGG도 결국에는 CCCC와 만나 결합하고, 그러면 기다란 DNA 가닥은 거기서 스테이플러로 고정시킨 것처럼 들러붙게 된다. 만약 나머지 모든 연결 부위에서도 독특한 스테이플이 존재한다면, 조각 작품은 기본적으로 스스로 조립되는데, 각각의 스테이플이 바이러스 DNA에서 멀리 떨어진 부분을 홱 잡아당겨 제자리에 위치하게 할 것이기 때문이다. 조각 작품을 설계하고 그 DNA를 준비하는 데에는 모두 합쳐 일주일이 걸린다. 그러면 과학예술가는 스테이플들과 바이러스 DNA를 섞고 그것들을 60℃에서 한 시간 동안 가열한 뒤, 실온에서 냉각시키며 일주일 동안 내버려둔다. 그 결과는 어떻게 될까? 베토벤의 마이크로 흉상 10억 개가 생겨난다.

마스터 언어 유전자의 발견

DNA 자체를 예술로 만드는 데 그치지 않고, DNA와 예술은 더 심오한 차원에서 교차한다. 인류 역사에서 가장 비참했던 사회들도 조각을 하고 색칠을 하고 노래를 할 시간이 있었는데, 이것은 진화가 이러한 충동을 우리의 유전자에 집어넣었음을 강하게 시사한다. 심지어 동물도 예술적 충동을 보여준다. 그림 그리는 것을 배운 침팬지는 종종 식음도 전폐하고 캔버스에 물감을 칠하며, 과학자가 붓과 팔레트를 빼앗으면 가끔 짜증까지 낸다.(이들의 작품에서는 십자, 구름 사이로 비치는 햇살, 원이 주요 모티프를 이루며, 침팬지는 미로Miró 스타일의 과감한 선을 좋아한다.) 일부 원숭이는 힙스터 못지않게 과감한 음악적 편향*을 갖고 있으며, 그 점은 새도 마찬가지다. 그리고 새와 그 밖의 동물들은 평균적인 호모 사피엔스보다 춤에 대해 훨씬 까다로운 감식안을 갖고 있는데, 많은 종은 의사소통이나 구애 행동을 위해 춤을 추기 때문이다.

하지만 그러한 충동이 분자 안에 어떻게 고정되는지는 분명치 않다. '예술적 DNA'가 음악적 RNA를 만들어낼까? 시적 단백질도? 게다가 인간은 동물 예술과는 질적으로 다른 예술을 발전시켰다. 원숭이의 경우, 강한 선과 대칭을 알아보는 눈은 야생에서 더 나은 도구를 만드는

데 도움이 될 테지만, 그 이상으로는 아무 도움이 되지 않는다. 하지만 인간은 예술에 훨씬 깊고 상징적인 의미를 집어넣는다. 동굴 벽에 그려진 엘크는 그저 엘크에 불과한 것이 아니다. 그것은 '우리가 내일 사냥할 엘크'이거나 '엘크 신'이다. 이런 이유 때문에 많은 과학자들은 상징적 예술이 언어에서 유래한 것이 아닌가 의심하는데, 언어는 우리에게 추상적 기호(그림이나 단어 같은)를 실제 사물과 연결짓도록 가르치기 때문이다. 그리고 언어에 유전적 뿌리가 있다는 사실을 감안할 때, 언어 사용 능력을 담당하는 DNA를 제대로 이해하면, 예술의 기원이 밝혀질지 모른다.

많은 동물은 예술과 마찬가지로 지저귀는 소리나 날카롭게 우는 소리를 내는 등 원시 언어 능력도 본래부터 지니고 있다. 인간 쌍둥이를 연구한 결과에 따르면, 구문, 어휘, 철자, 청취 이해력 같은 우리의 일상적인 소질에 나타나는 가변성 중 약 절반은 그 기원이 DNA로 귀결된다는 것을 보여준다.(언어 장애는 더 강한 유전적 상관 관계를 보여준다.) 문제는 언어 능력이나 언어 능력 부족을 DNA와 연결지으려는 시도가 항상 유전자 덤불에 맞닥뜨린다는 점이다. 예를 들면, 읽기 장애는 최소한 6개의 유전자와 관련이 있는데, 각각의 유전자가 얼마나 기여하는지는 알려지지 않았다. 게다가 비슷한 유전자 돌연변이가 사람에 따라 서로 다른 효과를 나타낼 수 있다는 사실은 더욱 혼란을 부추긴다. 그래서 과학자들은 초파리실의 모건과 같은 처지에 놓이게 되었다. 언어를 '위한' 유전자와 조절 DNA가 존재한다는 사실은 알지만, DNA가 정확하게 어떤 과정을 통해 우리의 유창한 언어 능력을 높인단 말인가? 신경세포 수를 늘림으로써? 뇌세포를 더 효율적으로 절연함으로써? 신경 전달 물질의 분비를 조절함으로써? 정답은 아무도 모른다.

이러한 혼란 상태를 감안할 때, 최근에 마스터 언어 유전자가 발견되었다는 소식에 열광적인 반응이 터져나오고 심지어 과장된 선전까지

나오는 상황은 충분히 이해할 수 있다. 1990년, 언어학자들은 런던의 한 집안(사생활 보호를 위해 KE라고만 알려진)을 세 세대에 걸쳐 연구한 끝에 그 유전자가 존재한다고 추론했다. KE 집안 사람들 중 절반에게서 단일 유전자 우성이라는 단순한 패턴으로 기묘한 여러 언어 장애가 나타났다. 그들은 입술과 턱, 혀를 협동하게 하는 데 어려움을 겪었고, 대부분의 단어를 더듬거렸으며, 특히 전화로 하는 말은 알아듣기가 힘들었다. 입을 벌리고 혀를 내밀고 '우우아아아' 같은 소리를 내는 것처럼 일련의 단순한 얼굴 표정을 흉내내는 것도 힘들어했다. 하지만 일부 과학자들은 KE 집안 사람들의 문제는 운동 능력 장애를 넘어 문법에서도 나타난다고 주장한다. 그들 중 대부분은 book의 복수형이 books라는 걸 알지만, 단순히 그 사실을 외웠기 때문에 아는 것으로 보였다. zoop이나 wug처럼 억지로 만든 단어와 맞닥뜨렸을 때, 그들은 그 복수형을 생각하지 못했다. 언어 치료를 몇 년이나 받은 뒤에도 그들은 book/books와 zoop/zoops 사이에 어떤 관계가 있는지 알지 못했다. 그들은 또한 'bringed'와 같은 단어를 사용해 빈칸을 과거 시제로 채우는 문제도 풀지 못했다. 언어 장애가 있는 KE 집안 사람들의 평균 IQ는 86으로, 언어 장애가 없는 KE 집안 사람들의 104에 비해 매우 낮았다. 하지만 언어 장애는 단순한 인지 결핍 때문이 아닐 것이다. 언어 장애가 있는 KE 집안 사람들 중 몇몇은 비언어적 IQ가 평균보다 높았으며, 논증에서 논리적 오류를 찾는 테스트에서 문제를 제대로 풀었다. 게다가 일부 과학자들은 그들이 수동태와 능동태, 소유격뿐만 아니라 재귀 용법(예컨대 "he washed him"과 "he washed himself"의 차이)도 잘 이해한다는 사실을 발견했다.

과학자들은 한 유전자가 이토록 이질적인 증상들을 나타낸다는 사실을 도저히 이해할 수 없었는데, 그래서 1996년에 그 유전자를 찾아내 해독하는 데 착수했다. 그들은 그 유전자가 있는 장소를 7번 염색체 위에 있는 유전자 50개로 좁혔고, 각각의 유전자를 집중적으로 연구했다. KE 집안과 아무 관련이 없는 집안에서 CS라는 언어 장애자가 또 한 명 나타났다. 이 소년은 정신 능력과 아래턱뼈에 똑같은 문제가 나타났는데, 의사들은 그의 유전자에서 전좌가 일어난 것을 발견했다. 두 염색체 팔 사이에서 필라델피아 전좌 같은 교차가 일어나 7번 염색체의 *foxp2* 유전자를 방해했다.

foxp2 유전자가 만드는 단백질은 비타민 A처럼 다른 유전자에 들러붙어 그 스위치를 켠다. *foxp2* 유전자는 또 비타민 A처럼 길이가 아주 길어 수백 개의 유전자와 상호작용하면서 태아에게서 턱, 창자, 폐, 심장, 특히 뇌의 발달을 조종한다. 모든 포유류는 *foxp2* 유전자를 갖고 있는데, 수십억 년에 걸친 집단 진화에도 불구하고 모든 *foxp2* 유전자 버전은 거의 똑같다. 인간의 *foxp2* 유전자를 생쥐의 그것과 비교하면, 아미노산 3개만 차이가 날 뿐이다.(이 유전자는 명금류 사이에서 놀랍도록 비슷하며, 새들이 새로운 노래를 배울 때 특별히 활발하게 작동한다.) 흥미롭게도, 인간은 침팬지와 갈라선 후에 아미노산 2개에 변화가 일어났는데, 이 변화는 *foxp2* 유전자가 많은 새 유전자와 상호작용하게 해준다. 더욱 흥미로운 사실이 있는데, 과학자들이 인간 *foxp2* 유전자를 사용해 돌연변이 생쥐를 만들자, 그 생쥐는 언어를 처리하는(우리에게서) 뇌 지역의 신경세포 구조가 달라졌고, 동료 생쥐와 바리톤처럼 낮은 음의 찍찍거리는 소리로 대화를 나누었다.

반대로 언어 장애가 있는 KE 집안 사람들의 뇌에서는 언어 생성을 돕는 지역이 위축되었고, 신경세포들의 밀도도 낮았다. 과학자들은 이러한 결핍의 기원을 추적해 A가 G로 바뀐 단일 돌연변이가 원인임을 밝혀냈다. 이 치환은 *foxp2* 유전자의 아미노산 715개 중 단 하나만 변화시켰지만, 그것만으로도 이 단백질이 DNA에 들러붙는 것을 막기에 충분했다. 불행하게도 이 돌연변이는 유전자에서 인간과 침팬지의 돌연변이를 일으키는 부분과는 다른 부분에서 일어나기 때문에, 언어의 진화와 최초 습득에 대해 많은 것을 설명할 수가 없다. 그것과 상관없이 과학자들은 여전히 KE 집안 사람들에 대해 얽히고설킨 원인과 결과 문제에 직면해 있다. 신경학적 결함이 둔한 얼굴 동작의 원인일까? 아니면, 둔한 얼굴 동작이 언어 습득을 방해함으로써 뇌 위축을 가져왔을까? 어쨌든 언어 유전자는 *foxp2* 유전자 하나뿐일 리가 없다. KE 집안 사람들 중에서 언어 장애가 가장 심한 사람도 언어를 전혀 못 하지는 않기 때문이다. 그런 사람도 유인원과 비교하면 훨씬 유창하다.(그리고 때로는 그들을 테스트한 과학자보다도 더 창조적인 것처럼 보이기도 했다. 한번은 "그는 매일 8km를 걷는다. 어제 그는 ___________."이라는 문장에서 빈칸을 채우라고 했더니, 한 사람은 "8km를 걸었다."라고 대답하는 대신에 "쉬었다."라고 대답했다.) 전체적으로 보면, *foxp2* 유전자가 언어와 상징적 사고의 유전적 기반에 대해 뭔가 알려주긴 하지만, 아직까지는 좌절을 느끼게 할 정도로 불분명한 게 많다.

모든 과학자가 *foxp2* 유전자에 대해 의견 일치를 본 한 가지 사실—사람의 경우에는 독특한 형태를 지닌다는—조차 틀린 것으로 드러났다. 호모 사피엔스는 호모속의 다른 종들과 수십만 년 전에 갈라섰지만, 최근에 고유전학자들은 네안데르탈인에게서 인간 버전의 *foxp2* 유전자를 발견했다. 이것은 아무 의미가 없는 발견일 수도 있다. 하지만 이것은 네안데르탈인도 언어에 필요한 훌륭한 운동 능력이나 인지적 수단을 갖고 있었음을 의미할 수 있다. 어쩌면 둘 다 갖고 있었을지도 모른다. 훌륭한 운동 능력은 언어를 더 많이 사용하게 했을 것이고, 언어를 더 많이 사용하다 보면 말할 것이 더 많다는 사실을 깨달았을지도 모른다.

확실한 것은 *foxp2* 유전자의 발견이 네안데르탈인에 관한 또 다른 논쟁, 곧 네안데르탈인의 예술에 관한 논쟁을 더 달아오르게 만들었다는 사실이다. 고고학자들은 네안데르탈인이 살던 동굴들에서 곰의 넙다리뼈로 만든 피리와 빨간색과 노란색으로 물들이고 구멍을 뚫은(실로 꿰어 목걸이로 만들기 위해) 굴 껍데기를 발견했다. 하지만 이 장신구들은 네안데르탈인에게 무슨 의미가 있었을까? 네안데르탈인은 그저 인간의 행동을 흉내낸 것뿐이고, 이 장신구들에 아무런 상징적 의미도 부여하지 않았을지도 모른다. 혹은 종종 네안데르탈인이 사라진 뒤에 네안데르탈인이 살던 장소로 이주한 인간이 네안데르탈인이 살던 곳에 낡은 피리와 굴 껍데기를 버렸는지도 모른다. 분명한 진실은 네안데르탈인이 얼마나 말을 잘 했는지, 그리고 예술적 조예가 얼마나 깊었는지 아는 사람이 아무도 없다는 것이다.

따라서 과학자들이 또 다른 행운의 발견(다른 DNA 결함을 지닌 또 다른 KE 집안 사람들을 발견하거나 네안데르탈인에게서 예상치 못했던 유전자를 더 많이 찾아내거나 하여)을 하기 전까지는 언어와 상징적 예술의 유전적 기원은 불확실한 채 남아 있을 것이다. 그동안에는 DNA가 어떻게 현대 예술가들의 작품을 고양시키거나 엉망으로 만들어놓는지 추적하는 데 만족할 수밖에 없을 것이다.

파가니니의 유전 질환

운동 선수의 경우와 마찬가지로, 소수의 DNA가 음악가의 재능과 야망을 활짝 꽃피울 수 있을지 없을지 결정할 수 있다. 일부 연구에서 음악에 중요한 소질인 절대 음감이 KE 집안 사람들의 언어 장애와 똑같은 우성 패턴으로 유전된다는 사실이 밝혀졌는데, 절대 음감을 가진 사람은 자식들 중 절반에게만 그 재능을 전달하기 때문이다. 다른 연구들에서는 절대 음감에 더 작고 미묘하게 기여하는 것들을 발견했으며, 또 이 DNA는 환경(음악 레슨 같은)과 협력해 그 효과를 발휘한다는 사실도 발견했다. 귀 외에 다른 물리적 속성도 음악가의 재능을 살리거나 죽인다. 세르게이 라흐마니노프Sergei Rachmaninoff의 거대한 손(유전 질환인 마르팡 증후군의 결과일 가능성이 높은)은 쫙 펼치면 30cm에 이르는데, 이것은 피아노 위에서 1.5옥타브에 해당하는 길이이다. 이 덕분에 라흐마니노프는 그런 재능을 타고나지 못한 피아니스트의 인대를 찢어놓을 수 있는 곡을 작곡하고 연주할 수 있었다. 반면에 로베르트 슈만Robert Schumann은 국소성 근긴장 이상 때문에(근육이 부족해 오른쪽 중지를 마음대로 구부리거나 홱 잡아당길 수 없었다) 콘서트 피아니스트 경력을 그만두어야 했다. 이런 조건을 가진 사람들 중에는 유전적 감수성이 있는 사람이 많은데, 슈만은 적어도 그 손가락을 전혀 사용하지 않는 곡을 하나 작곡함으로써 보상을 받았다. 하지만 그는 혹독한 연습 일정을 결코 멈추지 않았고, 손가락을 늘리기 위해 자신이 설계하고 엉성하게 만든 기계 장치는 오히려 그의 증상을 악화시켰을 것이다.

하지만 병들고 허약한 음악가들이 족적을 남긴 긴 영광의 역사에서 19세기에 활동한 바이올린의 거장 니콜로 파가니니Niccoló Paganini의 DNA보다 친구인 동시에 모호한 적으로 가장 양면적인 모습을 보여준 DNA는 없었다. 오페라 작곡가(그리고 쾌락주의자로 유명한) 조아키노 로시니Gioacchino Rossini는 자신이 운 적이 있다는 사실을 인정하길 무척 싫어했지만, 자신이 울었다고 실토한 세 번* 중 한 번이 바로 파가니니의 연주를 들었을 때였다. 그때 로시니는 감격을 주체하지 못하고 시끄럽게 울어댔는데, 그 볼품없는 이탈리아인에게 넋이 빠진 사람은 그 혼자만이 아니었다. 파가니니는 검은 머리를 길게 기르고 검은색 프록코트와 검은색 바지를 입고 연주를 해 그의 창백하고 땀에 젖은 얼굴이 유령처럼 무대 위에 떠 있었다. 또한 연주를 하면서 엉덩이를 기묘한 각도로 삐죽 내밀었고, 격렬하게 연주할 때에는 가끔 양 팔꿈치를 불가능한 각도로 교차시켰다. 일부 전문가들은 그의 콘서트를 과장된 연극으로 보았고, 공연을 하기 전에 바이올린 현을 닳게 만들어 공연 도중에 극적으로 끊어지게 했다고 비난했다. 하지만 그의 쇼맨십이 훌륭했다는 사실은 아무도 부인하지 않았다. 교황 레오 13세는 파가니니에게 황금 박차 기사 작위를 내렸으며, 여러 나라 조폐국은 그의 얼굴이 새겨진 주화를 만들었다. 그는 많은 비평가에게 역사상 가장 위대한 바이올리니스트라는 찬사를 받았고, 클래식 음악에서는 오직 작곡가만이 불멸의 영광을 누린다는 법칙을 깬 거의 유일한 사례로 인정받았다.

파가니니는 자신의 콘서트에서 이전 대가들의 곡을 연주하는 법이 드물었고, 자신이 직접 작곡한 곡을 주로 연주했는데, 그 곡들은 그의 현란한 손놀림을 최대한 돋보이게 하는 것들이었다.(청중을 즐겁게 하는 능력이 뛰어난 그는 곡에 가끔 바이올린으로 당나귀와 수탉 울음소리를 흉내낸 저속한 악절도 포함시켰다.) 십대 때인 1790년대부터 음악에 몰두한 파가니니는 인간의 심리도 잘 파악해 감동적인 연주를 했기 때문에 그의 재능을 초자연적 원인으로 설명하는 전설이 많이 생겨났다. 파가니니가 태어날 때 천사가 나타나 앞으로 그보다 바이올린을 더 훌륭하게 연주하는 사람은 나타나지 않을 것이라고 말했다는 소문이 널리 퍼졌다. 6년 뒤에는 신의 은총이 성경에 나오는 라자로(개신교 성경에서는 나사로)처럼 그를 죽음에서 부활시켰다. 파가니니가 강경증(몸이 갑자기 뻣뻣해지면서 순간적으로 감각이 없어지는 상태)으로 혼수 상태에 빠지자, 부모는 아들을 죽은 것으로 생각하고 포기했는데(수의를 입히고 장사를 지낼 준비까지 했다), 갑자기 뭔가가 그의 몸을 움찔거리게 하는 바람에 아슬아슬하게 생매장을 모면했다. 이런 기적들에도 불구하고, 사람들은 파가니니의 재능을 마법의 힘으로 설명한 이야기를 더 좋아했는데, 불멸의 영혼을 양도하는 대가로 불세출의 음악적 재능을 얻기로 사탄과 계약했다는 이야기가 그것이다.(파가니니는 황혼녘에 공동 묘지에서 콘서트를 열고, 자신이 작곡한 곡에 '악마의 웃음'이나 '마녀의 춤' 같은 제목을 붙임으로써 이 소문을 부채질했다. 마치 자신이 그런 것들을 직접 경험이라도 한 듯이 말이다.) 어떤 사람들은 파가니니가 지하 감옥에서 그 재능을 얻었다고 주장했는데, 전하는 이야기에 따르면 실제로 그는 친구를 칼로 찌른 죄로 8년 동안 투옥된 적이 있다고 한다. 그곳에서는 바이올린을 연습하는 것보다 더 가치 있는 일은 없었을 것이다. 하지만 건전한 상식을 가진 사람들은 마법이나 범죄에 관한 이 모든 이야기를 일축했다. 그들은 파가니니가 부정직한 외과의를 시켜 자신의 손에서 움직임을 제약하는 인대를 자르게 했다고 설명했다. 이보다 간단한 방법이 또 어디 있겠는가!

비록 터무니없는 소리처럼 들리긴 하지만, 그래도 마지막 설명이 정답에 가장 가깝다. 비록 파가니니는 열정과 카리스마, 힘든 일을 해내는 능력이 뛰어나긴 했지만, 그 외에 특별히 유연한 손을 갖고 있었다. 그는 피부가 찢어질 만큼 손가락을 불가능할 정도로 넓게 펼 수 있었다. 손가락 관절도 놀라울 정도로 유연했다. 엄지손가락을 손등 뒤로 구부려 새끼손가락과 닿게 할 수 있었고(여러분도 할 수 있는지 한번 해보라), 가운뎃손가락 관절을 작은 메트로놈처럼 좌우로 흔들 수 있었다. 그 결과, 파가니니는 높은 음과 낮은 음을 훨씬 많이, 그것도 아주 빨리 연속적으로 치면서(어떤 사람은 분당 최대 1000개의 음정을 연주했다고 주장한다) 다른 바이올리니스트는 감히 꿈도 못 꾸는 복잡한 리프나 아르페지오를 단번에 해낼 수 있었다. 그는 이중음(현악기의 두 현을 동시에 누르고 한꺼번에 소리나게 해 화음을 만드는 것)과 삼중음도 연주할 수 있었고, 손가락의 유연성을 활용하여 왼손 피치카토pizzicato(현을 활 대신에 손가락으로 뜯어 소리를 내는 방법) 같은 특별한 기술도 완벽하게 구사했다. 정상적으로는 오른손(활을 잡는 손)으로 피치카토를 하기 때문에, 바이올리니스트는 각 악절을 연주하는 동안 활을 켜거나 손가락으로 현을 뜯거나 둘 중 하나만 선택해야 한다. 하지만 왼손 피치카토를 하는 파가니니는 그런 선택을 할 필요가 없었다. 그는 민첩한 손가락으로 한 음을 활로 켜고 다음 음을 손가락으로 뜯을 수 있어 마치 바이올린 2개를 동시에 연주하는 효과를 낼 수 있었다.

그의 손가락은 유연할 뿐만 아니라, 믿을 수 없을 정도로 강했는데, 특히 엄지손가락은 더 강했다. 파가니니의 주요 경쟁자였던 카롤 리핀스키Karol Lipiński는 어느 날 저녁 파도바에서 열린 파가니니의 콘서트를 보고 나서 파가니니의 방으로 가 여러 친구와 함께 늦은 저녁을 먹으면서 잡담을 나누었다. 그런데 나온 요리는 달걀과 빵이 대부분으로, 파가니니의 신분에 비해 실망스러울 정도로 초라했다.(파가니니는 그것조차 입에 대려 하지 않았고, 과일로 만족했다.) 와인을 좀 마시고, 기타와 트럼펫을 사용한 즉흥 연주가 끝난 뒤에 리핀스키는 파가니니의 손을 뚫어지게 바라보았다. 심지어 거장의 "작고 앙상한 손가락들"을 붙잡고 이리저리 돌리며 보기까지 했다. 리핀스키는 "이렇게 가늘고 작은 손가락으로 그토록 강한 힘을 내면서 그런 연주를 하는 게 어떻게 가능하단 말인가!" 하고 경탄했다. 그러자 파가니니는 "오, 내 손가락은 생각보다 훨씬 강하다오."라고 대답했다. 그러고서는 두꺼운 크리스털 받침접시를 테이블에서 들어올렸다. 네 손가락으로는 받침접시 아래를, 엄지손가락으로는 위를 잡았다. 친구들이 웃으면서 그 주위로 모여들었다. 그들은 이 재주를 전에도 본 적이 있었다. 리핀스키가 궁금한 표정으로 지켜보는 가운데 파가니니는 거의 알아채지 못하게 엄지손가락을 구부렸고, 그러자 "쨍강!"

하고 받침접시가 두 동강 나고 말았다. 이에 질세라 리핀스키도 접시를 집어 엄지손가락으로 깨려고 해보았지만, 어림도 없었다. 파가니니의 친구들도 해보았으나, 아무도 성공하지 못했다. 리핀스키는 "접시들은 전과 다름없는 모습 그대로 남아 있었고, 그것을 보고 파가니니는 심술궂게 웃었다."라고 그때의 일을 기억했다. 힘과 민첩성을 겸비한 손가락은 아무리 봐도 불공평해 보였다. 주치의였던 프란체스코 벤나티 Francesco Bennati처럼 파가니니를 잘 아는 사람들은 그가 성공을 거둔 이유가 놀랍도록 강하고 유연한 손 때문이라고 공공연히 말했다.

물론 아인슈타인의 바이올린 레슨처럼 여기서도 원인과 결과를 명백히 가려내기가 어렵다. 파가니니는 어릴 때부터 몸이 허약하여 병치레를 자주 했고, 기침과 호흡기 질환에 잘 감염되었지만, 일곱 살 때부터 강도 높은 바이올린 레슨을 받았다. 따라서 연습을 통해 손가락이 유연해졌을 가능성도 있다. 하지만 다른 증상들은 엘러스-단로스 증후군이라는 유전 질환 가능성을 시사한다. 이 증후군이 있는 사람은 결합 조직의 주성분인 콜라겐을 많이 만들지 못한다. 콜라겐은 인대와 힘줄을 튼튼하게 하고 뼈를 단단하게 하는 데 도움을 준다. 콜라겐이 적을 경우 얻는 혜택은 서커스에 적합한 유연성이다. 엘러스-단로스 증후군에 걸린 많은 사람들처럼 파가니니도 모든 관절을 놀랍도록 뒤로 멀리 구부릴 수 있었다.(그래서 무대에서 몸이 심하게 뒤틀린 자세를 보여줄 수 있었다.) 하지만 콜라겐은 대부분의 사람들에게 몸을 유연하게 구부리지 못하게 하는 일만 하는 게 아니다. 만성적으로 콜라겐이 부족하면 근육 피로, 허약한 폐, 과민성 대장 증후군, 나쁜 시력, 쉽게 손상되는 투명한 피부 등의 부작용이 나타날 수 있다. 연구에 따르면, 음악가들은(그리고 무용수들도) 엘러스-단로스 증후군과 그 밖의 과운동성 증후군 비율이 높은 것으로 나타났는데, 이것은 처음에는 음악가들에게 큰 이점이 되지만,

역사상 가장 위대한 바이올리니스트로 인정받는 니콜로 파가니니가 지닌 천부의 재능은 손을 놀랍도록 유연하게 만든 유전 질환의 도움이 컸다. 기괴할 정도로 멀리 벌려진 엄지손가락에 주목하라. (사진 제공 : **Library of Congress**)

나중에 무릎 관절 문제와 요통의 원인이 되는 경우가 많다. 특히 파가니니처럼 내내 서서 공연을 하는 직업을 가졌다면 그럴 가능성이 더 높다.

1810년 이후 계속된 순회 공연으로 파가니니는 건강이 점점 나빠졌다. 이제 겨우 30대에 접어들었는데도, 그의 몸은 기력이 다한 것처럼 보였다. 명성이 점점 높아졌는데도 불구하고, 1818년에 나폴리의 한 숙소에서는 파가니니처럼 비쩍 마르고 병약한 사람은 결핵에 걸린 게 분명하다며 그를 쫓아냈다. 약속을 취소하는 일이 잦아졌고, 연주도 할 수 없게 되었으며, 1820년대에는 건강을 되찾기 위해 몇 년 동안 순회 공연을 중단해야 했다. 파가니니는 전반적인 건강 악화의 원인이 엘러스-단로스 증후군이라는 사실을 꿈에도 몰랐을 것이다. 의사들도 1901년에 가서야 이 증후군을 공식적으로 기술했으니까. 하지만 그러한 무지 상태는 절망감만 높일 뿐이었고, 할 수 없이 파가니니는 돌팔이 약제상과 의사에게 도움을 구했다. 매독과 결핵 그리고 알 수 없는 질병에 걸렸다는 진단이 나오자, 의사들은 수은이 주성분인 독한 설사제를 처방했는데, 이것은 그러지 않아도 약해질 대로 약해진 그의 내장을 유린했다. 그칠 줄 모르는 기침은 더 악화되었고, 결국 목소리가 완전히 죽어 파가니니는 말문을 닫았다. 염증으로 빨개진 망막을 가리기 위해 옅은 파란색 가리개를 착용해야 했고, 한번은 왼쪽 고환이 "작은 호박만 할 정도로" 크게 부어올랐다고 흐느꼈다. 만성적인 수은 복용으로 잇몸이 크게 손상돼 흔들거리는 치아를 노끈으로 붙들어맨 뒤에야 음식을 먹을 수 있었다.

1840년에 파가니니가 왜 죽었는지 그 원인을 찾으려고 하는 것은 로마 제국의 멸망 원인이 무엇이냐고 묻는 것과 비슷하다. 많은 원인 중에서 여러분 마음에 드는 것을 골라보라. 가장 큰 해를 입힌 것은 필시 수은제 남용일 테지만, 수은제를 남용하기 이전부터 파가니니를 잘 알고 지냈고, 바가지를 씌운다는 이유로 파가니니가 거부하지 않았던 유일한 의사인 벤나티는 진짜 문제는 더 깊은 곳에 있다고 보았다. 파가니니를 진찰한 뒤, 벤나티는 결핵이나 매독 진단을 엉터리라고 일축했다. 대신에 "나중에 [파가니니에게 나타난] 거의 모든 고통은 피부의 심한 감수성에서 비롯되었다고 볼 수 있다."라고 지적했다. 벤나티는 엘러스-단로스 증후군으로 인한 종이처럼 얇고 건조한 피부 때문에 파가니니는 오한과 땀, 열에 취약했고, 원래부터 허약했던 건강이 더 악화된 게 아닐까 의심했다. 벤나티는 또한 파가니니의 목과 폐, 잘록창자(결장) — 모두 엘러스-단로스 증후군에 영향을 받는 장소 — 의 막이 염증에 취약하다고 기술했다. 1830년대의 진단을 곧이곧대로 믿을 수는 없지만, 벤나티는 파가니니의 건강이 나쁜 원인이 선천적인 데 있다고 추적했다. 그리고 현대 지식에 비추어 생각하면, 파가니니의 육체적 재능과 고통은 모두 똑같은 유전적 원인에서 비롯되었을 가능성이 높다.

파가니니의 불운은 죽고 나서도 멈추지 않았다. 그는 니스에서 임종할 때, 자신의 죽음을 앞당기기만 할 것이라고 믿고서 영성체와 고해를 거부했다. 그래도 결국 죽음을 피할 수는 없었는데, 가톨릭 교회는 성례를, 그것도 부활절 계절(부활 주일부터 성령 강림 주일까지의 50일간)에 거부한 그에게 적절한 장례식을 치러주길 거부했다.(이 때문에 가족은 수치스럽게도 그의 시신을 몇 달 동안 이리저리 옮겨야 했다. 처음에는 친구 침대에서 6일 동안 누워 있다가 보건 당국이 개입해 폐쇄된 나환자 병원으로 옮겨졌는데, 교활한 관리인은 파가니니의 시신을 관광객에게 보여주고 돈을 받았다. 그 다음에는 올리브유 가공 공장의 시멘트 통으로 옮겨졌다. 결국 가족은 그의 뼈를 몰래 제노바로 옮겨 개인 정원에 묻었다. 파가니니는 마침내 교회가 그를 용서하고 매장을 허락할 때까지* 그곳에 36년 동안 묻혀 있었다.)

파가니니의 사후 파문은 교회 당국이 파가니니에게 앙심을 품었던 게 아닐까 하는 추측에 기름을 부었다. 파가니니는 넉넉한 유산을 분배할 때 교회를 배제했는데, 영혼을 악마에게 팔았다는 이야기도 교회 측의 양심을 부채질했을 것이다. 하지만 교회는 유명한 바이올리니스트를 거절할 현실적 이유가 많았다. 파가니니는 도박을 매우 즐겼는데, 심지어는 공연 전에 자신의 바이올린을 건 적도 있었다.(그리고 그것을 잃었다.) 게다가 유럽 각지에서 처녀와 가정부, 귀족 집안 여자를 가리지 않고 그들과 함께 술을 마시며 어울렸고, 수많은 여자와 정을 통했다. 나폴레옹의 두 여동생을 유혹한 뒤에 버렸다는 아주 대담한 무용담도 전한다. 그는 "나는 지독하게 못생겼지만, 그저 바이올린을 연주하기만 하면 여자들은 내 발밑에 엎드리지."라고 으스댔다. 이랬으니 교회 당국의 심사가 좋을 리가 없었다.

그럼에도 불구하고, 파가니니의 성 행동 과잉은 유전학과 순수 예술에 대해 아주 중요한 사실을 알려준다. 그 편재성을 감안하면, DNA는 어떤 종류의 예술적 충동을 암호화하는 게 분명한데, 왜 그럴까? 우리는 왜 예술에 그토록 강렬한 반응을 보일까? 우리 뇌는 사회적 상호작용과 확인을 갈망하고, 이야기와 노래, 이미지를 공유하면 유대를 돈독하게 하는 데 도움이 된다는 가설이 있다. 이 견해에 따르면, 예술은 사회적 결속을 다지는 데 도움을 준다. 하지만 예술에 대한 갈망은 우연하게 생겨난 것일 수도 있다. 우리의 뇌 회로는 옛날 환경에서 특정 광경과 소리와 감정을 선호하도록 진화했는데, 예술은 단순히 그 회로를 이용해 광경과 소리와 감정을 농축된 형태로 전달하는 것일지도 모른다. 이 견해에 따르면, 미술과 음악은 우리 뇌를 초콜릿이 혀를 조종하는 것과 비슷한 방식으로 조종한다.

하지만 많은 과학자는 예술에 대한 갈망을 자연 선택의 사촌인 성 선택이라는 과정을 통해 설명한다. 성 선택설에 따르면, 짝짓기를 가장 많이 하고 자신의 DNA를 후손에게 전달하는 동물은 반드시 생존하는 데 유리해서 그러는 게 아니라, 단지 더 예쁘고 섹시해서 그렇다. 대부분의 동물에서 섹시하다는 것은 건장하고 균형 잡히고 화려한 장식을 의미한다. 수사슴의 뿔이나 공작의 꽁지깃이 그런 예이다. 하지만 노래나 춤도 자신의 신체적 건강을 과시하는 것이기 때문에 이성의 관심을 끌 수 있다. 그림과 재치 있는 시는 영장류 사회에서 동맹과 서열을 탐색하는 데 중요한 재능인 정신적 능력과 영리함을 보여준다. 다시 말해서, 예술은 정신적 차원의 성적 매력 적합도를 나타낸다.

만약 마티스나 모차르트에 상응하는 재능이 섹스를 위한 수단 치고는 너무 정교해 보인다면, 여러분 생각이 옳다. 하지만 도를 넘는 과잉은 바로 성 선택의 특징이다. 공작의 꽁지깃이 어떻게 진화했을지 상상해보라. 오래 전에 화려한 깃털은 공작을 더 매력적으로 보이게 했을 것이다. 하지만 이어지는 세대들에서 그 형질이 널리 퍼질 것이기 때문에, 밝은 색의 큰 깃털은 얼마 지나지 않아 평범한 속성이 되고 말았을 것이다. 따라서 더 크고 더 밝은 색의 깃털을 가진 수컷만이 암컷들의 큰 관심을 끌게 되었다. 하지만 이번에도 세대가 지남에 따라 그것은 보편적인 형질로 자리잡는다. 따라서 관심을 끌려면 더 많은 과시가 필요하므로, 더 나은 특징을 추구하는 경쟁은 통제 불능 상태로 치닫는다. 마찬가지로 완벽한 소네트를 쓰거나 대리석(혹은 DNA)으로 완벽한 형상을 조각하는 능력은 생각하는 유인원인 우리에게는 1.2m 길이의 깃털이나 가지가 14개나 달린 뿔 또는 빨갛게 출렁이는 비비의 엉덩이에 해당하는 것일 수 있다.*

물론 파가니니의 재능은 그를 유럽 사회의 꼭대기로 상승시킨 반면, 그의 DNA는 그를 쓸모 있는 종마로 만들지는 못했다. 그는 정신적으로나 육체적으로 실패작이었다. 그의 사례는 사람들의 성적 욕망이 좋은 유전자를 전달하려는 공리주의적 욕구에서 너무나도 쉽게 벗어날 수 있음을 보여준다. 성적 매력은 나름의 효능과 힘을 갖고 있으며, 문화는 우리의 깊은 성적 본능과 혐오를 무시하면서 심지어 근친상간 같은 유전적 금기조차 매력적으로 보이게 할 수 있다. 사실, 그것은 너무나도 매력적이어서 어떤 상황에서는 그러한 성도착性倒錯이 우리의 위대한 예술에 큰 영향을 미쳤다.

툴루즈-로트레크 가문의 열성 돌연변이

물랭루즈의 화가이자 연대기 작가였던 앙리 드 툴루즈-로트레크Henri de Toulouse-Lautrec(원래 성은 툴루즈-로트레크이지만, 우리나라에서는 '로트레크'로 널리 알려져 있다. —옮긴이)의 미술과 유전적 혈통은 이중 나선 가닥들처럼 심하게 뒤엉켜 있는 것 같다. 툴루즈-로트레크 가문은 그 뿌리가 샤를마뉴Charlemagne 대제까지 거슬러 올라가며, 툴루즈의 많은 백작들은 수백 년 동안 사실상의 왕으로 프랑스 남부를 통치했다. 교황의 권위에 도전할 정도로 자부심이 강했지만(교황은 툴루즈-로트레크 가문의 여러 백작을 열 번이나 파문했다), 툴루즈 백작 레몽 4세Raymond IV처럼 신앙심이 깊은 사람도 나왔다. 레몽 4세는 하느님의 영광을 위해 제1차 십자군 원정 때 10만 명의 병사를 이끌고 예루살렘을 공격했다. 앙리 드 툴루즈-로트레크가 태어난 1864년 무렵에 그의 가문은 정치적 힘을 잃은 지 오래되었지만 여전히 넓은 사유지를 지배했고, 사냥과 낚시, 주연이 끝없이 이어지는 호화롭고 방탕한 생활에 빠져 지냈다.

가문의 땅을 온전히 보전하기 위해 많은 툴루즈-로트레크 가문 사람들은 혈족끼리 결혼했다. 하지만 이러한 혈족 결혼은 잠자고 있던 열성 돌연변이에게 동굴 밖으로 기어나올 기회를 주었다. 살아 있는 사람은 모두 악성 돌연변이를 약간 지니고 있는데, 그래도 우리가 살아남을 수 있는 이유는 모든 유전자가 쌍으로 존재해 좋은 쪽으로 나쁜 쪽을 상쇄할 수 있기 때문이다.(대부분의 유전자는 제조 능력이 50%만 되어도, 혹은 심지어 그보다 낮더라도, 우리 몸은 잘 굴러간다. 다만, *foxp2* 유전자가 만들어 내는 단백질은 예외이다.) 임의의 두 사람이 모두 같은 유전자에 해로운 돌연변이가 존재할 확률은 아주 낮지만, 비슷한 DNA를 가진 친족 사이에서는 둘 다 결함이 있는 유전자를 자식에게 물려주기 쉽다. 로트레크의 부모는 사촌 사이였는데, 할머니와 외할머니가 자매였기 때문이다.

생후 6개월이 지났을 때 로트레크는 몸무게가 4.5kg에 불과했고, 네 살이 되어서도 머리에 숫구멍이 남아 있었다고 한다.(아기의 머리뼈는 단단한 뼈들이 딱 들러붙어 있지 않고, 사이사이에 숫구멍이라는 연하고 탄력 있는 막이 있다. 이것은 태어날 때 머리뼈가 산도를 무사히 빠져나오는 데 도움을 준다. 생후 18개월쯤 되면 숫구멍이 모두 사라지고 뼈들이 단단하게 들러붙는다. —옮긴이) 머리뼈도 부어오른 것처럼 보였고, 짧은 팔다리는 특이한 각도로 붙어 있었다. 십대 시절에도 가끔 지팡이를 짚고 걸었지만, 그랬는데도 넘어지는 바람에 양쪽 넙다리뼈가 골절되고 말았으며, 양쪽 다 제대로 낫지 않았다. 오늘날의 의사들은 그 진단에 동의하지 않겠지만, 로트레크가 여러 가지 증상 중에서도 뼈를 부러지기 쉽게 만들고 다리를 짧게 만든(그의 키는 보통 147.5cm로 기록돼 있지만, 그의 키에 대한 평가는 적게는 135cm까지 낮아진다. 어른 상반신에 어린이 다리가 붙어 있는 것과 비슷했다) 열성 유전 질환에 걸렸다는 사실에는 모두가 동의한다. 그의 집안에서 유전 질환의 피해자는 로트레크 혼자뿐만이 아니었다. 남동생은 태어난 지 일 년 만에 죽었고, 역시 혈족 결혼의 산물로 난쟁이처럼 작았던 사촌들에게는 변형된 뼈와 발작 장애*가 나타났다.

솔직하게 말하면, 툴루즈-로트레크 가문 사람들은 17세기 에스파냐의 불운한 합스부르크 왕가처럼 근친 결혼을 한 유럽의 다른 귀족들에 비해 피해가 적은 편이었다. 역사상의 많은 왕가들처럼 합스부르크가는 근친상간을 혈통의 '순수성'과 동일시하여 그 혈통을 잘 아는 다른 합스부르크가 사람하고만 잠자리를 같이 했다. 합스부르크가 사람들은 유럽 각국에서 많은 왕좌를 차지했지만, 이베리아 반도의 합스부르크가 사람들은 유독 사촌 간의 사랑에 몰입하는 것처럼 보였다. 에스파냐의 합스부르크가 사람들은 5명 중 4명이 가까운 친족과 결혼했다. 그 당시 아주 외진 에스파냐 시골에서 농부의 자식으로 태어나는 아이들 중 사망 비율은 약 20%였다. 하지만 합스부르크가 사람들 사이에서는 그 비율이 30%에 이르러 그들의 묘지는 유산되거나 사산된 아이들로 가득 찼으며, 게다가 10세 이전에 죽는 아이들도 20%나 되었다. 살아남은 사람들도 왕족의 초상화에서 보듯이 종종 '합스부르크가 입술'이라는 불운을 타고났다. 이 불운을 타고난 사람은 턱이 변형되고 앞으로 툭 튀어나와 얼굴이 유인원처럼 보인다.* 그리고 저주받은 입술은 세대가 거듭될수록 점점 악화되었고, 에스파냐에서 합스부르크 왕가의 마지막 왕인 카를로스 2세Carlos II에게서 절정에 이르렀다.

카를로스 2세의 어머니는 아버지의 조카딸이었고, 고모는 외할머니였다. 조상들 사이에서 근친상간이 확실하고도 지속적으로 일어났기 때문에, 카를로스 2세는 형제간의 사생아보다도 근친혼 효과가 약간 더 심했다. 그 결과는 모든 면에서 나쁜 쪽으로 나타났다. 턱은 아주 심하게 변형되어 음식을 제대로 씹을 수 없었고, 혀가 크게 부풀어 올라 말도 제대로 할 수 없었다. 심신이 미약한 왕은 여덟 살이 될 때까지 걷지 못했고, 마흔이 못 돼 죽었지만 완전한 노망 증상을 보였고, 환각과 발작이 자주 일어났다. 이런 불행들에서 교훈을 배우지 못한 합스부르크가의 고문들은 또다시 사촌을 데려와 카를로스 2세와 결혼시켜 아이를 낳게 했다. 다행히도 카를로스 2세는 때 이르게 사정을 하는 경우가 많았고, 나중에는 불능 상태가 되었기 때문에 후계자를 낳지 못했고, 그렇게 해서 합스부르크 왕가는 막을 내렸다. 카를로스 2세를 비롯해 합스부르크가 군주들은 세계 최고의 미술가들을 고용해 자신들의 통치 행위를 그림으로 기록하게 했는데, 티치아노 베첼리오 Tiziano Vecellio, 페테르 파울 루벤스 Peter Paul Rubens, 디에고 벨라스케스 Diego Velázquez조차 악명 높은 입술을 완전히 가릴 수 없었고, 유럽 전역에 퍼져 살던 합스부르크가 사람들의 쇠퇴해가는 모습 또한 마찬가지였다. 하지만 의료 기록이 의심스럽던 시대에 추한 모습을 아름답게 묘사한 그들의 초상화는 유전적 쇠퇴와 변성을 추적하는 데 소중한 도구를 제공한다.

로트레크는 자신의 유전적 하중에도 불구하고 합스부르크가의 정신적 파탄만큼은 모면했다. 심지어 그는 뛰어난 재치로 동료들 사이에서 인기가 좋았다. 친구들은 그의 굽은 다리와 절뚝임을 생각해 로트레크가 하던 일을 계속할 수 있도록 종종 필요한 장소로 그를 옮겨주었다.(나중에 부모는 아주 큰 세발자전거를 사주었다.) 하지만 아버지는 아들의 장애를 결코 용서하지 않았다. 건장하고 잘생겼지만 조울증이 있던 아버지 알퐁스 드 툴루즈-로트레크 Alphonse de Toulouse-Lautrec는 어느 누구보다도 가문의 과거를 낭만적으로 여겼다. 그는 종종 레몽 4세처럼 쇠사슬 갑옷을 입었고, 한번은 대주교에게 "아, 대주교님! 툴루즈 백작이 마음 내키는 대로 수도사를 비역하고, 나중에 그를 목매달아도 되던 시절은 다 지나가 버렸군요."라고 한탄했다. 알퐁스가 굳이 아이를 가지려고 한 이유는 오로지 함께 사냥할 사람이 필요했기 때문이다. 그런데 나중에 로트레크가 시골에서 총을 들고 걸어다닐 수 없다는 사실이 명백해지자, 알퐁스는 로트레크를 유산 상속인 명단에서 제외했다.

로트레크는 사냥 대신에 가문의 다른 전통을 택했는데, 그것은 바

사촌 사이인 부모에게서 태어난 화가 앙리 드 툴루즈-로트레크는 성장을 위축시킨 유전 질환을 앓았는데, 그것은 그의 예술에도 미묘한 영향을 미쳤다. 그는 종종 특이한 관점에서 스케치를 하거나 채색을 했다. (그림 : 앙리 드 툴루즈-로트레크)

로 미술이었다. 친척 중에 아마추어 화가로 훌륭한 그림을 그린 사람이 여럿 있었지만, 로트레크는 단순한 아마추어 활동으로 만족하지 않았다. 로트레크는 어릴 때부터 늘 뭔가를 끼적거리고 그렸다. 만 세 살 때 어느 장례식에서 아직 자기 이름을 쓸 수 없었던 로트레크는 방명록에 이름 대신에 소를 그렸다. 그리고 십대 때 다리가 부러져 누워지낼 때, 진지하게 그림을 그리고 채색을 하기 시작했다. 15세 때 대학 입학 자격 시험인 바칼로레아를 준비하기 위해 어머니(역시 아버지와 사이가 멀어진)와 함께 파리로 갔다. 하지만 예술의 도시 파리에 온 로트레크는 공부는 내팽개치고 독한 술인 압생트를 마시는 보헤미안 화가들과 어울렸다. 부모는 이전에는 그의 예술적 야심을 격려했지만, 방종한 생활 태도 앞에서 그러한 관용적 태도는 거부로 되돌아섰다. 다른 가족들도 격분했다. 한 반동적인 아저씨는 고향 집에 남겨둔 로트레크의 작품을 모두 찾아내 화형시키듯이 불태웠다.

하지만 로트레크는 파리의 예술적 분위기에 흠뻑 빠졌는데, 그의 DNA가 그의 예술을 빚어내기 시작한 것은 1880년대였다. 로트레크는 유전 질환 때문에 얼굴과 신체 모두 매력이 크게 떨어졌다. 이는 썩어가고, 코는 크게 부풀어 올랐으며, 입술은 저절로 벌어지면서 침이 질질 흘렀다. 여성에게 조금이라도 잘 보이려고 유행하는 턱수염으로 얼굴을 약간 가리고, 파가니니처럼 특별한 소문을 퍼뜨리려고 노력했다.(그는 짧은 다리 2개와 긴 다리 하나 때문에 '삼각대'라는 별명을 얻었다고 전한다. 긴 다리는 물론 여러분이 상상하는 그것이다.) 하지만 우스꽝스럽게 생긴 '난쟁이'는 애인을 얻지 못해 절망했고, 그래서 파리 빈민가의 술집과 매음굴에서 여자를 찾아다니기 시작했다. 때로는 주색에 빠져 며칠 동안 사라지기까지 했다. 귀족 출신의 젊은이가 파리에서 모든 고상한 곳을 다 놔두고 예술적 영감을 발견한 곳은 바로 술집과 매음굴이었다. 로트레크는 이곳에서 창녀와 밑바닥 인생을 수십 명 만났지만, 그들의 비천한 지위에 아랑곳하지 않고 시간을 내 그들을 그림으로 옮겼는데, 그의 작품에 등장하는 인물들은 심지어 코믹하거나 에로틱한 분위기를 풍길 때에도 기품이 있었다. 그는 허름한 침실과 밀실에서 뭔가 인간적이고 심지어 고상한 것을 보았으며, 인상파 선배 화가들과는 달리 일몰과 연못, 나무가 우거진 숲을 비롯해 모든 야외 풍경을 배척했다. 그는 "자연은 나를 배신했다."라고 설명했고, 그래서 자신도 자연을 포기하겠다고 맹세했으며, 대신에 칵테일을 가까이에 두고 평판 나쁜 여성이 자기 앞에서 포즈를 취하게 했다.

그의 DNA는 그가 몰두한 종류의 미술에도 영향을 미쳤을 가능성이 높다. 짧은 팔과 자신이 '그로스 파트grosses pattes(짧은 발)'라고 부른 손 때문에 붓을 움직이고 오랫동안 그림을 그리는 게 쉽지 않았을 것이다. 이런 사정은 포스터와 판화에 많은 시간을 쏟아붓기로 한 결정에 영향을 미쳤을 수 있다. 스케치도 많이 했다. 삼각대는 늘 매음굴에만 틀어박혀 지내지는 않았으며, 한가할 때에는 사적인 은밀한 순간이나 생각에 잠긴 순간의 여성 모습을 생생하게 포착한 스케치를 수천 장이나 휙휙 그려댔다. 게다가 이 스케치들과 더 공식적인 물랭루즈의 초상화에서 로트레크는 종종 특이한 관점을 보여준다. 즉, 아래에서 위를 올려다본 관점에서 인물들을 그리거나('콧구멍이 보이는 관점') 프레임에서 다리가 잘려나간 모습으로 그리거나(그는 자신의 짧은 다리 때문에 남의 다리를 오래 바라보는 것을 싫어했다) 시선 각도를 위쪽으로 옮겨가며 훑는 방식으로 사물을 묘사했는데, 키가 크지만 미술적 혜안이 떨어지는 사람은 결코 생각하지 못할 각도들이었다. 어느 모델이 그에게 "당신은 기형의 천재예요."라고 말하자, 로트레크는 "물론이지."라고 대답했다.

불행하게도, 물랭루즈의 유혹 — 캐주얼 섹스, 야행성, 특히 '앵

무새 죽이기'(술에 절어 멍청해지는 것을 가리키는 로트레크의 완곡한 표현)—은 1890년대의 그의 섬세한 육체를 고갈시켰다. 어머니는 아들을 알코올 중독에서 벗어나게 하려고 보호 시설로 보내기도 했지만, 어떤 방법도 효과가 없었다.(로트레크가 지팡이 속을 텅 비게 만든 뒤 거기다가 압생트를 채워 몰래 마시는 버릇이 있었던 게 한 가지 이유였다.) 1901년에 다시 예전 생활로 돌아간 뒤, 로트레크에게 뇌졸중이 일어났고 며칠 뒤 콩팥 기능 부족(신부전)으로 사망했다. 36세 때였다. 영광스러운 가계도에 많은 화가들이 있었던 점을 감안하면, 로트레크에게도 예술적 재능을 나타내는 유전자가 일부 있었던 게 틀림없다. 툴루즈의 백작들은 그 밖에 짧은 골격과 화려한 역사를 자랑하는 발작성 음주벽도 물려주었고, 또 알코올 중독에 빠지게 하는 유전자도 주었을 것이다. 파가니니의 경우처럼 로트레크의 DNA는 한편으로는 그를 훌륭한 화가로 만들었지만, 다른 한편으로는 결국 그의 파멸을 재촉했다.

4장

DNA의 신탁

유전학의 과거와 현재와 미래

13
과거는 프롤로그이다, 때로는

유전자가 역사적 영웅들에 대해 가르쳐줄 수 있는(혹은 없는) 것은 무엇일까?

이 모든 일은 어쩔 도리가 없기 때문에, 왜 우리가 거기에 신경을 써야 하는지 이유가 분명치 않다. 하지만 쇼팽Chopin(낭성섬유증?)이나 도스토예프스키(간질?), 포(광견병?), 제인 오스틴Jane Austen(어른 수두?), 가시 공작 블라드Blad the Impaler(포르피린증?), 빈센트 반 고흐Vincent van Gogh(『정신장애 진단 통계 매뉴얼』에 실린 병명 중 절반?) 등 우리는 유명한 사람들의 사망 원인을 진단하는 데 큰 흥미를 느낀다. 남아 있는 기록이 모호한데도, 우리는 추측을 멈추지 않는다. 때로는 작품 속의 인물들도 불필요한 의학적 조언을 받는다. 의사들은 스크루지는 강박장애, 셜록 홈스는 자폐증, 다스 베이더는 경계인격장애가 있다고 자신 있게 진단한다.

우리가 영웅들에게 흥미를 느끼는 이유 중 일부도 바로 이런 충동 때문인데, 그들이 심각한 위협을 어떻게 극복했는지 듣는 것도 감동적이다. 거기에는 우쭐해하는 속마음도 숨어 있는데, 우리는 이전 세대들이 풀지 못했던 수수께끼를 풀었기 때문이다. 무엇보다도, 2010년에 한 의사가 〈미국의학협회지〉에서 언급한 것처럼 “후향 진단에서 가장 즐거운 점은 여기에는 항상 논쟁의 여지가 있으며, 결정적 증거가 없는 상태에서 새로운 가설과 주장을 펼칠 여지가 있다는 사실이다.” 이러한 주장은 외삽법의 형태를 취하는 경우가 많다. 즉, 수수께끼의 질병을 사용해 걸작이나 전쟁의 기원을 설명하는 식의 조건법적 추측이 난무한다. 차르가 통치하던 러시아를 역사의 뒤안길로 사라지게 한 원인은 혈우병이 아니었을까? 찰스 다윈이 벌레에 물린 사건이 실제로 진화론 탄생에 산파 역할을 했을까? 하지만 크게 늘어난 유전학 지식은 과거의 증거를 다시 철저히 조사하는 것에 유혹을 느끼게 만들지만, 실제로는 유전학은 의학적으로나 윤리적으로 혼란만 더 부추기는 경우가 많다.

근친상간과 파라오의 몰락

의학사학자들은 다양한 이유(매력적인 문화, 풍부한 미라, 많은 의문사)로 고대 이집트와 아멘호테프 4세 같은 파라오를 특별히 깊이 조사했다. 아멘호테프 4세는 모세와 오이디푸스와 예수를 합친 인물로 일컬어지는데, 결국 그의 이단적 종교가 왕조를 멸망시키긴 했지만, 그 때문에 우회적 방식으로 역사에 영원히 이름을 남기게 되었다. 기원전 14세기 중엽, 아멘호테프 4세는 이름을 아크나톤(아케나텐이라고도 하는데, ‘태양신 아톤의 영혼’이란 뜻이다)으로 바꾸었다. 그것은 선조들이 믿던 다신교를 삭막한 일신교로 바꾸기 위한 첫 번째 조처였다. 아크나톤은 곧 태양신 아톤을 경배하기 위해 ‘태양의 도시’를 새로 건설했고, 야간에 치르던 전통 종교 의식을 아톤이 한창 활동하는 시간인 오후로 옮겼다. 아크나톤은 또 자신이 아톤의 아들이라고 공표했다. 백성이 이러한 변화에 불평하기 시작하자, 근위병들을 시켜 공공 기념물이건 가난한 사람들의 집에 있는 도자기이건, 자기 아버지 옆에서 다른 신의 모습을 모두 없애게 했다. 아크나톤은 심지어 문법에도 손을 댔는데, 모든 공문서에서 신의 복수형인 '신들'에 해당하는 상형 문자의 흔적을 싹 지우게 했다.

아크나톤이 통치한 17년 동안 예술에서도 이단적인 변화가 일어났다. 아크나톤 시대의 벽화와 부조에서는 새와 물고기, 짐승, 꽃이 처음으로 사실적으로 묘사되기 시작했다. 아크나톤의 미술가들도 왕실 가족—아크나톤이 가장 사랑한 아내인 네페르티티와 후계자인 투탕카멘을 포함해—을 식사를 하거나 어루만지거나 키스하면서 껴안는 등 놀랍도록 세속적인 분위기로 묘사했다. 그런데 세부적인 것을 정확하게 묘사하려고 최대한 노력했는데도 불구하고, 왕실 가족의 신체는 기괴해 보이며, 심지어 기형처럼 보인다. 이들 초상화에서 하인과 그 밖의 지위가 낮은 사람들은 정상적인 사람으로 묘사되었기 때문에 이것은 더욱 불가사의해 보인다. 이전의 파라오들은 떡 벌어진 어깨와 무용수 같은 체형을 가진 북아프리카의 아도니스처럼 묘사되었다. 하지만 아크나톤은 그렇지 않았다. 나머지 부분에서는 자연주의를 최대한 살린 것처럼 보인 그림에서 그와 투탕카멘, 네페르티티를 비롯한 왕실 가족은 완전히 딴 세계에서 온 외계인처럼 보였다.

고고학자들이 이 왕실 예술에 대해 설명하는 이야기는 마치 카니발에서 큰 소리로 호객을 하는 장사치의 말처럼 들린다. 한 사람은 "육체적 혐오감의 전형처럼 보이는 이 그림을 보면 누구나 움찔할 것이다."라고 말한다. 또 다른 사람은 아크나톤을 "휴머노이드 사마귀"라고 부른다. 아몬드처럼 생긴 머리, 땅딸막한 상반신, 거미처럼 가늘고 기다란 팔, 닭과 비슷한 다리(무릎이 뒤쪽으로 굽은 것까지), 호텐토트족(남아프리카의 미개 종족) 엉덩이, 보톡스 시술을 받은 듯한 입술, 오목한 가슴, 축 늘어진 올챙이배 등등 이들의 기이한 특징 목록은 몇 페이지에 이를 정

이집트 파라오 아크나톤(왼쪽에 앉아 있는 인물)은 궁중 미술가에게 자신과 가족을 외계인처럼 기묘한 모습으로 묘사하게 했는데, 이 때문에 현대의 많은 의사들은 그에게 유전 질환이 있었다고 후향 진단했다. (사진 제공 : **Andreas Praefcke**)

도이다. 많은 그림에서 아크나톤은 젖가슴이 달려 있으며, 유일한 누드 조각상은 중성의 사타구니를 지녔다. 요컨대, 이 작품들은 미술사에서 다비드와 비너스의 전통에 반하는 것이다.

합스부르크가의 초상화와 마찬가지로 일부 이집트학자들은 이 그림들을 파라오 혈통에 흐르는 유전적 기형의 증거로 본다. 이 주장에 딱 들어맞는 증거도 있다. 아크나톤의 형은 어린 시절에 불가사의한 병으로 죽었으며, 일부 학자는 아크나톤도 어릴 때 신체적 문제 때문에 궁중 의례에서 배제되었다고 믿는다. 그리고 고고학자들은 아들 투탕카멘의 무덤에서 지팡이 130개를 발견했는데, 많은 것은 닳은 흔적이 있었다. 의사들도 이러한 주장에 반대하지 못하고, 이 파라오들이 마르팡 증후군과 코끼리피부병 같은 온갖 종류의 병을 앓았다고 후향 진단했다. 하지만 아무리 나름대로 시사하는 바가 있다곤 하더라도, 모든 진단은 구체적 증거 부족이라는 치명적 결점이 있다.

이때, 유전학이 등장한다. 이집트 정부는 오랫동안 유전학자들에게 자신들의 소중한 미라를 검사하도록 허락하길 망설였다. 아무리 작은 부분이라도 미라에 구멍을 뚫어 조직과 뼈를 채취하면, 미라가 손상될 수밖에 없었기 때문이다. 또, 고유전학도 초기에는 오염과 불확실한 결론 때문에 그다지 신뢰를 얻지 못했다. 그러다가 2007년에 가서야 이집트 정부는 투탕카멘과 아크나톤을 비롯해 다섯 세대에 걸친 미라의 DNA를 추출하는 데 동의했다. 이 유전학 연구를 사체의 정밀한 CT 스캔과 결합해서 얻은 결과는 그 시대의 예술과 정치에 대한 일부 수수께끼를 푸는 데 도움을 주었다.

첫째, 아크나톤과 그 가족에게서 중요한 유전적 결함이 전혀 발견되지 않았는데, 이것은 이집트 왕실 가족이 보통 사람들과 다름없이 생겼음을 시사한다. 따라서 아크나톤의 초상화는 사실적으로 묘사하지 않은 게 분명하다. 그런 초상화들은 선전용으로 일부러 그렇게 그렸을 것이다. 아크나톤은 태양신의 아들인 자신은 보통 사람들과 달라야 하므로 공식 초상화에서 새로운 종류의 신체를 가진 것처럼 묘사하기로 결정한 것 같다. 그림에서 아크나톤의 기묘한 특징 중 일부(불룩 튀어나온 배, 돼지 같은 궁둥이)는 다산과 풍요의 신을 연상시키는데, 따라서 자신을 이집트의 행복을 낳는 자궁으로 묘사하길 원했을지 모른다.

그렇긴 하지만, 그 미라들은 곤봉 모양의 발과 갈라진 입천장처럼 더 미묘한 기형을 보여주었다. 그리고 세대가 거듭될수록 그 정도가 더 심해졌다. 네 번째 세대인 투탕카멘은 곤봉발과 입천장갈림증을 모두 물려받았다. 또, 어릴 때 로트레크처럼 넙다리뼈가 부러졌고, 선천성 혈액 공급 부족으로 발에 있는 뼈들이 죽었다. 과학자들은 그 유전자를 검사하고 나서 투탕카멘이 왜 그토록 심한 병들을 앓았는지 이해하게 되었다. 특정 DNA '스터터stutter'('말더듬'이란 뜻으로, 염기가 반복적으로 늘어선 부분)는 부모에게서 자식에게로 온전히 전달되는데, 이를 이용해 혈통을 추적할 수 있다. 불행하게도 투탕카멘의 경우에는 부모가 둘 다 똑같은 스터터를 갖고 있었다(아버지와 어머니의 부모가 똑같기 때문에). 네페르티티는 아크나톤이 가장 좋아한 아내였을지 모르지만, 후계자를 생산하는 중요한 일에서는 아크나톤은 여동생을 선택했다.

이 근친상간은 투탕카멘의 면역계를 위태롭게 했고, 그와 함께 왕조까지 위험에 빠뜨렸다. 한 역사학자는 아크나톤이 이집트 외의 다른 것에는 "병적으로 관심이 없었으며", 이집트의 외적들은 왕국의 변경을 뻔질나게 침공하면서 이집트의 안보를 위협했다. 아크나톤이 죽고 나서도 문제는 해결되지 않았다. 아홉 살에 왕으로 즉위한 지 몇 년 뒤 투탕카멘은 아버지의 이단적 종교를 포기하고 이전의 신들을 제자리로 돌려놓았는데, 그렇게 하면 혹시라도 운이 좋은 쪽으로 바뀌지 않을까 하는 기대에서였다. 하지만 그런 노력도 아무 소용이 없었다. 투탕카멘의 미라를 연구하던 과학자들은 뼈 깊은 곳에서 말라리아 DNA를 다량 발견했다. 그 당시에 말라리아는 드문 병이 아니었고, 비슷한 검사 결과 투탕카멘의 조부모도 말라리아에 적어도 두 차례 걸렸던 것으로 드러났다. 그래도 두 사람 다 50대까지 살았다. 하지만 투탕카멘의 말라리아 감염은 "더 이상 하중을 견디기 힘든 몸—근친상간으로 인한 유전자 때문에—에 너무 많은 부담을 추가했다."라고 과학자들은 주장했다. 결국 그는 19세 때 죽고 말았다. 투탕카멘의 무덤 안 벽들에는 기묘한 갈색 얼룩들이 묻어 있는데, 이것은 그의 건강 악화가 얼마나 급작스럽게 일어났는지 단서를 제공한다. DNA 분석과 화학적 분석 결과, 이 얼룩들은 그 기원이 생물학적인 것으로 드러났다. 투탕카멘의 죽음이 너무 빨리 찾아오는 바람에 무덤 내부 벽의 장식 페인트가 채 마르기도 전에 무덤을 밀봉할 수밖에 없었고, 그래서 페인트에 곰팡이가 생긴 것이다. 더 나쁜 소식은, 투탕카멘이 반쪽 누이를 아내로 맞이함으로써 다음 세대에 물려주는 유전자를 더 악화시켰다는 점이다. 둘 사이에서 태어난 것으로 알려진 아이들은 각각 생후 5개월과 7개월에 만에 죽었고, 결국 포대기에 싸인 미라가 되어 투탕카멘의 무덤에 함께 안치됨으로써 무덤을 장식한 황금 가면과 지팡이와 함께 섬뜩한 유품이 되고 말았다.

이집트에서 큰 권력을 갖고 있던 사람들은 왕족의 죄를 결코 잊지 않았고, 투탕카멘이 후계자 없이 죽자, 한 장군이 왕좌를 차지했다. 그 역시 후사가 없이 죽자, 또 다른 장군인 람세스가 권력을 잡았다. 람세스와 그 후계자들은 아크나톤이 다른 신들의 흔적을 지우려고 애썼던 것과 맞먹는 노력을 기울이면서 역대 파라오 연대기에서 아크나톤과 투탕카멘과 네페르티티의 흔적을 대부분 지웠다. 람세스와 그 후계자들은 투탕카멘의 무덤 위에 건물들을 세워 그것을 감춤으로써 결정타를 날렸다. 사실, 그들은 그 무덤의 위치를 철저하게 비밀에 부쳐 도굴꾼들도 그것을 찾느라 애를 먹었다. 그 결과, 투탕카멘의 보물은 수천 년이 지나도록 대부분 온전하게 보전되었다. 오랜 시간이 지난 후, 이 보물들은 투탕카멘과 그의 이단적이고 근친상간에 몰두한 가족에게 다시 불멸의 삶 비슷한 것을 주었다.

조지 3세, 케네디, 링컨

아주 그럴듯한 후향 진단—투탕카멘, 로트레크, 파가니니, 골리앗(거인증이 확실한)—에는 특별한 요소가 몇 가지 있다. 아마도 가장 터무니없는 후향 진단은 1962년에 시작된 것이 아닐까 싶은데, 그때 한 의사는 적혈구에 생기는 여러 가지 장애인 포르피린증에 관한 논문을 발표했다.

포르피린증은 독성 부산물을 쌓이게 해 (종류에 따라) 피부를 흉하게 손상시키거나, 원치 않는 체모를 돋아나게 하거나, 신경 회로에 합선을 일으켜 정신병을 유발할 수 있다. 그 의사는 이런 증상들이 늑대 인간의 특징과 비슷하다고 생각하고서 늑대 인간에 대한 전설에 의학적 근거가 있을지 모른다는 이야기를 널리 퍼뜨렸다. 1982년, 캐나다의 한 생화학자는 한 걸음 더 나아갔다. 그는 포르피린증의 다른 증상들—햇빛을 받으면 물집이 생기고, 치아가 툭 튀어나오고, 오줌이 핏빛으로 변하는 등—에 주목하여 강연을 통해 포르피린증이 뱀파이어 이야기에 영감을 주었을 가능성이 크다고 주장하기 시작했다. 자세한 설명과 근거를 요구받자, 그는 과학 논문을 쓰길 거절하고, 대신에 할로윈을 주제로 한 미국의 토크 쇼에 출연해 기존의 주장을 반복했다. 그는 시청자들이 지켜보는 가운데 '뱀파이어' 포르피린증 환자들이 물집 때문에 밤중에 돌아다녔으며, 상실된 혈액 성분을 보충하기 위해 피를 마심으로써 증상이

호전되었을 것이라고 설명했다. 그러면 뱀파이어에게 물린 사람도 감염되어 뱀파이어로 변한다는 이야기에 대해서는 뭐라고 했을까? 그는 포르피린증 유전자는 가족 간에 전달되지만, 발발하려면 스트레스나 충격이 필요할 때가 있다고 주장했다. 형제자매가 여러분을 물어 피를 쭉쭉 빨아먹으면, 틀림없이 큰 스트레스를 받을 것이다.

그 쇼는 많은 관심을 끌었고, 곧 불안에 사로잡힌 포르피린증 환자들이 담당 의사에게 정말로 자신들이 피를 갈망하는 뱀파이어로 변하느냐고 물었다.(몇 년 뒤, 버지니아 주에서 한 정신 나간 남자는 자신을 보호하기 위해 포르피린증에 걸린 친구를 칼로 찔러 살해하고 시신을 훼손하는 사건까지 일어났다.) 하지만 가설 자체가 헛소리이기 때문에, 이 모든 이야기는 매우 불행한 일이었다. 무엇보다도 야행성처럼 우리가 뱀파이어의 고전적 특성이라 생각하는 것들조차 민담 속에 나오는 뱀파이어의 보편적인 속성이 아니었다.(오늘날 우리가 알고 있는 뱀파이어의 특징은 대부분 19세기 중엽에 『드라큘라』의 작가 브램 스토커Bram Stoker가 지어낸 것이다.) 그 의사가 이야기한 과학적 주장조차 전혀 사실이 아니다. 피를 마신다고 해봐야 아무 도움이 되지 않는데, 포르피린증 치료에 도움이 된다는 혈액 성분은 소화 과정에서 살아남을 수 없기 때문이다. 그리고 유전학적으로 보더라도, 많은 포르피린증 환자가 햇볕에 화상을 입긴 하지만, 초자연적 악의 존재에 대한 생각을 불러일으킬 정도로 정말로 끔찍한 화상은 아주 희귀한 종류의 포르피린증 돌연변이에 국한돼 있다. 지금까지 문서로 기록된 사례는 수백 건에 불구하여 수백 년에 걸쳐 광범위하게 퍼진 뱀파이어 히스테리를 설명하기에는 턱없이 부족하다.(동유럽의 일부 마을에서는 뱀파이어를 찾기 위해 매주 한 번씩 묘지들을 파헤친다.) 그렇다면 전체적으로 보아 포르피린증 대소동은 민담으로 전해오는 괴물의 기원보다는 과학적 이야기로 잘 포장만 하면 덥석 믿는 현대인의 속성을 잘 설명해준다고 볼 수 있다.

포르피린증과 관련해 더 그럴듯한(하지만 여전히 치열한 논란의 대상이 되고 있는) 역사적 사례는 영국 왕 조지 3세 시대에 일어났다. 조지 3세는 햇볕에 화상을 입지는 않았지만, 소변이 로제 와인 같은 색깔을 띠었고, 그 밖에도 변비나 노란 눈 같은 포르피린증 증상이 나타났다. 또한 정신이 나가 이상한 소리를 횡설수설하기도 했다. 한번은 마침내 프로이센 왕과 만났다고 생각하고서 떡갈나무 가지를 붙잡고 엄숙하게 악수를 했다. 게다가 틀림없는 뱀파이어의 속성처럼 보이는 행동도 했는데, 거울 속에서 자기 모습이 보이지 않는다고 불평했다. 악을 쓰며 길길이 날뛸 때에는 신하들이 구속복을 입혀 행동을 제약했다. 사실, 조지 3세의 증상은 포르피린증과 정확하게 일치하지 않았고, 그의 정신적 발작은 포르피린증 치고는 비정상적으로 강렬했다. 하지만 그의 유전자에는 복합적인 요소들이 섞여 있었을 수 있다. 1500년부터 1900년까지 유럽의 왕족들 사이에서는 유전성 광기가 풍토병처럼 유행했는데, 그 대부분은 조지 3세의 혈족이었다. 원인이야 무엇이건, 조지 3세는 1765년 초에 처음 발작을 일으켰고, 이에 불안을 느낀 의회는 왕이 완전히 미칠 경우 누가 권한을 대행해야 하는지 명시한 법을 통과시켰다. 이에 화가 난 왕은 국무총리를 파면했다. 하지만 그해 봄의 혼란 와중에 인지 조례가 통과되어 아메리카 식민지들과 조지 3세의 관계가 악화되었다. 그리고 새 총리가 임명되자, 쫓겨나는 모욕을 당한 전 총리는 자신의 남은 권한을 총동원해 식민지들을 처벌하는 데 집중했는데, 그것은 그가 가장 좋아한 취미 생활이었다. 큰 영향력을 지녔던 또 한 사람의 정치인인 윌리엄 피트William Pitt는 아메리카를 제국 내에 묶어두길 원했는데, 마음만 먹었다면 그러한 복수를 막을 수 있었을 것이다. 하지만 피트 역시 유전성이 매우 높은 통풍(아마도 풍성한 식사나 납이 많이 든 값싼 포르투갈 와인을 많이 마신 게 원인이 되었을 것이다)으로 시달리고 있었다. 아파서 누워 지내느라 피트는 1765년에 중요한 정책 토론에 참석하지 못했고, 그후 미친 조지 3세 정부는 결국 아메리카 식민지 주민을 심하게 몰아붙여 폭발하게 만들고 말았다.

신생국 미국 정부는 왕조와 단절함으로써 유럽 통치자들의 이성을 빼앗은 유전적 정신 장애 문제 때문에 고민하지 않아도 되었다. 물론 역대 미국 대통령 중에도 나름의 문제를 지닌 사람이 있었다. 존 F. 케네디 John F. Kennedy는 선천적으로 병약했고(그는 몸이 아파 전체 유치원 출석 일수 중 3분의 2를 결석했다), 고등학교 때에는 간염과 백혈병 진단을 받았다(이것은 오진이었지만). 어른이 되고 나서는 의사들은 호르몬제를 집어넣기 위해 그의 넓적다리를 두 달마다 한 번씩 절개했으며, 그의 가족이 전국 각지의 대여 금고에 긴급 의약품을 보관했다는 소문도 있었다. 그것은 좋은 생각이었다. 케네디는 정기적으로 의식을 잃었고, 대통령이 되기 전에 종부 성사를 여러 번 치렀다. 오늘날 역사학자들은 케네디가 애디슨병에 걸렸다는 사실을 아는데, 이 병에 걸리면 부신이 손상되어 코르티솔이 제대로 분비되지 않는다. 애디슨병에 걸렸을 때 보편적으로 나타나는 한 가지 부작용은 구릿빛 피부색인데, 생동감이 넘치고 텔레비전 방송에 어울리는 케네디의 황갈색 피부는 여기서 비롯되었을 가능성이 크다.

하지만 전체적으로 그것은 아주 심각한 병이었고, 1960년 대통령 선거에 경쟁자로 나선 사람들—처음에는 린든 존슨 Lyndon Johnson, 다음에는 리처드 닉슨 Richard Nixon—은 무엇 때문에 케네디가 아픈지 정확한 원인을 몰랐지만, 대통령에 당선되더라도 첫 번째 임기를 마치지 못하고 죽을 것이라는 소문을 퍼뜨리는 걸 주저하지 않았다. 이에 대해 케네디의 참모들은 현명하고 교묘하게 작성한 성명을 통해 대중을 오도했다. 19세기에 의사들은 애디슨병이 결핵의 부작용이라는 사실을 발견했는데, 이것은 '고전적' 애디슨병이라 불리게 되었다. 그래서 케네디 진영 사람들은 케네디가 "전통적으로 애디슨병이라 부르는 병, 즉 결핵이 부신을 파괴하는 병을 지금은 물론이고 과거에도 앓은 적이 없다."라고 정색을 하고 말할 수 있었다. 하지만 사실은 애디슨병 발병 사례는 대부분 선천성이다. 애디슨병은 MHC 유전자들의 협력을 통해 일어나는 자가면역 질환이다. 게다가 케네디는 적어도 애디슨병에 유전적 감수성이 있었을 가능성이 높은데, 여동생 유니스Eunice도 애디슨병을 앓았기 때문이다. 하지만 케네디의 시신을 다시 파내지 않는 한, 유전적 요인이 정확하게 어느 정도 기여했는지는 불확실한 상태로 남아 있을 것이다.

에이브러햄 링컨Abraham Lincoln의 경우는 그 유전자가 어떠했는지 파악하기가 훨씬 어려운데, 의사들은 링컨이 질병을 앓았는지조차 확실히 알지 못하기 때문이다. 그가 어떤 병에 걸렸을지 모른다는 첫 번째 힌트는 한 의사가 일곱 살짜리 남자아이가 마르팡 증후군에 걸렸다는 진단을 내린 1959년에 나왔다. 소년의 가계도를 따라 질병을 추적한 결과, 의사들은 여덟 세대 전에 링컨의 고조할아버지인 모더카이 링컨 주니어Mordecai Loincoln Jr.가 그 병에 걸렸다는 사실을 알아냈다. 이것은 충분히 시사하는 바가 있었지만—링컨의 수척한 신체와 거미처럼 가늘고 긴 팔다리는 고전적인 마르팡 증후군의 증상처럼 보였고, 또 이 병은 우성 유전자 돌연변이로 나타나기 때문에 가족 간에 전달된다—이 발견은 아무것도 입증하지 못했는데, 소년이 조상 중 어느 누구에게서도 그 돌연변이를 물려받았을 수 있기 때문이었다.

돌연변이가 일어난 마르팡 증후군 유전자는 결함이 있는 피브릴린을 만든다. 피브릴린은 연조직을 구조적으로 지지하는 단백질이다. 예를 들면 피브릴린은 눈을 만드는 데 도움을 주는데, 따라서 마르팡 증후군이 있는 사람은 시력이 나쁜 경우가 많다.(이것은 오늘날 일부 의사들이 아크나톤을 마르팡 증후군 환자로 진단한 이유를 설명해준다. 그래서 아크나톤은 자연히 눈을 가늘게 뜬 야행성 이집트 신들보다 태양신을 더 좋아했을 것이다.) 피브릴린은 그보다 더 중요한 일도 하는데, 혈관을 둘러싸서 보강한다. 마르팡 증후군 환자는 대동맥이 닳아 파열하는 바람에 일찍 죽는 경우가 종종 있다. 사실, 100년 동안 마르팡 증후군을 확실하게 진단하는 유일한 방법은 혈관과 연조직을 검사하는 것이었다. 그래서 1959년 당시와 그 이후의 의사들은 링컨의 연조직이 없는 상태에서 그저 사진과 의료 기록에 의존해 모호한 2차 증상을 놓고 논쟁을 벌이는 수밖에 없었다.

링컨의 DNA를 검사하자는 주장은 1990년 무렵에 나왔다. 링컨은 암살당할 때 많은 머리뼈 조각과 피 묻은 베갯잇, 와이셔츠 커프스를 남겼기 때문에 거기서 DNA를 추출할 가능성이 높았다. 머리에서 회수한 총알에도 DNA가 남아 있을지 몰랐다. 그래서 1991년에 전문가 9명이 모여 그런 검사의 실행 가능성과 윤리에 대해 논의했다. 그러자 아니나다를까 일리노이 주의 한 하원 의원이 그 논란에 뛰어들어 전문가들에게 무엇보다도 만약 링컨이 살아 있다면 그 계획에 서명을 했을지 생각해보라고 요구했다. 그것은 결론을 내리기가 무척 어려웠다. 링컨은 미셔가 DNA를 발견하기도 전에 죽었을 뿐만 아니라, 사후 의학 연구에서 프라이버시를 보장하는 문제에 대한 견해를 밝힌 적도 없었다. 게다가 유전자 검사는 대단히 귀중한 인공물을 약간 떼어내 분해하는 게 필요하며, 그렇게 검사를 하고 나서도 확실한 결론이 나오지 않을 가능성이 있었다. 사실, 링컨 위원회는 당혹스럽게도 유전자 검사를 통해 진단을 하는 것이 얼마나 복잡한지 나중에야 깨달았다. 새로운 연구들을 통해 마르팡 증후군이 다양한 종류의 피브릴린 돌연변이에서 생길 수 있다는 사실이 밝혀지자, 그것을 제대로 진단하려면 DNA에서 아주 넓은 부분을 살펴보아야 했다. 그것은 한 점에서 일어난 돌연변이를 찾는 것보다 훨씬 어려운 일이었다. 그리고 설사 아무것도 발견하지 못한다 하더라도, 링컨이 미지의 돌연변이를 통해 마르팡 증후군에 걸렸을 가능성이 여전히 남아 있었다. 또한, 다른 유전자를 통해 생겨난 다른 질병이 마르팡 증후군과 비슷한 증상을 나타낼 가능성도 있어 문제를 더욱 복잡하게 만들었다. 진지한 과학적 모험 계획의 전망이 갑자기 불투명해졌고, 한 노벨상 수상자가 '진품 링컨 DNA'를 복제한 뒤 호박 보석 안에 집어넣어 팔려 한다는 불미스러운 소문이 나돈 것도 그들의 자신감에 금이 가게 만들었다. 결국 위원회는 전체 계획을 폐기했고, 그것은 지금까지도 보류 상태로 남아 있다.

결국 수포로 돌아가긴 했지만, 링컨의 DNA를 연구하려는 시도는 다른 후향유전학 계획의 가치를 판단하는 데 일부 지침을 제공한다. 가장 중요한 과학적 고려 사항은 현재 기술의 질과 과학자들이 (기다려야 하는 좌절에도 불구하고) 지금 손을 대지 않고 후세대에게 연구를 넘기는 게 나은가 하는 문제이다. 게다가 과학자들이 우선 살아 있는 사람들을 대상으로 어떤 유전 질환을 신뢰할 수 있는 수준으로 진단할 수 있음을 입증해야 하는 것은 당연한데, 링컨의 경우에는 이러한 보장이 없는 상태에서 무작정 일을 추진했다. 또, 1991년 당시에는 피 묻은 커프스와 베갯잇 같은 인공물에 불가피하게 생기는 DNA 오염을 피해갈 만한 기술이 충분하지 않았다.(이런 이유 때문에 한 전문가는 국립 박물관에 쌓여 있는 남북전쟁 때 절단된 신원 미상의 뼈들을 대상으로 먼저 시험해볼 것을 제안했다.)

윤리적 문제에 대해 일부 과학자는 역사학자들이 이미 개인의 일기와 의료 기록을 침범했으며, 후향유전학은 단순히 그 허가 범위를 조금 확대하는 것에 불과하다고 주장했다. 하지만 이 비유가 딱 들어맞는 것은 아니다. 유전학은 당사자가 몰랐던 결함도 들춰낼 수 있기 때문이다. 만약 당사자가 이미 죽었다면 그것은 그렇게 큰 문제가 되지 않겠지만, 살아 있는 후손들은 선조의 결함이 드러나는 데 불편함을 느낄 수 있다. 그리고 만약 개인의 프라이버시를 침범하는 게 불가피하다면, 그 연구는 적어도 중요하거나 다른 방법으로는 답을 얻을 수 없는 문제에 답을 얻으려고 시도해야 할 것이다. 유전학자들은 링컨이 마른 귀지를 가졌는지 눅눅한 귀지를 가졌는지 알아내기 위한 검사는 쉽게 할 수 있지만, 그 결과는 링컨이 정확하게 어떤 사람인지 조명하는 데 별 도움이 되지 않는다. 하지만 마르팡 증후군 진단은 도움이 될 게 거의 확실하다. 마르팡 증후군 환자는 대부분 대동맥 파열로 일찍 죽는다. 따라서 53세 때 암살당한 링컨은* 암살당하지 않았더라도 어차피 두 번째 임기를 무사히 마치지 못했을 가능성이 높다. 혹은 만약 검사 결과 마르팡 증후군이 배제된다면, 그것은 다른 원인을 가리킬 수 있다. 링컨은 대통령직을 수행한 마지막 몇 개월 동안 눈에 띄게 건강이 나빠졌는데, 〈시카고 트리뷴〉은 1865년 3월에 링컨에게 전쟁이 계속되건 끝나건 간에 스트레스와 과로로 사망하기 전에 휴가를 내 휴식을 취하라고 촉구하는 사설을 실었다. 하지만 문제는 스트레스가 아니었을 것이다. 링컨은 마르팡 증후군과 비슷한 다른 병에 걸렸을 가능성이 있다. 그런 질병 중 일부는 격심한 고통과 심지어 암까지 유발하기 때문에, 링컨은 자신이 재임 중에 죽으리란 사실을 '알았을' 가능성이 높다(훗날 프랭클린 루스벨트 대통령이 그런 것처럼). 1864년에 부통령을 바꾸고, 새로운 각도에서 남부연합에 대한 전후 유화책을 구상한 것도 그 대비책이었을지 모른다. 유전자 검사는 또한 말없이 생각에 잠기는 일이 많았던 링컨이 우울증에 대한 유전적 소질이 있었는지(오늘날 인기를 끌지만 대체로 정황 가설에 불과한 이야기) 여부도 말해줄 수 있었을 것이다.

비슷한 의문들은 다른 대통령들에게도 적용된다. 케네디의 애디슨병을 감안하면, 어차피 카멜롯Camelot(아서 왕 전설에서 아서 왕의 궁전이 있던 곳. 그가 다스렸던 시대를 카멜롯이라 일컫기도 한다. 나중에 케네디의 백악관과 그의 통치 시대를 흔히 카멜롯이라 불렀다. ―옮긴이)은 일찍 끝날 수밖에 없었을 것이다.(반면에 케네디가 어른거리는 죽음의 그림자를 느끼지 않았더라면, 아주 열심히 노력하여 정치권에서 그렇게 빨리 두각을 나타내지 못했을지도 모른다.) 그리고 토머스 제퍼슨Thomas Jefferson 가문의 유전학은 노예제도에 대한 그의 견해에 흥미로운 반론을 제기한다.

1802년, 선정적 보도를 일삼던 여러 신문이 제퍼슨이 노예 '첩'과 낳은 자녀가 여럿 있다고 보도하기 시작했다. 샐리 헤밍스Sally Hemings는 제퍼슨이 미국 장관으로 파리에 잠깐 머무는 동안 그를 위해 일하다가 서로 눈이 맞았다.(그녀는 아마도 죽은 제퍼슨 아내의 반쪽 자매였을 것이다. 제퍼슨의 장인에게는 노예 정부情婦가 있었다.) 몬티셀로의 집으로 돌아오고 나서 얼마 후, 제퍼슨은 샐리를 자신의 애인으로 받아들였다고 전한다. 제퍼슨에 반감을 가진 신문들은 그녀를 '아프리카인 비너스'라고 조롱했고, 매사추세츠 주 입법부는 1805년에 샐리 헤밍스 추문을 포함해 제퍼슨의 도덕에 대해 공식적으로 논의했다. 하지만 우호적인 목격자들조차 샐리의 아들들이 피부만 코코아색일 뿐 제퍼슨과 판박이라고 기억했다. 한 손님은 디너 파티에 참석했다가 제퍼슨 뒤에 있던 그림에서 헤밍스의 아들을 보았는데, 제퍼슨과 너무나도 닮아 깜짝 놀랐다. 훗날 역사학자들은 일기와 그 밖의 문서를 분석하여 샐리의 자식들이 각각 태어나기 9개월 전에 제퍼슨이 몬티셀로에 머물렀다는 사실을 알아냈다. 그리고 제퍼슨은 이 아이들이 21세가 되었을 때 모두 자유의 신분으로 풀어주었는데, 다른 노예들에게는 이런 특전을 베풀지 않았다. 자유를 찾은 노예 중 한 명인 매디슨Madison은 버지니아 주를 떠난 후, 자신은 제퍼슨을 아버지로 알고 있다면서 자랑하듯이 신문에 떠벌렸으며, 또 한 명인 에스턴Eston은 자신의 성을 제퍼슨으로 바꾸었는데, 자신의 외모가 워싱턴 D. C.에 있던 토머스 제퍼슨 동상과 닮았다는 것이 한 가지 이유였다.

하지만 제퍼슨은 노예 자식을 낳았다는 소문을 늘 부인했으며, 같은 시대에 살았던 사람들도 대부분 그 소문을 믿지 않았다. 어떤 사람들은 근처에 살았던 사촌들이나 다른 친척의 이야기라고 주장했다. 그래서 1990년대 후반에 과학자들은 제퍼슨을 유전자 거짓말 탐지기에 연결시켰다. Y 염색체는 교차를 일으켜 다른 염색체와 재조합할 수 없으므로, 남성은 아들에게 Y 염색체를 전혀 변하지 않은 채 온전히 물려준다. 제퍼슨에게는 알려진 아들이 없지만, 제퍼슨과 같은 Y 염색체를 가진 남성 친척들 중에는 아들을 낳은 사람들이 있었다. 큰아버지 필드 제퍼슨Field Jefferson의 아들들은 각자 아들을 낳았고, 그들 역시 아들을 낳아 제퍼슨의 Y 염색체는 결국 오늘날 살아 있는 몇몇 남성에게 전달되었다. 운 좋게도 에스턴 헤밍스의 가계도 매 세대마다 아들을 낳았는데, 1999년에 유전학자들은 두 집안의 구성원들을 추적했다. 그들의 Y 염색체는 완벽하게 일치했다. 물론 이 결과는 반드시 토머스 제퍼슨이 아니라, 제퍼슨 집안의 여러 남성 중 한 명이 샐리 헤밍스가 낳은 자식들의 아버지라는 것을 뜻할 뿐이다. 하지만 그 밖의 역사적 증거를 고려하면, 토머스 제퍼슨이 친부일 가능성이 유력하다.

제퍼슨의 사생활에 대한 추측—파리에서 꽃핀 사랑과 무더운 워싱턴 D. C.에서 지낼 때 샐리를 애타게 그리워한 일 등—은 물론 흥미를 자극하지만, 이 일은 제퍼슨의 성격도 잘 보여준다. 에스턴 헤밍스가 태어난 해는 1808년으로, 최초의 추문이 제기되고 나서 6년이 지난 시점이었다. 이것은 제퍼슨의 자만심이 대단히 컸거나 아니면 샐리에게 아주 헌신적이었음을 말해준다. 하지만 그는 자신이 경멸한 영국의 많은 군주들과 마찬가지로 자신의 체면을 위해 사생아 자식들을 부인했다. 더욱 의문스러운 사실은 제퍼슨이 혼혈아 출산과 인종적 불순에 대한 두려움에 영합하여 백인과 흑인 사이의 결혼을 공개적으로 반대하고, 또 그런 결혼을 불법화하는 법을 만들었다는 점이다. 이것은 미국 역사상 가장 철학적이었던 대통령의 위선을 드러내는 것처럼 보인다.

제퍼슨에 관한 의문을 해결한 이후 Y 염색체 검사는 역사유전학에서 점점 더 중요한 도구로 자리 잡았다. 다만, 이 검사는 한 가지 단점이 있는데, 부계를 통해 전달되는 Y 염색체는 어떤 사람을 다소 좁게 정의한다. 즉, 어떤 세대에 존재한 많은 조상들 중에서 오직 한 사람에 관한 정보만 알아낼 수 있다.(모계를 통해 전달되는 mtDNA도 이와 비슷한 제약이 있다.) 이러한 제약에도 불구하고, Y 염색체는 놀랍도록 많은 것을 알려줄 수 있다. 예를 들면, Y 염색체 검사 결과, 역사상 최고의 생물학적 종마는 카사노바도 아니고 솔로몬 왕도 아니고 칭기즈 칸이었던 것으로 드러났다. 칭기즈 칸은 오늘날 살고 있는 남성 1600만 명의 조상이다. 즉, 지구 상에 살고 있는 남성 200명당 한 명은 칭기즈 칸이 물려준 Y 염색체를 갖고 있다. 몽골족은 어느 땅을 정복하면, 현지인을 새로운 지배자와 동화시키기 위해 현지 여성과 최대한 많은 아이를 낳으려고 노력했다.(한 역사학자는 "그들이 전투를 하지 않을 때 무엇을 했는지는 아주 명백하다."라고 평했다.) 칭기즈 칸은 그 부담 중 많은 부분을 몸소 지려고 했으며, 그 결과 오늘날 중앙아시아에는 그의 후손이 도처에 널려 있다.

고고학자들은 유대인의 역사를 밝혀내기 위해 Y 염색체와 그 밖의 염색체를 연구했다. 구약성경에는 유대인이 한때 유다 왕국과 이스라엘 왕국으로 분열돼 있었다고 나온다. 각각 독립 국가로 유지된 두 왕국은 각자 나름의 독특한 유전자 표지들이 발달했을 텐데, 사람들은 자신들의 확대 가족 안에서 결혼을 하는 경향이 있었기 때문이다. 유대인이 수천 년에 걸쳐 추방과 디아스포라Diaspora(어떤 인종 집단이 자의든 타의든 기존에 살던 땅을 떠나 다른 지역으로 이동하는 현상)를 겪은 뒤, 많은 역사학자들은 각 왕국의 흔적이 정확하게 어디로 이어졌는지 추적할 수 있다는 기대를 접었다. 하지만 오늘날의 아슈케나지 유대인(독일과 프랑스에 살다가 동유럽으로 퍼져간 유대인. 아슈케나짐이라고도 함) 사이에서 독특한 유전자 지문(질병을 포함해)이 많이 발견되고, 또 세파르딤(에스파냐와 포르투갈에 주로 산 유대인)과 동방 유대인 사이에서도 각각 독특한 유전자 지문이 발견되기 때문에, 유전학자들은 이를 이용해 과거의 계통을 추적하여 성경 시대에 두 왕국으로 분리되었던 계통이 오랜 시간이 흐르는 동안에도 대체로 유지되었다는 사실을 알아냈다. 학자들은 유대인 성직자 계급의 유전적 기원도 추적했다. 예배당에서 거행하는 의식에서 특별한 역할을 담당하는 유대교 제사장은 모두 모세의 형인 아론의 후손으로 추정되는데, 이 영예스러운 지위는 Y 염색체처럼 제사장 아버지에게서 제사장 아들에게로 계승된다. 그리고 실제로 전 세계 각지의 제사장들은 아주 비슷한 Y 염색체를 가진 것으로 드러났는데, 이것은 부계 조상이 한 사람에게서 기원했음을 시사한다. 추가 연구를 통해 이 'Y 염색체 아론'은 대략 모세의 시대에 산 것으로 드러나 유대교 성경 내용이 옳음을 확인시켜주었다.(적어도 이 경우에는. 가까운 관계이지만 독립적인 유대인 집단인 레위인도 종교적 특권을 부계를 따라 계승한다. 하지만 전 세계의 레위인은 똑같은 Y 염색체를 가진 경우가 드물다. 따라서 유대교 성경은 이 이야기를 서툴게 만들었거나* 레위인 아내들이 남편 몰래 바람을 피운 게 분명하다.)

게다가 유대인 DNA 연구는 아프리카 렘바족 사이에 전해 내려오는, 한때 믿기 어려웠던 전설을 확인하는 데에도 도움을 주었다. 렘바족은 자신들의 뿌리가 유대인이라고 주장해왔다. 아주 먼 옛날에 부다라는 남성이 유대인 무리를 이끌고 이스라엘을 떠나 아프리카 남부로 이주했다고 하는데, 렘바족이 아직도 돼지고기를 먹지 않고, 남자아이들은 할례를 받고, 키파(유대인 남성이 머리 정수리 부분에 쓰는, 작고 동글납작한 모자) 비슷한 모자를 쓰고, 다윗의 별(정삼각형 2개를 겹쳐서 꼭지점이 6개인 별 모양으로 만든 유대인의 상징)들로 둘러싸인 코끼리 상징으로 집 안을 장식하는 것은 이 때문이라고 한다. 고고학자들은 부다 전설을 지나친 허풍으로 여겨, 이들 '흑인 히브리인'을 실제로 일어난 민족 이동이 아니라 문화 전파의 한 사례라고 설명했다. 하지만 렘바족의 DNA는 자신들의 뿌리가 유대인임을 입증했다. 렘바족 전체 남성 중 10%, 그리고 가장 오래되고 가장 존경받는 집안—성직자 계급—의 남성들 중 약 절반은 바로 유대인 제사장 계급의 Y 염색체 지문을 갖고 있었다.

다윈의 병

DNA 연구는 일부 질문에 대답하는 데 도움을 줄 수 있지만, 그 후손의 DNA를 검사하는 것만으로 어떤 유명한 사람이 유전 질환을 앓았는지를 항상 알아낼 수 있는 것은 아니다. 설사 어떤 증후군을 명백하게 뒷받침하는 유전자 단서를 발견한다 하더라도, 후손들이 결함이 있는 그 DNA를 바로 그 조상에게서 물려받았다고 확신할 수 없기 때문이다. 유전자 검사를 위해 오래 전에 죽은 사람의 뼈를 파내는 데 협조하길 꺼리는 묘지 관리인의 태도와 함께 이 사실 때문에 많은 의학사학자들은 낡은 유전자 분석 방법에 의존한다. 즉, 가계도 위에 어떤 질병의 발병 사례를 일일이 표시하고, 다양한 증상을 바탕으로 그럴듯한 진단을 추측하는 것이다. 오늘날 그런 분석이 진행되고 있는 유명 인사 중 가장 흥미로우면서도 연구자들을 성가시게 하는 사람은 찰스 다윈인데, 그가 걸린 질병의 정체를 파악하기가 아주 까다롭다는 점과 가까운 친척과 결혼함으로써 자식에게 그것을 물려주었을 가능성 때문이다.

다윈은 16세 때 에든버러 의과대학에 입학했지만 외과 수술 수업이 시작된 2년 뒤에 학교를 그만두었다. 그는 자서전에서 자신이 견뎌내야 했던 끔찍한 장면들에 대해 간단히 언급하고 넘어갔지만, 어느 소년이 받은 수술을 지켜본 느낌을 묘사했다. 마취제가 발명되기 이전이니 수술 환자가 몸부림치고 비명을 지르는 장면은 쉽게 상상할 수 있다. 그 순간은 다윈의 인생을 바꾸어놓았을 뿐만 아니라, 그의 장래를 예고하는 불길한 전조였다. 인생이 바뀌었다고 한 이유는 그 일을 계기로 다윈은 의학을 그만두고 딴 길을 찾기로 마음먹었기 때문이다. 장래를 예고하는 전조였다고 한 이유는 그 수술 장면을 보고 다윈은 속이 뒤틀리면서 큰 불편을 겪었는데, 그것은 평생 동안 그를 괴롭힐 건강 문제를 예고하는 것이었기 때문이다.

건강은 비글호 항해에 나설 때부터 무너지기 시작했다. 다윈은 항해에 나서기 전에 받아야 할 신체 검사를 받지 않았는데, 받아봤자 불합격할 것이라고 생각했기 때문이다. 그리고 바다에 나서자마자 늘 심한 뱃멀미로 고생하면서 뱃사람으로서는 풋내기임을 입증했다. 한동안 그의 위는 간신히 건포도만 받아들일 수 있었고, 다윈은 의사이던 아버지에게 자신의 비참한 처지를 호소하면서 조언을 구하는 편지를 썼다. 비글호가 도중에 항구에 잠깐 들를 때에는 다윈도 나름대로 쓸모가 있는 사람임을 입증했는데, 남아메리카에서는 약 50km를 도보 여행하면서 많은 표본을 채집했다. 하지만 1836년에 영국으로 돌아와 결혼을 한 뒤에 그의 건강은 점점 나빠지다가 완전한 병자가 되어 드러눕고 말았다. 숨을 쌕쌕거리는 산송장 신세가 된 그는 가끔 스스로에게 넌더리를 냈다.

다윈이 평소에 얼마나 답답하고 초조하고 불편함을 느꼈는지 제대로 묘사하려면 아크나톤의 위대한 궁중 풍자화가의 천재성이 필요할 것이다. 그는 종기, 실신, 심장된떨림, 손가락 저림, 불면증, 편두통, 현기증, 습진 등으로 고생했고, 그리고 눈앞에 "불타는 바퀴살과 검은 구름"이 떠도는 것이 보였다. 가장 기묘한 증상은 귀울림(이명)이었는데, 번개가 치고 나면 천둥 소리가 나듯이 귀울림이 나타난 뒤 항상 끔찍한 방귀가 나왔다. 무엇보다도 구토를 자주 했다. 아침을 먹고 나서 토하고, 점심을 먹고 나서도 토했고, 저녁을 먹고 나서도 토했고, 심지어 브런치를 먹거나 차를 마시고 나서도 토했으며, 더 이상 나올 게 없어도 헛구역질을 계속했다. 가장 심할 때에는 한 시간에 스무 번이나 토했으며, 한번은 27일 동안 계속해서 토했다. 정신적 노동은 그의 위를 더욱 악화시켰는데, 지적 아이디어가 아주 풍부했던 생물학자인 다윈조차 그 증상을 제대로 이해할 수 없었다. 한번은 한숨을 쉬면서 "생각이 로스트비프를 소화시키는 것하고 무슨 관계가 있는지 모르겠다."라고 말했다.

병은 다윈의 삶을 엉망으로 만들었다. 다윈은 건강에 좋은 공기를 찾아 런던에서 25km쯤 떨어진 다운하우스에서 지냈고, 장이 좋지 않아 다른 사람의 집을 방문할 수 없었는데, 화장실을 지저분하게 만들어놓을까 봐 불안했기 때문이다. 또, 친구들이 자기 집을 방문하는 것도 막기 위해 억지 변명을 막 늘어놓았다. 한 친구에게 보낸 편지에서는 "나는 아주 특이한 종류의 병을 앓고 있는데, 이 병은 내게서 정신적 즐거움을 모두 앗아갔다네. 또, 항상 돌발적인 구토가 따르는데, 이 때문에 내게 큰 즐거움을 줄 자네와의 대화를 나눌 수가 없을걸세."라고 썼다. 하지만 그런 고립 생활은 병을 치료하는 데 도움이 되지 않았다. 다윈은 어딘가가 찌르는 듯이 아파서 20분 이상 글을 쓰지 못했는데, 다양한 고통 때문에 잃어버린 시간을 모두 합치면 몇 년간의 연구에 해당할 것이다. 결국 개인 용도로 서재에 임시 화장실을 만들어 사용했다. 그리고 유명한 턱수염을 길게 기른 주요 이유도 늘 얼굴에 나 자꾸 긁게 만드는 습진을 진정시키기 위해서였다.

그렇긴 하지만, 나쁜 건강은 나름의 이점도 있었다. 강의를 하거나 누구를 가르칠 필요도 없었고, 윌버포스Wilberforce 주교나 그 밖의 반대자에 맞서 논쟁하는 것처럼 귀찮은 일은 자신의 불도그인 헉슬리에게 맡기고 집에서 편안히 쉬면서 자신의 연구를 계속 개선해 나가기만 하면 되었다. 또, 이렇게 방해받지 않고 집에서 오랫동안 머물면서 많은 사람들과 편지를 주고받을 수 있었는데, 이 편지 왕래를 통해 진화를 뒷받침하는 소중한 증거를 얻었다. 그는 많은 박물학자에게 좀 우스꽝스러운 부탁을 했는데, 예를 들면 비둘기 꽁지깃의 수를 세어달라거나 그레이하운드의 눈 근처에 황갈색 반점이 있는지 살펴봐달라고 부탁했다. 이런 부탁들은 이상하게도 아주 지엽적인 사항을 묻는 것처럼 보이지만, 그것들은 진화의 중간 형태를 보여주었고, 그런 증거들을 모아 다윈은 자연 선택이 실제로 일어났다는 확신을 얻었다. 따라서 어떤 의미에서는 다윈의 나쁜 건강은 갈라파고스 제도를 방문한 것만큼 『종의 기원』을 쓰는 데 중요한 기여를 했다고 말할 수 있다.

하지만 다윈이 편두통과 헛구역질의 혜택을 보려면 당연히 더 힘든 시간을 많이 보내야 했고, 고통을 더는 방법을 찾느라 많은 세월을 보냈다. 주기율표에 나오는 원소들은 다양한 약의 형태로 거의 다 삼켰을 것이다. 아편에도 잠시 손을 댔으며, 레몬을 빨아먹고, 에일 '처방'을 받기도 했다. 초기의 전기 충격 요법도 받았는데, 전지로 작동되는 '전기 치료 벨트'로 복부에 전기 충격을 주었다. 가장 기묘한 치료법은 의과대학 동창생이 시술한 '물 치료'였다. 제임스 맨비 걸리James Manby Gully는 의과대학을 다닐 때에는 의사로 일하는 것을 진지하게 고려하지 않았지만, 1834년에 자메이카 노예들이 자유를 얻으면서 자메이카에 있던 집안의 커피 농장이 파산하자, 하루 종일 환자를 볼 수밖에 달리 선택의 여지가 없었다. 그는 1840년대에 영국 서부의 맬번에 휴양 시설을 열었는데, 그것은 곧 빅토리아 시대의 최신 유행 스파가 되었다. 찰스 디킨스Charles Dickens, 앨프레드 로드 테니슨Alfred Lord Tennyson, 플로렌스 나이팅게일Florence Nightingale도 그곳에서 치료를 받았다. 다윈은 1849년에 가족과 하인들을 데리고 몰번으로 갔다.

물 치료는 기본적으로 환자의 몸을 늘 최대한 축축하게 유지하는 방법이었다. 오전 5시에 기상하면, 하인들이 다윈을 젖은 시트로 싼 뒤에 찬물을 몇 통이나 쏟아부었다. 그 다음에는 단체 하이킹에 나섰는데, 도중에 여러 우물과 광천에 들러 물을 마시고 몸을 물에 담그길 반복했다. 집으로 돌아와서는 부드러운 빵과 함께 물을 더 마셨다. 아침 식사가 끝나면 몰번의 주요 일과인 목욕이 시작되었다. 목욕을 하면 염증이 생긴 내부 기관에서 피부 쪽으로 혈액이 옮겨가면서 증상을 완화하는 데 도움이 된다고 했다. 목욕과 목욕 사이에 환자는 상쾌한 냉수 관장을 받거나 '해왕성 거들'이라 부르는 젖은 복부 압박 붕대를 착용했다. 목욕은 종종 저녁 식사 때까지 계속되었으며, 저녁 식사 메뉴는 늘 삶은 양고기와 생선이었고, 당연히 탄산이 포함된 현지의 광천수도 나왔다. 긴 하루가 끝나면, 다윈은 (마른) 침대에 쓰러져 곯아떨어졌다.

물 치료가 효과가 있었을까? 물 치료 요양원에서 넉 달을 보낸 뒤, 다윈은 비글호 항해 이후로 그 어느 때보다도 건강이 좋아진 것 같았고, 하루에 11km를 거뜬히 하이킹할 수 있었다. 다운하우스로 돌아온 뒤에도 다윈은 조금 완화된 형태의 물 치료를 계속했다. 한증막을 지어 매일 아침마다 사용했으며, 그 다음에는 북극곰처럼 4℃의 찬물로 2400L쯤 채워진 커다란 수조 속으로 들어갔다. 하지만 할 일이 산더미처럼 쌓이자 다윈은 다시 스트레스를 견디지 못했고, 물 치료도 더 이상 효과가

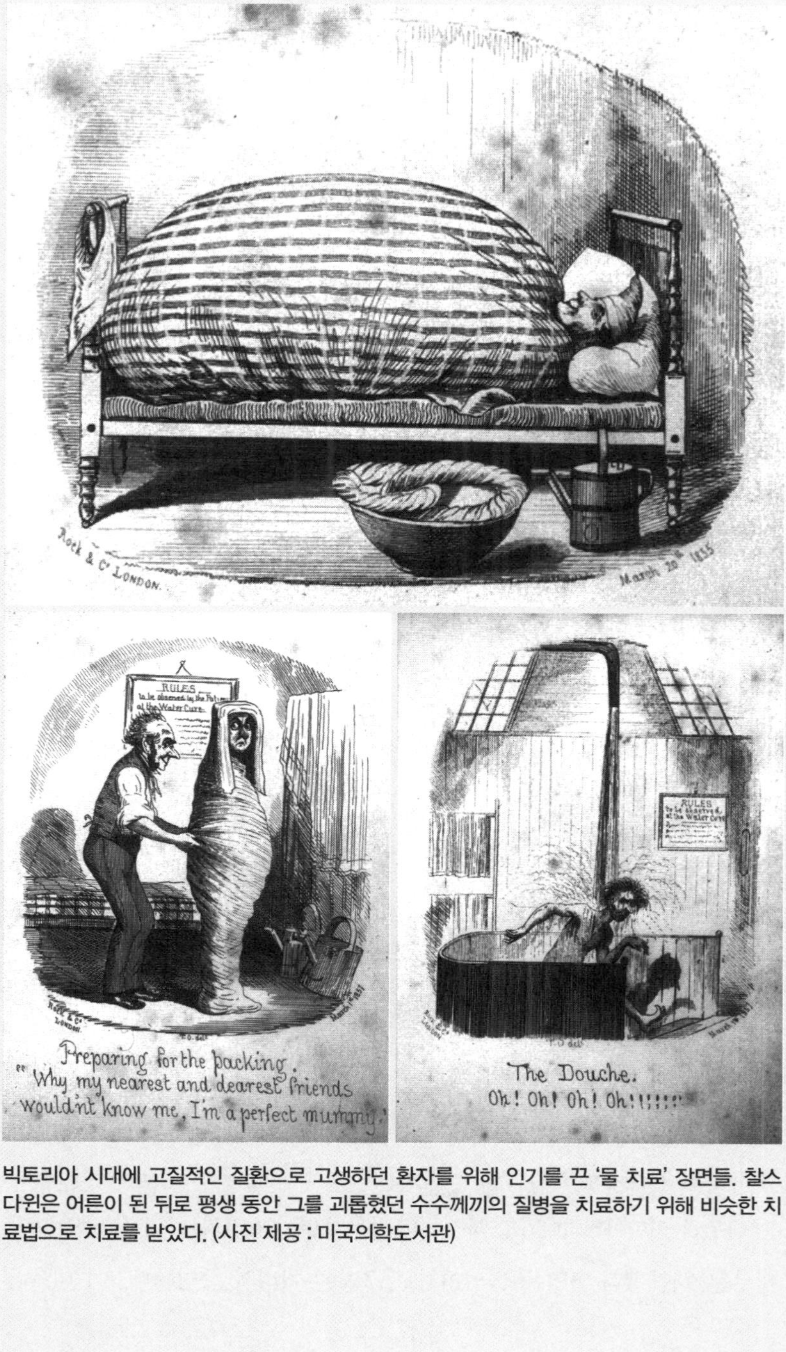

빅토리아 시대에 고질적인 질환으로 고생하던 환자를 위해 인기를 끈 '물 치료' 장면들. 찰스 다윈은 어른이 된 뒤로 평생 동안 그를 괴롭혔던 수수께끼의 질병을 치료하기 위해 비슷한 치료법으로 치료를 받았다. (사진 제공 : 미국의학도서관)

없었다. 건강은 다시 나빠졌고, 다윈은 병의 원인을 알아낼 수 있으리란 기대를 접었다.

오늘날의 의사들도 별로 나아진 게 없다. 그럴듯한 후향 진단 명단에는 가운데귀 손상, 비둘기 알레르기, 만성활동간염, 낭창(결핵성 피부병의 하나), 발작 수면, 광장공포증, 만성피로 증후군, 부신 종양 등이 있다.(부신 종양은 대부분의 시간을 실내에 틀어박혀 지낸 영국인이라면 피부색이 창백해야 한데도 불구하고, 다윈이 말년에 케네디처럼 피부색이 구릿빛으로 빛난 증상을 설명할 수 있다.) 아주 그럴듯해 보이는 한 가지 진단은 독감과 비슷한 증상을 나타내는 샤가스병이다. 다윈은 남아메리카에 서식하는 '키스벌레'에게 물려 이 병에 걸렸을 가능성이 있는데, 비글호에서 이 벌레를 애완동물로 길렀기 때문이다.(다윈은 이 벌레가 자기 손가락에서 피를 빨아먹으며 빈대처럼 몸이 부풀어 오르는 모습을 보길 좋아했다.) 하지만 샤가스병은 다윈에게 나타난 모든 증상에 딱 들어맞진 않는다. 어쩌면 샤가스병은 단순히 다윈의 소화관을 손상시켜 잠재하고 있던 더 심각한 유전적 결함에 취약하게 만들었을지 모른다. 사실, '순환성 구토 증후군'이나 심한 젖당못견딤증(젖당불내성)* 같은 그 밖의 그럴듯한 진단도 유전적 요소가 강하다. 게다가 다윈의 가족 중 많은 사람들도 자랄 때 병약했고, 어머니 수사나Susannah는 다윈이 여덟 살 때 원인이 불확실한 복통으로 죽었다.

이러한 유전적 문제는 다윈의 자녀들에게 일어난 일 때문에 더욱 가슴 아프다. 빅토리아 시대의 유한 계급 사람들 중 약 10%는 혈족과 결혼했는데, 다윈도 사촌인 에마 웨지우드Emma Wedgwood와 결혼했다.(도자기 생산업자로 유명한 에마의 할아버지 조사이어 웨지우드Josiah Wedgewood는 다윈의 외할아버지이기도 하다.) 다윈은 모두 10명의 자녀를 낳았는데, 대부분 허약했다. 3명은 불임이었고, 3명은 어려서 죽었는데, 이 비율은 그 당시 영국의 유아 사망률보다 2배나 높은 수치였다. 찰스 웨어링은 19개월 만에 죽었고, 메리 엘리노어는 23일 만에 죽었다. 가장 사랑한 아이인 앤 엘리자베스가 앓자, 다윈은 물 치료를 받게 하려고 걸리에게 데려갔다. 그런 노력에도 불구하고 앤은 결국 10세의 나이로 죽었고, 이 일 때문에 다윈에게 남아 있던 마지막 한 줄기 신앙심마저 사라지고 말았다.

하느님에 대해 서운한 감정이 많았겠지만, 다윈은 아이들의 나쁜 건강을 자기 탓으로 돌렸다. 사촌 사이에서 태어나는 아이들은 대부분 건강하지만(90% 이상), 그래도 선천적 기형과 의학적 문제가 발생할 위험이 높으며, 불운한 집안에서는 그 비율이 훨씬 높아진다. 다윈은 시대를 앞서 그런 위험 가능성을 감지하고 의심했다. 예를 들면, 그는 식물의 근친 교배 효과를 시험했는데, 유전과 자연 선택에 관한 자신의 이론을 뒷받침하는 증거를 찾는 게 주목적이었지만, 자기 가족이 겪는 고통의 원인을 찾을 수 있지 않을까 하는 기대도 있었다. 다른 한편으로는 1871년 인구 조사 때 혈족 결혼과 건강에 관한 설문도 포함시켜 달라고 의회에 청원했다. 청원이 실패로 돌아가자, 그 생각에 대한 불안감은 점점 커졌고, 살아남은 자녀들은 그의 불안을 물려받았다. 아들 조지는 영국에서 사촌 간의 결혼을 불법화해야 한다고 주장했으며, 조지의 아들 레너드(후사를 잇지 못한)는 1912년에 아이러니하게도 품종 개량을 통해 더 나은 인간을 만드는 것을 목적으로 한 제1차 국제우생학회의를 주관했다.

과학자들은 DNA 시료만 있다면 다윈의 병이 무엇이었는지 확인할 수 있을 것이다. 하지만 링컨과 달리 다윈은 심장마비로 평온하게 죽어 피 묻은 베갯잇 같은 걸 전혀 남기지 않았다. 그리고 지금까지 웨스트민스터 사원은 다윈의 뼈에서 DNA 시료를 채취하는 걸 거부했는데, 의사들과 유전학자들이 무엇을 검사해야 할지 합의하지 못했다는 사실을 한 가지 이유로 들었다. 일부 의사들이 다윈의 병은 심각한 건강염려증(객관적인 증거가 없음에도 불구하고 자신이 어떤 질병에 걸려 있다는 확신에 빠져 두려움을 수반하는 상태) 측면이 있거나 우리가 쉽게 딱 꼬집어낼 수 없는 다른 원인에서 비롯되었다고 결론 내림으로써 문제를 더 복잡하게 만들었다. 사실, 우리가 다윈의 DNA에 초점을 맞추는 것은 시대적 영향에 휩쓸려 잘못된 판단을 내린 것일지도 모른다. 프로이트의 정신분석학이 한창 인기를 끌 때, 많은 과학자들이 다윈의 병을 오이디푸스 갈등의 결과로 보았다는 사실은 시사하는 바가 크다. 한 의사는 그것을 자신의 생물학적 아버지(지배적인 남자)를 물리칠 수 없었던 다윈이 대신에 "박물학 영역에서 하늘의 아버지를 죽였다."라고 표현했다. 이 생각에 따르면, 다윈의 병은 부친 살해라는 억압된 죄책감에서 유래한 게 '명백'했다.

이와 마찬가지로, DNA 염기 서열에서 다윈의 병과 같은 질병의 뿌리를 찾으려는 우리의 노력 역시 언젠가 괴상한 시도로 보일지 모른다. 어쨌든 이러한 노력은 다윈과 그 밖의 사람들에 대해 더 중요한 핵심을 간과하고 있다. 그것은 바로 그들이 고통스러운 질병에도 불구하고, 불굴의 정신력으로 버텨나갔다는 사실이다. 우리는 DNA를 세속적인 영혼, 즉 우리를 이루는 화학 물질의 본질로 취급하는 경향이 있다. 하지만 어떤 사람의 DNA를 완전히 해석한다 하더라도, 거기서 알 수 있는 것은 전체 중 일부에 지나지 않는다.

14
30억 개의 작은 조각

왜 사람의 유전자는 다른 종들보다 많지 않을까?

그 규모와 범위, 야심을 생각하면, 인간 게놈 프로젝트—인간의 모든 DNA 염기 서열을 알아내기 위해 수십 년 동안 수십억 달러를 쏟아부은 노력—는 생물학 분야의 '맨해튼 계획'이라 부를 만하다. 하지만 인간 게놈 프로젝트가 로스앨러모스에서 추진한 그 모험적인 계획만큼이나 많은 도덕적 모호성에 휘말릴 것이라고 처음부터 예상한 사람은 거의 없었다. 사실, 생물학자 친구에게 이 계획을 요약해 설명해보라고 하면, 그 사람의 가치관을 충분히 파악할 수 있다. 친구는 이 계획에 참여한 정부 측 과학자들을 이타적이고 인내심이 강한 사람으로 존경하는가, 아니면 발전을 가로막는 관료에 불과하다고 보는가? 정부에 대한 민간 부문의 도전을 영웅적 반란으로 칭송하는가, 아니면 탐욕스러운 자기 기반 확대 노력으로 비난하는가? 이 계획이 성공할 것이라고 보는가, 아니면 실망스러운 결과들만 나열하는가? 복잡한 서사시가 모두 그렇듯이, 인간 유전체의 염기 서열을 알아낸 이야기는 사실상 어떤 식으로든 읽고 해석하는 것이 가능하다.

인간 게놈 프로젝트의 출항

인간 게놈 프로젝트의 계보는 노벨상을 수상한 영국 생물학자 프레더릭 생어Frederick Sanger가 DNA 염기 서열을 나타내는 방법을 발명한 1970년대로 거슬러 올라간다. 생어는 A, C, G, T를 순서대로 기록하면, DNA가 무슨 일을 하는지 알아낼 수 있다고 보았다. 간단히 설명하면, 생어의 방법은 세 가지 기본 단계로 이루어져 있었다. 먼저, 문제의 DNA를 두 가닥이 분리될 때까지 가열하고, 이 가닥들을 조각들로 끊은 뒤에, 개개의 A, C, G, T를 사용해 조각들을 바탕으로 새로운 상보적 가닥들을 만드는 것이었다. 현명하게도 생어는 각각의 염기에 대해 방사능을 띤 특별한 염기 버전을 만들어 뿌림으로써 그것들이 상보적 가닥에 들어가게 했다. 상보적 가닥의 어느 지점에서 A나 C나 G나 T가 방사능을 내는지 내지 않는지 구별할 수 있었기 때문에, 그곳에 어떤 염기가 있는지 알 수 있었고, 따라서 염기 서열을 알아낼 수 있었다.*

생어는 이 염기들을 하나하나 일일이 판독해야 했는데, 그것은 엄청나게 지루한 작업이었다. 그럼에도 불구하고, 그는 최초의 유전체 염기 서열을 알아내는 데 성공했다. 그것은 바이러스 φ-X174의 염기 5400개와 유전자 11개였다.(이 연구로 생어는 1980년에 두 번째 노벨상을 수상했다. "만약 부모님이 그렇게 부자가 아니었더라면," 결코 케임브리지 대학에 들어가지 못했을 것이라고 고백한 사람치고는 실로 대단한 업적이라고 하지 않을 수 없다.) 1986년, 캘리포니아 주의 두 생물학자가 생어의 방법을 자동화하는 데 성공했다. 그리고 방사성 염기를 사용하는 대신에 A, C, G, T의 형광 버전을 사용했는데, 이들은 레이저를 쬐어주면 각각 다른 색으로 빛나면서 테크니컬러 DNA를 보여주었다. 컴퓨터로 작동하는 이 기계는 갑자기 대규모 염기 서열 분석 계획의 실현 가능성을 크게 높였다.

하지만 이상하게도 대부분의 생물학 연구에 자금을 지원하는 미국 정부 기관인 미국국립보건원은 DNA 염기 서열 분석에 아무 관심도 보이지 않았다. 아무 특징도 없는 30억 개의 문자로 이루어진 데이터를 처리하려고 선뜻 나설 사람이 과연 누가 있겠는가 하는 것이 미국국립보건원의 생각이었다. 하지만 다른 부서들은 생각이 달랐다. 에너지부는 방사능이 DNA에 어떻게 손상을 미치는지 연구했는데, DNA 염기 서열 분석은 그 연구의 자연스러운 연장선상에 있다고 보았으며, 그것이 장차 초래할 변화의 잠재력을 높이 평가했다. 그래서 1987년 4월, 에너지부는 세계 최초의 인간 게놈 프로젝트에 착수했다. 이 계획을 위해 7년 동안 10억 달러를 쏟아붓기로 했고, 연구 본부를 로스앨러모스에 두기로 했다(맨해튼 계획을 추진했던 본부는 도시 반대편에 있었지만). 그러자 에너지부가 10억 달러의 예산을 투입하기로 했다는 이야기를 들은 미국국립보건원도 DNA 염기 서열 분석이 추진할 만한 가치가 있다고 판단했다. 그래서 1988년 9월, 미국국립보건원은 자기 몫의 예산을 타내기 위해 DNA 염기 서열 분석 연구소를 세웠다. 그리고 제임스 왓슨을 연구소 수장으로 임명함으로써 권위와 정통성을 과시하려고 했다.

1980년대에 왓슨은 '생물학계의 칼리굴라'라는 명성을 얻었는데, 한 과학사학자는 "아무 말이나 내키는 대로 내뱉더라도 모두가 그것을 진지하게 받아들이는 특권을 누렸다. 그리고 불행하게도 그는 그야말로 아무 생각 없이 즉흥적으로 그런 특권을 행사했다."라고 평했다. 하지만 왓슨이 아무리 일부 사람에게 혐오감을 주었다 하더라도, 동료들로부터는 지적 존경을 받았는데, 이것은 새로 맡은 중책에 큰 도움이 되었다. 왜냐하면, 유명한 생물학자 중에서 DNA 염기 서열 분석에 그만큼 큰 열정을 보인 사람은 거의 없었기 때문이다. 일부 생물학자는 인간 게놈 프로젝트의 환원주의적 접근 방법이 마음에 들지 않았는데, 인간을 한낱 데이터 집단으로 격하시키려 한다고 보았기 때문이다. 또, 그 계획이 가용 연구 예산을 모두 빨아들이고서도 수십 년 동안 유용한 결과를 전혀 내놓지 못해 헛된 노력의 고전적인 예가 될 것이라고 염려하는 사람들도 있었다. 또 어떤 사람들은 설사 기계의 도움을 받더라도, 그 작업은 감내하기 힘들 정도로 단조롭다는 점을 지적했다.(한 과학자는 농담으로 오직 감옥에 갇힌 중죄인만이 그 작업을 할 수 있을 것이라고 말했다. "작업을 정확하게 수행할 시간이 충분히 있으니 [각자] 염기쌍 2000만 개씩 맡으면 될 것.") 무엇보다도 과학자들은 자율성 상실을 염려했다. 그토록 거대한 계획은 중앙의 통합 관리가 필수적인데, 생물학자들은 어떤 연구를 해야 할지 일일이 지시를 받는 '고용된 하인' 신세가 되는 것을 싫어했다. 초기에 인간 게놈 프로젝트를 지지했던 한 사람은 그러한 불만을 이렇게 표현했다. "미국 과학계의 많은 사람들은 큰 조직에 나름의 장점이 있을 가능성은 아예 생각도 하지 않고, 작고 평범한 조직을 지지할 것이다."

왓슨은 무신경한 태도에도 불구하고 동료들의 불안을 가라앉혔고, 미국국립보건원이 에너지부로부터 그 계획의 주도권을 빼앗아오도록 도왔다. 그는 전국을 돌아다니면서 DNA 염기 서열 분석의 시급성을 지지하는 연설을 했고, 인간 게놈 프로젝트가 단지 인간 DNA뿐만 아니라 생쥐와 초파리 DNA까지 분석함으로써 모든 유전학자들에게 혜택이 돌아갈 것이라는 점을 강조했다. 또한 인간 염색체에 늘어선 모든 유전자의 위치를 알아내는 염색체 지도 작성(1911년에 스터티번트가 초파리를 대상으로 했던 연구와 비슷하게)을 최우선 과제로 삼아야 한다고 주장했다. 왓슨은 그 지도가 있으면, 미국국립보건원이 DNA 염기 서열 분석을 완료할 때까지 15년을 기다릴 필요 없이 어떤 과학자라도 특별한 관심을 가진 유전자를 발견할 수 있고, 그것을 연구하는 데 큰 진전을 이룰 수 있다고 주장했다. 이 마지막 주장은 의회를 겨냥한 것이기도 했는데, 변덕스럽고 무지한 의원들은 지난 주에 눈길을 끄는 결과가 나오지 않으면 언제 예산을 취소할지 모를 사람들이었다. 인간 게놈 프로젝트를 옹호하던 일부 사람들은 의회를 설득하기 위해 예산을 지원하기만 하면 인간 게놈 프로젝트는 인류를 대부분의 질병에서 해방시킬 것이라고 호언장담하기까지 했다.(심지어 어떤 사람들은 질병뿐만 아니라 굶주림과 가난과 범죄까지도 종식시킬 수 있다고 암시했다.) 왓슨은 다른 나라 과학자들까지 끌어들여 DNA 염기 서열 분석의 국제적 명성을 높였고, 그러자 곧 인간 게놈 프로젝트는 생명력을 얻어 살아 움직이기 시작했다.

이 시점에서 왓슨은 그답게 이 문제에 깊이 발을 들여놓았다. 인간 게놈 프로젝트를 총괄하는 책임자로서 3년째를 맞이한 그는 미국국립보건원이 그곳에서 일하던 한 신경과학자가 발견한 일부 유전자에 대해 특허를 신청할 계획을 갖고 있다는 사실을 알게 되었다. 유전자에 특허를 신청한다는 생각에 대부분의 과학자는 심한 거부감을 느꼈는데, 특허로 인한 제약은 기초 연구에 심각한 지장을 초래할 것이라고 주장했다. 미국국립보건원은 특허를 신청할 유전자의 위치만 알아냈을 뿐, 그 유전자가 어떤 역할을 담당하는지는 전혀 모른다는 사실을 인정함으로써 문제를 더 꼬이게 만들었다. 생명공학 회사의 중역들처럼 DNA 특허를 지지하는 과학자들조차 이 이야기에 얼굴빛이 변했다. 그들은 미국국립보건원이 끔찍한 선례를 만들어 과학자들에게 무엇보다 유전자 발견에 매달리게 하는 사태를 초래하지 않을까 염려했다. 기업들이 염기 서열을 분석해 발견한 유전자에 대해 모조리 특허를 신청해놓고, 장래에 누가 그것을 어떤 목적으로 사용하든지 '사용료'를 청구하려 할 것이기 때문에, '게놈 선점 경쟁'이 벌어질 게 눈에 뻔했다.

왓슨은 이 모든 문제에 대해 아무도 자신에게 상의한 일이 없다고 주장하면서 분노를 못 이겨 쓰러질 지경에 이르렀다. 그리고 유전자 특허는 인간 게놈 프로젝트가 내세우는 공익성을 해칠 것이며, 그러면 과학자들의 의심에 불을 지필 것이라고 주장했다. 하지만 칼리굴라는 자신의 염려를 침착하고 전문적으로 표명하는 대신에 미국국립보건원의 상사를 맹렬히 비난했고, 기자들에게 그 정책은 멍청하고 파괴적인 것이라고 말했다. 이로 인해 권력 투쟁이 벌어졌는데, 왓슨의 상사는 관료적 일을 처리하는 데에는 왓슨보다 한 수 위의 전사임을 입증해보였다. 왓슨은 그녀가 막후에서 자신에 대해 나쁜 소문(왓슨이 생명공학 기업 주식을 보유하고 있어 이해 관계가 충돌했다는)을 퍼뜨렸으며, 자신의 입에 재갈을 물리려는 노력을 계속했다고 주장했다. 왓슨은 "그녀는 내가 더 이상 머물 수 없는 분위기를 만들었다."라며 분노했다. 그는 얼마 후 사임했다.

하지만 그 전에 이미 다른 문제를 일으킨 뒤였다. 그 유전자를 발견한 미국국립보건원의 신경과학자는 자동화 과정을 통해 그것을 발견했는데, 그 자동화 과정에는 컴퓨터와 로봇 그리고 인간의 작은 기여가 포함돼 있었다. 왓슨은 그 방법을 승인하지 않았는데, 그 방법으로는 인간 유전자를 전부 다가 아니라 90%만 확인할 수 있었기 때문이다. 게다가 평소에 우아함에 사족을 못 쓰던 왓슨은 그 과정이 우아함과 기교가 부족하다고 비웃었다. 특허 문제 때문에 상원에서 열린 청문회에서 왓슨은 그 과정을 "원숭이도 조작할 수 있는 것"이라며 폄하했다. '원숭이'로 지목된 미국국립보건원의 당사자 크레이그 벤터J. Craig Venter에게는 이 발언이 결코 유쾌하게 들릴 리가 없었다. 사실, 벤터가 얼마 후 국제적인 악당 과학자로 악명을 떨친 데에는 왓슨의 탓도 좀 있었다. 하지만 벤터는 맡은 일이 자신에게 딱 적합하다고 생각했다. 그리고 왓슨이 떠나고 나자, 벤터의 앞길이 활짝 열렸다. 아마도 그는 살아 있는 과학자 중에서 왓슨보다 더 편향적인 견해를 가졌거나, 심지어 더 고약한 감정을 터뜨릴 수 있는 유일한 사람일 것이다.

과학계의 이단아, 크레이그 벤터

벤터는 어린 시절부터 사람들의 눈살을 찌푸리게 하는 행동을 곧잘 했다. 자전거를 갖고 공항으로 몰래 들어가(공항에 울타리가 없었다) 비행기와 경주를 벌인 뒤, 쫓아오는 경찰을 따돌리고 달아나기도 했다. 샌프란시스코 근처에서 중학교를 다닐 때에는 받아쓰기 시험을 거부했고, 고등학교를 다닐 때에는 과잉 행동을 하는 그의 Y 염색체 때문에 여자 친구의 아버지가 벤터의 머리에 총을 대고 위협한 적도 있었다. 나중에 벤터는 자신이 가장 좋아한 선생님(그런데 그 선생님은 벤터에게 F를 주었다*)이 해고된 것에 항의하기 위해 이틀 동안 연좌 시위와 행진을 하고 난 뒤에 고등학교를 그만두었다.

벤터는 평균 학점이 멘도사 라인Mendoza Line(야구에서 규정 타석을 채우고도 타율이 2할 언저리에 있는 타자를 가리키는 용어. 메이저 리그에서 유격수로 뛰던 마리오 멘도사Mario Mendoza에서 유래했는데, 멘도사는 1979년에 148타석에서 타율 0.198을 기록했다. —옮긴이)보다 훨씬 낮았지만, 자기 최면을 걸어 자신은 장차 큰 업적을 이룰 거라고 믿었다. 하지만 그런 자기 최면 말고는 구체적인 목표 같은 것은 없었다. 21세 때인 1967년 8월, 벤터는 위생병이 되어 〈야전 병원M*A*S*H〉에 나오는 것과 같은 베트남 병원으로 파견되었다. 그곳에서 몇 년 동안 비슷한 나이의 젊은이 수백 명이 죽어가는 것을 지켜보았다. 때로는 자신이 응급 소생술을 시도하던 중에 죽어간 사람도 있었다. 그러한 인명 낭비를 보고 심한 혐오감을 느낀 그는 살아야 할 특별한 목표도 없던 차에 자살하기로 마음먹고서 익사할 요량으로 초록색으로 반짝이는 남중국해 바닷속으로 들어가 멀리 헤엄쳐갔다. 1마일쯤 나가자 바다뱀들이 주위를 에워쌌다. 한 상어는 먹이로 먹기에 적합한지 보려고 머리로 벤터의 몸을 쿵쿵 받았다. 그때 갑자기 꿈에서 깨어나듯 벤터는 '내가 여기서 무슨 짓을 하고 있는 거지?'라는 생각이 들었다. 그래서 방향을 돌려 해변으로 돌아갔다.

베트남에서 의학 연구에 흥미를 느낀 그는 1975년에 생리학 박사 학위를 땄고, 몇 년 뒤에 미국국립보건원에 들어갔다. 그는 여러 가지 연구 중에서도 우리의 뇌세포가 사용하는 유전자를 모두 확인하고 싶었지만, 일일이 손으로 유전자를 찾아야 하는 지루한 작업에 좌절을 느꼈다. 그때 동료가 세포가 단백질을 만드는 데 사용하는 전령 RNA를 빨리 확인하는 방법을 발견했다는 소식을 들었다. 벤터는 이 정보로 유전자 염기 서열을 알아낼 수 있다는 사실을 깨달았는데, 전령 RNA를 DNA로 역전사할 수 있었기 때문이다. 벤터는 그 기술을 자동화함으로써 유전자 하나를 발견하는 비용을 5만 달러에서 20달러로 대폭 낮추었고, 몇 년 만에 새로운 유전자를 2700개나 발견했다.

미국국립보건원이 특허를 신청하려고 했던 것이 바로 이 유전자들이었는데, 이 소동은 벤터의 경력에서 하나의 정형으로 자리잡았다. 즉, 처음에 어떤 연구를 몹시 하고 싶어 뛰어든 뒤에 느린 진전에 짜증을 내다가 난관을 돌파하는 지름길을 찾아내곤 했다. 그러면 다른 과학자들은 그 연구를 속임수라고 매도했다. 어떤 사람은 벤터가 유전자를 발견하는 과정을 에드먼드 힐러리Edmund Hillary가 헬리콥터를 타고 에베레스트 산 중턱까지 올라가는 것에 비유했다. 그후 벤터는 자신을 폄하하는 사람들에게 강경하게 대응했다. 하지만 그의 오만과 거친 성격은 종종 같은 편마저 멀어지게 만들었다. 이런 이유 때문에 1990년대에 벤터의 평판은 점점 나빠졌다. 한 노벨상 수상자는 벤터를 만나 인사를 나눌 때 벤터를 위아래로 훑어보면서 "난 당신이 뿔이라도 달린 줄 알았습니다." 라고 농담했다. 벤터는 유전학 분야의 파가니니가 된 셈이었다.

악마이건 아니건, 어쨌든 벤터는 결과를 얻었다. 미국국립보건원 관료들에게 좌절을 느낀 그는 1992년에 그곳을 그만두고 특이한 혼성 조직에 몸을 담았다. 그 조직은 순수과학에 전념하는 TIGR(the Institute for Genomic Research, 유전체연구소)라는 비영리 부문을 거느리고 있었다. 또한 의료 기업의 지원을 받아 TIGR의 연구를 최대한 활용하여 이익을 극도로 추구하는 부서도 있었다(과학자들에게는 불길한 징조였지만). 그 회사는 주식을 줌으로써 벤터를 부자로 만들었고, 그 다음에는 미국국립보건원에서 30명의 직원을 스카우트함으로써 TIGR를 재능 있는 과학자들로 채웠다. 그리고 반항적 태도에 걸맞게 일단 TIGR 연구팀이 갖추어지자, 다음 몇 년간은 생어의 낡은 염기 서열 분석 방법을 급진적으로 변화시킨 '산탄총 방식 전체 게놈 염기 서열 분석whole genome shotgun sequencing' 방법을 개선하는 데 몰두했다.

미국국립보건원 컨소시엄은 처음 몇 년의 시간과 최초 예산 10억 달러를 각 염색체의 자세한 지도를 작성하는 데 쓰기로 계획을 세웠다. 그것이 완료되고 나면, 과학자들은 각 염색체를 여러 부분으로 나누어 각 부분을 적절한 연구소들로 보낼 계획이었다. 그러면 각 연구소는 그 부분을 복제한 뒤 그것들을 '산탄총을 쏘듯이' 쪼갠다. 즉, 강한 음파나 다른 방법을 사용해 그것들을 중복되는 부분을 포함한 염기 1000개 길이 정도의 아주 작은 조각들로 분해한다. 그런 다음에 과학자들은 각 조각의 염기 서열을 분석하고, 중복되는 방식을 조사한 뒤, 그것들을 꿰어 맞춰 일관성 있는 전체 염기 서열로 만든다. 이 과정은 소설을 장들로 나눈 뒤, 각 장을 다시 문장들로 나누는 것과 비슷하다. 각각의 문장을 복사한 뒤에 복사한 문장들을 산탄이 퍼져나가듯이 무작위적 구句들로 쪼갠다. 예를 들면 다음과 같은 식으로 분해된다: "행복한 가족들은 모두 다", "모두 다 서로 비슷하고, 불행한", "불행한 가족들은 모두 다", "모두 다 나름의 방식으로 불행하다." 그러고 나서 중복 부분을 바탕으로 각각의 문장을 복원한다. 마지막으로, 염색체 지도는 책의 찾아보기처럼 이 구절들이 전체 중 어디에 위치하는지 알려준다.

벤터 팀은 산탄총 방식을 좋아했지만, 느린 지도 작성 단계를 건너뛰기로 결정했다. 염색체를 장들과 문장들로 쪼개는 대신에 책 전체를 곧장 중복 부분을 포함한 작은 조각들로 산산조각내기로 한 것이다. 그러고 나서 많은 컴퓨터를 사용해 모든 것을 한꺼번에 동시에 처리하려고 했다. 미국국립보건원 컨소시엄은 산탄총 방식 전체 게놈 염기 서열 분석을 고려했지만, 빈틈이 생기거나 어느 부분을 엉뚱한 장소에 끼워넣는 등의 실수가 일어나기 쉽다며 폐기했다. 하지만 벤터는 단기적으로는 정확성보다는 속도가 중요하다고 주장했다. 과학자들에게는 15년 뒤에 완전한 데이터를 손에 넣는 것보다 지금 당장 아무 데이터라도 얻는 게 더 낫다고 생각했다. 그리고 벤터는 운이 따라 1990년대에 당장 작업에 착수할 수 있었는데, 컴퓨터 기술이 폭발하면서 성급함이 오히려 미덕으로 간주되는 시대가 왔기 때문이다.

하지만 다른 과학자들은 그다지 크게 흥분하지 않았다. 인내심이 강한 일부 유전학자는 1980년대부터 완전히 살아 있는 생물인 세균의 유전체 염기 서열을 최초로 분석하려고 노력했다.(생어는 바이러스의 염기 서열만 분석했는데, 바이러스는 완전히 살아 있는 생물이 아니다. 이에 비해 세균의 유전체는 바이러스보다 훨씬 크다.) 이 과학자들은 자신들의 유전체 염기 분석 완료를 향해 거북처럼 느릿느릿 기어가고 있었는데, 1994년에 벤터 팀이 다른 세균인 인플루엔자균Haemophilus influenza의 염기 200만 개를 맹렬한 속도로 분석하기 시작했다. 그 과정 도중에 벤터는 미국국립보건원에 연구비 지원을 요청했다. 몇 달 뒤, 벤터는 분홍색의 거절 통지서를 받았다. 그가 제안한 기술이 실현 '불가능'하다는 것이 그 이유였다. 벤터는 웃었다. 그의 유전체 분석은 이미 90% 완료된 상태였다. 그리고 얼마 후, 경주에서 이긴 쪽은 토끼였다. TIGR는 굼뜬 경쟁자를 제치고 분석을 시작한 지 불과 1년 만에 그 세균의 유전체를 발표했다. TIGR는 불과 몇 달 뒤, 또 다른 세균인 미코플라스마 게니탈리움*Mycoplasma genitalium*의 유전체 염기 서열 분석을 완료했다. 늘 자만심에 넘친 벤터는 두 세균의 유전체 염기 서열을 모두 다 먼저 알아낸 성과(그것도 미국국립보건원에서 단 한 푼도 지원받지 않고서)에 우쭐해하는 데 그치지 않고, 두 번째 승리를 축하하는 뜻으로 티셔츠에 "I ♥ MY GENITALIUM"이란 문구를 새겼다.

인간 게놈 프로젝트에 참여한 과학자들은 떨떠름하면서도 깊은 인상을 받긴 했지만, 세균 DNA에서 성립하므로 훨씬 복잡한 인간 유전체에서도 성립할 것이란 주장에는 의심을 품었는데, 그것은 충분히 근거 있는 의심이었다. 정부 컨소시엄은 '혼합' 유전체 — 많은 남녀의 DNA를 혼합함으로써 개인적 차이가 평균화되어 각각의 염색체에 대해 플라톤의 이데아 같은 표준을 제시할 수 있는 — 를 얻길 원했다. 컨소시엄 과학자들은 아주 신중하게 한 문장 한 문장을 일일이 살피는 접근 방법만이 인간 DNA에서 주의를 딴 데로 돌리는 반복 어구나 회문, 역위를 모두 제대로 처리하고 이상적인 목표를 달성할 수 있다고 생각했다. 하지만 마이크로프로세서와 염기 서열 분석기의 처리 속도가 갈수록 빨라지자, 벤터는 만약 자기 팀이 충분한 데이터를 얻고 컴퓨터로 그것을 처리한다면, 정부 컨소시엄을 앞지를 수 있을 것이라고 믿고서 도박을 감행하기로 했다. 정당하게 평가한다면, 벤터가 산탄총 방식 전체 게놈 염기 서열 분석을 발명하거나 염기 서열들을 꿰어맞추는 핵심 컴퓨터 알고리듬을 발명한 것은 아니다. 하지만 벤터에게는 유명한 과학자들의 비판 따위는 싹 무시하고 제 갈 길을 씩씩하게 가는 오만함이 있었다.

그리고 그는 정말로 그렇게 했다. 1998년 5월, 벤터는 국제 컨소시엄의 콧대를 납작하게 할 새 회사를 공동으로 세웠다고 발표했다. 구체적으로는 인간 유전체 염기 서열 분석을 3년 안에 끝내기로(컨소시엄이 목표로 잡은 시점보다 무려 4년이나 앞서서) 계획을 세웠는데, 그것도 30억 달러를 쏟아부은 컨소시엄에 비해 그 10분의 1에 불과한 예산으로 해낼 수 있다고 호언장담했다. 벤터 팀은 계획을 너무 급하게 추진하다 보니 새로 만든 회사에 아직 이름도 제대로 붙이지 못했다. 나중에 회사 이름은 셀레라Celera가 되었다. 이 일의 추진을 위해 셀레라의 모기업은 30만 달러짜리 최첨단 염기 서열 분석기를 수백 대 공급하기로 했다. 이 기계들(비록 원숭이가 조작할 수 있는 기계라 할지라도)을 손에 넣은 벤터는 염기 서열 분석에서는 전 세계의 모든 연구팀을 합친 것보다 더 나은 능력을 보유하게 되었다. 셀레라는 또한 데이터 처리를 위해 세계 최대의 민간용(즉, 군사용이 아닌) 슈퍼컴퓨터를 만들기로 했다. 이미 그가 추진하는 연구만으로도 컨소시엄을 이끄는 사람들을 위협하기에 충분했지만, 벤터는 그래도 그들은 여전히 가치 있는 일을 찾을 수 있을 것이라고, 이를테면 생쥐 유전체의 염기 서열 분석에 매달리면 될 것이라고 조롱까지 덧붙였다.

벤터의 도발에 컨소시엄 참여자들은 사기가 떨어졌다. 왓슨은 벤터를 폴란드를 침공한 히틀러에 비유했으며, 인간 게놈 프로젝트에 참여한 과학자들은 자신들도 폴란드와 비슷한 운명을 맞이할까 봐 불안했다. 자신들이 먼저 출발하긴 했지만, 벤터가 곧 자신들을 따라잡고 추월할 가능성이 충분히 있어 보였다. 독립성을 원하는 과학자들의 요구에 맞춰 컨소시엄은 염기 서열 분석 작업을 미국의 여러 대학에 분산했고,

독일, 일본, 영국의 연구소들과 협력 관계를 맺어 일을 진행하고 있었다. 이렇게 일이 여러 군데로 분산되다 보니, 일부 내부 관계자들조차 인간 게놈 프로젝트를 진행하는 각 연구소들이 정해진 시일까지 임무를 완료할 수 없을 것이라고 생각했다. 전체 추진 기간은 15년으로 잡았는데, 8년째에 접어든 1998년 당시 염기 서열 분석이 완료된 것은 전부 합해도 인간 DNA 중 겨우 4%에 불과했다. 특히 미국 과학자들 사이에서 불안이 커져갔다. 5년 전에 의회는 지연과 비용 초과로 그 예산이 수십억 달러나 불어난 초전도 초충돌기(텍사스 주에 건설될 예정이었던 거대 입자 가속기) 추진 계획을 취소시킨 적이 있었다. 인간 게놈 프로젝트 역시 그것과 비슷하게 입지가 위태로워 보였다.

하지만 인간 게놈 프로젝트를 추진한 핵심 과학자들은 전혀 위축되지 않았다. 왓슨이 사임한 뒤로는 일부 과학자들의 반대에도 불구하고, 프랜시스 콜린스Francis Collins가 컨소시엄을 이끌었다. 콜린스는 미시간 대학에서 기초 유전학 연구를 했고, 낭성섬유증과 헌팅턴병의 원인이 되는 DNA를 발견했으며, 링컨 DNA 계획에 자문을 했다. 그는 독실한 기독교인이어서 어떤 사람들은 그를 “이데올로기적으로 불건전”하다고 평했다.(컨소시엄의 자리를 제안받고 나서 그는 예배당에서 예수의 인도를 구하는 기도를 하느라 하루 오후를 꼬박 보냈다. 예수는 그 일을 맡으라고 했다고 한다.) 화려한 벤터와는 대조적으로 콜린스가 촌스러워 보인 점도 도움이 되지 않았다. 한때 “집에서 자른 듯한 헤어스타일에 네드 플랜더스Ned Flanders(만화영화 〈심슨 가족〉에서 이웃으로 나오는 기독교 광신도) 같은 코밑수염”을 기른 인물로 묘사되기도 했다. 하지만 콜린스는 뛰어난 정치적 수완을 보여주었다. 벤터가 자신의 계획을 발표한 직후, 콜린스는 우연히 벤터의 상사와 같은 비행기를 탔다. 그는 돈 되는 일이라면 물불을 가리지 않는 셀레라의 모기업에서 일하고 있었다. 9000m 상공에서 콜린스는 그 사람과 이런저런 이야기를 나누기 시작해 착륙할 무렵에는 감언이설로 구워삶아 정부 연구소에도 벤터에게 제공한 것과 똑같은 염기 서열 분석기를 공급하겠다는 약속을 얻어냈다. 이것은 벤터에게는 큰 타격이었다. 콜린스는 그 다음에는 의회를 설득하기 위해 전체 염기 서열 분석 작업을 2년 앞당길 것이며, 그에 필요한 조처들을 취할 것이라고 발표했다. 또한, 2001년까지 '대략적인 초안'을 내놓을 것이라고 선언했다. 이것은 듣기에는 아주 좋았지만, 콜린스는 앞당긴 일정에 맞추기 위해 진행이 더딘 위성 계획들을 많이 제거해야 했다. 즉, 역사적 계획에서 그것들을 완전히 잘라냈다.(이때 잘려나간 한 과학자는 "미국국립보건원은 우리를 K-Y 젤리[콘돔에 바르는 윤활제]를 바르며 다루다가" 어느 날 갑자기 영문도 모르게 알 수 없는 곳으로 쫓아냈다고 불만을 털어놓았다.)

컨소시엄에서 콜린스가 상대한 영국 측 책임자는 건장하고 턱수염을 기른 존 설스턴John Sulston이었다. 설스턴은 최초의 동물(벌레) 유전체 염기 서열 분석 작업을 도왔다.(설스턴은 또한 런던의 국립초상화미술관에 그 DNA 초상화를 전시하도록 자신의 정자를 기증한 적도 있다.) 설스턴은 경력 중 대부분을 실험실에 틀어박혀 연구만 하며 지낸 사람이었다. 정치에는 관심이 없었고, 실험실에 틀어박혀 실험 장비를 다룰 때 가장 큰 행복을 느꼈다. 하지만 1990년대 중엽에 그에게 DNA 염기 서열 분석기를 공급하던 회사가 값비싼 키를 구입하지 않는 한 원자료 파일에 접근을 거부하겠다고 하고, 또 설스턴의 데이터를 상업적 목적을 위해 분석할 권리가 자신들에게 있다고 주장하고 나서면서 그의 실험에 간섭하기 시작했다. 이에 대해 설스턴은 염기 서열 분석기의 소프트웨어를 해킹하여 그 코드를 다시 고쳐씀으로써 그 회사와 인연을 끊었다. 이 일을 계기로 설스턴은 기업의 이해 관계를 경계하게 되었고, 과학자들이 DNA 데이터를 자유롭게 교환할 필요성을 절대적으로 지지하는 사람이 되었다.

설스턴은 영국의 (프레드)생어센터에서 컨소시엄의 수천만 달러짜리 실험실 중 하나를 맡으면서 그의 견해는 영향력이 더욱 커졌다. 셀레라의 모기업은 우연히도 설스턴이 앞서 데이터를 놓고 다투었던 그 회사였는데, 설스턴은 셀레라 자체를 맘몬Mammon(성경에서 물질적인 부와 탐욕을 가리키는 용어. 나중에 그것을 상징하는 악마로 묘사되기도 했다)의 화신으로 여겼으며, 나중에 DNA 데이터를 인질로 잡고서 그것이 필요한 연구자들에게 막대한 사용료를 징수할 것이라고 생각했다. 벤터의 발표를 듣고 나서 설스턴은 한 회의에서 성 크리스핀 축일 연설(영국 왕 헨리 5세가 백년전쟁의 한 전투인 아쟁쿠르 전투에서 병사들의 전의를 고취시키기 위해 한 연설. 셰익스피어의 희곡 〈헨리 5세〉에 나온다—옮긴이)을 연상시키는 연설을 통해 동료 과학자들의 결의를 고취시켰다. 설스턴은 벤터에 맞서 싸우기 위해 자기 연구소의 예산을 두 배로 증액할 것이라고 발표함으로써 분위기를 고조시켰다. 그의 군대는 만세를 부르고 발을 구르며 환호했다.

그렇게 해서 벤터 대 컨소시엄의 전쟁이 시작되었다. 그것은 아주 치열한 과학적 경쟁이었지만, 아주 특이한 경쟁이었다. 승패의 관건은 통찰력이나 추론, 또는 기술—좋은 과학을 정의하는 전통적 기준—보다는 일을 더 빨리 할 수 있는 물리적 마력馬力을 누가 더 많이 동원하느냐에 달려 있었다. 정신력도 중요했는데, 한 과학자가 말했듯이, 게놈 경쟁은 "전쟁의 심리적 요소를 모두 다" 갖추고 있었기 때문이다. 군비 경쟁도 치열했다. 각 팀은 염기 서열 분석 능력을 향상시키고자 수천만 달러를 쏟아부었다. 속임수도 있었다. 어느 잡지에서 셀레라가 사용하던 최첨단 염기 서열 분석기를 소개하기 위해 컨소시엄의 두 과학자에게 의견을 구한 적이 있었다. 그들은 칭찬과 혹평이 뒤섞인 평가를 했다. 하지만 그들의 상사는 그 기계를 수십 대 구입하기 위해 은밀히 협상을 벌이고 있었다. 협박도 있었다. 제3자에 해당하는 일부 과학자들은 만약 벤터에게 협력한다면 그들의 경력이 끝날지도 모른다는 경고를 받았고, 벤터는 컨소시엄이 자신의 연구 발표를 차단하려고 애썼다고 주장한다. 우군으로 생각했던 팀들 사이에도 알력이 있었다. 벤터는 자신의 관리자들과 수없이 싸웠고, 컨소시엄이 주최한 어느 회의에서 한 독일 과학자는 일본인 동료들이 실수를 저질렀다고 신경질적으로 고함을 질렀다. 선전도 난무했다. 벤터와 셀레라는 작은 성과라도 거둘 때마다 자랑하듯이 그것을 떠들어댔지만, 그럴 때마다 콜린스는 그들의 "〈매드*Mad*〉 잡지" 유전체를 일축했고, 아니면 설스턴이 텔레비전에 출연해 셀레라가 또다시 '허풍'을 떤 것이라고 주장했다. 심지어 테러 이야기도 나왔다. 직원들이 신기술 반대자들로부터 살해 위협을 받은 후, 셀레라는 저격수가 은신할 장소를 없애기 위해 회사 부근의 나무들을 베었다. 그리고 FBI는 유나바머를 흉내낸 사람이 그를 표적으로 삼을지도 모르니, 벤터에게 우편물을 뜯어보기 전에 X선으로 조사하라고 경고했다.

물고 물리며 점점 험악하게 치닫는 경쟁은 자연히 대중을 자극하여 큰 관심을 불러일으켰다. 하지만 그 와중에도 과학적으로 중요한 가치가 있는 성과들이 나왔다. 계속되는 비판에 직면한 셀레라는 산탄총 방식이 실제로 효과가 있음을 또 한 번 증명할 필요가 있다고 느꼈다. 그래서 인간 유전체 분석은 잠시 제쳐놓고 1999년부터 미국국립보건원의 자금 지원을 받은 버클리 캠퍼스의 캘리포니아 대학 연구팀과 협력하여 초파리 유전체의 염기 1억 2000만 개의 서열을 분석하는 데 착수했다. 그들은 여기서 아주 깔끔한 성과를 거두어 많은 사람을 놀라게 했다. 셀레라가 그 일을 마치고 나서 열린 회의에서 초파리 과학자들은 벤터에게 기립 박수를 보냈다. 그리고 두 팀이 인간 유전체 연구에 박차를 가하자, 그 진행 속도가 숨 가쁘게 빨라졌다. 그 와중에도 당연히 논란이 끊이지 않았다. 셀레라가 염기 10억 개 분석을 돌파했다고 주장하자, 컨소시엄은 셀레라가(자신의 기업 이익을 보호하기 위해) 과학자들이 검증할 수 있는 데이터를 내놓지 않았다면서 그 주장을 일축했다. 한 달 뒤, 이번에는 컨소시엄이 염기 10억 개 분석을 돌파했다고 떠벌렸다. 넉 달 뒤에는 20억 개를 돌파했다고 자랑했다. 하지만 비슷한 주장이 반복되는 것이 지겹더라도, 그들이 이룬 성과는 주목할 만한 가치가 있었다. 과학자들은 불과 몇 달 만에 지난 20년 동안 이룬 성과를 다 합친 것보다 훨씬 많은 DNA 염기 서열을 분석했다. 벤터가 미국국립보건원에서 일할 때 유전학자들은 그 기능이 무엇인지도 모르면서 유전자 정보만 대량으로 쏟아낸다고 벤터를 비난했다. 하지만 이젠 모두가 벤터의 게임에 함께 몰입했다. 그것은 염기 서열 분석을 전격적으로 완수하는 게임이었다.

비록 예비적인 것이긴 해도 과학자들이 모든 염기 서열 데이터를 분석하기 시작하면서 중요한 통찰들이 쏟아져나왔다. 하나는 인간이 미생물의 것으로 보이는 DNA를 아주 많이 갖고 있다는 사실이었는데, 이것은 아주 놀라운 가능성을 시사했다. 게다가 우리는 유전자를 충분히 많이 갖고 있는 것 같지 않았다. 인간 게놈 프로젝트가 시작되기 전, 대부분의 과학자는 인간의 복잡성을 고려하여 우리의 유전자 수를 약 10만 개로 추정했다. 개인적으로 30만 개로 추정한 사람도 있었다고 벤터는 기억한다. 하지만 컨소시엄과 셀레라가 인간 유전체를 분석하면서 그 추정치는 9만으로, 그 다음에는 7만으로, 또다시 5만으로 떨어졌고, 그러고 나서도 계속 낮아졌다. 분석 초기에 과학자 165명은 누가 인간 유전자의 수를 가장 정확하게 추측하는지 내기를 걸었는데, 각자 낸 돈을 모아 1200달러의 상금을 마련했다. 병 안에 든 풍선껌 개수 알아맞히기 게임과 같은 이 게임에서는 추정치가 정답을 중심으로 종형 곡선을 그리는 게 보통이다. 하지만 유전자 수 추측 게임에서는 그렇지 않았다. 날짜가 하루하루 지나갈수록 가장 낮은 추정치가 현명한 선택으로 보였다.

그런데 과학이 진지한 인간 게놈 프로젝트 이야기 쪽으로 흘러가려고 할 때마다 엉뚱한 사건이 벌어져 모든 사람의 관심을 그쪽으로 쏠리게 하곤 했다. 예를 들면, 2000년 초에 클린턴 대통령은 인간 유전체는 전 세계 모든 사람의 것이라고 선언하면서 민간 부문에서 연구하는 사람들을 포함해 모든 과학자에게 인간 유전체 염기 서열 분석 정보를 즉각 공유하라고 요구했다. 정부가 유전자 특허를 인정하지 않을 것이라는 이야기가 나돌았고, 그러자 유전자 염기 서열 분석에 매달린 회사들에 돈을 투자했던 투자자들이 썰물처럼 빠져나갔다. 셀레라도 큰 타격을 받았는데, 불과 몇 주일 만에 주식 평가 손실액이 60억 달러(그중 벤터의 손실액만 3억 달러였다)나 되었다. 이것과 그 밖의 장애들을 만회하기 위해 벤터는 아인슈타인의 뇌 일부를 확보하려고 시도했다. 그 DNA의 염기 서열을 분석할 수 있는지* 알아보기 위한 것이었지만, 이 계획은 무위로 돌아갔다.

감동적이게도 일부 사람들은 셀레라와 컨소시엄의 협력 가능성에 대한 기대를 버리지 않았다. 설스턴은 1999년에 벤터와 휴전을 하라는 이야기를 일축했지만, 그 직후에 다른 과학자들이 휴전을 중재하기 위해 벤터와 콜린스에게 접근했다. 그들은 컨소시엄과 셀레라가 90% 완성된 인간 유전체 초안을 공동 논문으로 발표하는 아이디어를 제안하기까지 했다. 협상은 빠른 속도로 진전되었지만, 정부 과학자들은 여전히 셀레라의 기업적 이해를 경계했고, 데이터를 즉각 발표하라는 제의를 셀레라가 거부한 것에 대해서도 발끈했다. 협상 과정에서 벤터는 언제나처럼 자신의 진면목을 보여주었다. 한 컨소시엄 과학자는 면전에서 그에게 욕을 퍼부었고, 수많은 사람들은 등 뒤에서 그랬다. 그 당시 〈뉴요커〉에 실린 벤터의 프로필은 어느 고참 과학자(비겁하게도 익명으로)가 한 말이 서두를 장식했다: "크레이그 벤터는 개자식이다.(Craig Venter is an asshole.)" 당연한 일이지만, 공동 논문 발표 계획은 결국 무산되고 말았다.

그 다툼에 놀란 클린턴 대통령은 다가오는 선거도 고려해 마침내 개입에 나섰다. 그는 콜린스와 벤터를 설득해 2000년 6월에 백악관에서 열린 기자 회견에 참석하게 했다. 거기서 두 경쟁자는 인간 게놈의 염기 서열을 분석하는 경쟁은 끝났다고 — 무승부로 — 선언했다. 이 휴전은 임시적인 것이었고, 서로에게 남은 앙금을 감안하면 대체로 거짓 휴전이었다. 하지만 그해 여름날, 콜린스와 벤터는 둘 다 으르렁대는 대신에 진짜 미소를 보여주었다. 왜 그러지 않겠는가? 그때는 과학자들이 최초의 인간 유전자를 발견한 지 채 100년도 안 되었고, 왓슨과 크릭이 이중 나선 구조를 밝혀낸 지 50년도 안 된 시점이었다. 이제 새천년에 접어들어 인간 게놈의 염기 서열 분석은 훨씬 많은 것을 약속했다. 그것은 생물학의 성격마저 바꿔놓았다. 인간 게놈의 초안을 발표한 두 논문에 기여한 과학자 수는 3000여 명에 이르렀다. 클린턴은 "큰 정부 시대는 이제 끝났다."라고 유명한 선언을 했다. 이제 큰 생물학 시대가 시작되었다.

인간 게놈 초안이 던진 과제

인간 게놈 초안을 담은 두 논문은 2001년 초에 발표되었는데, 역사는 공동 발표가 무산되었다는 사실에 감사해야 할 것이다. 만약 단일 논문으로 발표되었더라면, 두 집단은 서로 내키지 않는 합의에 이르도록 강요받았을 것이다. 하지만 서로 경쟁 관계인 두 논문은 서로의 독특한 접근 방법을 부각시켰고, 그동안 당연한 사실로 받아들여지던 것들 중에 엉터리가 많음을 드러냈다.

논문에서 셀레라는 자신의 염기 서열 중 일부를 완성하는 데 컨소시엄이 자유롭게 쓸 수 있게 배포한 데이터를 사용했음을 인정했다. 이것은 확실히 벤터의 반골 기질에 금이 가는 발언이었다. 게다가 컨소시엄 과학자들은 산탄총 방식으로 무작위로 쪼갠 조각들의 조립을 안내하는 컨소시엄의 지도가 없었더라면 셀레라가 작업을 마치지 못했을 것이라고 주장했다.(이에 대해 벤터 팀은 격렬하게 반박하는 주장을 발표했다.) 설스턴은 또한 경쟁이 효율을 높였고, 양측이 혁신적 위험을 시도하도록 했다는 애덤 스미스식 주장에 반론을 제기했다. 대신에 셀레라가 염기 서열 분석 작업에 투입해야 할 에너지를 어리석은 홍보 활동에 돌렸다고—그리고 대략적인 '가짜' 초안을 발표하는 데에만 열을 올렸다고—주장했다.

물론 과학자들은 아무리 대략적인 것이라 하더라도 초안을 반겼고, 벤터가 도발을 하지 않았더라면 컨소시엄이 작업 속도를 높여 초안을 그토록 빨리 발표하지 못했을 것이다. 그리고 컨소시엄은 항상 스스로를 어른—그저 속도에만 혈안이 되어 결과를 빨리 발표하는 것보다는 정확성에 신중을 기하는—으로 내세운 반면, 두 초안을 나란히 검토한 과학자들은 대부분 셀레라의 결과가 좀더 낫다고 선언했다. 일부 과학자는 셀레라의 염기 서열이 두 배나 훌륭하며, 바이러스 오염도 더 적다고 말했다. 컨소시엄은 또한 나중에 생쥐 유전체처럼 다른 유전체의 염기 서열을 분석할 때 산탄총 방식을 베껴 사용함으로써 벤터를 비난한 것이 잘못이었음을 (조용히) 인정했다.

하지만 그 무렵에 벤터는 컨소시엄에 신경 쓸 겨를이 없었다. 경영상의 다양한 문제로 많은 다툼을 벌인 끝에 셀레라는 2002년 1월에 벤터를 사실상 파면했다.(한 가지 이유는 벤터가 자기 팀이 발견한 대부분의 유전자에 대해 특허를 신청하길 거부한 데 있었다. 그의 겉모습 뒤에는 서투른 편집광적 자본주의자가 자리잡고 있었다.) 벤터가 떠나자 셀레라는 염기 서열 분석 작업의 동력이 떨어졌고, 컨소시엄은 2003년 초에 완전한 인간 유전체 염기 서열을* 단독 발표하면서 떠들썩하게 승리를 선포했다.

하지만 다년간 치열한 경쟁을 벌인 벤터는 인기가 점점 식어가는 미식 축구 스타처럼 그냥 떠날 수가 없었다. 2002년 중엽에 그는 놀라운 사실을 발표해 컨소시엄이 한창 추진하던 염기 서열 분석 노력에 대한 대중의 관심을 그리로 돌렸다. 그는 셀레라의 혼합 유전체 중 60%는 벤터 자신의 정자 DNA라고 밝혔다. '익명의' 주요 제공자가 바로 자신이었던 것이다. 그리고 자신의 폭로에 못마땅한 반응—반응 중에는 "허영심이 강한", "자기 중심적", "저속한"과 같은 표현들이 있었다—에도 아랑곳하지 않고, 벤터는 다른 제공자의 DNA가 섞이지 않은 자신의 순수한 DNA를 분석하기로 결정했다. 이를 위해 유전체학진흥센터the Center for the Advancement of Genomics. 그 약자는 네 가지 염기를 나타내는 TCAG가 된다를 새로 세워 오로지 자신의 염기 서열을 분석하는 데 4년 동안 1억 달러를 쏟아붓기로 계획했다.

그것은 만약 완료만 된다면 최초의 완전한 개인 유전체로 인정받을 것이다. 즉, 이상적인 인간 게놈 프로젝트의 유전체와는 달리, 부모의 유전적 기여를 모두 포함할 뿐만 아니라 그 사람을 독특하게 만드는 모든 우발적 돌연변이까지 포함한 최초의 유전체가 될 것이다. 하지만 벤터 팀이 그의 유전체에서 염기 하나하나를 꼼꼼히 분석하느라 꼬박 4년을 보내는 사이에, 다른 경쟁 팀이 뛰어들어 다른 개인의 유전체를 먼저 분석하기로 결정했다. 그 사람은 다름 아닌 벤터의 숙적인 제임스 왓슨이었다. 아이러니하게도 두 번째 팀—프로젝트 짐Project Jim이란 이름이 붙은—은 벤터를 본따 더 저렴하고 더 비열한 염기 서열 분석 방법을 사용해 공을 가로채려고 시도했다. 그들은 불과 200만 달러라는 파격적인 비용으로 왓슨의 완전한 유전체를 넉 달 만에 분석할 계획을 세웠다. 하지만 벤터는 벤터답게 패배를 인정하길 거부했고, 어쩌면 불가피한 결과였을지도 모르는데, 이 두 번째 유전체 분석 경쟁은 또다시 무승부로 끝났다. 두 팀은 2007년 여름에 불과 며칠 간격으로 분석 결과를 온라인에 게시했다. 프로젝트 짐의 빠른 기계는 세상을 감탄시켰지만, 또다시 벤터의 분석이 더 정확하고 대부분의 연구에 더 유용한 것으로 입증되었다.

(우위를 차지하기 위한 경쟁은 아직 끝나지 않았다. 벤터는 여전히 연구 활동에 정진하고 있으며, 지금은 [미생물의 DNA에서 유전자를 하나하나 제거해가는 방법으로] 생명에 필요한 최소한의 유전체를 알아내려고 애쓰고 있다. 그 행동이 비록 눈살을 찌푸리게 하는 측면이 있다 하더라도, 자신의 개인 유전체를 발표함으로써 벤터는 노벨상 수상 후보로 유리한 위치에 섰는지 모른다. 과학자들이 늦은 밤에 맥주잔을 기울이며 주고받는 가십에 따르면, 노벨상은 벤터가 몹시 탐내는 영예라고 한다. 노벨상은 최대 3명까지 공동 수상할 수 있지만, 하나의 상을 놓고 그 수상 자격을 주장할 수 있는 사람은 벤터와 콜린스, 설스턴, 왓슨을 비롯해 여러 명이 있다. 스웨덴 노벨위원회는 자격을 심사할 때 벤터의 예의 없는 태도를 문제 삼지 않아야 하는 어려움이 있겠지만, 만약 일관되게 훌륭한 성과를 낸 연구 업적 때문에 그에게 단독 수상을 하기로 결정한다면, 벤터는 자신이 마침내 게놈 전쟁에서 승리했다고 주장할 수 있을 것이다.*)

그렇다면 인간 게놈 프로젝트를 둘러싼 그 모든 경쟁은 과학적으로 우리에게 무엇을 가져다주었을까? 그 답은 누구에게 묻느냐에 따라 달라진다.

대부분의 인간유전학자들은 질병 치료를 주요 목적으로 하기 때문에, 인간 게놈 프로젝트가 심장병이나 당뇨병을 비롯해 그 밖의 광범위한 문제에 대해 각각 어떤 유전자를 표적으로 삼아야 할지 알려줄 것이라고 믿는다. 사실, 의회가 30억 달러의 지출을 승인한 이유도 대체로 이 암묵적인 가능성 때문이었다. 하지만 벤터와 여러 사람이 지적한 것처럼 2000년 이후 유전자를 바탕으로 한 치료법은 사실상 나온 게 전혀 없다. 개발이 임박한 것처럼 보이는 치료법 역시 전혀 없다. 콜린스조차 침을 삼키면서 외교적 수사를 최대한 사용해 발견 속도가 모두를 실망시켰다고 인정했다. 많은 일반 질병은 그것과 연관된 돌연변이 유전자가 몇 개 이상 있는 것으로 드러났는데, 몇 개 이상의 유전자를 표적으로 삼는 약을 설계한다는 것은 불가능에 가깝다. 게다가 과학자들이 문제가 되는 돌연변이와 무해한 돌연변이를 늘 정확하게 구별할 수 있는 것도 아니다. 어떤 경우에는 표적으로 삼을 돌연변이를 전혀 발견하지 못하기도 한다. 유전 패턴을 바탕으로 특정 일반 질병이 유전적 요소를 많이 포함하고 있다는 사실을 알지만, 그 질병에 걸린 사람들의 유전자를 샅샅이 조사해도 공통적인 유전자 결함을 발견하는 경우가 드물다. '범인 DNA'가 실종된 셈이다.

이런 암초를 만난 이유는 여러 가지를 생각할 수 있다. 어쩌면 질병을 일으키는 범인 DNA는 유전자 밖에 존재하는 비암호화 DNA 중에 숨어 있을지 모르는데, 이곳은 과학자들이 어렴풋하게만 이해하는 영역이다. 어쩌면 똑같은 돌연변이라도 각자의 서로 다른 유전자들과 상호작용을 통해 사람에 따라 다른 질병을 일으킬지도 모른다. 어쩌면 어떤 사람들에게서 일부 유전자의 복제가 중복돼 있다는 기묘한 사실이 중요한 역할을 할지도 모른다. 어쩌면 염색체를 산산조각내는 염기 서열 분석 방법이 염색체 구조와 구조적 변이에 대한 중요한 정보(유전자들이 협력해 무슨 일을 하며 어떻게 그렇게 하는지 알려줄 수 있는 정보)를 파괴하는지도 모른다. 무엇보다 섬뜩한 전망은 보편적인 단일 '질병'이 환상에 불과할지 모를 가능성이다. 의사들은 많은 사람에게서 비슷한 증상—혈당치 변동, 관절통, 높은 콜레스테롤 수치—을 보면, 자연히 원인도 비슷할 것이라고 생각한다. 하지만 혈당이나 콜레스테롤을 조절하는 데에는 수십 가지 유전자의 협력이 필요한데, 어느 한 유전자에라도 돌연변이가 일어나면 전체 시스템이 망가질 수 있다. 다시 말해서, 대체로 전체적인 증상이 같다 하더라도, 그 바탕이 되는 유전자의 원인 — 의사가 정확하게 집어내 치료해야 하는 — 은 다를 수가 있다. 일부 의사는 이 점을 강조하기 위해 톨스토이가 한 말을 비틀어 다음과 같이 말하기도 한다 : "건강한 육체는 모두 서로 비슷한 반면, 건강하지 않은 몸은 제각각 독특한 방식으로 건강하지 않다."(톨스토이가 원래 한 말은 "행복한 가족은 모두 서로 닮은 데가 있지만, 불행한 가족은 제각각 독특한 방식으로 불행하다."였다. — 옮긴이) 이런 이유들 때문에 일부 의료과학자는 인간 게놈 프로젝트가 주저앉았다고 중얼거린다. 만약 그렇다면, '거대 과학'의 비교 대상으로 가장 좋은 후보는 맨해튼 계획이 아니라 아폴로 우주 계획일 것이다. 아폴로 우주 계획은 인간을 달로 보냈지만, 그후로는 흐지부지되었기 때문이다.

하지만 (지금까지) 의학 분야에서 일어난 실패에도 불구하고, 인간 유전체의 염기 서열을 분석하는 일은 사실상 모든 생물학 분야에 재발명까지는 아니더라도 다시 활기를 불어넣는 낙수 효과를 미쳤다. DNA 염기 서열 분석을 통해 더 정확한 분자 시계들이 발견되었고, 동물의 몸에 바이러스 DNA가 많이 들어 있다는 사실도 밝혀졌다. DNA 염기 서열 분석은 우리의 영장류 친척들을 포함해 생명의 가지 수백 개의 기원과 진화를 재구성하는 데에도 도움을 주었다. 또, 인류가 전 세계에서 이주한 경로를 추적하는 데에도 도움을 주었고, 우리가 하마터면 멸종할 뻔한 사건들도 알려주었다. 또, 인간의 유전자가 얼마나 적은지도 확인해주었고(유전자 수 알아맞히기 내기에서는 가장 적은 수인 2만 5947개를 적어낸 사람이 이겼다), 인간의 예외적인 속성은 특별한 DNA를 가져서가 아니라, DNA를 특별한 방식으로 조절하고 이어붙이는 데에서 나온다는 사실을 깨닫게 해주었다.

마지막으로, 완전한 인간 유전체 — 특히 왓슨과 벤터의 개인 유전체 — 를 손에 넣고 나자, 유전체를 분석하느라 매달렸던 경쟁 와중에 많은 과학자가 간과했던 사실이 부각되었다. 그것은 바로 유전체를 판독하는 것과 그것을 이해하는 것 사이에는 큰 괴리가 있다는 사실이다. 두 사람은 자신의 유전체를 발표하느라 큰 위험을 무릅썼다. 전 세계 과학자들이 두 사람의 유전체를 문자 하나하나 들여다보면서 결함이나 창피한 사실을 알려주는 단서가 없는지 찾았다. 두 사람은 이 위험에 대해 다른 태도를 보였다. *apoE* 유전자는 고기를 먹는 능력을 향상시키지만, (일부 버전은) 알츠하이머병에 걸릴 위험도 증가시킨다. 왓슨의 할머니는 몇 년 전에 알츠하이머병에 걸렸는데, 자신도 같은 병에 걸릴 가능성이 높다고 하면 견디기가 어려울 것 같았기 때문에, 왓슨은 과학자들에게 자신이 어떤 *apoE* 유전자를 가졌는지 밝히지 말아달라고 부탁했다. (불행하게도, 왓슨이 신뢰했던 과학자들은 그 결과를 숨기는 데 성공하지 못했다.*) 반면에 벤터는 자신의 유전체에 대한 정보를 아무것도 숨기지 않았으며, 심지어 개인 의료 기록을 모두가 이용할 수 있도록 공개했다. 그래서 과학자들은 그의 유전자들이 키나 몸무게 및 다양한 측면과 어떤 관계가 있는지 밝혀낼 수 있었다. 이 정보들을 모아서 종합적으로 분석하면, 유전체 데이터만 확보한 것보다도 의학적으로 훨씬 유용하다. 유전자 정보는 벤터가 여러 가지 질환 중에서도 알코올 중독, 실명, 심장병, 알츠하이머병에 걸릴 위험이 크다고 알려주었다.(더욱 기묘한 사실도 발견되었는데, 벤터는 정상적으로는 사람에게 나타나지 않고 침팬지에게 흔히 나타나는 긴 DNA 부분이 있었다.) 게다가 벤터의 유전체와 이상적인 인간 게놈 프로젝트의 유전체를 비교해 보았더니, 그 차이는 모두의 예상을 뛰어넘을 정도로 컸다. 돌연변이와 역위, 삽입, 결실을 비롯해 치명적 결과를 낳을 수 있는 그 밖의 이상한 변이가 400만 개에 이르렀다. 하지만 칠순이 다 된 벤터는 지금까지 이러한 건강 문제를 겪지 않고 잘 살아왔다. 마찬가지로 과학자들은 왓슨의 유전체에서 치명적인 열성 돌연변이 복제 2개가 있는 장소를 두 군데 발견했다. 하나는 눈과 귀를 멀게 하는 어셔 증후군, 또 하나는 성장을 방해하고 노화를 앞당기는 코케인 증후군을 일으키는 돌연변이였다. 하지만 80대에 접어든 왓슨은 아직까지 이런 문제가 전혀 나타나지 않았다.

어떻게 그럴 수 있었을까? 왓슨과 벤터의 유전체가 우리에게 거짓말을 했단 말인가? 우리가 유전체를 판독하는 데에서 실수를 저질렀을까? 왓슨과 벤터를 특수한 사례로 보아야 할 이유는 없다. 어떤 사람의 유전체를 들여다보더라도, 특정 질병이나 변형, 이른 죽음을 선고하는 유전자가 발견될 것이다. 하지만 대부분의 사람들은 그 위험을 모면하고 아무 문제 없이 살아간다. A-C-G-T 염기 서열은 아무리 강력하다 하더라도, 우리의 후성유전학을 포함해 유전자 외 요인을 통해 그것을 피해갈 수 있는 것처럼 보인다.

15
쉽게 얻은 것은 쉽게 사라진다?

일란성 쌍둥이는 왜 똑같지 않을까?

영어에서 접두사 'epi-'는 다른 것 위에 얹히는 것을 뜻한다. epiphyte(착생식물)는 다른 식물에 붙어 살아간다. epitaph(묘비명)은 묘비 위에, epigraph(제명)는 책 위에 새겨진다. 풀 같은 초록색 물체는 광파를 550nm에서 반사하는데(phenomenon, 현상), 우리 뇌는 반사된 그 빛을 기억과 감정이 섞인 어떤 '색'으로 인식한다(epiphenomenon, 부수 현상). 인간 게놈 프로젝트의 결과로 과학자들이 어떤 면에서는 이전보다 아는 것이 더 적은 상태에 놓였을 때 — 일부 포도 종보다 훨씬 적은 겨우 2만 2000여 개의 유전자가 어떻게 복잡한 인간을 만들 수 있을까? — 유전학자들은 유전자 조절과 유전자와 환경의 상호작용을 다시 강조하고 나섰는데, 그러면서 후성유전학을 강조했다. 여기서 후성유전학을 영어로 유전학에 접두사 epi-를 붙인 *epi*genetics라고 부른다는 사실에 주목하라.

유전학과 마찬가지로 후성유전학도 어떤 생물학적 특성을 전달하는 과정을 포함한다. 하지만 유전적 변화와 달리 후성유전학적 변화는 내장된 A–C–G–T 염기 서열의 변화를 수반하지 않는다. 대신에 후성유전학은 세포가 DNA에 접근해 그것을 읽고 사용하는 방법에 영향을 미친다.(DNA 유전자가 하드웨어라면, 후성유전학은 소프트웨어에 해당한다.) 생물학은 종종 환경(양육)과 유전자(본성)를 구별하는 반면, 후성유전학은 새로운 방식으로 본성과 양육을 결합한다. 후성유전학은 심지어 우리가 때로는 양육 부분을 물려받을 수 있다고 암시한다. 즉, 부모(혹은 조부모)가 무엇을 먹고 숨쉬고 견뎌냈는지에 대한 생물학적 기억을 물려받는다는 것이다.

솔직하게 말하면, 진정한 후성유전학(혹은 '연성 유전soft inheritance')은 유전자와 환경 사이의 다른 상호작용과 구별하기가 상당히 어렵다. 후성유전학이 전통적으로 잡다한 개념들을 집어넣는 일종의 잡동사니 주머니였다는 사실도 도움이 되지 않는다.(과학자들은 흥미로운 유전 패턴을 발견할 때마다 모두 후성유전학으로 설명하려는 경향을 보였다.) 무엇보다도 후성유전학은 기아와 질병, 자살로 얼룩진 저주받은 역사를 지니고 있다. 하지만 인간 생물학의 궁극적 목표를 달성할 수 있다는 약속에서만큼은 후성유전학을 따라올 분야가 없다. 그 목표는 인간 게놈 프로젝트의 분자적 세부 사항을 바탕으로 인간의 온갖 기묘한 특성과 개별성을 이해하는 것이다.

라마르크의 유산

후성유전학은 첨단 과학 분야이긴 하지만, 생물학의 오랜 논쟁을 부활시킨다. 그 논쟁의 당사자들은 다윈보다 앞서 살았던 프랑스의 장–바티스트 라마르크Jean-Baptiste Lamarck와 퀴비에 남작이다.

다윈이 하찮은 종(따개비)을 연구하면서 자기 이름을 알린 것처럼 라마르크는 '베르미스 vermis'를 연구했다. 베르미스는 '벌레'로 번역되지만, 그 당시에는 해파리, 거머리, 민달팽이, 문어를 비롯해 박물학자들이 굳이 애써서 자세히 분류하려고 하지 않은 그 밖의 미끌미끌한 동물들을 모두 포함했다. 동료들보다 안목이 더 뛰어나고 예민했던 라마르크는 분류학에서 어둠 속에 묻혀 있던 이 벌레들을 건져올려 그 독특한 특성을 강조하면서 독립적인 문 門으로 묶었다. 그리고 이 잡다한 동물들을 가리키는 '무척추동물'이란 용어도 만들어냈으며, 1800년에는 한 발 더 나아가 자신이 연구하는 분야 전체를 가리키는 '생물학 biology'이란 용어도 만들어냈다.

라마르크는 먼 길을 돌아 생물학자가 되었다. 사사건건 참견하며 강요하던 아버지가 죽자, 라마르크는 신학 대학을 그만두고 비틀거리는 말을 한 마리 사서는 불과 17세의 나이에 7년 전쟁에 참전했다. 그의 딸은 훗날 라마르크가 그 전쟁에서 큰 공을 세워 장교로 승진했다고 주장했지만, 딸은 라마르크의 업적을 과장할 때가 많았다. 어쨌든 라마르크 중위의 군대 경력은 그의 부하들이 일종의 게임에서 그의 머리를 붙잡고 들어올리다가 부상을 입히는 바람에 불명예스럽게 끝나고 말았다.

라마르크는 벌레를 해부하는 데 만족하지 않고 진화에 관해 거창한 이론—최초의 과학적인 진화론—을 만들었다. 그 이론은 두 부분으로 이루어져 있었다. 첫 부분은 진화가 왜 일어나는지 설명했다. 그는 모든 생물은 점점 더 복잡해지고 포유류에 더 가까워짐으로써 자신을 '완전하게' 만들려는 '내적 충동'이 있다고 주장했다. 두 번째 부분은 진화가 어떻게 일어나는지 그 메커니즘을 다루었다. 현대의 후성유전학과 겹치는(적어도 개념적으로는) 부분이 바로 이 부분인데, 라마르크는 생물은 환경에 반응해 형태나 행동이 변하고, 그렇게 해서 얻은 형질(획득 형질)

장-바티스트 라마르크는 최초로 과학적 진화론을 만들었다. 비록 틀린 것이긴 했지만, 그의 이론은 어떤 면에서 현대의 후성유전학과 비슷한 점이 있다. (루이-레오폴 드 보이이Louis-Léopold de Boilly가 그린 초상화)

을 자손에게 물려준다고 주장했기 때문이다.

예를 들면, 라마르크는 강변이나 바닷가에 사는 섭금류가 엉덩이가 젖지 않도록 매일 다리를 좀더 길게 뻗으려고 애쓰다가 마침내 긴 다리를 얻게 되었고, 그 획득 형질이 자식에게 전해졌다고 주장했다. 마찬가지로 기린도 높은 나뭇가지에 달린 잎을 뜯어먹으려고 목을 길게 뻗다가 목이 길어졌고, 그 특징을 자식에게 전달했다고 설명했다. 이것은 사람의 경우에도 성립한다고 가정했다. 해마다 무거운 망치를 휘두르는 대장장이는 튼튼한 근육질 몸을 자식에게 전해줄 것이다. 여기서 라마르크가 더 긴 신체 부위나 더 빠른 발 등을 갖고 태어난 동물이 살아가는데 유리하다고 말하지 않았다는 사실에 주목할 필요가 있다. 대신에 동물이 열심히 노력한 끝에 그런 특성이 발달한다고 했다. 따라서 더 열심히 노력할수록 더 나은 유산을 자식에게 전해줄 수 있다.(이 주장에서 막스 베버Max Weber와 프로테스탄트 노동 윤리의 흔적이 어른거리는 것을 느낄 수 있다.) 겸손과는 거리가 멀었던 라마르크는 1820년경에 자기 이론을 '완성'했다고 선언했다.

생명에 관한 이 웅대한 형이상학적 개념을 추상적으로 탐구한 지 20년 후, 라마르크의 물리적 삶이 무너져내리기 시작했다. 학계에서 그의 지위는 늘 위태위태했는데, 획득 형질 이론이 일부 동료들에게 결코 좋은 인상을 심어주지 못했기 때문이다.(한 반론은 유대인이 수천 년 동안 할례를 받아왔지만, 유대인 소년에게 아직도 할례가 필요하다는 사실을 지적했다.) 눈도 서서히 멀어 1820년에서 얼마 지나지 않아 '곤충, 벌레, 미소동물' 교수 자리에서 은퇴해야 했다. 명성도 소득도 없었던 그는 곧 극빈자로 전락해 온전히 딸의 보살핌에 의존해 연명하는 신세가 되고 말았다. 1829년에 세상을 떠난 뒤에는 누울 자리조차 '임대 묘지'를 사용해야 했다. 즉, 벌레가 파먹은 그의 유해는 묘지에 5년 동안만 묻혀 있다가 5년

이 지나면 새 주인에게 자리를 내주기 위해 파리 카타콤(18세기에 묘지가 모자라자, 파리 시가 신원미상의 묘지들을 폐기하고 그 유골들을 전에 석회암 채석장이었던 지하 동굴에 차곡차곡 쌓아 만든 지하 묘소. 약 600만 명의 유골이 쌓여 있다)으로 옮겨야 했다.

하지만 그보다 더 큰 사후 모욕이 기다리고 있었다. 그것은 퀴비에 남작이 준비한 것이었다. 퀴비에와 라마르크는 혁명 직후의 파리에서 처음 만났을 때에는 서로 협력하는 관계였다. 친구는 아니었지만 친한 동료로 지냈다. 하지만 기질적으로 퀴비에는 라마르크와 179° 달랐다. 퀴비에는 첫째도 사실, 둘째도 사실, 셋째도 사실을 강조했고, 추측의 냄새를 풍기는 것이라면 무엇이건 불신했는데, 나중에 라마르크가 한 연구는 모조리 이 부류에 속했다. 퀴비에는 또한 진화 개념을 완전히 부정했다. 그의 후원자이던 나폴레옹은 이집트를 정복한 뒤에 과학적 전리품을 많이 보내왔는데, 그중에는 동물 벽화와 함께 고양이, 악어, 원숭이를 비롯해 많은 동물의 미라도 있었다. 퀴비에가 진화를 부정한 이유는 이 동물들이 수천 년(그 당시로서는 지구의 전체 나이 중 상당 부분을 차지하는 것으로 간주된 기간)의 세월이 흐르는 동안 조금도 변한 흔적을 찾을 수 없었기 때문이다.

퀴비에는 과학적 반론에만 그치지 않고, 라마르크의 신빙성을 떨어뜨리기 위해 자신의 정치적 영향력도 이용했다. 퀴비에는 직책상 프랑스 학술원 회원의 추도사를 작성하는 일도 맡았는데, 이 추도사를 교묘하게 이용해 죽은 동료를 깎아내렸다. 가벼운 칭찬을 곳곳에 곁들인 추도사는 죽은 동료가 한 벌레 연구를 칭찬하는 말로 시작했다. 하지만 솔직한 평가를 참지 못하고 퀴비에는 경애하는 친구인 장-바티스트가 진화에 관한 무익한 추측에 너무 자주 빠져들었다고 지적했다. 퀴비에 남작은 또한 라마르크의 부인할 수 없는 재능인 비유를 사용해 그를 공격했으며, 추도사에서 신축성 있는 기린 목과 축축한 펠리컨 궁둥이를 희화화한 표현을 간간이 언급했는데, 이것들은 지울 수 없게 라마르크의 이름과 결합되었다. 퀴비에는 "그런 토대를 바탕으로 한 체계는 시인의 상상력을 즐겁게 할진 모르지만, 손이나 내장 혹은 심지어 깃털이라도 해부해본 사람의 검토 앞에서는 단 한순간도 버텨내지 못할 것이다."라고 결론 내렸다. 전체적으로 그 '추도사'는 과학사학자 스티븐 제이 굴드Stephen Jay Gould가 부여한 '잔인한 걸작'이라는 칭호에 손색이 없다. 하지만 도덕적 측면을 도외시한다면, 우리는 남작의 용기 있는 행동을 칭찬하지 않을 수 없다. 대부분의 사람은 추도사를 쓰는 일을 아주 귀찮은 일로 여겼을 것이다. 퀴비에는 이 작은 부담을 활용해 큰 권력으로 바꿀 수 있음을 간파했고, 그것을 제대로 해낼 수 있는 요령을 알았다.

퀴비에가 라마르크의 이론을 쓰러뜨린 뒤, 일부 낭만적인 과학자들이 라마르크의 환경 영향 개념에 계속 집착한 반면, 멘델을 비롯해 다른 과학자들은 라마르크의 이론에 부족한 점이 많다고 느꼈다. 하지만 많은 사람들은 마음을 정하지 못한 채 남아 있었다. 다윈은 라마르크가 자기보다 먼저 진화에 관한 이론을 주장했다고 인정하면서 그를 '당연히 유명한 박물학자'라고 불렀다. 그리고 다윈은 어떤 획득 형질(드물게 할례를 한 음경을 포함해)은 후세대에 전해질 수 있다고 믿었다. 그와 동시에 다윈은 친구들에게 보낸 편지에서 라마르크의 이론을 "순전한 쓰레기"라거나 "매우 부실해 어떤 사실이나 아이디어도 얻을 수 없다."라고 하면서 부정했다.

다윈이 불만스럽게 여긴 한 가지 이유는 생물은 라마르크의 획득 형질이 아니라 태어나면서 고정되는 본래의 형질을 통해 살아가는 데 유리한 이점을 얻는다는 믿음 때문이었다. 다윈은 또한 선천적 형질은 이점을 가진 동물이 생식을 할 때에만 전파될 수 있기 때문에 진화가 아주 느리게 일어난다는 사실을 강조했다. 이와는 대조적으로, 라마르크는 생물이 자신의 진화를 제어하며, 한 세대 안에 긴 다리나 큰 근육이 모든 곳에서 아주 빨리 전파된다고 주장했다. 아마도 다윈을 비롯해 모든 과학자에게 가장 나쁜 인상을 준 것은 라마르크가 공허한 목적론과 다름없는 주장—동물이 진화를 통해 스스로를 완성한다는 신비스러운 개념—을 적극 내세운 점일 것이다. 그것은 생물학자들이 자기 분야에서 영영 추방하길 원했던 개념*이었다.

또, 다윈 이후 세대 과학자들이 몸에서 보통 세포와 생식세포(정자와 난자) 사이에 엄밀한 차이가 있다는 사실을 발견한 것도 이에 못지않게 라마르크에게 큰 타격을 주었다. 따라서 설사 대장장이가 아틀라스 같은 두갈래근과 세갈래근, 가슴 근육, 어깨가 발달한다 하더라도, 그것은 아무 의미가 없다. 정자는 근육세포와 독립적이기 때문에, 만약 대장장이의 정자들이 허약한 DNA를 가졌다면, 그의 자식도 약골로 태어날 것이다. 1950년대에 과학자들은 체세포는 정자나 난자의 DNA(유전에서 유일하게 중요한 역할을 하는 DNA)를 변화시킬 수 없음을 입증함으로써 이 독립성 개념에 더욱 힘을 실어주었다. 이제 라마르크는 영원히 사망한 것처럼 보였다.

하지만 지난 수십 년 사이에 반전이 일어났다. 오늘날 과학자들은 유전을 더 유동적인 것으로 보며, 유전자와 환경 사이의 장벽에는 많은 구멍이 뚫려 있다고 생각한다. 즉, 유전자가 다가 아니며, 유전자 발현, 즉 특정 유전자를 켜거나 끄는 것도 중요하다. 세포는 보통 메틸기라는 작은 혹을 들러붙게 함으로써 유전자를 끄고, 아세틸기를 사용해 단백질 실패에 감긴 DNA를 풀리게 함으로써 유전자를 켠다. 그리고 과학자들은 세포가 분열할 때마다 이 메틸기와 아세틸기의 패턴을 정확하게 딸세포에게 전달한다는 사실—일종의 '세포 기억'이라 부를 수 있는—을 알아냈다.(사실, 과학자들은 한때 우리 뇌에서 신경세포의 메틸기가 물리적으로 기억을 기록한다고 생각했다. 이것은 사실이 아니지만, 메틸기와 아세틸기를 건드리면 기억 생성을 방해할 수 있다.) 여기서 핵심은 이 패턴들은 대부분 안정하지만, 영구적인 것이 아니라는 사실이다. 특정 환경적 경험은 메틸기와 아세틸기를 첨가하거나 제거하여 그러한 패턴을 변화시킬 수 있다. 사실상 이것은 해당 생물이 한 일이나 경험한 일에 대한 기억이 그 세포에 새겨진다는(라마르크식 유전에 필요한 첫 단계) 뜻이다.

불행하게도, 나쁜 경험 역시 좋은 경험과 마찬가지로 세포에 새겨질 수 있다. 강렬한 감정적 고통은 가끔 포유류의 뇌에 신경 화학 물질을 분비하게 하는데, 이 물질은 없어야 할 곳에 메틸기를 들러붙게 할 수 있다. 어릴 때 다른 생쥐에게 괴롭힘을 당한 생쥐는 종종 뇌에 이 기묘한 메틸기 패턴이 나타난다. 생물학적 어미이건 계모이건, 어미의 사랑을 제대로 받지 못하고 자란(어미가 새끼를 핥거나 껴안거나 보살피길 게을리한 경우) 새끼생쥐에게서도 그런 패턴이 나타난다. 이렇게 보살핌을 제대로 받지 못한 생쥐는 어른이 되어서도 스트레스가 많은 상황에서 무너질 수 있는데, 이러한 붕괴는 나쁜 유전자 탓이 아니다. 생물학적 자식이건 데려다 키운 남의 자식이건 똑같은 히스테리성 발작을 나타내기 때문이다. 대신에 비정상적인 메틸기 패턴이 일찍부터 각인되면, 신경세포들이 분열을 계속하고 뇌가 성장함에 따라 이 패턴이 영속적으로 전해진다. 2001년 9·11 테러 사건은 아직 태어나지 않은 사람들의 뇌에 비슷한 방식으로 영향을 미쳤을 수 있다. 맨해튼에 살던 일부 임신부는 외상후 스트레스 장애를 겪었는데, 이것은 뇌 유전자를 포함해 최소한 10여 개의 유전자를 후성유전학적으로 활성화하거나 비활성화할 수 있다. 이 여성들(특히 임신 28주가 지난 여성들)이 낳은 아이들은 이상한 자극을 받았을 때 다른 아이들보다 불안과 심한 심적 고통을 더 많이 느꼈다.

이러한 DNA의 변화는 '유전적'인 것이 아니라는 데 주목하라. A–C–G–T 문자열은 내내 똑같이 유지되기 때문이다. 하지만 후성유전학적 변화는 사실상 돌연변이와 같다. 그 결과로 특정 유전자가 작동하지 않을 수 있다. 그리고 돌연변이와 마찬가지로 후성유전학적 변화는 세포들과 후손에서도 계속 살아남는다. 사실, 우리 각자는 나이를 먹으면서 나름의 독특한 후성유전학적 변화가 점점 더 많이 축적된다. 이것은 일란성 쌍둥이가 똑같은 DNA를 가졌음에도 불구하고, 세월이 지남에 따라 성격이나 심지어 얼굴 모습까지도 왜 점점 달라지는지 그 이유를 설명해준다. 또, 쌍둥이 중 한 명이 살인을 저지르고서 둘 다 무사히 혐의를 벗어난다는(DNA 검사로는 둘을 구별할 수 없으므로) 추리 소설의 상투적 수법이 더 이상 성립할 수 없게 된다. 후성유전체를 검사하면, 범인을 가려낼 수 있기 때문이다.

물론 이 모든 증거는 체세포가 환경의 신호를 기록하고 다른 체세포에 전달할 수 있다는 것을, 즉 제한된 형태의 유전이 가능함을 입증할 뿐이다. 정상적으로는 정자와 난자가 결합할 때, 배아는 이 후성유전학 정보를 지운다. 그래서 우리는 부모가 살아가면서 무슨 일을 했는지에 상관없이 '우리' 자신으로 발달할 수 있다. 하지만 일부 후성유전학적 변화가 가끔 실수나 속임수를 통해 새로운 세대의 새끼나 아이에게 밀반입될 수 있다고 시사하는 증거도 있다. 이것은 라마르크의 용불용설과 아주 가까운 것으로, 퀴비에와 다윈이 이런 사실을 안다면 몹시 분통해할 것이다.

부모 기원 효과

과학자들이 이 후성유전학적 밀반입이 실제로 일어난다는 사례를 최초로 발견한 장소는 스웨덴과 핀란드 사이의 겨드랑이 부분에 위치한 작은 농촌 마을 외베르칼릭스였다. 외베르칼릭스는 19세기에 아이가 자라기에 무척 힘든 곳이었다. 전체 가구 중 70%는 자녀를 5명 이상 낳았는데(4분의 1은 10명 이상), 그 많은 입들을 2에이커(약 8100m²)의 척박한 땅을 농사지어 먹여 살려야 했다. 2에이커의 농지는 대부분의 가정이 소유할 수 있는 최대한의 땅이었다. 북위 66° 이북의 혹독한 날씨가 약 5년마다 한 번씩 옥수수와 그 밖의 농작물 농사를 망치는 것도 어려움을 가중시켰다. 1830년대처럼 흉년이 계속 이어지는 시기도 있었고, 그럴 때면 거의 매년 농작물이 다 죽었다. 현지 목사는 이런 사실들을 꼿꼿하게 외베르칼릭스 연보에 기록했다. 한번은 이렇게 기록했다. "언급할 만큼 예외적인 사건은 전혀 없었다. 8년째 [연속으로] 흉년이 찾아왔다는 것 말고는."

물론 모든 해가 그렇게 비참하진 않았다. 간헐적으로 땅은 풍족한 식량을 주었고, 15인 가구도 배불리 먹고 지내면서 궁핍하던 시절을 잊을 수 있었다. 하지만 혹독한 겨울이 몰아닥쳐 옥수수가 모두 시들고, 울창한 스칸디나비아의 숲과 얼어붙은 발트 해가 긴급 구호 물자의 운송을 방해하는 시기에는 사람들은 돼지와 소의 목을 따며 근근이 버텨나갔다.

현대의 일부 스웨덴 과학자들이 아니었더라면, 이 이야기 — 변경 지역에서는 너무나도 흔한 — 는 별로 주목받지 못하고 넘어갔을 것이다. 그들이 외베르칼릭스에 흥미를 느낀 이유는 식량 부족 같은 환경 요인이 태아에게 장기적으로 건강 문제를 초래할 수 있는지 알고 싶었기 때문이다. 그 과학자들은 독일이 점령한 네덜란드에서 기아가 발생한 시기(1944~1945년 겨울 기아)와 그 직후에 태어난 아이 1800명을 별도로 조사한 결과를 바탕으로 실제로 그런 일이 일어난다고 생각할 만한 근거를 얻었다. 그해 겨울, 혹독한 추위로 화물선이 오가는 운하들이 꽁꽁 얼어

붙었고, 또 나치가 네덜란드에 베푼 많은 호의 중 하나로 다리와 도로가 파괴되었기 때문에 육상을 통한 구호 물자도 전달할 수 없었다. 1945년 초봄에 네덜란드인 성인이 받는 하루 배급량은 500칼로리로 떨어졌다. 일부 농부들과 난민들(전쟁 동안에 네덜란드에 발이 묶인 오드리 헵번Audrey Hepburn과 그 가족을 포함해)은 튤립 알뿌리를 갉아먹었다.

1945년 5월에 해방된 뒤, 배급량은 2000칼로리로 껑충 뛰었는데, 이러한 배급량 증가는 자연적 실험 상황을 만들어주었다. 과학자들은 기아 기간에 수태된 태아와 그후에 수태된 태아를 비교하여 누가 더 건강한지 조사할 수 있었다. 충분히 예견할 수 있듯이, 일반적으로 굶주린 태아가 더 작고 허약하게 태어났는데, 그뿐만 아니라 나중에 정신분열병, 비만, 당뇨병에 걸리는 비율도 훨씬 높았다. 아기들은 똑같은 기본 유전자 풀에서 태어나기 때문에, 이런 차이는 후성유전학적 프로그래밍을 통해 나타나는 게 분명했다. 즉, 영양분 부족으로 자궁의 화학(태아의 환경)이 변했고, 이 때문에 특정 유전자들의 발현에 변화가 일어난 것이다. 심지어 60년이 지난 뒤에도 태어나기 전에 굶주림을 겪은 사람들의 후성유전체는 현저한 차이가 나는 것처럼 보였으며, 다른 기아 사건—레닌그라드 포위전, 나이지리아의 비아프라 전쟁, 마오쩌둥 시대의 중국에서 일어난 대약진 운동—을 겪은 사람들에게서도 이와 비슷한 장기적 효과가 나타났다.

하지만 외베르칼릭스에서는 기근이 너무 자주 일어났기 때문에, 스웨덴 과학자들은 거기서 훨씬 흥미로운 것을 연구할 기회를 얻을 수 있다는 사실을 알아챘다. 즉, 후성유전학적 효과가 많은 세대를 거치는 동안 지속되는지 조사할 수 있었다. 역대 스웨덴 왕들은 오래 전부터 모든 교구에 정확한 농산물 수확 기록을 요구했기(충성 서약을 어기는 사람이 나오지 않도록 하기 위해) 때문에, 외베르칼릭스의 농산물 수확량 자료는 1800년 이전부터 기록으로 남아 있었다. 과학자들은 이 자료를 현지 루터 교회에 보관된 출생, 사망, 건강에 관한 자세한 기록과 비교할 수 있었다. 게다가 외베르칼릭스는 유전자 유입과 유출이 거의 없었다. 동상의 위험과 지나치게 튀는 현지 억양 때문에 그곳에 사는 대부분의 스웨덴인과 라프족은 다른 곳으로 옮겨갈 생각을 하지 않았다. 과학자들이 추적한 320명 가운데 더 푸른 초지를 찾아 외베르칼릭스를 떠난 사람은 겨우 9명뿐이어서 아주 오랜 세월에 걸쳐 가족들의 이력을 추적할 수 있었다.

스웨덴 과학자들이 알아낸 몇 가지 사실 — 모체 영양과 아이의 장래 건강 사이의 관계 — 은 상식적으로 이치에 닿았다. 하지만 많은 것은 그렇지 않았다. 무엇보다도, 아이의 장래 건강과 '아버지'의 식습관 사이에 강한 상관관계가 발견되었다. 아버지는 아기가 수태된 후부터 태어날 때까지 아기와 직접적 접촉이 전혀 없으므로, 아기에게 나타나는 효과는 모두 정자를 통해 전달된 게 틀림없다. 더욱 기묘한 사실은, 아버지가 기아를 겪은 경우에만 아기가 장래에 더 건강하게 살아간다는 점이었다. 아버지가 배불리 잘 먹고 산 경우에는 아기는 더 많은 질병에 걸리고 수명도 더 짧았다.

아버지의 영향은 너무나도 강하게 나타났기 때문에, 과학자들은 그 효과를 아버지의 아버지에게까지 추적할 수 있었다. 만약 하랄 할아버지가 굶주렸다면, 손자 올라프가 건강에 혜택을 얻는다. 그 효과는 미묘한 정도에 그치는 것도 아니었다. 만약 하랄이 흥청망청 잘 먹고 살았다면, 올라프가 당뇨병에 걸릴 위험은 네 배나 증가했다. 만약 하랄이 굶주리며 살았다면, 올라프는 평균적으로 30년이나 더 오래 살았다(사회적 차이를 감안해 적절히 보정한 결과). 놀랍게도, 이 효과는 굶주림이나 폭식이 할아버지 자신에게 미치는 것보다 훨씬 크게 나타났다. 굶주린 할아버지나 폭식한 할아버지나 적당히 먹은 할아버지나 모두 수명은 약 70년으로 비슷했다.

아버지와 할아버지의 이 영향은 유전적으로 이치에 닿지 않는다. 굶주린다고 해서 부모나 아이의 DNA 염기 서열이 변할 리는 없다. 그것은 태어날 때부터 고정돼 있기 때문이다. 환경 역시 범인이 아니다. 굶주렸던 남자들은 그후 각각 다른 해에 결혼을 하고 아이를 낳았고, 그들의 자식과 손자는 외베르칼릭스에서 각각 다른 시기에 성장했다. 어떤 사람들은 좋은 시기에, 어떤 사람들은 나쁜 시기에 성장했지만, 아버지나 할아버지가 힘든 시기를 보낸 전력이 있는 한 모두가 같은 혜택을 받았다.

하지만 그 영향은 후성유전학적으로는 이치가 닿는다. 음식물에는 유전자를 켜거나 끄는 아세틸기와 메틸기가 풍부하게 포함돼 있으므로, 폭식을 하거나 굶주리면 대사를 조절하는 유전자가 꺼지거나 켜질 수 있다. 과학자들은 이러한 후성유전학적 스위치가 세대들 사이에 어떻게 전달되는지 그 단서를 굶주린 시기에서 단서를 찾았다. 사춘기나 유아기나 생식 능력 극대기에는 굶주려봤자 그 남자의 자식이나 손자의 건강에 아무 영향도 미치지 않는다. 폭식이나 굶주림의 시기로 중요한 때는 '느린 성장기'로, 사춘기 직전의 9세부터 12세 사이이다. 이 시기에 남성은 장차 정자가 될 세포들을 따로 떼어놓기 시작한다. 따라서 만약 느린 성장기가 포식을 하거나 굶주린 시기와 일치한다면, 정자가 되기 이전의 세포에는 특이한 메틸기나 아세틸기 패턴이 각인될 수 있고, 그 패턴은 나중에 실제 정자에도 그대로 각인될 것이다.

과학자들은 아직도 외베르칼릭스에서 일어난 일이 분자 차원에서 어떻게 일어났는지 알아내려고 애쓰고 있다. 하지만 인간의 부계 연성 유전을 조사한 몇몇 연구 결과는 정자의 후성유전학이 유전 가능한 중요한 효과를 미친다는 개념을 지지한다. 11세 이전에 흡연을 시작한 남성은 그 이후에 흡연을 시작한 남성보다 더 땅딸막한 자식(특히 남자아이의 경우)을 낳는 경향이 있다. 일찍 담배를 피운 남성이 얼마 후에 담배를 끊는다 하더라도, 이 효과는 그대로 나타난다. 이와 비슷하게, 아시아와 아프리카에서 빈랑나무 열매—카푸치노와 엇비슷한 효과를 지닌 자극물질—를 씹는 남성 수억 명은 심장병과 대사 질환 발병 위험이 2배나 높은 자식을 낳는다. 신경과학자들이 건강한 뇌와 정신병이 있는 뇌 사이의 해부학적 차이를 항상 구별하는 것은 아니지만, 정신분열병 환자의 뇌와 조울병 환자의 뇌는 메틸기 패턴이 서로 다르다는 사실을 발견했으며, 그것은 그들의 정자도 마찬가지였다. 이 결과를 보고 과학자들은 접합자가 정세포(그리고 난세포)에서 환경의 흔적을 깨끗이 지운다는 가정을 수정하지 않을 수 없었다. 아버지의 생물학적 결함은 자식과 손자에게 나타날 수 있는 것으로 보인다.

자식의 장기적 건강을 결정하는 데 정자가 큰 영향을 미친다는 사실은 아마도 전체 연성 유전에서 가장 흥미로운 측면이 아닐까 싶다. 민간 속설에서는 외팔이 남자를 보는 것과 같은 모체 각인(모체 영향)은 해로운 효과를 낳는다고 말하지만, 현대 과학은 부체 각인이 그에 못지않은, 아니 어쩌면 더 큰 효과를 낳는다고 알려준다. 하지만 이러한 부모 특이적 효과는 전혀 예상 밖의 결과가 아니다. 과학자들은 어머니의 DNA와 아버지의 DNA가 자식에게 정확하게 똑같이 기여하지 않는다는 사실을 알고 있었기 때문이다. 수사자와 암호랑이가 짝짓기를 하면 라이거liger가 태어나는데, 라이거는 몸 길이가 3.6m에 몸무게는 보통 사자의 두 배에 이를 만큼 몸집이 크다. 하지만 수호랑이와 암사자가 짝짓기를 하여 태어난 타이글론tiglon은 몸집이 그렇게 크지 않다.(다른 포유류에서도 이와 비슷한 차이가 나타난다. 따라서 암컷 침팬지와 여성을 임신시키려고 했던 일리야 이바노프의 시도는 그의 기대처럼 똑같은 결과로 나타나지 않았을 것이다.) 때로는 아버지와 어머니의 DNA가 태아를 지배하기 위해 전면전을 벌이기도 한다. *igf* 유전자가 바로 그런 경우이다.

이번만큼은 유전자 이름이 그 뜻을 이해하는 데 도움을 준다. *igf* 는 'insulin–like growth factor(인슐린 유사 성장 인자)'의 약자인데, 이것은 자궁 속의 태아가 정상보다 더 일찍 어느 크기로 성장하게 한다. 아버지는 크고 건강한 아기를 만들기 위해(그래야 아기가 빨리 자라 그 유전자를 일찍 그리고 자주 전달할 테니) 태아의 *igf* 유전자 2개가 다 열심히 기능을 다하길 원하는 반면, 어머니는 다른 아기를 갖기 전에 첫 번째 아기가 자신의 자궁을 망가뜨리거나 출산 도중에 자신을 죽이지 않도록 하기 위해 *igf* 유전자의 성질을 누그러뜨리길 원한다. 따라서 온도 조절기의 설정 온도를 놓고 다투는 노부부처럼 정자는 자신의 *igf* 유전자를 켜려고 하는 반면, 난자는 끄려고 하는 경향이 있다.

그 밖에도 '각인' 유전자 수백 개가 그것을 전해준 부모에 따라 우리 몸속에서 켜지거나 꺼진다. 크레이그 벤터의 유전체에서 40%의 유전자는 아버지와 어머니에 따른 차이를 나타냈다. 그리고 똑같은 부분의 DNA를 제거하더라도, 떨어져 나간 부분이 어머니의 염색체냐 아버지의 염색체냐에 따라 서로 다른 질병에 걸릴 수 있다. 일부 각인 유전자는 심지어 시간이 지나면서 충성 대상이 변할 수 있다. 생쥐의 경우에는(그리고 아마도 사람의 경우에도) 어린 시절에는 어미의 유전자가 뇌를 지배하지만, 나중에는 아비의 유전자가 지배한다. 사실, 적절한 각인 유전자의 작용이 없다면, 우리는 살아남을 수 없을 것이다. 과학자들은 두 벌의 수컷 염색체나 두 벌의 암컷 염색체를 사용해 생물공학적으로 생쥐 배아를 쉽게 만들 수 있다. 그리고 전통 유전학에 따르면, 이것은 별 대단한 게 아니다. 하지만 한쪽 성의 염색체만 두 벌 가진 배아는 자궁에서 죽고 만다. 배아가 살아남도록 돕기 위해 반대 성의 세포를 일부 섞어주면, 수컷[2]은 몸이 아주 큰 아기가 되지만(*igf* 유전자 때문에) 뇌는 아주 작다. 암컷[2]은 몸은 작지만 뇌가 아주 크다. 그렇다면 아인슈타인의 뇌 크기와 퀴비에의 뇌 크기 사이의 다양한 변이들은 남성의 대머리 패턴처럼 그 부모들의 혈통에서 생겨난 변덕에 불과할지도 모른다.

소위 부모 기원parent-of-origin 효과는 가장 엉뚱한 과학적 사기 중 하나로 기록된 사건에 대한 관심을 다시 불러일으켰다. 후성유전학의 미묘함을 감안한다면(과학자들은 지난 20년 동안 후성유전학을 제대로 이해하지 못했다), 오래 전에 이런 패턴을 발견한 과학자는 동료들을 설득하는 것은 그만두고라도, 그 결과를 해석하는 데 무척 애를 먹었을 것으로 보인다. 오스트리아 생물학자 파울 카메러Paul Kammerer는 과학과 사랑과 정치를 비롯해 모든 분야에서 많은 애를 먹었다. 하지만 오늘날의 일부 후성유전학자는 그의 이야기를 시대를 앞선 발견이 초래할 수도 있는 위험을 상기시키는 교훈으로 볼지 모른다.

악당인가, 선구자인가

카메러는 작은 동물을 괴롭히는 십대 소년의 재능과 자연을 다시 만들려는 연금술사의 야심이 있었다. 카메러는 단순히 특이한 색조의 자연 풍경에 도롱뇽을 집어넣음으로써 그 몸 색깔을 바꿀 수 있다고(혹은 물방울 무늬나 세로줄 무늬를 나타내게 할 수 있다고) 주장했다. 그는 햇빛을 좋아하는 사마귀를 어둠 속에서 먹이를 먹게 했고, 미래의 자식에게 어떤 효과가 나타나는지 보려고 멍게의 주둥이를 자르기도 했다. 심지어 어릴 때 햇빛을 받는 양에 따라 특정 양서류에게 눈이 있거나 없게 만들 수 있다고 주장했다.

카메러에게 성공과 실패를 가져다준 연구는 아주 특이한 종인 산파두꺼비를 대상으로 실시한 일련의 실험이었다. 대부분의 두꺼비 종은 물속에서 짝짓기를 한 뒤, 수정란을 물속에 뿌려 제멋대로 흘러가게 내버려둔다. 산파두꺼비는 땅에서 짝짓기를 하지만, 땅 위에서는 알이 훨씬 취약하기 때문에 수컷 산파두꺼비가 알이 부화할 때까지 알 꾸러미를 뒷다리에 포도송이처럼 붙인 채 깡충깡충 뛰어다닌다. 카메러는 이 매력적인 습성에 아무 감동도 받지 않았으며, 1903년에 수조의 온도를 크게 높이는 방법으로 산파두꺼비를 물속에서 짝짓기를 하고 알을 낳게 했다. 이 방법은 통했는데, 높은 온도에서 물속에 들어가 지내지 않는다면 산파두꺼비는 말라붙은 살구처럼 변하고 말았을 것이기 때문이다. 그러자 살아남은 산파두꺼비는 세대가 지날수록 점점 더 물을 좋아하는 동물로 변해갔다. 아가미가 더 길어졌고, 알에 물이 스며들지 않게 하기 위해 미끌미끌한 젤리질 막을 만들었으며, '생식 혹'이 발달했다.(이 사실을 잘 기억해두라.) 생식 혹은 앞다리에 돋아난 검은색의 굳은살 비슷한 것인데, 물 속에서 짝짓기를 할 때 수컷이 미끌미끌한 암컷의 몸을 꽉 붙잡는 데 도움을 준다. 가장 흥미로운 결과는 카메러가 이렇게 학대한 산파두꺼비를 더 시원하고 축축한 탱크로 돌려보내 생식을 하게 했을 때 나타났다. 그 후손들(사막 환경을 한 번도 경험한 적이 없는)은 수중 짝짓기 방식에 대한 선호를 물려받은 것처럼 보였고, 더 먼 후손에게 그것을 전달했다.

카메러는 1910년에 이 연구 결과를 발표했다. 그 다음 10년 동안 그는 이 결과와 다른 실험 결과(그의 실험은 실패가 전혀 없는 것처럼 보였다)를 사용해, 적절한 환경만 마련해주면 동물을 어떤 행동을 하게 하거나 어떤 존재로 만들 수 있다고 주장했다. 그 당시에 그런 주장은 마르크스주의적 요소를 강하게 포함한 것으로 보였는데, 마르크스주의는 불쌍한 대중을 억압하는 유일한 요소는 끔찍한 환경이라고 주장했기 때문이다. 하지만 열성적인 사회주의자였던 카메러는 자신의 주장을 인간 사

과학사에서 최대의 사기 중 하나를 저질렀다는 비난을 받은 오스트리아 생물학자 파울 카메러는 자기도 모르게 후성유전학의 선구자였는지 모른다. (사진 제공 : 미국 의회 도서관)

회에까지 확대했다. 그가 생각하기에는 양육은 곧 본성이고, 둘은 하나로 통합된 개념이었다.

사실, 그 당시에는 생물학 자체가 심각한 혼란에 빠져 있었는데(다윈주의는 여전히 논란에 빠져 있었고, 라마르크의 용불용설은 거의 사망 상태였으며, 멘델의 법칙은 아직 전폭적인 지지를 받지 못했다), 카메러는 다윈과 라마르크와 멘델을 통합할 수 있다고 약속했다. 예를 들면, 카메러는 적절한 환경이 실제로 유리한 유전자를 살아 작용하게 할 수 있다고 설파했다. 사람들은 비웃는 대신에 그의 이론을 덥석 받아들였다. 그가 쓴 책들은 베스트셀러가 되었고, 그는 전 세계를 돌아다니며 입추의 여지 없이 꽉 들어찬 청중 앞에서 강연을 했다.(이러한 '빅 쇼 강연'에서 카메러는 또한 고환 이식을 통해 동성애자를 '치료'할 수 있다고 주장했고, 미국식 금주법을 전 세계적으로 실시해야 한다고 말했다. 금주법은 의심의 여지 없이 미국에서 "술에 대한 욕구가 전혀 없이 태어나는" 종족인 '초인' 세대를 만들어낼 것이라고 믿었기 때문이다.)

불행하게도, 카메러가 유명해질수록—그는 곧 자신을 '제2의 다윈'이라고 내세웠다—그의 과학은 점점 더 허술해 보였다. 무엇보다도, 카메러는 과학 보고서에서 양서류 실험에 대해 중요한 세부 사항을 밝히지 않았다. 그의 이데올로기적 입장을 고려할 때 많은 생물학자는 카메러가 허풍을 떤다고 생각했는데, 특히 유럽에서 멘델의 불도그를 자처한 윌리엄 베이트슨이 그랬다.

인정사정없는 베이트슨은 다른 과학자를 공격하길 주저하는 법이 없었다. 1900년 무렵에 다윈주의의 추락이 일어날 때, 베이트슨은 자신의 전 스승이었지만 다윈을 옹호한 월터 웰던Walter Weldon과 꽤 심각한 설전을 벌였다. 베이트슨은 얼마 후 생물학 연구 기금을 배정하는 과학협회 이사가 되자 웰던에 대한 지원금을 끊음으로써 보복을 했다. 두 사람의 관계는 아주 험악해져, 1906년에 웰던이 죽었을 때 그의 부인은 베이트슨의 원한이 사망 원인이었다고 비난했다. 웰던은 자전거를 타다가 심장마비로 죽었는데도 말이다. 한편, 웰던의 동지인 칼 피어슨Karl Pearson은 베이트슨의 논문이 학술지에 발표되지 못하도록 봉쇄했고, 자신이 발행하던 학술지인 〈바이오메트리카*Biometrika*〉를 통해 베이트슨을 공격했다. 피어슨이 베이트슨에게 인쇄된 글을 통해 반박할 기회를 거절하자, 베이트슨은 표지를 베끼고 자신의 반박을 집어넣은 가짜 〈바이오메트리카〉를 인쇄해 가짜라는 언급도 전혀 없이 여러 도서관과 대학에 배포했다. 그 당시 유행한 5행 희시는 그 상황을 잘 요약해 묘사했다.

Karl Pearson is a biometrician
and this, I think, is his position.
Bateson and co.
[I] hope they may go
to monosyllabic perdition.
(칼 피어슨은 생물측정학자인데
내 생각에 그의 입장은 이거라고 봐.
베이트슨 회사.
[나는] 그들이 떨어지길 원해.
지옥으로 말이야.)

이제 베이트슨은 카메러의 두꺼비를 조사할 기회를 요구했다. 카메러는 표본 제공을 거부함으로써 베이트슨에게 맞섰고, 비판자들은 카메러가 내세우는 핑계를 받아들이지 않고 계속 그를 들볶았다. 제1차 세계 대전으로 카메러의 연구실이 파괴되고 동물들이 죽는 바람에 그 논쟁은 일시 중단되었다. 하지만 한 작가가 표현한 것처럼, "제1차 세계 대전이 오스트리아와 함께 카메러를 완전히 무너뜨리지 않았다 하더라도, 전쟁 후에 베이트슨이 나서서 그 일을 완전히 마무리지었다." 점점 거세지는 압력을 견디다 못해 결국 카메러는 1926년에 베이트슨의 편에 선 미국인 생물학자에게 유일하게 남은 산파두꺼비를 조사하게 했다. 그 생물학자는 파충류 전문가 글래드윈 킹즐리 노블Gladwyn Kingsley Noble이었는데, 〈네이처〉에 실린 글에서 그 두꺼비는 한 가지만 빼고는 완전히 정상적인 두꺼비처럼 보였다고 보고했다. 그 한 가지란, 바로 생식 혹이 없다는 점이었다. 그런데 누군가가 두꺼비 피부 밑에 주사기로 검은 잉크를 집어넣어 마치 생식 혹이 있는 것처럼 보이게 만들었다고 했다. 노블은 '사기'라는 단어를 사용하진 않았지만, 그럴 필요조차 없었다.

생물학계는 화산이 폭발하듯이 들끓었다. 카메러는 어떤 부정한 짓도 저지르지 않았다고 변명하면서 자신의 적들이 일부러 그런 일을 꾸몄을 것이라고 암시했다. 하지만 다른 과학자들의 비판이 거세지자 카메러는 절망에 빠졌다. 그 재수 없는 〈네이처〉 논문이 나오기 직전에 카메러는 자신의 신라마르크설에 호의적인 나라였던 소련이 제의한 자리를 수락했다. 6주일 뒤, 카메러는 이제 도의상 그 자리를 받아들일 수 없노라고 모스크바에 편지를 보냈다. 자신에게 쏟아지는 이 모든 부정적 관심 때문에 위대한 나라 소련에까지 악영향이 미칠 것이라고 했다.

그러고 나서 사직을 통보하는 편지는 어두운 분위기로 변했다. "나는 내일 처참하게 무너진 내 삶을 끝낼 수 있도록 남은 용기와 힘을 끌어모을 수 있길 바랍니다." 1926년 9월 23일, 그는 편지에 쓴 대로 빈 외곽에 위치한 시골 오솔길에서 자기 머리에 총을 쏴 자살했다. 이 행동은 자신의 잘못을 확실히 인정한 것처럼 보였다.

그럼에도 불구하고, 카메러에게는 항상 지지자들이 있었으며, 일부 역사학자는 그의 결백을 뒷받침하는 주장을 펼쳤다. 일부 전문가는 생식 혹은 실제로 있었으며, 카메러(혹은 열정이 지나쳤던 조수)는 단지 그 증거를 '돋보이게 하기' 위해 잉크를 집어넣었을 뿐이라고 믿는다. 또 어떤 사람들은 그의 적들이 카메러에게 누명을 씌웠다고 믿는다. 현지의 국가사회당(나치의 전신)은 유대인 피가 섞인 카메러를 추락시키길 원했을지 모른다. 왜냐하면, 카메러의 이론은 아리아인의 유전적 우수성에 의문을 제기했기 때문이다. 게다가 자살을 반드시 노블의 폭로 탓으로만 볼 수도 없다. 카메러는 고질적인 금전 문제로 고민했고, 알마 말러 그로피우스 베르펠Alma Mahler Gropius Werfel 때문에 이미 정신적으로 불안정한 상태였다. 베르펠은 한동안 무보수로 카메러의 실험실 조수로 일했지만, (여러 사람 중에서도) 작곡가 구스타프 말러Gustav Mahler의 격정적인 전 부인으로 유명했다.* 그녀는 괴짜인 카메러와 사랑을 나누었는데, 그녀에게는 카메러가 그저 하나의 섹스 파트너에 불과했지만, 카메러는 그녀에게 완전히 푹 빠지고 말았다. 카메러는 만약 자기와 결혼해주지 않는다면, 자신의 뇌를 말러의 비석에 온통 뿌리겠다고 협박했다. 그녀는 깔깔대며 웃어넘겼다.

반면에 카메러 사건을 담당한 검사라면 카메러에게 불리한 사실을 몇 가지 지적할 수 있었다. 첫째, 사교계 명사이자 짤막한 노래를 작곡하는 딜레탕트 작곡가로 과학을 잘 모르는 베르펠조차 카메러가 실험실에서 일을 엉성하게 했다는 점을 인정했다. 실험 과정을 제대로 기록하지도 않았고, 자신이 애지중지하는 이론과 반대되는 결과는 늘 무시했다(비록 베르펠은 카메러가 무의식적으로 그런다고 느끼긴 했지만). 더욱 치명적인 사실은, 과학 학술지들이 카메러가 이전에 데이터를 조작한 사례를 적발했다는 점이다. 한 과학자는 그를 "사진 조작의 아버지"라고 불렀다.

그 동기가 무엇이었건 간에, 카메러의 자살은 덤으로 라마르크의 용불용설을 끌어내리는 결과를 초래했는데, 소련의 정치적인 과학자들이 카메러의 대의를 옹호하고 나섰기 때문이다. 소련 당국은 처음에는 카메러의 명예를 지키기 위해 아지프로 영화를 찍기로 결정했다. 영화 〈살라만드라Salamandra〉는 카메러를 닮은 영웅인 창게 교수가 반동적인 성직자(멘델의 대리인?)의 계략에 휘말려 몰락하는 이야기를 보여준다. 그 성직자와 공모자는 어느 날 밤에 창게의 실험실로 몰래 들어가 도롱뇽 몸속에 잉크를 집어넣는다. 다음 날, 창게는 어떤 사람이 과학자들이 보는 앞에서 그 도롱뇽 표본을 욕조 속에 집어넣어 잉크가 새어나오는 모습을 보여주는 바람에 공개 모욕을 당한다. 일자리를 잃은 창게는 거리에서 음식을 구걸하는 신세로 전락한다(기묘하게도 사악한 실험실에서 구해낸 원숭이와 함께). 하지만 목숨을 끊으려고 결심한 순간, 한 여성이 그를 구해 소비에트 낙원으로 데려간다. 이 이야기는 우스꽝스러워 보이겠지만, 얼마 후 소련의 농업 부문에서 황제로 군림한 트로핌 리센코는 기본적으로 그 전설을 믿었다. 그는 카메러를 사회주의 생물학의 순교자로 여겼고, 카메러의 이론들을 적극적으로 옹호하고 나섰다.

혹은 그 이론들 중 적어도 일부만큼은 옹호했다. 카메러가 사라지자, 리센코는 자신의 신라마르크주의 개념을 강조할 수 있었는데, 그것은 소련의 이데올로기와 잘 맞아떨어졌다. 라마르크주의의 열정에 불타던 리센코는 1930년대에 권력을 마음대로 휘두르는 위치에 오르자, 라마르크주의에 반대하는 유전학자 수십 명(베이트슨의 제자를 포함해)을 숙청하기 시작했는데, 즉각 처형된 사람도 있었고 강제 노동 수용소에서 굶어죽은 사람도 있었다. 불행하게도, 더 많은 사람을 숙청할수록 더 많은 소련 과학자들이 리센코의 비뚤어진 견해에 충성심을 보였다. 그 당시 한 영국 과학자는 리센코와 유전학에 대해 이야기하는 것은 "구구단도 모르는 사람에게 미적분을 설명하려고 노력하는 것과 비슷했다. 그는…… 생물학계에서 원과 같은 면적의 정사각형을 작도하려고 하는 사람과 같았다."라고 보고했다. 당연히 리센코는 소련의 농업을 망쳐놓았지만(수백만 명의 아사자까지 발생했다), 관리들은 카메러의 정신으로 여긴 것을 포기하길 거부했다.

비록 부당하긴 하지만, 크렘린과 연루되었다는 사실만으로 그후 수십 년 동안 카메러의 명성과 라마르크의 이론은 끝장나고 말았다. 다만, 카메러의 지지자들은 계속 그의 결백을 주장했다. 그중에서 가장 눈길을 끈 것은 1971년에 소설가 아서 케스틀러Arthur Koestler가 『산파두꺼비 사건*The Case of the Midwife Toad*』이라는 논픽션 작품에서 카메러의 무죄를 밝힌 것이었다. 무엇보다도, 케스틀러는 '생식 혹이 달린' 야생 산파두꺼비의 발견을 다룬 1924년의 논문을 발굴했다. 물론 이 논문은 카메러의 결백을 완전히 증명한 것은 아니지만, 산파두꺼비에게 생식 혹이 생길 수 있는 잠재적 유전자가 있음을 시사한다. 어쩌면 카메러의 실험 도중에 돌연변이가 일어나 생식 혹이 나타났을 수도 있다.

아니면 후성유전학을 통해 생식 혹이 생겨났을 수도 있다. 최근에 일부 과학자는 카메러의 실험이 여러 가지 효과 중에서도 산파두꺼비의 알을 둘러싼 젤라틴질 막의 두께를 변화시켰다는 사실을 지적했다. 이 젤라틴질 물질에는 메틸기가 풍부하기 때문에, 막의 두께 변화는 생식 혹이나 다른 형질을 발현시키는 격세 유전자를 포함해 다양한 유전자의 스위치를 켜거나 끌 수 있다. 마찬가지로 흥미로운 사실은, 카메러가 두꺼비에게 짝짓기를 시킬 때마다 아비의 육상/수중 짝짓기 선호가 다음 세대들에서 암컷의 선호보다 '이론의 여지 없이' 우위를 차지한다고 주장했다는 점이다. 만약 아비가 육상 짝짓기를 좋아한다면, 마찬가지로 자식과 손자도 육상 짝짓기를 좋아하고, 만약 아비가 수중 짝짓기를 좋아하면 그 자식과 손자도 똑같이 이를 따른다. 이러한 부모 기원 효과는 연성 유전에서 중요한 역할을 담당하며, 이러한 두꺼비의 경향은 외베르칼릭스에서 본 경향과 일치한다.

물론 설사 카메러가 후성유전학의 효과를 발견했다 하더라도, 그는 그것을 제대로 이해하지 못했다 — 그리고 필시 잉크를 주입하는 부정을 여전히 저질렀을 것이다. 하지만 어떤 면에서는 이 때문에 카메러가 더욱 매력적으로 보인다. 그의 공갈, 선전, 추문 기록은 왜 많은 과학자가 다윈주의의 추락이 일어나던 혼란기에조차 후성유전학과 비슷한 연성 유전 이론을 진지하게 고려하길 거부했는지 설명하는 데 도움을 준다. 하지만 카메러는 악당인 동시에 한편으로는 자기도 모르게 후성유전학 분야의 선구자였을지 모른다. 큰 이데올로기적 진리를 위해 거짓말도 불사하려고 했지만, 그것이 거짓말이 아니었을지도 모른다. 어쨌든 카메러는 오늘날 유전학자들이 여전히 붙잡고 씨름하는 바로 그 문제를 붙잡고 씨름했다. 그것은 환경과 유전자가 어떻게 상호작용하며, 결국 어느 쪽이 우위에 서는가 하는 것이다. 사실, 카메러가 예컨대 외베르칼릭스에서 일어난 일을 알았더라면 어떤 반응을 보였을지 생각하면 가슴이 아프다. 그는 스웨덴의 그 마을에서 세대를 뛰어넘는 효과가 나타나던 바로 그때 유럽에서 살면서 연구했다. 사기였건 아니었건, 자신이 그토록 사랑하던 라마르크설을 지지하는 증거의 흔적을 조금이라도 보았더라면, 카메러는 스스로 목숨을 끊을 만큼 절박한 처지로 내몰리진 않았을 것이다.

후성유전학의 메커니즘

후성유전학은 지난 10년 동안에 아주 급속하게 팽창했기 때문에 그 모든 발전을 일목요연하게 정리하기가 아주 어렵다. 후성유전학의 메커니즘은 생쥐에게 물방울 무늬 꼬리가 나타나게 할 만큼 시시한 결과를 낳기도 하지만, 사람을 자살로 내몰 만큼 심각한 결과를 낳기도 한다. 코카인과 헤로인 같은 마약은 신경 전달 물질과 신경 자극 물질을 조절하는 DNA를 감기도 하고 풀기도 하는 것처럼 보이지만(이것은 마약을 복용하면 왜 기분이 좋아지는지 설명한다), 마약을 계속 복용하면 그 DNA가 영영 잘못 풀리거나 감겨 중독에 이르게 된다. 생쥐의 뇌세포에서 아세틸기를 복원했더니 잊었던 기억이 되살아나는 결과가 나타났다. 그리고 종양세포가 메틸기를 조작함으로써 정상적으로는 성장을 멈추게 하는 유전자 조속기를 차단한다는 것을 보여주는 연구가 연일 계속 쏟아져 나오고 있다. 일부 과학자는 심지어 언젠가는 네안데르탈인의 후성유전학 정보도 얻을 수 있을 것이라고 생각한다.

그렇긴 하지만, 만약 어떤 생물학자를 발끈하게 만들고 싶다면, 후성유전학이 어떻게 진화를 다시 쓰거나 우리를 유전자의 속박에서 벗어나도록 도울 수 있는지에 대해 자세히 설명하기만 하면 된다. 후성유전학은 유전자의 작동 방식을 변화시키지만, 유전자 자체의 기능을 무효화하진 않는다. 그리고 후성유전학의 효과는 사람들 사이에 분명히 나타나지만, 많은 생물학자는 쉽게 얻은 것은 쉽게 사라지는 게 아닐까 의심한다. 메틸기와 아세틸기와 그 밖의 메커니즘은 환경의 방아쇠가 변함에 따라 몇 세대 만에 사라져버릴지도 모른다. 후성유전학이 우리 종을 '영영' 변화시킬 수 있는지 없는지에 대해서는 우리는 아는 게 없다. 어쩌면 결국에는 그 밑바탕에 있는 A-C-G-T 염기 서열이 최종 결정권을 쥐고 있을지 모른다. 염기 서열은 메틸기와 아세틸기의 낙서가 닳아 사라지고 나더라도, 그 밑에 굳건히 버티고 있는 화강암 벽이다.

하지만 실제로는 그러한 비관론은 후성유전학의 핵심과 약속을 간과한다. 인간의 빈약한 유전적 다양성과 적은 유전자 수로는 우리의 복잡성과 다양성을 제대로 설명할 수 없다. 후성 유전자들의 수백만, 수천만 가지 조합은 그것을 설명할 수 있다. 그리고 설사 연성 유전이 예컨대 5~6세대 뒤에 증발해 사라진다 하더라도, 우리 각자는 겨우 2~3세대에 걸쳐 살 수 있을 뿐이다. 그리고 이 시간 동안에 후성유전학은 아주 큰 차이를 만들어낼 수 있다. 유전자 자체의 배선을 다시 바꾸는 것보다는 후성유전학 소프트웨어를 다시 쓰는 게 훨씬 쉬우며, 설사 연성 유전이 진정한 유전적 진화를 낳지 않는다 하더라도, 우리가 급속하게 변하는 세계에 적응하도록 도와준다. 사실, 후성유전학이 우리에게 제공하는 새로운 지식(암, 클로닝, 유전공학 등에 대해) 덕분에 우리 세계는 미래에 더 빨리 변할 가능성이 높다.

16
우리가 아는(그리고 모르는) 생명

지금 도대체 무슨 일이 일어나고 있는 걸까?

1950년대 말, 폴 도티Paul Doty라는 DNA 생화학자(RNA 타이 클럽 회원이기도 한)는 뉴욕을 거닐다가 노점상이 파는 물건에 눈길이 끌려 걸음을 멈추었다. 노점상이 팔던 물건은 와이셔츠 옷깃에 다는 단추들이었는데, 조야한 여러 종류의 단추들 사이에서 'DNA'라고 새겨진 단추가 눈에 들어왔다. 그 당시 DNA라면 도티만큼 잘 아는 사람이 세상에 얼마 없었지만, 도티는 일반 대중은 자신의 연구를 거의 알지 못하며 관심도 없을 거라고 생각했다. 그래서 DNA라는 글자가 필시 다른 걸 뜻하리라고 믿고서 노점상에게 D–N–A가 무엇을 뜻하느냐고 물어보았다. 노점상은 위대한 과학자를 위아래로 훑어보더니, 걸쭉한 뉴욕 사투리로 "요즘 뜨는 말이니 잘 알아둬요. 그건 바로 당신의 유전자요!"라고 소리질렀다.

여기서 40년을 훌쩍 건너뛰어 1999년 여름으로 가보자. DNA에 대한 지식이 우후죽순처럼 퍼졌고, 펜실베이니아 주 의회 의원들은 임박한 DNA 혁명 때문에 마음을 졸이다가 생물윤리 전문가(셀레라의 이사)

인 아서 캐플런Arthur Caplan에게 입법 기관이 유전학을 어떻게 규제하는 게 좋을지 조언을 해달라고 요청했다. 캐플런은 그 요청에 의무적으로 임했으나, 의원들과의 대화는 처음부터 삐걱거렸다. 청중의 수준을 가늠하기 위해 캐플런은 "그런데 유전자가 어디에 있는지 아세요?"라는 질문을 던졌다. "유전자는 우리 몸에서 어디에 있을까요?" 펜실베이니아 주에서 가장 훌륭하고 현명하다는 의원들도 그 답을 몰랐다. 약 4분의 1은 부끄러움이나 아이러니의 기색도 전혀 없이 유전자를 자신들의 생식샘과 동일시했다. 또 4분의 1은 자신감에 넘쳐 유전자가 뇌에 있다고 말했다. 이중 나선이나 유전자에 관련된 그 밖의 그림이나 사진을 본 사람들도 있었지만, 그게 무엇을 의미하는지 확실히 알지는 못했다. 1950년대 후반에 DNA는 노점상이 파는 단추를 장식할 만큼 시대 정신의 일부로 자리잡았다. "그건 바로 당신의 유전자요!" 하지만 그후 대중의 이해 수준은 거의 수평선을 그렸다. 나중에 캐플런은 의원들의 무지를 감안하여 "정치인들에게 유전학에 대한 규제와 규칙을 만들어달라고 요구하는 것은 위험한 일이다."라고 결론 내렸다. 물론 유전자와 DNA 기술에 대해 어리둥절해하고 혼란을 느낀다고 해서 그것에 대해 확고한 견해를 가지지 말라는 법은 없다.

이것은 놀라운 일이 아니다. 멘델이 완두콩을 재배하기 시작한 이후부터 사람들은 유전학에 큰 관심을 가졌다. 하지만 그런 관심에는 항상 거부감과 혼란이라는 기생충이 붙어 살며, 유전학의 미래는 그러한 밀고 당기기, 즉 한편으로는 그것을 계속 추구해야 할 필요성을 느끼면서도 다른 한편으로는 그것에 대해 강한 거부감을 느끼는 양가 감정에서 우리가 어느 쪽으로 기우느냐에 달려 있다. 우리는 특히 유전공학(클로닝을 포함해)에, 그리고 풍부하고 복잡한 인간 행동을 '하잘것없는' 유전자로 설명하려는 시도에 강한 매력과 동시에 공포를 느끼는데, 이 두 가지는 사람들이 흔히 오해를 잘 하는 개념이다.

사람들은 1만 년 전에 농사를 짓기 시작하면서부터 유전적으로 동물과 식물의 품종을 조작해왔지만, 최초의 명백한 유전공학은 1960년대에 시작되었다. 과학자들은 기본적으로 초파리 알들을 DNA 수프에 담그기 시작했는데, 구멍이 많은 난자를 통해 뭔가가 흡수되지 않을까 기대했다. 놀랍게도 이 조야한 실험은 효과가 있었는데, 초파리 날개와 눈의 모양과 색깔이 변했고, 그 변화는 유전되었다. 10년쯤 뒤인 1974년, 한 분자생물학자가 서로 다른 종의 DNA를 이어붙여 잡종을 만드는 도구를 개발했다. 판도라에 해당하는 이 과학자는 미생물에 한정해 연구를 했지만, 일부 생물학자들은 거기서 태어난 키메라를 보고 전율했다. 다음에 또 어떤 생물이 나타날지 누가 알겠는가? 그들은 과학자들이 너무 지나치게 앞서간다고 결론 내리고, 이 재조합 DNA 기술 연구를 중단할 것을 요구했다. 놀랍게도 생물학계(그 판도라 과학자를 포함해)는 이에 동의했고, 자발적으로 실험을 중단하고 안전과 행동 규칙을 논의했는데, 이것은 과학사에서 유례가 없는 일이었다. 1975년 무렵에 생물학자들은 다시 연구를 추진할 만큼 충분히 많은 것을 이해했다고 결론을 내렸지만, 그들의 신중한 태도는 일반 대중에게 어떤 믿음을 심어주었다.

돌리의 탄생과 복제

그러한 만족감은 얼마 가지 않았다. 같은 1975년에 신앙심이 깊은 앨라배마 주에서 태어나 하버드 대학에서 연구하고 약간 난독증이 있던 개미학자가 697쪽에 이르는 『사회생물학Sociobiology』을 출판했다. 에드워드 윌슨Edward O. Wilson은 수십 년 동안 야외 현장에서 자신이 사랑하는 개미를 연구하면서 일개미, 병정개미, 여왕개미 사이의 복잡미묘한 사회적 상호작용을 단순한 행동 법칙 혹은 심지어 정밀한 방정식으로 환원할 수 있는 방법을 궁리했다. 『사회생물학』에서 야심만만한 윌슨은 자신의 이론을 어류, 조류, 소형 포유류, 육식 포유류, 영장류의 순으로 진화의 사닥다리를 한 단 한 단 올라가면서 다른 강綱, 과科, 문門으로 확대했다. 그러고 나서 침팬지와 고릴라를 곧장 지나 악명 높은 제27장 '사람'으로 나아갔다. 이 장에서 윌슨은 과학자들은 전부 다는 아니더라도 대부분의 인간 행동—예술, 윤리, 종교, 그리고 우리의 추악한 모습인 공격—은 그 뿌리를 DNA에서 찾을 수 있다고 주장했다. 이것은 인간의 본성이 무한히 변할 수 있는 게 아니라 불변의 본성이 있다는 것을 의미했다. 윌슨의 연구는 또한 일부 기질적 차이와 사회적 차이(예컨대 남성과 여성 사이의 차이)도 유전자에 그 뿌리가 있음을 시사했다.

훗날 윌슨은 자신이 정치적으로 무지해 그러한 주장이 학계에서 불러일으킬 불기둥과 소용돌이, 허리케인, 메뚜기 떼를 전혀 예상하지 못했다고 인정했다. 대중의 사랑을 받는 스티븐 제이 굴드를 포함한 하버드 대학의 일부 동료들은 『사회생물학』이 인종 차별, 성 차별, 가난, 전쟁, 불평등을 비롯해 건전한 사람들이 혐오하는 모든 것을 합리화하려는 시도라고 공격했다. 또, 그들은 노골적으로 윌슨을 사악한 우생학 운동과 나치의 집단 학살과 결부시키고는, 다른 사람들이 비난에 가세하자 놀란 듯한 표정을 지었다. 1978년, 윌슨이 한 과학 회의에서 자신의 연구를 변론하고 있을 때, 약간 정신 나간 활동가 몇 명이 무대로 난입했다. 발목이 부러져 휠체어에 앉아 있던 윌슨은 피하거나 대항할 수가 없었는데, 그들은 그에게서 마이크를 빼앗았다. 그리고 "집단 학살"을 옹호한다고 그를 비난하면서 머리에 얼음물을 쏟아붓고는, "당신은 완전히 틀렸어!"라고 고함쳤다.("당신은 완전히 틀렸어!"의 원문은 "You're all wet!"인데, 물론 이 말은 흠뻑 젖었다는 뜻도 있으며, 얼음물을 쏟아부은 퍼포먼스를

보여준 이유도 이 때문이다. ─옮긴이)

1990년대에 들어 다른 과학자들이 열심히 보급한 덕분에(종종 더 부드러운 형태로) 인간 행동의 뿌리가 유전자에 있다는 개념은 전혀 충격적으로 들리지 않게 되었다. 마찬가지로 오늘날 우리는 또 다른 사회생물학적 교리를 당연한 것으로 받아들인다. 그 교리는 바로 수렵-부식scavenger-채취 생활의 유산이 남긴 DNA가 아직도 우리의 사고를 한쪽으로 치우치게 한다는 것이다. 하지만 타다 남은 사회생물학의 숯이 막 깜빡이며 피어나려는 찰나, 1997년 2월, 스코틀랜드 과학자들이 사람을 제외하고서 역사상 가장 유명한 동물의 탄생을 발표함으로써 유전학에 대한 대중의 두려움에 기름을 부었다. 이들은 어른 양의 DNA를 난자에 집어넣은 뒤 프랑켄슈타인과 비슷한 방식으로 전기 충격을 가함으로써 생존 가능한 배아(어른 증여자의 클론)를 20개 얻는 데 성공했다. 이 클론들은 6일 동안 시험관에 머물다가 자궁으로 옮겨져 145일 동안 성장했는데, 도중에 19마리는 자연 유산되고 돌리 하나만 살아남았다.

사실, 이 작은 양을 바라본 사람들은 대부분 돌리 자체의 삶에는 별로 관심이 없었다. 과학자들에게 인간의 청사진을 약속하면서 인간 게놈 프로젝트가 착착 진행되는 진군 소리가 배경으로 들리는 가운데 돌리는 과학자들이 우리 중 하나의 복제를 만들려고 노력하는 게 아닐까(그런 행동을 중단시키려는 가시적인 전망은 전혀 보이지 않는 가운데) 하는 두려움에 불을 지폈다. 이 사건은 정말로 많은 사람들에게 두려움을 느끼게 했다. 비록 아서 캐플런은 예수를 복제할 가능성에 크게 흥분한 사람이 걸어온 전화를 받긴 했지만 말이다.(전화를 건 사람들은 당연히 토리노 수의에서 DNA를 채취할 계획을 세웠다. 캐플런은 그 전화를 받고서 이런 생각을 했다고 한다. "그러니까 당신들은 어차피 돌아오기로 돼 있는 몇몇 사람들 중 한 명을 돌아오게 하려는 거군요.")

같은 우리에 있던 동료 양들은 돌리를 받아들였고, 돌리가 클론이라는 존재론적 지위에 대해서는 전혀 신경 쓰지 않는 것처럼 보였다. 돌리를 사랑한 수컷들 역시 마찬가지였다. 돌리는 결국 새끼를 여섯 마리 낳았는데(자연 임신을 통해), 모두 건강하게 태어났다. 하지만 그 이유가 무엇이건, 사람들은 거의 본능적으로 클론에 두려움을 느낀다. 돌리 이후에 일부 사람들은 외국 수도를 행진하는 클론 군대나 이식용 장기를 수확하기 위해 클론을 기르는 목장 같은 걸 상상했다. 또, 일부 사람들은 클론이 질병이나 분자 차원의 심각한 결함이 나타날 것이라고 염려했다. 어른 DNA의 복제에는 휴면 유전자의 스위치를 켜 세포들을 계속 분열시키는 과정이 따른다. 이것은 암과 비슷한데, 클론은 정말로 종양이 잘 생기는 것처럼 보인다. 또한 많은 과학자는 돌리가 늙은 유전자와 비정상적으로 노쇠한 세포들을 갖고 태어났다고 결론을 내렸다(비록 돌리를 탄생시킨 사람들은 이에 대해 이견을 보이지만). 실제로 돌리는 이른 나이에 관절염으로 다리가 불편해졌고, 여섯 살(평균 수명의 절반)에 바이러스에 감염된 뒤 폐암에 걸려 죽었다. 돌리를 복제하는 데 사용한 어른 DNA는 모든 어른 DNA와 마찬가지로 온갖 후성유전학적 변화를 담고 있었고, 돌연변이와 잘못 봉합한 단절 부위들도 곳곳에 존재했다. 이러한 결함은 돌리가 태어나기도 전에* 그 유전체를 오염시켰을 것이다.

하지만 만약 여기서 우리가 신의 흉내를 내고 있다면, 그와 동시에 악마의 대리인 역할도 하고 있을지 모른다. 과학자들이 모든 의학적 한계를 극복하고 완전히 건강한 클론을 만든다고 상상해보자. 그래도 많은 사람들은 원칙적으로 인간 복제에 반대할 것이다. 하지만 그들이 내세우는 근거 중 일부는 유전자 결정론에 대한 잘못된 가정에 바탕을 두고 있다. 그 잘못된 가정은 DNA가 엄격하게 우리의 생물학과 개성을 결정한다는 개념이다. 새로운 유전체 분석에 성공할 때마다 유전자는 확

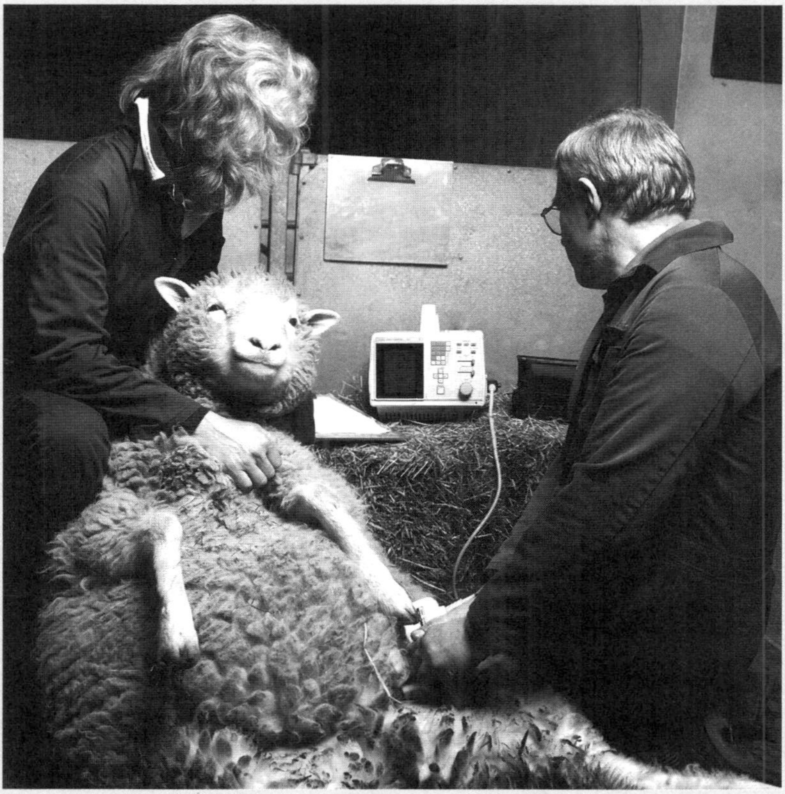

최초의 복제 포유류인 돌리가 검사를 받고 있다. (사진 제공 : 에든버러 대학 로슬린 연구소)

실성이 아니라 확률 게임을 한다는 사실이 점점 분명하게 드러나고 있다. 유전자의 '영향력'은 단지 그 정도에 그친다. 이에 못지않게 중요한 사실은, 유전자가 기능을 발휘하고 상호작용하는 방식이 환경에 영향을 받아 변할 수 있음이 후성유전학 연구를 통해 밝혀졌다는 점이다. 따라서 어떤 사람을 충실히 복제하려면, 식사를 거르거나 담배를 피우거나 하는 그 모든 사건에서 비롯된 후성유전학적 꼬리표를 모두 다 보존하는 게 필요할지 모른다.(행운을 빈다!) 또, 대부분의 사람은 인간 클론을 피하기에는 이미 때가 늦었다는 사실을 모르고 있다. 그들은 지금도 우리 사이에서 살아가고 있는데, 일란성 쌍둥이라고 부르는 기묘한 존재들이 바로 그들이다. 온갖 후성유전학적 차이가 있는 쌍둥이가 서로 다른 것과 마찬가지로, 인공 복제 기술로 만든 클론과 그 부모도 서로 다를 것이다. 또, 클론과 부모 사이의 비슷한 정도는 일란성 쌍둥이 사이의 비슷한 정도보다 적을 것이라고 믿을 만한 이유가 있다.

이걸 한번 생각해보라. 그리스 철학자들은 선체와 갑판이 서서히 썩어가는 배를 놓고 논쟁을 벌였다. 그렇게 수십 년에 걸쳐 썩어가는 널빤지를 하나하나 교체하다 보면, 원래의 배를 이루고 있던 목재는 전부 다 교체될 것이다. 그렇다면 이 배를 처음의 배와 똑같은 배라고 부를 수 있을까? 부를 수 있다면 그 이유는 무엇이며, 또 부를 수 없다면 그 이유는 무엇인가? 인간도 이와 비슷하게 어려운 문제를 제기한다. 우리 몸을 이루는 원자들은 죽기 전까지 아주 많이 교체되므로, 우리는 평생 동안 똑같은 몸을 가지고 살아가지 않는다. 그럼에도 불구하고, 우리는 자신이 똑같은 사람이라고 느낀다. 왜 그럴까? 왜냐하면, 배와 달리 사람은 연속적으로 저장된 생각과 유사한 특징이 있기 때문이다. 만약 영혼이 존재한다면, 정신적 기억 저장 장치가 바로 그것이다. 하지만 클론은 자신의 부모와 다른 기억을 가질 것이다. 클론은 다른 음악을 듣고 다른 영웅을 흠모하면서 자라고, 다른 음식물과 화학 물질에 노출되고, 새로운 기술을 통해 다르게 배선된 뇌를 가질 것이다. 이 모든 차이들이 합해지면 부모와는 다른 기호와 성향을 가지게 된다. 따라서 복제는 실제로는 피상적 의미의 도플갱어만 만들어내는 데 그친다. DNA는 우리를 일정한 범위로 제한하지만, 가능성의 범위(키, 잘 걸리는 질병, 스트레스나 유혹이나 실패를 처리하는 뇌의 능력 등) 안에서 우리가 정확하게 어디에 떨어질지 결정하는 것은 DNA 외에 많은 것에 달려 있다.

오해할까 봐 밝혀두는데, 내가 여기서 복제에 찬성하는 주장을 펼치고 있는 것은 아니다. 오히려 복제에 반대하는 쪽에 가깝다. 자식을 잃고 비탄에 빠진 부모는 빈 방 앞을 지날 때마다 느끼는 고통을 달래기 위해 자식을 복제하길 바랄 수 있다. 혹은 심리학자는 소시오패스sociopath의 위험을 제거하는 방법을 알아내기 위해 시어도어 존 카진스키Theodore John Kaczynski(유나바머라는 별명으로 알려진 미국의 철학 박사, 수학자이자 테러리스트)나 짐 존스Jim Jones(1978년 11월 18일에 가이아나 조지타운과 인근 활주로에서 900명이 넘는 신도들과 함께 자살한 인민 사원 교주)를 복제하길 원할지 모른다. 하지만 만약 복제로 이런 목적을 이룰 수 없다면(그것은 이룰 수 없을 게 거의 확실하다), 굳이 인간을 복제해야 할 이유가 있을까?

사회적 맥락에서의 유전자

복제는 있을 법하지 않은 공포를 불러일으켜 사람들을 불안하게 만드는 데 그치지 않고, 유전 연구가 들춰낼 수 있고 또 들춰낸, 인간 본성에 관한 다른 논란에서 눈길을 돌리게 한다. 우리가 아무리 이런 논란들을 못 본 체하려고 해도, 이것들은 쉽게 사라질 것 같지 않다.

성적 지향성도 유전자에 일부 뿌리를 두고 있다. 벌, 새, 딱정벌레, 게, 물고기, 스킹크도마뱀, 뱀, 두꺼비, 그리고 온갖 종류의 포유류(들소, 사자, 너구리, 돌고래, 곰, 원숭이)는 즐거이 동성과 사귀려고 하며, 이러한 동성애 행동은 종종 유전자에 프로그래밍돼 있는 것처럼 보인다. 과학자들은 생쥐에게서 단 하나의 유전자 — 동성애를 연상시키는 이름인 *fucM* 유전자 — 가 제대로 기능을 하지 못하게 하는 것만으로 암컷 생쥐를 레즈비언으로 변하게 할 수 있다는 사실을 발견했다. 인간의 성은 뉘앙스가 더 미묘하지만, 남성 동성애자(여성 동성애자보다 더 광범위한 연구가 이루어진)는 비슷한 환경에서 자란 남성 이성애자보다 친척 중에 동성애자가 훨씬 많이 존재하며, 유전자는 그 차이를 빚어내는 한 가지 주요 요인처럼 보인다.

이것은 다윈의 수수께끼를 제기한다. 동성애자가 되면 아이를 가질 가능성과 '동성애자 유전자'를 전달할 가능성이 떨어지지만, 그럼에도 불구하고 동성애는 인류의 전 역사를 통해 지구 모든 곳에서 때로는 심한 박해를 받으면서도 계속 나타나고 유지되었다. 한 가지 가설은 어쩌면 동성애자 유전자가 사실은 '남성 사랑' 유전자일지 모른다고 주장한다. 즉, 이 '남성 사랑' 유전자는 남성이 다른 남성을 사랑하게 만들지만, 그와 동시에 그 유전자를 가진 여성이 남성을 갈망하게 만듦으로써 아이를 가질 확률을 높인다.('여성 사랑' 유전자에 대해서도 그 반대로 이야기할 수 있다.) 어쩌면 동성애는 다른 유전자들의 상호작용에서 생긴 부작용으로 나타나는지도 모른다. 많은 조사에서는 남성 동성애자들 사이에서 왼손잡이와 양손잡이 비율이 더 높게 나타났고, 또 남성 동성애자는 넷째 손가락이 더 긴 경우가 많았다. 포크를 어느 한쪽 손에 든다고 해서 동성애 성향이 높아진다고 진지하게 믿는 사람은 아무도 없지만, 어떤 유전자가 두 성향에 모두 영향을 미칠 가능성이 있으며, 어쩌면 뇌를 조종함으로써 그렇게 하는지도 모른다.

이러한 발견들은 양날의 칼과 같다. 유전적 연관 관계가 발견된 것은 동성애 성향이 성도착적 '선택'이 아니라, 선천적이고 내재적임을 입증한다. 그렇긴 하지만, 사람들은 어릴 때부터 동성애자 혹은 심지어 잠재적 동성애자를 가려내려는 시도가 일어날 가능성을 벌써부터 두려워한다. 게다가 그 결과가 잘못 나타날 가능성도 있다. 동성애 성향을 암시하는 강력한 지표 한 가지는 그 사람보다 나이가 더 많은 생물학적 남형제의 수이다. 그런 남형제가 한 명 있을 때마다 동성애자가 될 확률이 20~30%씩 높아진다. 이 현상에 대한 주요 설명은 어머니의 면역계가 자신의 자궁에서 '이질적인' Y 염색체를 마주칠 때마다 점점 더 강한 반응을 보이며, 이 면역 반응이 태아의 뇌에 동성애 성향을 유발한다고 이야기한다. 하지만 이것은 동성애의 뿌리가 생물학에 있다고 보는 것인데, 순진하거나 악의적인 사람이 이 면역 연관성을 왜곡하여 동성애를 박멸해야 할 질병으로 동일시할지 모른다. 이것은 매우 걱정스러운 상황이다.

인종도 유전학자들 사이에 큰 불편을 야기한다. 무엇보다도 인종이 존재한다는 사실 자체부터 이해하기 어렵다. 인간은 대부분의 동물보다 유전적 다양성이 빈약하지만, 우리의 피부색과 몸 크기와 얼굴 특징은 매년 웨스트민스터 애완견 대회 결승전에 진출하는 개들만큼이나 아주 다양하다. 한 인종 가설은 거의 멸종에 가까이 다가간 사건 때문에 초기 인류 중 약간의 변이를 가진 일부 집단이 격리되었고, 이 집단들이 아프리카를 넘어 이주하면서 네안데르탈인과 데니소바인 및 알 수 없는 그 밖의 집단과 짝짓기를 하면서 그러한 변이들이 두드러지게 발달했다고 설명한다. 어쨌든 인종 집단들 사이에서는 일부 DNA가 달라야 한다. 오스트레일리아 원주민 남편과 아내 사이에서는 빨간 머리의 주근깨투성이 셰이머스Seamus(아일랜드계 남성 이름. 영어의 James에 해당하는 게일어 이름임)가 절대로 나올 수 없다. 설사 아일랜드로 이주해 종말이 올 때까지 계속 후손을 낳는다 하더라도 말이다. 색은 DNA에 암호화되어 있다.

어려운 문제는 피부색의 변이가 아니라, 다른 잠재적 차이점이다. 시카고 대학의 유전학자 브루스 란Bruce Lahn은 Y 염색체의 회문과 역위 목록을 작성하면서 과학자 경력을 시작했지만, 2005년 무렵에 신경세포의 성장에 영향을 미치는 뇌 유전자인 마이크로세팔린과 *aspm* 유전자를 연구하기 시작했다. 인간에게는 많은 버전이 존재하지만, 각 유전자의 한 가지 버전은 수많은 히치하이커가 있으며, 마하 10의 속도로 우리 조상들 사이에 퍼진 것으로 보인다. 이것은 생존에 크게 유리했음을 암시하는데, 란은 신경세포를 성장시키는 능력을 바탕으로 약간 비약하여 이 유전자들이 인간의 인지를 발전시키는 데 도움을 주었다고 주장했다. 란은 흥미롭게도 마이크로세팔린과 *aspm* 유전자가 널리 퍼지기 시작한 시기는 각각 기원전 3만 5000년과 기원전 4000년 무렵으로, 인류 역사에서 최초의 상징 예술과 최초의 도시가 나타난 시기와 일치한다고 지적했다. 이에 이어 란은 오늘날 살아 있는 다른 집단들을 조사해 뇌를 발전시키는 유전자 버전들이 아프리카 원주민 사이에서보다 아시아인과 백인 사이에서 더 자주 나타났다는 결론을 얻었다.

다른 과학자들은 이 연구 결과를 추측에 의존하고 무책임하며 인종 차별적이고 잘못된 것이라고 맹렬히 비난했다. 이 두 유전자는 뇌 외에 많은 곳에도 영향을 미치기 때문에, 고대 유럽인과 아시아인에게 다른 방식으로도 도움을 주었을지 모른다. 이 유전자들은 정자가 꼬리를 더 빨리 움직이도록 도움을 주는 것처럼 보이며, 면역계에 새로운 무기를 주었을지도 모른다.(또, 절대 음감과 성조 언어하고도 관련이 있다.) 게다가 추후 연구에서 이 유전자들을 가진 사람은 가지지 않은 사람에 비해

IQ 검사에서 더 높은 점수를 얻지 않는다는 결과가 나왔다. 이 결과로 뇌의 인지 능력 발전 가설은 설 자리를 잃었고, 란(맥락에 도움이 될지 모르겠지만, 그는 중국인 이민자 출신이다)은 곧 "과학적 측면에서 나는 약간 실망했다. 하지만 사회적, 정치적 논란이라는 맥락에서는 나는 약간 곤란한 처지에서 벗어났다."라고 인정했다.

하지만 그런 생각을 가진 사람은 란뿐만이 아니었다. 인종은 정말로 유전학자들을 양분시킨다. 어떤 사람들은 인종은 존재하지 않는다고 강력하게 주장했다. 인종은 "생물학적으로 의미가 없는" 사회적 구성물이라고 했다. '인종'은 실제로 감정이 많이 개재된 용어이며, 대부분의 유전학자는 다소 완곡하게 'ethnic group(민족)'이나 'population(주민 집단)'이라는 용어를 선호하는데, 그러면서 민족이나 주민 집단은 분명히 존재한다고 말한다. 하지만 일부 유전학자는 민족이나 정신적 소질에 대한 조사를 근본적으로 상처를 주는 행위라며 금지하길 원한다. 다른 유전학자들은 제대로 된 연구를 한다면 인종 평등이 입증될 것이라는 확신을 바탕으로 괜히 수선피우지 말고 그냥 내버려두자고 말한다.(물론 인종에 대해 강의를 하는 행동은 설사 그것이 인종이 존재하지 않음을 지적하기 위한 것이라 하더라도, 인종 개념을 강화시킬 뿐이다. 어떤 것을 생각하지 말라고 하면, 오히려 그것이 생각나는 것처럼 말이다.)

한편, 아주 독실한 일부 과학자들은 "생물학적으로 의미가 없다는" 주장을 헛소리라고 생각한다. 일례를 들면, 일부 민족은 여러 가지 질병 중에서도 C형 간염과 심장병을 치료하는 특정 약에 적절한 반응을 보이지 않는다 — 순전히 생화학적 이유에서. 또 어떤 민족은 옛날 고향에서 아주 어렵게 살았던 조건 때문에 풍요로운 현대 사회에서 대사 장애에 취약하다. 논란이 되는 한 가설은 아프리카에서 노예 사냥 때 붙잡혔던 민족의 후손은 오늘날 고혈압이 나타나는 비율이 높은데, 새로운 땅으로 실려온 비참한 항해에서 몸에 영양분, 특히 염분을 많이 저장한 조상이 살아남을 확률이 더 높았던 것이 한 가지 이유라고 주장한다. 심지어 에이즈에 대해 높은 면역력을 보이는 민족들도 있지만, 그 생화학적 이유는 제각각 다르다. 이런 사례와 그 밖의 사례들—크론병, 당뇨병, 유방암—에서 의사와 역학자가 인종을 완전히 무시한다면, 사람들에게 해를 끼칠 수 있다.

더 넓은 차원에서 일부 과학자는 각각의 지리적 주민 집단은 분명히 독특한 버전의 유전자를 일부 갖고 있기 때문에 인종은 존재한다고 주장한다. 어떤 사람의 DNA를 이루는 수많은 부분 중 수백 군데만 살펴보아도 그 사람이 몇 종류의 조상 집단 중 어디에 속하는지 거의 100% 정확하게 알아낼 수 있다. 마음에 들건 않건, 이 집단들은 일반적으로 사람들이 전통적으로 생각해온 인종 개념—아프리카인, 아시아인, 백인(혹은 일부 인류학자가 '돼지분홍색인종swine-pink'이라 부르는) 등등—에 해당한다. 물론 다른 민족들 사이에 유전자가 퍼져나가는 일은 항상 일어났으며, 특히 인도처럼 지리적 교차로에 위치한 곳에서 많이 일어났다. 이 점은 많은 과학 연구에서 인종 개념을 쓸모없게(너무 부정확하므로) 만드는 사실이다. 하지만 사람들이 스스로 확인한 사회적 인종은 자신의 생물학적 주민 집단을 비교적 정확하게 예측한다. 그리고 DNA에서 각 부분의 서로 다른 버전이 정확하게 무슨 일을 하는지 모르기 때문에, 인종이건 주민 집단이건 무엇이라 부르건 그것을 연구하면서 격론을 벌이는 일부 완강한 과학자는 지능에서 잠재적 차이를 찾으려고 하는 것은 공정한 게임이라고 주장한다. 이들은 그런 연구를 제약하려는 시도에 반발한다. 충분히 예견할 수 있듯이, 인종을 긍정하는 쪽이나 부정하는 쪽 모두 정치로 과학을 오염시킨다고* 상대편을 비난한다.

유전학은 최근에 인종과 성을 넘어서서 범죄, 성별 관계, 중독, 비만을 비롯해 많은 문제의 논의에 등장하고 있다. 사실, 향후 수십 년 사이에 거의 모든 인간 특성과 행동의 논의에서 유전 인자와 유전적 감수성이 중요하게 떠오를 것이다. 하지만 이러한 특성이나 행동에 대해 유전학자들이 무엇을 발견하건, 유전학을 사회 문제에 적용할 때에는 몇 가지 지침을 염두에 두어야 한다. 무엇보다도, 어떤 특성의 생물학적 기초가 무엇이건 간에, 미소한 유전자 몇 개의 행동 방식을 바탕으로 어떤 사람을 비난하거나 묵살하는 게 정말로 이치에 맞는지 자문해보라. 또, 우리가 특정 행동을 선호하는 유전자는 대부분 수백만 년 전까지는 아니라 하더라도 수십만 년 전에 아프리카의 사바나에서 형성되었다는 사실을 명심하라. 따라서 이러한 선호 행동에 대한 유전자는 어떤 의미에서 '자연적'이긴 하지만, 오늘날에도 반드시 우리에게 도움이 된다는 법은 없다. 우리는 그때와는 아주 다른 환경에서 살아가기 때문이다. 어쨌든 자연에서 일어나는 일은 결정을 내리는 데 좋은 지침이 아니다. 윤리철학의 큰 실수 중 하나는 자연을 '옳은 것'과 동일시하고, 편견을 정당화하거나 변명할 목적으로 '자연스러운 것'을 사용하는 자연주의적 오류이다. 우리가 인간인 한 가지 이유는 생물학의 제약을 뛰어넘어 더 멀리 내다볼 수 있기 때문이다.

사회 문제를 다루는 모든 연구에서는 완전한 증거가 없다면 최소한 잠시 하던 일을 멈추고 선정적인 결론을 내리지 않는 태도가 중요하다. 아직도 연구가 가능한 유전체 풀에는 유럽인이 압도적으로 많이 포함돼 있는데, 이 유전체 풀을 확대할 목적으로 지난 5년 동안 과학자들은 전 세계의 민족을 점점 더 많이 조사하면서 그들의 DNA를 추출해 염기 서열을 분석했다. 그리고 초기의 일부 결과, 특히 따로 설명이 필요 없는 1000 유전체 프로젝트에서 나온 결과는 과학자들이 그동안 유전적 싹쓸이 확산(란의 인종-지능 폭죽에 불을 붙인 것과 같은 유전적 일소)의 중요성을 과대평가했을지 모른다는 사실을 시사한다.

2010년까지 유전학자들은 유전적 싹쓸이 확산의 흔적을 보여주는 인간 유전자 버전을 2000가지나 확인했다. 구체적으로는 이들 유전자 주변의 다양성이 낮기 때문에 마치 히치하이킹이 일어난 것처럼 보였다. 그리고 과학자들이 이러한 유전적 싹쓸이 확산이 일어난 버전과 일어나지 않은 버전의 차이를 빚어낸 원인을 찾다가 한 DNA 트리플렛이 돌연변이를 일으켜 새로운 아미노산을 만들게 하는 사례들을 발견했다. 이것은 이치에 닿아 보인다. 새로운 아미노산은 단백질을 변화시킬 수 있고, 만약 그 변화가 그 사람의 적응력을 높인다면, 자연 선택은 실제로 그것을 한 개체군 내에서 압도적으로 확산시킬 것이다. 하지만 다른 지역들을 조사한 과학자들은 '침묵' 돌연변이—유전 암호의 중복 때문에 아미노산을 변화시키지 않는 돌연변이—가 일어난 유전자에서 똑같은 싹쓸이 확산의 흔적을 발견했다. 자연 선택은 이러한 변화를 압도적으로 확산시킬 수 없는데, 이러한 돌연변이는 겉으로 표현되지 않아 아무런 혜택을 제공하지 않기 때문이다. 다시 말해서, 겉보기에 DNA 싹쓸이 확산처럼 보이는 것 중 많은 것은 다른 진화 과정의 산물로 생긴 가짜일지도 모른다.

그렇다고 싹쓸이 확산이 전혀 일어나지 않았다는 말은 아니다. 과학자들은 여전히 젖당못견딤증과 털 구조를 비롯해 몇 가지 형질(아이러니하게 피부색도 포함해)을 나타내는 유전자가 이주자들이 아프리카를 벗어나 새로운 환경과 맞닥뜨림에 따라 다양한 지점에서 다양한 인종 집단 사이에 싹쓸이 확산이 이루어졌다고 믿는다. 하지만 이것들은 희귀한 사례일지도 모른다. 인간에게 일어난 변화는 대부분 느리게 확산되었으며, 어느 한 인종 집단이 블록버스터 유전자를 얻어 유전적 싹쓸이를 함으로써 '약진'하는 일은 일어나지 않았을 것이다. 이에 반하는 주장은 어떤 것이건—특히 이전에 인종 집단에 대한 소위 과학적 주장들이 얼마나 자주 무너졌는지 감안한다면—신중하게 다루어야 한다. 옛 속담처럼, 문제를 일으키는 것은 우리가 모르는 것이 아니라, 우리가 안다고 생각하지만 사실이 아닌 것이다.

DNA 아이러니

유전학 연구를 더 현명하게 하려면, 유전자가 어떻게 작용하는지 이해하는 데 발전이 일어나야 할 뿐만 아니라, 컴퓨터 능력에도 발전이 일어나야 한다. 무어의 법칙—마이크로칩의 능력은 18개월마다 두 배씩 증가한다는—은 수십 년 동안 성립해왔는데, 오늘날의 일부 애완동물 목걸이가 아폴로 계획에 사용된 메인프레임 컴퓨터보다 성능이 더 뛰어난 것은 이 때문이다. 하지만 1990년 이후 유전학 기술은 무어의 예상을 뛰어넘는 발전을 보였다. 오늘날의 DNA 염기 서열 분석기는 24시간 만에 인간 게놈 프로젝트가 10년 동안 얻은 것보다 더 많은 데이터를 쏟아낼 수 있다. 그리고 이 기술은 점점 더 사용하기가 편리해져서 전 세계의 실험실과 현장 연구 기지로 확산되었다.(2011년, 오사마 빈 라덴을 사살한 뒤에 미국 군사 요원은 몇 시간 만에 그의 신원을 확인했다—한밤중에 바다 한가운데에서 그의 DNA를 친척들에게서 채취한 표본과 대조함으로써.) 그와 동시에 전체 유전체의 염기 서열 분석 비용은 30억 달러에서 1만 달러로, 염기 한 쌍당 1달러에서 약 0.0003센트로 급락했다. 만약 오늘날 단 하나의 유전자를 연구하고자 한다면, 그 유전자를 먼저 분리한 뒤에 그것만 분석하기보다 유전체 전체를 통째로 분석하는 편이 비용이 덜 들 수 있다.

물론 과학자들은 여전히 자신들이 얻은 수많은 A, C, G, T를 '분석'할 필요가 있다. 인간 게놈 프로젝트를 통해 겸허함을 배운 그들은 그저 쏟아져 나오는 데이터를 쳐다보는 것만으로 통찰력이 펑 하고 떠오르지 않는다는 사실을 잘 안다. 세포들이 DNA를 어떻게 잘라서 이어붙이고, 훨씬 복잡한 과정인 후성유전학적 세부 사실을 첨가하는지도 고려할 필요가 있다. 유전자들이 집단으로 어떻게 작용하며, DNA가 세포핵 속에서 3차원으로 스스로 어떻게 접히는지도 연구할 필요가 있다. 또, 문화—그 자체가 DNA의 부분적 산물인—가 거꾸로 유전자의 진화에 어떻게 영향을 미치는지 알아내는 것도 이에 못지않게 중요하다. 실제로 일부 과학자들은 DNA와 문화 사이의 피드백 고리가 지난 6만여 년 동안 인간의 진화에 영향을 미쳤을 뿐만 아니라 완전히 지배했다고 주장한다. 이 모든 것을 제대로 다루려면, 엄청난 컴퓨터 능력이 필요하다. 크레이그 벤터는 슈퍼컴퓨터를 요구했지만, 미래의 유전학자들은 DNA 자체에 눈을 돌려 DNA의 놀라운 연산 능력을 바탕으로 한 도구를 개발할 필요가 있을지 모른다.

소프트웨어 측면에서 소위 유전 알고리듬genetic algorithms은 진화의 힘을 이용함으로써 복잡한 문제를 푸는 데 도움을 줄 수 있다. 간단히 말하면, 유전 알고리듬은 프로그래머들이 엮어 짜는 개개의 컴퓨터 지시를 디지털 '염색체'를 만들기 위해 이어붙이는 개개의 '유전자'로 다룬다. 프로그래머는 10여 개의 프로그램을 가지고 시험을 시작할 수 있다. 각각의 프로그램에서 유전자 지시를 0과 1의 이진수로 암호화하여 하나의 긴 염색체 같은 숫자열(00010101110111101010……)로 만든다. 재미있는 부분은 여기서 일어나는데, 프로그래머는 각각의 프로그램을 돌리고 평가한 뒤, 최선의 프로그램들에게 '교차'하라고 명령한다. 즉, 염색체들이 DNA를 서로 교환하듯이 0과 1의 숫자열을 교환하는 것이다. 그 다음에 프로그래머는 이 하이브리드 프로그램을 돌리면서 평가한다. 이 단계에서 최선의 프로그램은 교차하면서 더 많은 0과 1을 교환한다. 이 과정이 다시 계속 반복되면서 프로그램이 진화한다. 가끔 일어나는 '돌연변이'—0을 1로 뒤집거나 1을 0으로 뒤집는 일—는 더 많은 다양성을 추가한다. 전체적으로 유전 알고리듬은 많은 프로그램에서 최선의 '유전자'들을 결합해 최적에 가까운 프로그램으로 만든다. 설사 처음에 멍청한 프로그램들을 가지고 시작했다 하더라도, 유전자의 진화는 자동적으로 프로그램들을 개선하며, 갈수록 더 나은 것을 골라내면서 발전시킨다.

하드웨어(또는 '웻웨어 wetware') 측면에서 DNA는 언젠가 실리콘 트랜지스터를 대체하거나 보강하여 물리적으로 연산을 수행할 수 있을 것이다. 한 과학자는 유명한 시범에서 DNA를 사용해 고전적인 '순회 세일즈맨 문제'를 풀었다.(이 어려운 문제는 세일즈맨이 예컨대 지도 위에 여기저기 흩어져 있는 도시 여덟 곳을 모두 한 번씩만 방문하며 돌아다니는 최단 경로를 찾아내는 것이다. 불행하게도, 도시들 사이의 도로는 복잡하게 얽혀 있어 어떤 순서로 방문하는 게 최선인지 알아내기가 쉽지 않다.)

DNA가 어떻게 이 문제를 풀 수 있는지 알아보기 위해 가상의 예를 살펴보자. 먼저, DNA 토막들로 이루어진 집단 2개를 만든다. 모든 DNA 토막들은 한 가닥으로만 이루어져 있다. 첫 번째 집단은 방문해야 할 도시 8개로 이루어져 있으며, 이 토막들은 무작위적인 A-C-G-T 문자열로 이루어져 있다. 예컨대 수폴스는 AGCTACAT, 캘러머주는 TCGACAAT일 수 있다. 두 번째 집단을 만드는 데에는 지도를 사용한다. 두 도시 사이를 잇는 모든 도로에 DNA 토막을 하나씩 부여한다. 하지만 (이것이 핵심인데) 이 토막들을 무작위로 만드는 대신에 기발한 방법으로 만든다. 1번 고속도로가 수폴스에서 출발해 캘러머주에서 끝난다고 하자. 고속도로의 첫 번째 절반에 해당하는 토막을 수폴스의 문자들

중 절반과 상보적인 A/T, C/G 문자로 만들고, 두 번째 절반에 해당하는 토막을 캘러머주의 문자들 중 절반과 상보적인 A/T, C/G 문자로 만든다면, 1번 고속도로 토막은 물리적으로 두 도시를 연결할 수 있다.

(수폴스) (캘러머주) (파고)

A G C T A C A T T C G A C A A T G T A G T A A T……

\ \ \ \ / / / / \ \ \ \ / / / /

T G T A A G C T G T T A C A T C

(1번 도로) (2번 도로)

나머지 모든 도로와 도시를 같은 방식으로 암호화하고 난 뒤에 계산을 시작한다. 이 모든 DNA 토막들을 시험관 속에 넣고 섞으면, 마술처럼 짠 하고 답이 나온다. 시험관 어딘가에 (이번에는) 두 가닥으로 된 DNA의 긴 문자열이 있을 것이다. 한 가닥에는 세일즈맨이 방문해야 할 순서대로 도시 8개가 죽 늘어서 있고, 상보적인 다른 가닥에는 도시들을 연결하는 도로들이 모두 늘어서 있을 것이다.

물론 그 답은 생물학적 기계어(GCGAGACGTACGAATCC……)로 써져 있어 해독 과정이 필요할 것이다. 그리고 시험관에는 정답의 복제본이 많이 들어 있는 반면, 자유롭게 떠다니는 DNA는 무질서하며, 시험관에는 오답—도시를 빼먹거나 두 도시 사이를 수없이 왔다 갔다 하는 답들—도 수조 개나 포함돼 있다. 게다가 정답을 분리하려면 실험실에서 DNA 문자열을 정제하느라 몇 주일 동안 지루한 작업을 해야 한다. 그래서 DNA 컴퓨터는 아직 퀴즈 쇼에 써먹을 만한 단계에 이르지 못했다. 그렇다 하더라도, 여러분은 과학자들이 피우는 수선을 충분히 이해할 수 있을 것이다. DNA 1g에는 CD 1조 개 분량의 정보를 저장할 수 있다. 이에 비하면 노트북 컴퓨터는 체육관만 한 크기였던 초창기 컴퓨터처럼 보일 것이다. 게다가 이 'DNA 트랜지스터'는 실리콘 회로보다 훨씬 쉽게 동시에 다양한 계산을 할 수 있다. 아마도 최고의 장점은 DNA 트랜지스터가 값싼 비용으로 스스로를 조립하고 복제할 수 있다는 점일 것이다.

만약 디옥시리보핵산이 정말로 컴퓨터의 실리콘을 대체할 수 있다면, 유전학자들은 DNA를 효과적으로 사용함으로써 그 자체의 습성과 역사를 분석할 것이다. DNA는 이미 그 자신을 인식할 수 있다. 그 가닥들이 서로 결합하는 것도 이 때문이다. 따라서 DNA 컴퓨터는 DNA 분자에게 적절한 수준의 성찰과 자각을 또다시 제공할 것이다. DNA 컴퓨터는 심지어 DNA가 스스로를 개선하고 자신의 기능을 향상하도록 도울 수도 있다.(상황을 주도하는 쪽이 누구인지 의문이 들 수 있지만…….)

DNA 컴퓨팅은 어떤 종류의 DNA 개선을 가져올까? 무엇보다도, 많은 유전 질환을 초래하는 미묘한 기능 장애와 스터터(말더듬)를 없애는 것이 가장 명백한 개선으로 보인다. 이렇게 진화를 제어할 수 있게 되면, 결국에는 자연 선택의 심각한 낭비를 피할 수 있을 것이다. 자연 선택이 작용하려면, 소수의 점증적 발전을 위해 유전적 결함을 가진 개체가 아주 많이 태어나는 게 필요하다. 또, 액상 과당을 연소하는 유전자를 설계해(옛날의 *apoE* 육식 유전자에 대한 현대의 해결책으로) 위를 작게 함으로써 우리의 일상 건강에 도움을 줄 수도 있다. 더 심하게는, 우리의 지문이나 헤어스타일을 재프로그래밍할 수도 있다. 만약 지구의 기온이 계속 올라간다면, 열을 발산하기 위해 우리의 표면적을 늘리길 원할 수도 있는데, 땅딸막한 몸일수록 열을 잘 저장하기 때문이다.(빙하기 유럽에서 살았던 네안데르탈인이 맥주통 같은 가슴을 가졌던 데에는 다 이유가 있다.) 게다가 어떤 사람들은 기존의 유전자를 손대는 대신에 여분의 염색체 쌍을 개량해 소프트웨어 패치처럼 배아에 집어넣는 방법*으로 DNA를 조절하는 방법을 제안한다. 이것은 세대 간 교배를 방지할지 모르지만, 우리의 염색체수를 영장류의 규범인 48개로 되돌아가게 할지 모른다.

이러한 변화들은 전 세계의 인간 DNA를 현재보다 훨씬 비슷하게 만들 수 있다. 만약 우리의 머리카락과 눈 색깔과 얼굴에 손을 댄다면, 결국에는 모든 사람이 서로 엇비슷해질지 모른다. 하지만 다른 기술에 일어난 역사적 패턴을 참고한다면, 상황은 전혀 다른 방향으로 흘러갈지도 모른다. 우리 DNA는 옷이나 음악, 음식에 대한 우리의 취향만큼 다양해질지 모른다. 그렇게 된다면, 우리 DNA는 포스트모던 형태로 아주 다양하게 변해 표준적인 인간 유전체라는 개념 자체가 사라질 것이다. 유전체 텍스트는 끝없이 그 위에 겹쳐 쓸 수 있는 팰림프세스트palimpsest(원래의 텍스트 전부 또는 일부를 지우고 그 위에 다시 겹쳐 쓴 문서)가 될 것이고, DNA를 생명의 확고부동한 '청사진'이나 '책'으로 비유하는 것은 더 이상 적절하지 않을 것이다.

그렇다고 우리의 상상력 밖의 어느 곳에서 그 비유가 실제로 성립한 적이 있었던 것은 아니다. 인간이 만들어낸 책이나 청사진과 달리, DNA는 고정되거나 의도된 의미가 없다. 그보다는 우리가 불어넣은 의미만 가질 뿐이다. 이런 이유 때문에 우리는 DNA를 신중하게 해석해야 한다. 산문보다는 복잡하고 엄숙한 신탁처럼 말이다.

고대 그리스에서 델포이를 방문한 순례자들은 신탁을 물을 때마다 항상 DNA를 연구하는 과학자처럼 자신에 대해 뭔가 심오한 것을 알게 되었지만, 진실은 처음에 이해했다고 생각한 내용과 다른 경우가 많았다. 리디아의 마지막 왕인 크로이소스Kroisos는 델포이를 찾아가 다른 황제와 전쟁을 해도 되느냐고 물었는데, "너는 위대한 제국을 파멸시킬 것이다."라는 신탁을 들었다. 그리고 실제로 그런 일이 일어났다. 다만, 파멸한 것은 자신의 제국이었다. 또, 소크라테스보다 “더 지혜로운 자는 없다.”라는 신탁도 있었다. 소크라테스는 처음에는 그 말을 의심했는데, 세상에서 지혜로운 사람이라고 소문난 사람들을 모두 만나 대화를 나눠 보기 전까지는 그랬다. 그 결과, 소크라테스는 자신은 그들과는 달리 적어도 자신의 무지를 인정하고, 모르는 것을 ‘안다고’ 스스로 속이지 않는다는 사실을 깨달았다. 두 사례 모두 진실은 시간이 지난 다음에야, 즉 사람들이 모든 사실을 모아서 모호한 것들을 분석하고 숙고한 뒤에야 드러났다. DNA도 마찬가지다. DNA 역시 우리가 듣고 싶어하는 것을 들려줄 때가 많으며, 어떤 극작가라도 DNA로부터 아이러니에 대해 한 수 배울 게 있다.

우리의 신탁은 델포이와 달리 여전히 이야기를 계속한다. 아주 미천한 출발에서 시작하여 많은 굴곡과 멸종 위험을 겪은 뒤 우리 DNA(그리고 RNA와 그 밖의 'NAs)는 결국 우리를 자기 몸속에 들어 있는 DNA를 발견하고 해독할 만큼 충분히 똑똑한 동물로 만들었다. 그뿐만이 아니라, 우리는 DNA가 자신을 얼마나 제약하는지까지 알 정도로 똑똑한 동물로 진화했다. DNA는 우리의 과거에 대해 영영 잃어버렸다고 생각했던 이야기들을 수많이 드러냈고, 우리에게 그 이야기들이 묻혀 있는 곳을 수백 년 이상 계속 파헤치도록 할 만큼 충분히 훌륭한 뇌와 호기심을 주었다. 그리고 밀고 당기는 실랑이와 한편으로는 갖고 싶은 마음이 있으면서 다른 한편으로는 그것을 절대로 받아들일 수 없는 양가 감정에도 불구하고, 우리는 더 많이 알수록 그 DNA를 변화시키는 것에 더 많은 유혹을 느끼며 심지어 바람직하다고 생각하기까지 한다. DNA는 우리에게 상상력을 주었는데, 이제 우리는 DNA가 생명에게 씌운 힘들고 가슴 아픈 족쇄에서 자신을 해방시키는 모습을 상상한다. 우리는 자신의 화학적 본질을 다시 만드는 모습을, 그리고 우리가 알고 있는 생명을 다시 만드는 모습을 상상한다. 이 신탁 분자는 만약 우리가 자신의 유전 물질을 계속 탐구하고 분석하고 만지작거리면서 계속 나아간다면, 우리가 아는 생명은 더 이상 존재하지 않을 것이라고 약속하는 것처럼 보인다. 그리고 유전학의 고유한 아름다움과 번득이는 통찰과 예기치 못한 웃음 외에, 자신의 DNA와 유전자에 대해 더 많은 것을 배우고 더 많은 것을 추구하도록 우리를 계속 유전학으로 끌어당기는 매력도 바로 그 약속이다.

에필로그

개인유전학을 탄생시킨 유전체학

과학에 조예가 깊은 사람들, 심지어 과학자 중에도 보통 사람들보다 더 현명하긴 하지만, 여전히 무의식적 차원에서 자신의 유전자를 두려워하는 사람이 많다. 지적으로 아무리 뛰어난 사람이라 하더라도, 그리고 아무리 많은 반례가 나타난다 하더라도, 어떤 질병에 대한 DNA 지문을 가졌다고 해서 반드시 그 병에 걸리는 건 아니란 사실을 받아들이기가 쉽지 않다. 이성은 그 사실을 이해하더라도, 본능과 감정은 거부한다. 이러한 불협화는 왜 제임스 왓슨이 알츠하이머병에 걸린 할머니에 대한 기억 때문에 자신의 *apoE* 유전자 정보를 보지 않는 쪽을 선택했는지 설명해준다. 또한, 내가 유전자 검사를 받았을 때, 할아버지에게서 도망쳤던 어린 시절의 기억 때문에 파킨슨병에 관한 정보를 보지 않기로 선택한 이유도 설명해준다.

하지만 이 책을 쓰는 동안 나는 크레이그 벤터가 자신의 유전체에 대한 정보를 하나도 숨기지 않고 모두 공개했다는 소식을 들었다. 그것을 공개한 행동은 무모해 보일지 모르지만, 나는 자신의 DNA에 용감하게 맞선 그의 침착함이 존경스러웠다. 그의 사례는 내게 용기를 주었고, 날이 갈수록 내가 내린 결론(사람들은 자신의 유전자에 당당히 맞서야 한다는)과 나의 행동(파킨슨병이 두려워 결과를 보길 피한) 사이의 괴리에 점점 더 신경이 쓰였다. 결국 나는 두려움을 극복하고, 유전자 검사 기관에 접속해 결과 공개를 막고 있던 전자 봉인을 풀었다.

솔직하게 말하면, 아래로 깔았던 시선을 화면으로 옮기기까지는 몇 초가 더 걸렸다. 그리고 화면을 본 순간, 마음을 차분하게 진정시키는 마약 성분이 온몸으로 흘러넘치는 걸 느꼈다. 어깨와 팔다리에서 긴장이 풀려나가는 걸 생생하게 느꼈으니까. 그 결과에 따르면, 나는 파킨슨병에 걸릴 위험이 특별히 높지 않았다.

나는 환성을 질렀다. 기쁨을 감출 수 없었다. 그런데 과연 기뻐해야 할 이유가 있었을까? 내가 느낀 행복은 분명히 아이러니한 측면이 있다. 유전자는 결정론적으로 행동하지 않고 확률을 따른다. 나는 결과를 들여다보기 전에는 분명히 그렇게 주문을 외웠다. 설사 내 DNA가 위험한 것으로 판명난다 하더라도, 그 때문에 반드시 내 뇌가 망가지는 것은 아니라고 말이다. 하지만 갑자기 장래 전망이 밝은 쪽으로 드러나자, 불확정성의 논리는 잊어버리고, 위험이 낮은 DNA를 가졌다고 해서 그 위험에서 완전히 벗어난 것은 아니라는 사실을 편리하게도 싹 무시했다. 유전자는 확률을 따르며, 작으나마 위험한 확률은 여전히 존재한다. 나는 이 사실을 잘 알고 있었다. 그럼에도 불구하고, 그 안도감은 생생하게 실재했다. 이것은 개인유전학의 역설이다.

그 다음 몇 달 동안 이 불편한 인지 부조화에 대해 더 이상 생각하지 않고 책을 마무리짓는 데 집중했다. 항상 최종 결정권을 쥔 것은 DNA라는 사실을 싹 잊고서. 마침내 원고를 마친 날, 유전자 검사 기관은 새로운 과학 연구를 바탕으로 이전에 한 검사 결과를 일부 수정했다고 발표했다. 나는 검사 기관의 사이트에 들어가 결과를 살펴보았다. 이전에도 결과를 갱신하는 경우가 몇 번 있었는데, 그때마다 새로운 결과는 이미 알고 있던 것과 대동소이했고, 내가 어떤 병에 걸릴 위험은 거의 변하지 않았다. 그래서 파킨슨병에 관한 내용이 갱신되었다는 사실을 알고서도 나는 전혀 망설이지 않고 그것을 클릭했다.

무엇을 제대로 읽기도 전에 커다란 초록색 글자들이 눈에 먼저 들어왔는데, 그것은 안도감을 강화시켜 주었다(주의나 경고 내용은 대개 빨간색으로 쓰니까). 그래서 거기에 있는 텍스트를 몇 번이나 읽고 나서야 겨우 그 의미를 이해했다. "파킨슨병에 걸릴 확률이 약간 더 높아짐."

더 높아졌다고? 나는 자세히 들여다보았다. 새로운 연구는 유전체 중에서 전에 내가 본 것과는 다른 장소에 있는 DNA를 자세히 분석했다. 대부분의 백인은 4번 염색체에서 문제의 그 지점에 CT나 TT가 있다. 그런데 나는 CC가 있었다. 그 연구는 이것 때문에 위험이 더 높다고 말했다.

나는 배신을 당했다. 유전적 유죄 선고를 예상했는데, 정당한 절차를 거쳐 유죄 선고가 내린다면 그것은 어쩔 수 없는 일이다. 하지만 유죄를 예상했다가 무죄 처분을 받았는데, 나중에 다시 유죄가 선고되었다면? 그 고통은 견딜 수 없을 정도로 클 것이다.

하지만 이러한 유전적 유죄 선고를 받고서도 나는 그다지 큰 고통을 받진 않았다. 공황 상태에 빠지지도 않았고, 싸움-도주 반응에 해당하는 신경 전달 물질의 분비도 일어나지 않았다. 심리적으로 이것은 견뎌내야 할 최악의 사건에 해당했지만, 내 감정은 폭발하지 않았다. 물론 그 소식에 기분이 들뜬 것은 아니지만, 내 마음은 평온했으며 그다지 괴롭지 않았다.

자, 그렇다면 첫 번째 통보와 두 번째 통보 사이에 무슨 일이 일어났던 것일까? 잘난 체하는 것처럼 들릴지 모르지만, 나는 교육을 받았다고 생각한다. 이제 나는 파킨슨병(많은 유전자의 영향을 받는) 같은 복잡한 병의 경우, 어느 한 유전자가 그 병에 걸릴 위험에 미치는 영향은 작다는 사실을 안다. 나는 그때 "약간 더 높은" 위험이 무엇을 의미하는지 찾아보았는데, 그것은 겨우 20% 더 높은 것을 의미했다. 그것도 전체 인구 중 겨우 1.6% 정도만 걸리는 병에서 말이다. 그리고 새로운 연구 결과라는 것도 '예비 결과'라고 검사 기관이 인정했으므로, 추후에 얼마든지 수정될 수 있고, 또 완전히 반대로 뒤집힐 수도 있다. 나는 노인이 되어 파킨슨병에 걸릴 위험이 여전히 있지만, 세대 간에 유전자가 뒤섞이는 어느 지점에서, 할아버지 킨과 아버지 진과 어머니 진 사이의 어딘가에서 위험한 부분이 잘 처리되었을지도 모른다. 그리고 설사 그것이 아직도 잠복하고 있다 하더라도, 반드시 발현된다는 보장은 없다. 내 속의 꼬마가 계속 달아날 이유는 없는 것이다.

확실성이 아닌 확률이 마침내 내 머릿속으로 뚫고 들어왔다. 내가 개인유전학이 쓸모가 없다고 말하는 것은 아니다. 예를 들면 나는 전립선암에 걸릴 확률이 더 높은지 알고 싶다. 그래야 내가 나이가 들었을 때 의사에게 고무 장갑을 끼고 그 위험을 진단해달라고 확실히 요구할 수 있을 테니까. 하지만 병원에서는 환자의 유전자는 혈액 검사나 소변 검사 또는 가족력처럼 그저 또 하나의 도구에 지나지 않는다. 사실, 유전과학이 가져올 가장 큰 변화는 즉각적인 진단이나 만병통치약이 아니라, 우리의 정신과 영혼을 풍요롭게 만드는 것이 아닐까 싶다. 유전과학은 우리 인간은 존재론적으로 무엇이며, 지구의 다른 생명들과 어떻게 조화롭게 살아가야 하는지에 대해 더 넓은 지식을 제공할 것이다. 나는 내 DNA를 분석하는 것을 즐겼는데, 기회가 되면 또 할 것이다. 하지만 건강상 어떤 이익을 얻기 위해서라기보다는, 애초에 내가 여기에 존재했다는 사실이, 그리고 지금도 존재한다는 사실이 무척 기뻐서 그럴 것이다.

노트

1장

01 유전자, 기형, DNA

035쪽 "3:1의 비율" 드디어 노트에 온 것을 환영한다! 별표(*)를 볼 때마다 이곳으로 오면, 해당 주제에 관한 여담과 논의와 뒷이야기를 볼 수 있다. 원한다면 별표가 나올 때마다 이곳을 펼쳐 보아도 좋고, 아니면 각 장을 다 읽은 뒤에 그 장에 관한 노트 전부를 일종의 후기처럼 읽어도 좋다. 첫 번째 노트는 멘델 비에 관한 것인데, 이미 잘 알고 있다면 그냥 건너뛰고 본문으로 돌아가도 좋다. 하지만 언제든지 다시 찾아오기 바란다. 노트에는 점점 더 흥미진진한 이야기가 숨어 있으니까. 정말이다!

멘델은 우성 형질(예컨대 큰 키. 이것을 대문자 A로 나타내기로 하자)과 열성 형질(예컨대 작은 키. 이것을 소문자 a로 나타내기로 하자)을 비교하며 연구했다. 모든 동식물은 어떤 형질을 결정하는 유전자를 아버지와 어머니에게서 각각 하나씩 물려받기 때문에, 그 형질을 나타내는 유전자는 한 쌍을 이룬다. 그래서 멘델이 AA 식물을 aa 식물과 교배시키자(아래의 왼쪽 표), 그 자식들의 유전자는 모두 Aa가 되었고, 따라서 모두 키가 컸다(A는 a에 비해 우성이므로).

	A	A
a	Aa	Aa
a	Aa	Aa

	A	a
A	AA	Aa
a	Aa	aa

다음에 멘델이 Aa를 다른 Aa와 교배시키자(위의 오른쪽 표), 흥미로운 일이 일어났다. 각각의 Aa는 자식에게 A나 a를 전달할 수 있으므로, 자식이 가질 수 있는 유전자형은 AA, Aa, aA, aa로 네 가지가 있다. 모두 키 큰 부모한테서 태어났지만, 셋은 키가 크고, 맨 뒤에 있는 하나는 키가 작다. 그래서 3:1의 비가 나타난다. 이 비는 완두콩뿐만 아니라 모든 동식물에서 성립한다.

또 다른 표준적인 멘델 비는 Aa가 aa와 교배할 때 나타난다. 이 경우에 자식들 중 절반은 aa가 되어 우성 형질이 전혀 나타나지 않는다. 나머지 절반은 Aa가 되어 우성 형질이 나타난다.

	A	a
a	Aa	aa
a	Aa	aa

이 1:1 패턴은 우성 형질 A가 드물거나 돌연변이를 통해 자연 발생적으로 생기는 가계도에서 특히 보편적으로 나타나는데, 희귀한 Aa는 모두 훨씬 흔한 aa와 교배해야 하기 때문이다.

대체로 3:1 비와 1:1 비는 고전적인 유전학에서 반복적으로 나타난다. 호기심이 많은 사람을 위해 이야기한다면, 과학자들은 1902년에 최초의 인간 열성 유전자를 발견했다. 그것은 오줌 색을 검은색으로 변화시키는 장애를 초래한다. 그리고 3년 뒤, 과학자들은 최초의 인간 우성 유전자를 밝혀냈는데, 이 유전자는 지나치게 뭉툭한 손가락을 만들어낸다.

02 땅 속에 묻힐 뻔한 다윈의 이론

042쪽 "상황이 잠잠해질 때까지" 브리지스의 생애에 대한 자세한 이야기는 로버트 콜러Robert Kohler 가 쓴 『초파리의 제왕들*Lords of the Fly*』에 나온다.

045쪽 "돌발적으로 일어나야 한다" 둘 다 젊은 시절이던 1830년대에 다윈은 사촌인 프랜시스 골턴Francis Galton 에게 의과대학을 그만두고 대신에 수학을 공부하라고 설득했다. 아마도 훗날 다윈을 지지한 사람들은 이 충고를 매우 원망스럽게 여겼을 것이다. 왜냐하면, 다윈의 명성에 심각한 위협을 가져온 종형 곡선에 대해 획기적인 통계학 연구를 한 사람이 바로 골턴이었기 때문이다.

『어느 기니피그의 생물학사*A Guinea Pig's History of Biology*』에 자세히 나오듯이, 골턴은 종형 곡선에 대한 일부 증거를 1884년에 런던에서 열린 국제보건박람회에서 아주 기묘한 방법으로 얻었다. 그 박람회는 과학 행사이기도 했지만 사교 행사이기도 했다. 후원자들은 박하 줄렙(술이나 약이 든 시럽 같은 것)과 아라크 펀치와 마유주馬乳

酒(말의 젖을 발효시켜 만든 술)를 마시면서 위생과 하수관에 관련된 물건들이 전시된 박람회장을 거닐었으며, 대체로 즐거운 시간을 보냈다. 골턴은 박람회장에 부스를 하나 설치하고는 가끔 술에 취한 사람들이 섞인 영국인 9000명의 키와 시력, 청력을 끈질기게 측정했다. 또 그는 다양한 장비를 치거나 꽉 쥐는 동작이 필요한 박람회장의 게임들을 이용해 그들의 힘도 측정했다. 이것은 골턴이 예상한 것보다 훨씬 어려운 일이었는데, 게임 방법을 잘 이해하지 못한 사람들은 장비를 부수기 일쑤였고, 어떤 사람들은 여자들에게 잘 보이고자 힘을 과시하려고 했기 때문이다. 이 모든 일은 축제 분위기에서 진행되었지만, 골턴은 전혀 즐겁지 않았다. 나중에 그는 박람회장에 온 사람들의 "어리석음과 완고함"이 "너무나도 심해서 도저히 그들을 믿을 수 없었다."라고 말했다. 하지만 골턴은 기대했던 대로 충분히 많은 데이터를 얻어 사람의 형질도 종형 곡선으로 나타난다는 사실을 확인했다. 이 발견은 진화가 일어나는 방식을 제대로 이해한 사람은 사촌인 다윈이 아니라 자신이며, 그리고 작은 변이와 변화는 중요한 역할을 하지 않는다는 그의 믿음을 뒷받침해주었다.

골턴이 다윈의 이론에 재를 뿌린 것은 이것이 처음이 아니었다. 『종의 기원』이 출판될 때부터 다윈은 자신의 이론에 심각한 허점이 있다는 사실을 알고 있었다. 자연선택을 통해 진화가 일어나려면 생물이 유리한 형질을 물려받는 게 필요한데, 그러한 유전이 어떻게 일어나는지 제대로 알고 있는 사람은 아무도 없었다(무명의 수도사를 제외하고는). 그래서 다윈은 말년에 그 과정을 설명하기 위해 범생설汎生說, pangenesis이라는 이론을 만들었다.

범생설은 각각의 기관과 팔다리는 제뮬gemmule('어린 싹'이란 뜻)이라는 아주 작은 포자를 뿜어낸다고 주장한다. 제뮬은 타고난 형질(유전된 본성)과 살아가면서 습득한 형질에 관한 정보를 담고서 생물의 몸속을 돌아다닌다. 제뮬은 성적으로 민감한 부위를 통해 스며나오며, 짝짓기를 할 때 암컷과 수컷의 제뮬이 마치 두 물방울이 합쳐지듯이 섞이게 된다.

비록 결국 틀린 것으로 드러나긴 했지만, 범생설은 우아한 이론이었다. 그래서 골턴이 토끼에게서 제뮬을 찾기 위해 그에 못지않게 우아한 실험을 설계하자, 다윈은 진심으로 그 시도를 격려했다. 하지만 그의 기대는 금방 산산조각나고 말았다. 골턴은 만약 제뮬이 순환한다면, 혈액을 통해 순환할 것이라고 생각했다. 그래서 검은색, 흰색, 은색 토끼들 사이에 서로의 혈액을 수혈하기 시작했는데, 그러면 토끼들이 낳은 새끼들 사이에서 얼룩덜룩한 잡종이 일부 나올 것이라고 예상했다. 하지만 몇 년 동안의 교배 실험에서는, 흰색과 검은색이 뚜렷하게 구별된 결과만 나왔을 뿐, 얼룩

덜룩한 토끼는 단 한 마리도 태어나지 않았다. 골턴은 서둘러 제뮬이 존재하지 않는다는 내용의 논문을 발표했는데, 그러자 평소에 삼촌처럼 의젓하던 다윈은 화를 참지 못해 졸도할 지경에 이르렀다. 두 사람은 오랫동안 과학적 주제나 개인적 문제에 대해 친밀한 편지를 주고받았으며, 때로는 상대방의 생각을 칭찬하기까지 했다. 하지만 이번에는 다윈이 골턴을 맹렬히 공격했다. 자신은 제뮬이 혈액 속에서 순환한다고 말한 적이 없으며, 따라서 토끼들 사이에 수혈을 한 실험은 아무것도 증명하지 않는다고 거품을 물었다.

그런데 여기서 다윈은 솔직하지 않았을 뿐만 아니라 — 다윈은 골턴이 실험을 하는 동안 혈액은 제뮬의 운반 수단으로 적합하지 않다고 단 한 마디도 항의한 적이 없었다 — 자신까지 속였다. 골턴은 문자 그대로 범생설과 제뮬을 한 방에 함께 보내버렸다.

055쪽 "한 염색체 위에 복수의 유전자가 함께" 이것들처럼 성과 연관된 열성 형질은 단순한 이유 때문에 암컷보다는 수컷에게 더 자주 나타난다. 암컷은 한 X 염색체에 희귀한 흰 눈 유전자가 있다 하더라도 다른 X 염색체에는 거의 틀림없이 빨간 눈 유전자가 있을 것이다. 빨간 눈은 흰 눈에 비해 우성이므로 이 암컷의 눈은 빨간색으로 나타난다. 하지만 성염색체가 XY인 수컷은 X 염색체에 흰 눈 유전자가 있을 경우 그 형질이 발현되는 것을 억누를 우성 유전자가 없다. 따라서 수컷은 자동적으로 흰 눈을 가질 수밖에 없다. 유전학자들은 발현되지 않는 열성 유전자를 지닌 암컷을 '보인자保因者'라 부르는데, 보인자는 수컷 자식들 중 절반에게 그 유전자를 전달한다. 사람의 경우, 성과 연관이 있는 유전 형질의 예로는 혈우병이 있다. 스터티번트의 적록색맹 역시 그런 예이다.

063쪽 "수백만 마리의 후손을 낳도록" 초파리실을 자세히 다룬 책은 아주 많지만, 완전한 전체 역사를 알고 싶다면 짐 엔더스비 Jim Endersby 가 쓴 『어느 기니피그의 생물학사』를 참고하라. 이 책은 내가 지금까지 읽은 최고의 책 중 하나이다. 엔더스비는 그 밖에도 다윈의 제뮬과 바버라 매클린톡(5장부터)을 비롯해 흥미로운 이야기를 많이 들려준다.

065쪽 "그의 명성이 다시는 추락하지 않도록 보장했다" 한 역사학자는 "다윈을 읽을 때에는 셰익스피어나 성경을 읽을 때처럼 분리된 특정 구절에 초점을 맞추는 방법으로 거의 어떤 견해라도 바람직한 것으로 지지하는 것이 가능하다."라고 현명하게 지적한 적이 있다. 따라서 다윈의 인용 구절로부터 광범위한 결론을 내릴 때에는 조심할 필요가 있다. 그렇긴 해도 수학에 대한 다윈의 반감은 진솔해 보이며, 어떤 사람들은 심지어 초보적인 수준의 방정식에도 다윈은 좌절을 느꼈을 것이라고 주장했다. 역사의 아이러니라고 부를 만한 일도 있었는데, 다윈은 더프리스처럼 달맞이꽃속 식물을 대상으로 실험을 하여 자식의 형질에서 3:1의 비가 분명하게 나타나는 결과를 얻은 적이 있다. 다윈은 이것을 멘델의 연구와 연결지어 생각하진 못했겠지만, 그 비율이 중요하다는 사실을 전혀 알아채지 못한 것으로 보인다.

069쪽 "초파리의 침샘" 초파리는 끈적끈적한 침으로 온몸을 감싼 번데기 단계를 거친다. 침을 만드는 유전자를 최대한 많이 얻기 위해 침샘세포는 염색체를 두 배로 증폭하는 과정을 반복하는데, 그 결과로 거대 염색체가 생긴다. 거대 염색체에서 특별히 크게 부풀어 오른 지역을 퍼프puff라고 한다.

03 DNA의 고장

078쪽 "분자생물학의 '중심 원리Central Dogma'" 거창한 이름에도 불구하고, 중심 원리는 양면의 유산을 지니고 있다. 처음에 크릭이 생각한 중심 원리는 "DNA는 RNA를 만들고, RNA는 단백질을 만든다." 같은 일반적인 원리였다. 훗날 그는 이 원리를 좀 더 정확하게 기술했는데, '정보'가 DNA에서 RNA로, 그리고 RNA에서 단백질로 어떻게 흘러가는지 그 과정을 말하는 것이라고 했다. 하지만 이 두 번째 버전의 설명을 모든 과학자가 받아들인 것은 아니었다. 그리고 옛날의 종교적 도그마처럼 중심 원리는 일부 지지자 사이에서 합리적 사고를 차단하는 결과를 낳았다. '도그마'는 의문의 여지가 없는 진리를 의미하는데, 훗날 크릭은 크게 웃으면서 자신의 도그마에 대한 정의를 내릴 때 도그마란 단어의 정의조차 제대로 알지 못했다고 실토했다. 굳이 그 단어를 선택한 이유는 단지 뭔가 권위가 있어 보였기 때문이었다. 하지만 이 불가침의 중심 도그마에 대한 소문이 퍼져나가면서 중심 원리는 많은 사람의 마음속에서 "DNA는 단지 RNA를 만들기 위해 존재하며, RNA는 단지 단백질을 만들기 위해 존재한다."와 비슷한 것으로 다소 부정확하게 변질되었다. 심지어 오늘날에도 일부 교과서에서는 중심 원리의 내용이 이것이라고 가르친다. 불행하게도, 이 조악하게 변질된 도그마는 진실을 심각하게 왜곡한다. 이것은 사람들에게 DNA와 특히 RNA가 단백질을 만드는 것 외에도 많은 일을 한다는 사실을 제대로 인식하지 못하도록 수십 년 동안 방해했다(어떤 경우에는 지금도 방해하고 있다).

사실, 기본 단백질 합성 과정에는 전령 RNA(mRNA)와 운반 RNA(tRNA)와 리보솜 RNA(rRNA)가 필요하지만, 그 밖에도 조절 RNA가 수십 가지 존재한다. RNA의 모든 기능을 다 알려고 하는 것은 정답 단어의 뒤쪽 문자들만 알면서 십자말풀이 퍼즐을 완전히 풀려고 하는 것과 비슷하다. 나는 글에서 aRNA, bRNA, cRNA, dRNA, eRNA, fRNA, 심지어 qRNA와 zRNA까지 본 기억이 있다. 심지어 rasiRNA, tasiRNA, piRNA, snoRNA, RNAi를 비롯해 그 밖의 것들도 있다. 다행히도 이 책에서는 mRNA, rRNA, tRNA만으로 모든 유전학 이야기를 충분히 다룰 수 있다.

082쪽 "동일한 아미노산을 나타낼 수 있다" 명확하게 말한다면, 각각의 트리플렛은 오직 한 가지 아미노산을 나타낸다. 하지만 그 반대는 참이 아닌데, 일부 아미노산을 만드는 트리플렛은 두 가지 이상이 될 수 있기 때문이다. 예를 들면, GGG는 오직 글라이신(글리신)이 될 수밖에 없다. 하지만 GGU와 GGC, GGA도 글라이신의 암호이며, 바로 여기서 중복이 생겨나는데, 글라이신을 만드는 데 굳이 네 가지가 다 있어야 할 필요는 없기 때문이다.

091쪽 "유전자 낙진은 다음 세대로 전달되지 않았다" 역사를 통해 많은 사람이 방사능에 노출된 사건은 그 밖에도 여러 건 있었다. 가장 유명한 것은 우크라이나의 체르노빌 원자력 발전소 사고이다. 1986년에 일어난 체르노빌 원자력 발전소 사고에서는 피폭자들이 히로시마와 나가사키 원자폭탄 투하 때와는 다른 종류의 방사능에 노출되었다. 감마선은 덜 나온 대신에 방사성 세슘, 스트론튬, 요오드(아이오딘)는 더 많이 나왔는데, 이 방사성 원소들은 체내로 들어와 짧은 거리에서 DNA를 손상시킬 수 있다. 소련 당국은 사고 현장에서 바람이 불어가는 지역의 농작물을 수확하도록 하고, 소들에게 방사능에 노출된 풀을 뜯어먹게 하고, 사람들에게 오염된 우유와 농작물을 먹게 함으로써 문제를 악화시켰다. 체르노빌 지역에서는 이미 갑상샘암 발병 사례가 약 7000건이나 보고되었고, 의료 전문가들은 향후 수십 년 안에 그 밖의 암 사망자가 1만 6000여 명 발생할 것으로 예상하는데, 이것은 자연적인 암 발생률보다 0.1% 더 높은 수치이다.

그리고 히로시마와 나가사키와는 대조적으로 체르노빌 피폭자(특히 체르노빌 부근에 거주한 남성 피폭자) 자녀들의 DNA에서는 돌연변이가 증가한 징후가 나타났다. 이 결과는 논란의 대상이 되고 있지만, 노출 패턴과 방사선 조사량의 차이를 감안하면(체르노빌에서는 히로시마나 나가사키보다 수백 배나 많은 방사능이 방출되었다), 실제적인 것일 수도 있다. 사고 이후 체르노빌에서 태어난 사람들 사이에서 이러한 돌연변이가 실제로 장기적 건강 문제로 나타날지는 좀더 두고 보아야 한다.(불완전한 비교이긴 하지만, 체르노빌 사고 이후에 태어난 일부 식물과 조류 사이에서는 돌연변이 비율이 높게 나타났지만, 대부분은 그 때문에 별다른 문제를 겪지는 않는 것으로 보였다.)

안타깝게도 일본은 2011년 봄에 후쿠시마 원자력 발전소 사고가 일어나는 바람에 방사능의 장기적 효과를 조사하기 위해 시민들을 또다시 감시하지 않을 수 없게 되었다. 일본 정부가 초기에 발표한 보고에 따르면(그중 일부는 신빙성을 의심받았다), 피해 지역 면적은 체르노빌에 비해 10분의 1에 불과한데, 체르노빌에서는 방사성 원소가 공중으로 퍼져나간 반면, 일본에서는 땅과 물이 방사성 원소를 대부분 흡수했기 때문이다. 일본은 또한 6일 이내에 후쿠시마 인근 지역의 오염된 식품과 물을 대부분 폐기 처분했다. 그 결과, 의료 전문가들은 일본에서 이 사고로 인한 암 사망자 수는 비교적 적을 것이라고 예상한다. 그 수는 앞으로 수십 년 동안 1000명 정도로 예상되어 지진과 쓰나미로 죽은 2만 명보다 훨씬 적다.

093쪽 **"막 탐구하기 시작한"** 야마구치(그리고 그에 못지않게 흥미진진한 여덟 사람)의 이야기를 자세히 알고 싶으면, 로버트 트럼벌Robert Trumbull이 쓴 『히로시마와 나가사키에서 살아남은 아홉 사람*Nine Who Survived Hiroshima and Nagasaki*』을 읽어보라. 이 책은 아무리 칭찬해도 아깝지 않다.

멀러를 비롯해 초기의 유전학 연구에서 중요한 역할을 한 사람들(토머스 헌트 모건을 포함해)에 대해 더 자세한 이야기를 알고 싶으면, 멀러의 제자였던 엘로프 액설 칼슨Elof Axel Carlson이 쓴 『멘델의 유산*Mendel's Legacy*』을 읽어보라.

방사선 입자가 DNA를 어떻게 공격하는지 물리학적, 화학적, 생물학적 설명을 자세히 알고 싶으면, 에릭 홀Eric J. Hall과 아마토 자차Amato J. Giaccia가 쓴 『방사선과 의사를 위한 방사선생물학*Radiobiology for the Radiologist*』을 읽어보라. 두 사람은 히로시마와 나가사키에 투하된 원자폭탄에 대해서도 구체적으로 다룬다.

마지막으로, 유전 암호를 해독하기 위한 초기의 시도를 흥미진진하게 묘사한 글로는 브라인 헤이스Brian Hayes가 〈아메리칸 사이언티스트〉 1998년 1~2월호에 쓴 「유전 암호의 발명*The Invention of the Genetic Code*」을 추천하고 싶다.

04 DNA의 악보

102쪽 "의미하는 게 있기나 한지, 그리고 있다면 그것이 무엇인지에 대해" 지프 자신은 이 법칙이 사람의 마음에서 보편적 속성, 즉 게으름을 드러낸다고 생각했다. 지프는 말을 할 때 우리는 가능하면 최소한의 에너지를 들이면서 자신의 의사를 전달하려고 하는데, 그래서 'bad(나쁘다)' 같은 보편적인 단어를 사용한다고 주장했다. 그런 단어는 짧고 마음속에 쉽게 들어오기 때문이다. 우리가 모든 겁쟁이, 악당, 쓰레기 같은 인간, 후레자식, 불평분자, 멋쟁이, 얼간이, 타인을 싫어하는 사람을 그냥 '나쁘다'라고 말하지 않는 이유는 다른 사람들의 게으름 때문이다. 왜냐하면, 그들은 '나쁘다'라는 단어가 의미할 수 있는 모든 가능성을 머릿속으로 분석하고 싶어하지 않기 때문이다. 그들은 정확한 의미를 원하며, 그것도 당장 원한다. 이러한 게으름의 줄다리기는 보편적 단어들이 대부분의 일을 처리하지만, 까다로운 독자를 만족시키기 위해 가끔 더 희귀하고 더 자세한 의미를 가진 단어가 나타나는 결과를 낳는다.

이것은 어느 정도 일리가 있지만, 많은 연구자는 지프의 법칙을 심오한 것으로 받아들여 설명하는 주장은 모두 다, 또 다른 보편적 단어로 표현한다면, 'crap(쓰레기)'이라고 주장한다. 그들은 거의 모든 카오스적 상황에서 지프 분포 같은 것이 나타날 수 있다고 지적한다. 타자기를 두드리는 디지털 오랑우탄처럼 무작위로 문자와 간격을 토해내는 컴퓨터 프로그램조차 그 결과물인 '단어들'에서 지프 분포가 나타날 수 있다.

107쪽 "진화는 앞으로 나아갈 수 있다" 유전학 언어를 인간의 언어에 비유한 것은 어떤 사람에게는 모호하게 보일 수도 있고, 너무 매력적이어서 사실로 믿기 어려울 수 있다. 비유는 항상 지나칠 수 있지만, 나는 이런 부정적 태도 중 일부는 언어는 오직 인간이 내는 소리여야 한다는 우리의 이기적 성향에서 비롯된다고 본다. 언어는 비단 인간에게만 국한된 것이 아니고, 훨씬 광범위하다. 언어는 모든 의사소통을 지배하는 규칙이다. 세포도 사람과 마찬가지로 환경에서 피드백을 받을 수 있고, 그에 반응하여 자신이 '말하는' 것을 조절할 수 있다. 세포가 공기의 압력파(즉, 소리) 대신에 분자를 사용해 그렇게 한다는 사실 때문에 우리가 편견을 가져서는 안 된다. 최근에 나온 일부 세포생물학 교과서들은 이 점을 감안하여 언어의 기본 구조에 대한 촘스키의 이론을 다루는 장을 포함시켰다.

110쪽 "sator……rotas 회문" 이 회문은 "농부 아레포가 쟁기를 가지고 일한다."라는 뜻이다. 'rotas'는 문자 그대로의 뜻은 '바퀴들'인데, 밭을 갈 때 쟁기가 앞뒤로 왔다 갔다 하는 움직임을 묘사한 것이다. 이 '마방진' 회문은 오랫동안 수수께끼 연구자들 사이에 큰 인기를 끌었지만, 학자들은 공포 정치를 자행하던 제정 로마 시대에 다른 목적이 있었을지 모른다고 주장한다. 이것과 같은 25개의 문자로 이루어진 한 애너그램은 '우리 아버지'란 뜻의 paternoster가 서로 교차하는 방식으로 두 번 쓰여 있다. 이 애너그램에서 따로 떨어져 있는 문자 4개는 a 2개와 o 2개인데, 각각 알파와 오메가(나중에 '요한묵시록'에 나오면서 유명해진 문자)를 뜻할 수 있다. 이들의 주장에 따르면, 전혀 위험해 보이지 않는 이 회문을 대문에다 적어놓음으로써 기독교인은 로마인의 의심을 사지 않고 서로에게 신호를 보낼 수 있었다고 한다. 이 마방진은 악마를 물리치는 효과가 있었다는 이야기도 있다. 악마는 회문을 보면 혼란을 일으킨다는 속설이 있었다(적어도 교회는 그렇게 말했다).

114쪽 "상사의 또 다른 터무니없는 연구 계획" 프리드먼의 상사인 조지 파비안 대령 'Colonel' George Fabyan은 파란만장한 삶을 살았다. 아버지는 블리스 파비안이라는 면직물 회사를 세웠는데, 가업을 잇게 하려고 파비안에게 그에 알맞은 훈련을 시켰다. 하지만 방랑벽에 사로잡힌 파비안은 가출하여 미네소타 주에서 벌목꾼으로 살아갔다. 화가 나고 배신감을 느낀 아버지는 파비안을 상속인 명단에서 제외했다. 2년 뒤, 폴 버니언Paul Bunyan(미국 민화에 거인 벌목꾼으로 나오는 영웅)을 흉내낸 생활에 싫증이 난 파비안은 가업으로 돌아가기로 결정했다. 처음에는 세인트루이스에 있던 블리스 파비안 사무실에 가명으로 지원했다. 그리고 온갖 종류의 판매 자료를 금방 깨끗이 정리했는데, 보스턴의 본사에 있던 아버지는 승진 문제를 논의하기 위해 이 유능한 젊은이를 자기 사무실로 불렀다. 그런데 사무실로 걸어 들어온 젊은이가 바로 아들이 아닌가!

셰익스피어의 작품에 나올 법한 극적인 재회를 한 뒤에 파비안은 면직물 사업에서 승승장구했고, 자신의 부를 이용해 이 싱크탱크를 만들었다. 그는 오랜 기간에 걸쳐 온갖 종류의 연구에 자금을 지원했지만, 셰익스피어 암호에 꽂혀 있었다. 그 암호를 풀었다고 생각한 그는 그것을 책으로 출판하려고 시도했지만, 셰익스피어의 작품을 약간 개작하여 영화로 만들려고 하던 영화 제작자가 그 출판을 막아달라고 소송을 제기했다. 그 책의 내용이 셰익스피어의 명성을 심각하게 훼손한다는 이유에서였다. 이유야 알 수 없지만, 현지 판사는 그 소송을 받아들였고(수백 년에 걸친 문학 비평이 마치 자신의 관할권에 속한다는 듯이), 믿을 수 없게도 파비안의 손을 들어주었다. 판결문에서 그는 "프랜시스 베이컨은 지금까지 윌리엄 셰익스피어가 저자로 잘못 알려진 작품들의 실제 저자이다."라고 결론 내렸고, 영화 제작자에게 파비안에게 손해를 입힌 데 대해 5000달러를 배상하라고 명령했다.

대부분의 학자는 셰익스피어 작품의 원작자를 놓고 제기되는 주장들을 모체 영향설을 대하는 생물학자들의 태도와 비슷한 시선으로 바라본다. 하지만 미국 대법원 판사 중 여러 사람은(최근에는 2009년에) 셰익스피어가 자신의 희곡들을 썼을 리가 없다는 의견을 내놓았다. 여기서 얻을 수 있는 진짜 교훈은 법률가가 생각하는 진리와 증거의 기준은 과학자나 역사학자가 생각하는 것과 다를 수 있다는 사실이다.

116쪽 "카지노의 룰렛 게임에서 돈을 따기 위한" 카지노 도박에서는 별로 재미를 보지 못했다. 이 아이디어는 공학자 에드워드 소프 Edward Thorp가 처음 생각해 1960년에 섀넌을 그 계획에 끌어들였다. 룰렛 테이블에서 두 사람은 서로 모르는 사람인 것처럼 행세하면서 한 팀으로 활동했다. 한 사람은 룰렛 공이 바퀴 위에서 빙글빙글 도는 것을 지켜보면서 특정 지점을 지나가는 순간이 정확하게 언제인지 알아냈다. 그러고 나서 신발 속에 설치된 스위치를 발가락으로 움직여 자기 호주머니 속에 들어 있는 소형 컴퓨터로 신호를 보냈고, 그러면 소형 컴퓨터는 전파 신호를 보냈다. 또 한 사람은 귀에 이어폰을 꽂고 음악의 음으로 들리는 그 신호를 들으면서 그 곡조를 바탕으로 돈을 어떤 번호에 걸어야 할지 판단했다. 밖으로 노출된 선(이어폰에 연결된 선과 비슷한)은 살색으로 칠한 뒤에 고무풀로 피부에 붙였다.

소프와 섀넌은 이 계획의 기대 수익률을 44%로 계산했지만, 섀넌은 카지노에서 첫 번째 시험 도박 때 소심해져 푼돈만 걸었다. 그들은 돈을 자주 땄지만, 덩치 큰 경비원들이 왔다 갔다 하는 걸 보고는 섀넌은 간이 오그라들어 도박을 더 할 수 없었다.(실전에 들어가기 전에 연습을 위해 리노에서 1500달러짜리 룰렛 바퀴를 구입했다는 사실을 감안하면, 두 사람은 아마도 이 모험에서 돈을 '잃었을' 것이다.) 동료에게 버림을 받은 소프는 그후에 이 연구를 발표했지만, 카지노들은 몇 년이 지난 뒤에야 휴대용 전자 장비 반입을 전면 금지했다.

2장

05 DNA의 구조와 역할

125쪽 "안팎이 뒤집힌(그리고 삼중 가닥인)" 이 괴상한 DNA 모형 때문에 왓슨과 크릭이 겪은 창피와 수모에 대해서는 내 전작인 『사라진 스푼』을 참고하라.

132쪽 "그 수수께끼를 푸는 문제는 두 여성 선구자를 포함한 다른 과학자들에게 맡겼다" 미리엄의 생애에 대해 더 자세한 내용을 알고 싶다면, 준 쓰지Jun Tsuji가 쓴 『DNA의 영혼 *The Soul of DNA*』을 적극 추천한다.

139쪽 "가장 오래된 모계 조상" 이 논리를 사용해 과학자들은 미토콘드리아 이브의 배우자가 한 명이었다는 사실도 알아냈다. 모든 남성은 Y 염색체를 부계를 통해서만 물려받는데, 여성에게는 Y 염색체가 없기 때문이다. 따라서 모든 남성의 조상을 부계를 통해 추적해가면, 이 Y 염색체의 원조인 아담에 이르게 된다. 그런데 간단한 수학 법칙은 이 아담과 이브가 반드시 존재했음을 증명하지만, 같은 법칙에 따르면 이브는 아담보다 수만 년 앞서 존재했다는 뜻밖의 결론이 나온다. 따라서 설사 성경 이야기처럼 옛날 사람들이 아주 오래 살았다 하더라도, 성경 이야기와 달리 두 사람은 에덴 동산에서 결코 만날 수 없었을 것이다.

그건 그렇다 치고, 만약 부계나 모계 혈통에 엄격하게 얽매이지 말고 오늘날 살아 있는 모든 사람에게 DNA를 조금이라도 물려준 마지막 조상(남녀를 불문하고)을 찾는다면, 그 사람은 사람들이 지구 전체로 퍼져나가 살기 시작하고 나서 한참 뒤인 불과 5000년 전에 살았다. 사람들은 부족 집단을 이루어 사는 성향이 강하지만, 유전자는 어떻게든 퍼져나가려는 속성이 있다.

147쪽 "평가 절하되었다" 일부 역사학자들은 매클린톡이 자신의 개념을 말로써 알리려고 애쓴 이유 중 하나는 그림을 그릴 수 없었기(적어도 그리지 않았기) 때문이라고 주장한다. 1950년대에 분자생물학자들과 유전학자들은 유전 과정을 묘사하기 위해 양식화된 만화 플로차트를 개발했다. 구세대인 매클린톡은 그런 관행을 결코 배우지 않았는데, 이것은 그녀가 주장한 개념을 매우 복잡해 보이게 만든(거기다가 옥수수의 복잡성까지 합쳐져) 결점이었다. 실제로 매클린톡에게서 배웠던 학생들 중 몇몇은 매클린톡이 무엇을 설명하기 위해 다이어그램을 그리는 것을 본 적이 전혀 없다고 기억한다. 매클린톡은 오로지 로고스를 따르며 말로써 모든 것을 설명하려고 했다.

아인슈타인은 아주 대조적이었다. 그는 모든 것을 항상 그림으로 생각한다고 말했으며, 심지어 시간과 공간의 기본 속성까지도 그림으로 생각한다고 했다. 다윈은 매클린톡과 같은 부류였다. 수백 페이지나 되는 『종의 기원』에 집어넣은 그림은 오직 계통수 하나뿐이었다. 또, 다윈이 공책에 스케치한 식물과 동물 그림을 살펴본 한 역사학자는 다윈이 그림에 매우 서툴렀다고 말했다.

149쪽 "과학계를 떠났다" 매클린톡의 연구가 어떻게 받아들여졌는지에 대해 더 자세한 것을 알고 싶다면, 그녀의 생애에 대한 정통적 견해에 반대하는 대표적인 학자 너새니얼 컴퍼트 Nathaniel Comfort의 책을 참고하라.

06 살아남은 자와 간

161~162쪽 "키클롭스, 즉 외눈박이 아이가 태어날 수 있다" 외눈증(단안증이라고도 함)을 가지고 태어나는 아이는 대부분 오래 살지 못한다. 하지만 2006년에 인도에서 태어난 한 여자아이는 최소한 2주일 동안, 그러니까 부모가 아이를 집으로 데려갈 만큼 충분히 오래 살아 의사들을 놀라게 했다.(최초의 뉴스가 나온 이후 그 아이의 생사에 대한 정보는 더 이상 얻을 수 없었다.) 그 아이에게 나타난 고전적인 증상(나누어지지 않은 뇌, 코 결핍, 외눈)을 감안할 때, *shh* 유전자가 오작동한 게 거의 확실하다. 뉴스 보도에 따르면, 아이의 어머니가 실험적인 암 치료제를 복용했다고 하는데, 그 약이 *shh* 유전자가 제대로 기능하는 것을 방해한 것으로 보인다.

162쪽 "오라녜 공 마우리츠 Maurits van Oranje" 네덜란드 왕족인 오라녜 가문과 관련해 특별한(그리고 출처가 불분명한) 전설이 많이 전해온다. 수백 년 전에 야생 당근은 대부분 자주색이었다. 하지만 1600년 무렵부터 네덜란드의 당근 재배 농부들은 품종 개량을 통해 비타민 A의 한 종류인 베타카로틴 함량이 높은 돌연변이를 얻어 재배하기 시작했는데, 이 과정에서 주황색 당근이 처음 나왔다. 농부들이 순전히 자신들만의 노력으로 이런 결과를 얻었는지, 아니면 (일부 역사학자들의 주장처럼) 마우리츠 가문의 영예를 높이기 위해 그렇게 했는지는 불분명하지만, 어쨌든 이를 통해 그들은 당근의 질감과 맛, 색을 돌이킬 수 없게 바꿔놓았다.

168쪽 "독일 생물학자 아우구스트 바이스만August Weismann" 의심의 여지가 없는 천재이자 명예의 전당에 오를 자격이 충분한 생물학자인 바이스만은 『종의 기원』을 앉은 자리에서 다 읽었다고 주장한 적이 있다(책의 방대한 분량을 감안하면 믿기 어렵지만).

170쪽 "DNA 알파벳에 다섯 번째 공식 문자를" 일부 과학자는 심지어 메틸기가 붙은 사이토신의 화학적 구조에 따라 이 알파벳을 6개, 7개, 8개로 확대했다. 그 문자들은 각각 hmC, fC, caC라 부른다. 하지만 이 '문자'들이 독립적으로 기능을 발휘하는지 아니면 세포가 mC에서 m을 떼어내는 복잡한 과정에서 중간 단계에 불과한지는 확실치 않다.

175쪽 "시베리아허스키" 시베리아허스키의 간 이야기는 아주 극적인데, 남극점을 목표로 출발한 비극적 탐험 이야기에 나온다. 여기서 그 이야기를 자세히 하진 않겠지만, 어쨌든 그 이야기를 써서 온라인에 게시했으니, http://samkean.com/thumb-notes를 참고하기 바란다. 내 웹사이트에는 많은 그림으로 연결되는 링크(http://samkean.com/thumb-pictures)도 있으며, 본론에서 너무 벗어나 여기에 소개하지 못한 노트들도 있다. 그러니 만약 다윈이 뮤지컬에서 담당한 역할을 읽고 싶거나 악명 높은 과학적 사기꾼이 남긴 자살 유서를 꼼꼼히 읽고 싶거나 공공 해변에서 화가 앙리 툴루즈-로트레크의 누드를 보고 싶다면, 내 웹사이트에 들러 보라.

176쪽 "그들을 자신의 배에 태워 고향인 네덜란드로 데려다주었고" 유럽인은 1871년까지 헷 베하우던 하위스를 다시 보지 못했다. 그해에 한 탐험대가 그 통나무집을 수색 끝에 찾아냈다. 흰색 기둥들은 지의류로 뒤덮여 초록색으로 변해 있었으며, 통나무집은 얼음으로 뒤덮인 채 밀봉돼 있었다. 탐험대는 많은 잡동사니 중에서 검들과 책들, 시계 하나, 동전 하나, 여러 가지 도구, "머스킷총, 플루트 하나, 그곳에서 죽은 사환 소년의 작은 신발, 바렌츠가 안전한 보관을 위해 굴뚝에 넣어둔 편지"를 회수했다. 바렌츠의 편지는 배를 얼음 위에 버리고 떠난 결정을 비겁하다고 비난할지도 모르는 사람들을 위해 자신의 행동을 합리화하기 위해 쓴 것이었다.

07 마키아벨리 미생물

182쪽 "'RNA 세계' 가설" RNA가 DNA보다 먼저 나타났을지는 몰라도, 다른 핵산들 — GNA(글리콜 핵산), PNA(펩티드 핵산), TNA(트레오스 핵산) 같은 — 이 이 둘보다 먼저 나타났을 가능성이 높다. DNA는 그 기본 뼈대를 고리 모양의 디옥시리보스당으로 만드는데, 디옥시리보스당은 원시 지구에서 얻을 수 있는 기본 구성 성분보다 훨씬 복잡하다. 글리콜 핵산과 펩티드 핵산이 더 나은 후보로 보이는데, 이 둘은 고리 모양의 당을 그 기본 뼈대로 사용하지 않기 때문이다.(펩티드 핵산은 인산도 사용하지 않는다.) 트레오스 핵산은 고리 모양의 당을 사용하지만, DNA의 당보다 훨씬 단순한 당을 사용한다. 과학자들은 이렇게 더 단순한 기본 뼈대가 더 튼튼했을 것으로 생각하며, 뜨거운 햇빛이 내리쬐고 지각이 반쯤 녹아 있고 우주에서 날아오는 물체의 폭격이 심했던 초기 우주에서는 이 핵산들이 DNA보다 생존하기에 더 유리했을 것이라고 본다.

184쪽 "다른 기생충만 감염시키는 바이러스" 나는 다른 기생충에 빌붙어 사는 기생충 개념을 생각할 때마다 조너선 스위프트Jonathan Swift가 쓴 우스꽝스러운 시 중 다음 구절이 떠오른다.

So nat'ralists observes, a flea
Hath smaller fleas that on him prey,
And these have smaller fleas that bite 'em,
And so proceed ad infinitum.
(따라서 박물학자들은 관찰한다. 벼룩에게는
그 벼룩을 뜯어먹는 작은 벼룩이 붙어 있고,
그 작은 벼룩에게는 다시 더 작은 벼룩이 물어뜯고 있고,
그런 식으로 무한히 많은 벼룩들이 존재한다는 것을.)

개인적 취향으로는 영국 수학자 오거스터스 드 모르간Augustus De Morgan이 같은 주제로 쓴 시가 더 마음에 든다.

Great fleas have little fleas upon their backs to bite 'em,

And little fleas have lesser fleas, and so ad infinitum.
And the great fleas themselves, in turn, have greater fleas to go on,
While these again have greater still, and greater still, and so on.
(큰 벼룩들은 그 등에 물어뜯는 벼룩들이 붙어 있고,
작은 벼룩들은 더 작은 벼룩들이 붙어 있으며, 그런 식으로 무한히 존재한다.
그리고 큰 벼룩들은 더 큰 벼룩들에 붙어 있고,
더 큰 벼룩들은 다시 훨씬 더 큰 벼룩들에 붙어 있고, 그런 식으로 계속 이어진다.)

190쪽 "각각의 고양이에게 이름을 붙여주었다" 그런 이름들의 예를 몇 가지 들면 다음과 같은 것들이 있다. 스팅키, 블라인디, 샘, 페인-인-더-애스, 팻 퍽, 핑키, 톰, 머핀, 토터스, 스트레이, 펌프킨, 양키, 예피, 부츠 더 퍼스트, 부츠 더 세컨드, 부츠 더 서드, 티거, 위스키.

191쪽 "점점 커져가는 고충" 연간 11만 1000달러의 비용 외에 가끔 예상치 못한 돈이 드는 경우도 있었다. 예컨대 많은 고양이를 탈출시킬 목적으로 동물 해방 운동가가 울타리에 구멍을 내는 일도 있었다. 잭은 집에 고양이가 너무 많아서 수십 마리가 빠져나가더라도 전혀 눈치채지 못했다. 그런데 어느 날, 수녀가 문을 두들겨 나가보니, 이웃집들의 지붕 위에 뛰어다니고 있는 고양이들이 이 집 고양이들이 아니냐고 물었다. "음, 맞아요."

194쪽 "그럴듯한 생물학적 이유를 제공한다" 사실, 과학자들은 뇌의 톡소포자충 감염 수준과 고양이에 집착하는 행동 사이의 상관관계를 조사하기 위한 대조 연구를 아직 하지 않았다. 따라서 톡소포자충과 도파민, 고양잇과 동물, 고양이에 집착하는 행동 사이의 연관 관계가 전혀 없는 것으로 밝혀질 가능성도 얼마든지 있다. 톡소포자충은 고양이에게 집착하는 행동을 모두 다 설명하지도 못하는데, 사람은 가끔 개에게도 집착하기 때문이다.

하지만 동물에 집착하는 사람들은 대부분 고양이를 키우는데, 톡소포자충을 연구한 과학자들은 그 연관 관계가 그럴듯하다는 사실을 발견했으며, 또 공식적으로 그렇게 말해왔다. 그들은 톡소포자충이 설치류와 많은 동물의 본능적 행동을 어떻게 바꾸는지 그 증거를 아주 많이 보았다. 그리고 그 영향이 얼마나 큰지와는 상관없이 지금도 톡소포자충은 여러분의 뇌에 도파민을 풀어놓고 있다.

198쪽 "책이 고양이를 돌보는 일을 돕는다" 책과 도나는 오랜 세월에 걸쳐 자신들의 삶과 투쟁에 대해 인터뷰를 많이 했다. 몇 가지 출처는 다음과 같다: *Cats I Have Known and Loved*, by Pierre Berton; "No Room to Swing a Cat!," by Philip Smith, *The People*, June 30, 1996; "Couple's Cat Colony Makes Record Books — and Lots of Work!," by Peter Cheney, *Toronto Star*, January 17, 1992; *Current Science*, August 31, 2001; "Kitty Fund," *Kitchener–Waterloo Record*, January 10, 1994; "$10,000 Averts Ruin for Owners of 633 Cats," by Kellie Hudson, *Toronto Star*, January 16, 1992; and *Scorned and Beloved: Dead of Winter Meetings with Canadian Eccentrics*, by Bill Richardson.

08 사랑과 격세 유전

206쪽 "몸속의 환경에 따라 그에 맞는 단백질을 만들 수 있다" 극단적 예를 한 가지 들면, 초파리는 *dscam* 유전자의 RNA를 쪼개 3만 16가지나 되는 산물을 만들어낸다. 이것은 초파리가 가진 유전자 수에 비해 3배나 많다! 1유전자 1단백질설이여, 안녕!

208쪽 "사실상 포유류를 정의하는 특성" 자연은 의표를 찌르길 좋아한다. 그래서 포유류만의 '유일무이한' 특성이라 부르는 것에는 거의 다 예외가 있다. 예를 들면, 초보적인 태반을 가진 파충류가 있는가 하면, 새끼를 낳는 곤충도 있다. 하지만 일반적으로 이런 것들은 포유류만 지닌 특성이다.

214쪽 "다른 동물들보다 더 복잡하고 훨씬 광범위한 MHC" 사람의 경우에는 MHC를 흔히 HLA라고 부르지만, 여기서 우리는 포유류에 초점을 맞춰 이야기하기 때문에 일반적 용어인 MHC를 사용하기로 한다.

218쪽 "암퇘지처럼 여분의 젖꼭지" 알렉산더 그레이엄 벨Alexander Graham Bell은 전화를 발명한 사람으로 유명하지만, 유전학에도 큰 관심을 보였으며, 품종 개량을 통해 더 나은 인간을 만들길 꿈꾸었다. 생물학을 더 자세히 공부하기 위해 그는 여분의 젖꼭지가 달린 양을 사육했으며, 그것이 어떻게 유전되는지 연구했다.

218쪽 "기침이나 재채기를 할 때 자기도 모르게 꼬리가 수축한다고" 사람의 꼬리에 대해 더 자세한 내용은 얀 본데손 Jan Bondeson이 쓴 『의학의 진기한 사례 보관함 *A Cabinet of Medical Curiosities*』(국내에는 '자연의 장난 원숭이 여인: 역사에 나타난 의학 미스터리 10가지'란 제목으로 소개됨)을 참고하라. 이 책에는 해부학의 역사에서 일어난 섬뜩한 이야기뿐만 아니라, 모체 영향(1장에서 소개한 것과 같은)에 대해 놀라운 이야기를 소개한 장도 포함돼 있다.

222쪽 "그냥 그들을 포위하여 사로잡기만 하면 된다" 그 과학자는 결국 신청한 연구 자금을 얻지 못했다. 그리고 공정하게 말한다면, 그는 750만 달러를 전부 다 게이 폭탄을 개발하는 데 쏟아부을 생각이 아니었다. 그중 일부는 여러 가지 계획 중에서도 적에게 아주 고약한 냄새를 뿜어내 구토를 유발하게 하는 별도의 폭탄을 개발하는 데 쓰려고 했다. 혹시 그 두 가지 폭탄을 결합함으로써 역사상 가장 불쾌한 폭탄을 만들 생각을 하진 않았는지에 대해서는 아무런 이야기가 없다.

09 휴먼지와 아슬아슬했던 위기의 순간들

232쪽 "두 종의 DNA는 이토록 서로 비슷하다" 사실, 살아 있는 동물 중 우리와 가장 가까운 친척은 고릴라가 아니라 침팬지라는 사실도 바로 이 연구를 통해 처음 발견되었다. 과학자들은 1980년대에 침팬지와 고릴라, 사람의 DNA를 뜨거운 열탕 속에 넣고 섞음으로써 DNA 교잡 실험을 처음 했다. 온도가 내려가자, 사람의 DNA는 고릴라의 DNA보다 침팬지의 DNA에 더 잘 들러붙었다. 이로써 이 주장은 증명되었다.

236쪽 "X 염색체는 항상 돌연변이가 덜 일어나기 때문이다" 이곳은 이 문제를 해결하려는 시도조차 하기에 적절한 장소는 아니지만, 교잡설을 처음 주장한 과학자들도 이 반박을 논박하려고 노력했다. 그리고 처음 주장한 과학자들의 논리에 일리가 있다. 2006년에 그 가설을 주장한 논문에서 그들은 정자 생산 속도 때문에 X 염색체가 더 균일해 보인다는 주장을 바탕으로 한 이 비판을 예견했다. 구체적으로 그들은 그 이유 때문에 X 염색체가 실제로 더 비슷해 보이긴 하지만, 그들이 조사한 X 염색체는 이 시나리오가 설명하는 것보다 훨씬 더 비슷해 보인다고 지적했다.

당연한 일이지만, 논쟁을 벌이는 과학자들은 상대의 반론을 반박하기 위해 온 심혈을 기울인다. 그 자세한 내용은 아주 전문적이고 난해하지만, 여기에 얼마나 큰 이해가 달려 있는지 감안하면 아주 흥미진진하다.

239쪽 "〈타임스〉에 실린 이야기" 그 기사에는 외설스러운 세부 내용 외에 다음과 같은 기묘한(그리고 기묘하게도 평등주의적인) 이야기도 포함돼 있었다: 한 과학자는 "만약 오랑우탄을 황인종과 교잡시키고, 고릴라를 흑인과 교잡시키고, 침팬지를 백인과 교잡시킨다면, 거기서 태어난 세 잡종은 모두 스스로 번식해 나갈 것"이라고 확신했다. 놀라운 사실은(특히 시대를 감안할 때) 모든 인류가 피부색에 상관없이 짐승과 친척이라고 주장했다는 점이다.

248쪽 "염색체 수가 안정적으로 줄어든 최초의 사례이다" 필시 이런 의문을 품는 독자도 있으리라 예상되는데, 그렇다, 염색체는 염색체 분열이라는 과정을 통해 쪼개질 수도 있다. 영장류 계통에서, 현재 우리의 3번 염색체와 21번 염색체는 한때 하나의 팀으로 붙어 있었고 수백만 년 동안 가장 긴 염색체로 남아 있었다. 14번 염색체와 15번 염색체도 오래 전에 대형 유인원이 나타나기 전에 쪼개졌는데, 오늘날 둘 다 균형을 잃은 우스꽝스러운 모양이 그 흔적으로 남아 있다. 어떤 면에서 그 중국인 남자에게 일어난 14번과 15번 염색체 융합은 유인원 이전의 조상 상태로 되돌아가게 한 궁극적인 격세 유전으로 볼 수 있다!

251쪽 "참호전에서 살아남을 수 있었을지 의심스럽다" 이바노프의 생애를 더 자세하게 다룬 문헌 중에서 가장 권위 있고 덜 선정적으로 서술한 것은 키릴 로시아노프Kirill Rossiianov가 〈사이언스 인 컨텍스트*Science in Context*〉 2002년 여름호에 발표한 논문이다. 논문 제목은 「종을 뛰어넘어: 일리야 이바노프와 사람과 유인원의 교잡에 관한 그의 실험Beyond Species: Il'ya Ivanov and his experiments on cross-breeding humans with anthropoid apes」이다.

3장

10 주홍 글씨 A, C, G, T

256쪽 "……검정파리를 맛보기 전까지는 그랬다."라고 말했다" 버클랜드에 관련된 일화는 무궁무진하다. 친구들이 매우 좋아했던 한 이야기는 버클랜드가 낯선 사람과 마주 보며 긴 기차 여행을 떠났던 일이다. 여행 도중에 두 사람은 앉은 채 잠이 들었다.

잠에서 깨어난 버클랜드는 호주머니 속에 들어 있던 빨간 민달팽이 몇 마리가 빠져나가 앞에 앉은 사람의 대머리 위로 기어가는 것을 보았다. 버클랜드는 어떻게 했을까? 다음 정차 역에서 몰래 내렸다고 한다. 버클랜드는 자기 못지않게 괴짜였던 아들 프랭크Frank에게도 영감을 주었다. 프랭크 역시 아버지의 동물먹기 취향을 물려받았으며, 버클랜드 가족이 먹던 괴상한 음식을 일부 개발하기까지 했다. 프랭크는 런던 동물원 측과 그곳에서 죽은 동물은 무엇이건 그 고기를 가져갈 수 있도록 장기 협약을 맺었다.

버클랜드를 모욕한 다윈도 동물먹기에 탐닉했는데, 심지어 케임브리지의 대식가 클럽에 가입하여 동료들과 함께 매, 올빼미를 비롯해 많은 동물을 먹었다. 비글호 항해에 나섰을 때에는 타조 오믈렛과 그 딱지와 함께 구운 아르마딜로를 먹었으며, 몸무게가 9kg쯤 나가는 커피색 설치류인 아구티를 맛본 뒤에는 "내가 맛본 고기 중 단연 최고"라고 말했다.

버클랜드의 생애와 연구, 가족, 기행에 대해 더 자세한 내용을 알고 싶다면, 린 바버Lynn Barber가 쓴 『박물학의 전성기*The Heyday of Natural History*』와 메리앤 소머Marianne Sommer가 쓴 『뼈와 황토*Bones and Ochre*』를 적극 추천한다.

263쪽 "메갈로사우루스*Megalosaurus*라고 이름 붙였다" 17세기에 다른 과학자가 넙다리뼈까지 하나 포함된 메갈로사우루스의 뼈를 발견한 적이 있다는 사실이 나중에 드러났다. 하지만 그 과학자는 그 뼈를 거인의 뼈로 분류했다. 기묘하게도 그 넙다리뼈 끝에 붙은 혹 두 개는 남자 생식기의 아랫부분과 매우 흡사하여 그 거인의 이름을 우스꽝스럽게 짓는 데 영감을 주었다. 최초 발견자에게 이름을 지을 우선권을 주는 과학계의 관행을 감안한다면, 최초로 발견된 공룡 종의 이름은 스크로툼 후마눔Scrotum humanum('사람의 고환'이란 뜻)이라 해야 마땅하겠지만, 더 적절한 버클랜드의 이름이 널리 쓰이게 되었다.

265쪽 "네안데르탈인이라고 하면 우리 마음속에 떠오르는 두껍고 찌푸린 이마" 그 뼈의 주인이 카자흐인이라고 주장한 교수는 이마가 그렇게 생긴 것은 여러 날 동안 고통에 힘들어하다가 이마에 주름이 생겨서 그렇다고 결론 내렸다. 그 교수는 심지어 그 카자흐인이 치명상을 입고도 가파른 절벽을 18m나 기어올라가 옷을 벗고 60cm 깊이의 점토 속에 자신을 묻었다고 믿은 것 같다.

269쪽 "꼬리표가 붙지 않은" 최근에 일부 DNA 꼬리표(일명 DNA 워터마크)는 다소 정교한 암호화 이름이나 이메일 주소 또는 유명한 인용 — 자연이 우연히 집어넣었을 리가 절대로 없는 것 — 을 사용한다. 크레이그 벤터가 이끈 연구팀은 다음과 같은 인용문을 A, C, G, T로 암호화한 뒤에 그것을 기본적인 재료로 합성한 유전체에 새겨넣은 뒤, 그 유전체를 세균에 집어넣었다:

To live, to err, to fall, to triumph, to recreate life out of life.
(살도록, 실수를 하도록, 넘어지도록, 승리하도록, 생명에서 생명을 재창조하도록.)
— 제임스 조이스 James Joyce, 『젊은 예술가의 초상 *A Portrait of the Artist as a Young Man*』
See things not as they are, but as they might be.
(사물을 있는 그대로 보지 말고, 그 가능성을 보라.)
— 로버트 오펜하이머에 대해 쓴 책인 『아메리칸 프로메테우스 *American Prometheus*』에서
What I cannot build, I cannot understand.
(내가 만들 수 없는 것은 이해할 수 없다.)
— 리처드 파인먼(그가 죽을 때 칠판에 적힌 구절)

하지만 벤터는 마지막 인용문을 인용할 때 실수를 저질렀다. 파인먼이 실제로 쓴 구절은 "What I cannot create, I cannot understand."(내가 창조할 수 없는 것은 이해할 수 없다.)였다. 벤터는 조이스의 문장을 인용한 일 때문에 곤욕을 치렀다. 조이스 가족(그의 지적 재산권을 관리하는)은 서면 허락 없이 조이스의 문장을 인용하는 자(세균을 포함해)에게 매우 까다로운 것으로 유명하다.

275쪽 "기화된 암석을 초당 수백만 톤" 세인트헬렌스 화산과 비교하면 토바 초화산은 2000배나 많은 물질을 대기 중으로 뿜어냈다. 토바 초화산은 전 세계의 화산 중에서 현재 와이오밍 주 아래에서 부글거리는 초대형 화산에 필적할 만한 경쟁자 중 하나이다. 이 화산은 언젠가 옐로스톤과 부근의 모든 것을 하늘 높이 날려보낼 것이다.

11 중요한 차이를 빚어낸 크기

286쪽 "우연한 사고로 생긴 것일 뿐, 그의 천재성과는 아무 관계가 없을 수 있다" 스티븐 제

이 굴드는 『판다의 엄지 *The Panda's Thumb*』에서 퀴비에의 부검 이야기를 아주 흥미진진하게 소개했다. 굴드는 또한 『마라케시의 가짜 돌들 *The Lying Stones of Marrakech*』에서 장-바티스트 라마르크(이 책 15절에서 만나게 될)의 생애도 대가다운 필체로 소개했다.

288쪽 "설사 그 결과로 뇌가 줄어든다 하더라도 말이다" 호빗의 뇌가 왜 그리고 어떻게 줄어들었는지 알아내기 위한 노력의 일환으로 과학자들은 호빗의 이빨에 구멍을 뚫어 DNA를 추출하려고 시도했다. 이것은 성공을 장담할 수 없는데, 호빗은 (네안데르탈인과는 달리) DNA가 가장 빨리 분해되는 열대 기후에서 살았기 때문이다. 지금까지 호빗의 DNA를 추출하려는 시도는 모두 실패로 돌아갔다.

호빗의 DNA를 연구하면 호빗이 정말로 호모 Homo속에 속하는가 하는 질문에 결론을 내리는 데 도움을 줄 것이다. 2010년까지만 해도 과학자들은 호모 사피엔스가 지구 전체로 퍼져가기 시작할 무렵에 아직 살아 있었던 호모속의 다른 종을 둘만 알고 있었다. 하나는 네안데르탈인이었고, 또 하나는 호빗이었다. 그런데 최근에 과학자들은 그 명단에 데니소바인을 추가했다. 데니소바는 추운 시베리아에 있는 동굴 이름인데, 거기서 4만 1000년 전에 죽은 다섯 살짜리 여자아이 골격이 발견되었다. 2010년에 흙과 염소 똥이 쌓여 굳어진 층들 사이에서 발견된 그 뼈는 네안데르탈인처럼 보였지만, 손가락마디뼈에서 추출한 DNA는 호모속의 다른 계통으로 분류할 만큼 충분한 차이를 보여주었다. 데니소바인은 (해부학적 증거가 아니라) 순전히 유전자 증거만으로 발견된 최초의 멸종 인류 종이다.

오늘날 멜라네시아인 사이에서 데니소바인의 DNA 흔적이 발견되는데, 멜라네시아인은 원래 뉴기니 섬과 피지 섬 사이에 흩어져 있는 섬들에 정착해 살았다. 멜라네시아인은 아프리카에서 남태평양으로 퍼져나가던 긴 여정 중 어느 시점에 데니소바인과 마주쳤고, 그 조상들이 네안데르탈인과 그랬던 것처럼 서로 교잡을 했던 것으로 보인다. 오늘날 멜라네시아인은 호모 사피엔스의 것이 아닌 DNA를 최대 8%까지 지니고 있다. 하지만 이러한 단서들을 제외하고는 데니소바인은 여전히 수수께끼로 남아 있다.

293쪽 "그 재를 뿌린 장소가 어디인지는 아무도 모른다" 섬뜩한 이야기를 더 듣고 싶은가? 갈릴레오의 손가락, 올리버 크롬웰 Oliver Cromwell의 머리뼈, 제러미 벤담 Jeremy Bentham의 잘린 머리(섬뜩하게 쪼그러든 피부까지 포함된)는 모두 사후에 수백 년 동안 전시되었다. 토머스 하디 Thomas Hardy의 심장은 개가 먹어치웠다고 한다. 골상학자들은 매장 직전에 요제프 하이든 Jeseph Haydn의 머리를 훔쳤고, 묘지에서 일하던 사람들은 프란츠 슈베르트 Franz Schubert의 시신을 새 무덤으로 이장하던 도중에 "구더기가 들끓는" 머리카락을 훔쳤다. 심지어 어떤 사람은 토머스 에디슨 Thomas Edison이 죽기 직전에 가래 끓는 소리를 낼 때 그의 마지막 숨을 담으려고 입 앞에다 병을 갖다댔다. 그 병은 곧바로 박물관에 전시되었다.

나는 새로운 삶을 얻은 유명 인사의 신체 부위 명단 — 퍼시 비시 셸리 Percy Bysshe Shelley의 심장, 그로버 클리블랜드 Gorver Cleveland의 암에 걸린 턱, 예수의 포피라고 전하는 부위(신성한 포피) — 을 한 페이지쯤 더 열거할 수 있지만, 스미스소니언 연구소에 존 딜린저 John Dillinger의 음경이 보관돼 있다는 소문은 근거가 없다는 사실만 지적하고 넘어가기로 한다.

296쪽 "겉질을 신경세포로 가득 채울 수 있다" 뇌의 부피와 밀도를 증가시키는 전체적인 유전자 알고리듬은 놀랍도록 간단할 수도 있다. 생물학자 해리 제리슨 Harry Jerison은 다음과 같은 예를 제안했다. 그 DNA가 "32번 분열한 다음에 분열을 중단"하도록 프로그래밍한 줄기세포가 있다고 상상해보라. 만약 어떤 세포도 죽지 않는다면, 그때까지 생겨난 신경세포의 수는 모두 42억 9496만 7296개가 될 것이다. 이번에는 그 암호를 약간 비틀어 "34번 분열한 다음에 분열을 중단"하도록 바꾸었다고 하자. 그러면 분열이 두 번 더 일어날 것이고, 신경세포의 수는 171억 7986만 9184개가 될 것이다.

제리슨은 신경세포 43억 개와 172억 개의 차이는 대략 침팬지 겉질의 신경세포 수와 사람 겉질의 신경세포 수 차이와 같을 것이라고 지적한다. 그는 "그 암호는 지나치게 간단해 보일지 모르지만, 그보다 상당히 복잡한 지시는 유전자가 정보를 암호화하는 능력을 넘어설지도 모른다."라고 말한다.

303쪽 "모르몬교 신학도 아주 자세하게 알았다" 독실한 모르몬교 신자인 픽이 유전고고학이 최근에 예수 그리스도 후기 성도 교회(모르몬교의 공식 명칭) 내부에 초래한 균열에 대해 아는지는 분명하지 않다. 모르몬교도는 전통적으로 폴리네시아인과 아메리카 인디언이 기원전 600년에 예루살렘을 떠나 배를 타고 아메리카로 건너온 용맹한 유대인 예언자 레히 Lehi의 후손이라고 믿어왔다(1820년에 불과 14세이던 조지프 스미스 Joseph Smith가 하느님을 만나고, 그후에 천사에게서 받은 고대 기록을 영어로 번역해 모르몬경을 만든 이래 죽). 하지만 폴리네시아인과 아메리카 인디언의 DNA 검사에서는 모두 이 주장을 부정하는 결과가 나왔다. 그들에게는 중동 사람의 피가 한 방울도 섞여 있지 않았다. 이것은 단지 모르몬경의 내용이 틀렸음을 입증하는 데 그치지 않고, 종말의 시간이 닥쳤을 때 어떤 황인 민족이 구원을 받을지, 그리고 따라서 지금 어떤 집단을 개종시킬 필요가 있는지 등을 이야기하는 모르몬교의 복잡한 종말론을 뒤흔드는 모순이다. 이 발견은 일부 모르몬교도, 특히 대학에서 일하는 과학자들의 영혼에 큰 상처를 주었다. 심지어 신앙심을 잃은 사람들도 일부 나왔다. 하지만 평범한 모르몬교도들은 그 사실을 전혀 알지 못하거나, 아니면 모순을 받아들이면서도 신앙을 계속 고수했다.

306쪽 "그의 능력을 제대로 파악하지 못한 게 분명하다" 픽의 재능을 제대로 파악한 연구에 대한 이야기는 〈사이언티픽 아메리칸〉 2005년 12월호에 실린 도널드 트레퍼트Donald Treffert와 대니얼 크리스텐센Daniel Christensen의 "어느 천재 백치의 마음속 *Inside the Mind of a Savant*"을 보라.

12 유전자의 예술

311쪽 "매우 불편한 복제 방법" 우회전성 나선과 좌회전성 나선이 교대로 맞물리는 비틀린 지퍼 모형은 실제로는 1976년에 두 차례 선을 보였다(동시에 일어난 발견에 더 가까웠지만). 먼저 뉴질랜드의 한 연구팀이 그 개념을 발표했다. 그 직후 독자적으로 연구하던 인도 연구팀이 비틀린 지퍼 모형 두 가지를 내놓았는데, 하나는 뉴질랜드 연구팀의 모형과 동일했고, 다른 하나는 A, C, G, T 중 일부가 거꾸로 뒤집힌 것이었다. 그리고 도처의 반항적인 지식인들이 내거는 상투적인 문구처럼 두 연구팀의 구성원들은 거의 다 분자생물학에 완전히 문외한이었고, 사전에 DNA의 구조가 이중나선이어야 한다는 개념도 몰랐다. 뉴질랜드 연구팀의 한 구성원은 전문 과학자가 아니었고, 인도 연구팀의 한 구성원은 DNA에 대해 들어본 적도 없었다!

314쪽 "힙스터 못지않게 과감한 음악적 편향" 원숭이는 인간의 음악을 무시하거나 비위에 거슬려하지만, 남아메리카에 사는 원숭이인 솜털머리타마린을 대상으로 한 최근의 연구에 따르면, 이 원숭이는 그들에게 맞춘 음악에 강한 반응을 보인다. 메릴랜드 주에서 활동하는 첼로 연주자 데이비드 테이에David Teie는 영장류학자와 협력해 솜털머리타마린이 두려움이나 만족감을 전달할 때 사용하는 소리를 바탕으로 음악을 작곡했다. 구체적으로는 타마린이 내는 소리의 높이 변화와 길이를 본따 곡을 작곡했는데, 다양한 곡을 연주해 들려주자 솜털머리타마린은 곡에 따라 편안하거나 불안한 반응을 눈에 띄게 나타냈다. 테이에는 한 신문과 인터뷰하면서 "여러분에게는 내가 얼간이처럼 보일지 몰라도, 원숭이들에게는 엘비스나 다름없어요."라고 말하는 유머 감각을 발휘했다.

320쪽 "자신이 울었다고 실토한 세 번" 궁금해하는 독자를 위해 알려준다면, 로시니가 맨 처음 운 때는 첫 번째 오페라가 실패로 끝났을 때였다. 파가니니의 연주를 들었을 때가 두 번째였고, 세 번째이자 마지막으로 운 때는 자타가 공인하는 대식가였던 로시니가 친구들과 함께 뱃놀이를 하다가 점심으로 싸온 도시락 — 송로를 곁들인 칠면조 요리 — 이 그만 뱃전 너머로 물에 빠지는 대형 참사(!)가 벌어졌을 때였다.

327쪽 "마침내 교회가 그를 용서하고 매장을 허락할 때까지" 영어로 쓴 파가니니 전기는 놀랍도록 드물다. 그의 생애를 짧으면서도 생동감 넘치게 소개한 작품 — 그의 질병과 사후에 겪은 고난에 대한 자세한 이야기를 많이 포함한 — 으로는 존 서그든John Sugden이 쓴 『파가니니*Paganini*』가 있다.

329쪽 "빨갛게 출렁이는 비비의 엉덩이에 해당하는 것일 수 있다" 이유야 무엇이건, 미국의 일부 고전 작가들은 20세기 전반에 성 선택과 그것이 인간 사회에서 담당하는 역할에 관한 논쟁에 큰 관심을 보였다. 스콧 피츠제럴드F. Scott Fitzgerald, 어니스트 헤밍웨이Ernest Hemingway, 거트루드 스타인Gerturde Stein, 셔우드 앤더슨Sherwood Anderson은 모두 구애와 남성의 정열과 질투, 성적 장식 같은 동물적 측면에 대해 깊이 생각했다. 유전학 자체도 이와 비슷하게 일부 작가의 마음을 흔들었다. 버트 벤더Bert Bender는 흥미로운 『진화와 '성 문제'*Evolution and "the Sex Problem"*』라는 책에서 "멘델의 유전학은 목축업자로 선발 육종을 하던 잭 런던Jack London에게는 환영할 만한 발견이어서 그는 그것을 열렬히 받아들였지만, 앤더슨이나 스타인, 피츠제럴드 같은 사람들은 당혹감을 감추지 못했다."라고 썼다. 피츠제럴드는 특히 진화와 우생학, 유전에 집착한 것으로 보인다. 벤더는 피츠제럴드가 자신의 작품에서 항상 알egg을 언급했다고 지적한다.(웨스트에그West Egg와 이스트에그East Egg는 두 가지 예에 지나지 않는다.) 그리고 피츠제럴드는 "춤에서 적자 생존을 선호하는 끼어들기 제도"에 대해 글을 쓴 적도 있다. 『위대한 개츠비*The Great Gatsby*』의 화자로 나오는 닉 캐러웨이Nick Carraway를 개츠비는 '오랜 친구'란 뜻으로 '올드 스포트*old sport*'라고 부르는데, 이 단어도 초기에 유전학자들이 돌연변이를 'sport'라 부르던 관습에서 유래했을지 모른다.

331쪽 "변형된 뼈와 발작 장애" 아르망 르루아Armand Leroi의 『돌연변이*Mutants*』는 로트레크가 걸렸던 병이 구체적으로 무엇이었는지, 그리고 그것이 그의 작품에 어떤 효과를 미쳤는지 자세히 파헤친다. 사실, 나는 1장 1절에서 언급한 집게발 같은 선천성 기형에 대한 일화처럼 흥미로운 이야기가 아주 많이 들어 있다는 이유로 이 책을 적극 추천한다.

332쪽 "유인원처럼 보인다" 이 입술은 남성의 그림에서 더 두드러져 보이지만, 여성도 이 유전자의 손아귀에서 벗어나지 못했다. 합스부르크가의 한 갈래에 속한 마리 앙투아네트Marie Antoinette도 합스부르크가 입술의 흔적이 강하게 남아 있었다고 전한다.

13 과거는 프롤로그이다, 때로는

355쪽 "53세 때 암살당한 링컨은" 흥미롭게도, 링컨의 암살범도 1990년대에 유전학적 논란에 휩싸였다. 그 당시 두 역사학자는 1865년에 암살이 일어나고 나서 12일 뒤 버지니아 주 볼링그린에서 병사들이 추적 끝에 붙잡아 죽인 사람은 존 윌크스 부스John Wilkes Booth가 아니라 무고한 구경꾼이었다는 가설을 퍼뜨렸다. 두 사람은 부스가 병사들을 따돌리고 서부로 달아나 오클라호마 주 이니드에서 38년 동안 갈수록 비참한 삶을 살다가 1903년에 자살했다고 주장했다. 사실을 확인할 수 있는 유일한 방법은 부스의 무덤에서 시체를 꺼내 DNA를 추출한 다음, 살아 있는 친척들과 비교해 검사하는 것뿐이었다. 하지만 묘지 관리인이 반대하자, 부스의 가족이 소송을 제기했다(역사학자들의 충동질에 넘어가). 재판관은 그들의 청원을 기각했는데, 그 당시 기술로는 문제를 해결할 가능성이 낮다는 것이 한 가지 이유였다. 하지만 지금은 이론적으로는 이 문제를 충분히 다시 검토할 수 있다.

부스와 링컨의 DNA에 대해 더 자세한 내용은 필립 라일리Philip R. Reilly가 쓴 『에이브러햄 링컨의 DNA와 유전학에서 일어난 그 밖의 모험*Abraham Lincoln's DNA and Other*

Adventures in Genetics』을 참고하라. 라일리는 링컨의 유전자 검사 실행 가능성을 검토했던 위원회에 참여했던 사람이다.

359쪽 "유대교 성경은 이 이야기를 서툴게 만들었거나" 하지만 전반적으로 유대인은 유전 현상을 꼼꼼하게 관찰했다. 200년경에 탈무드는 할례를 받은 뒤에 출혈로 죽은 형이 둘 있는 소년에게는 할례 의무를 면제하는 조항을 포함시켰다. 게다가 유대교 율법은 훗날 죽은 사람의 반쪽 형제(다만 어머니가 같을 경우에만)에게도 그 의무를 면제했다. 반쪽 형제라도 아버지가 같다면, 할례를 받아야 했다. 자매의 자식이 출혈로 죽은 일이 있는 여성의 자식도 면제를 받았지만, 형제의 자식이 출혈로 죽은 일이 있는 남성의 자식은 면제받지 않았다. 유대인은 먼 옛날부터 문제의 질병 — 필시 혈액이 제대로 굳지 않는 혈우병 — 이 주로 남성에게만 걸리는 반성 유전 질환이지만, 어머니를 통해서만 전달된다는 사실을 알았던 게 분명하다.

366쪽 "심한 젖당못견딤증(젖당불내성)" 젖당못견딤증은 우유에 들어 있는 당인 젖당을 소화하지 못하는 증상 때문에 이런 이름이 붙었다. 하지만 어른이 우유를 소화하는 능력은 이상한 것으로, 비교적 최근에 일어난 돌연변이의 결과이다. 정확하게 말한다면, 최근에 일어난 돌연변이는 유럽에서 하나 그리고 아프리카에서 하나, 이렇게 두 가지가 있다. 두 경우 모두 돌연변이는 2번 염색체에 위치한 어느 부분의 기능을 정지시켰는데, 그 기능은 바로 어른이 되면 젖당의 소화 효소 생산을 멈추게 하는 것이다. 역사적으로는 유럽인의 돌연변이가 먼저(기원전 7000년경에) 일어났지만, 한 과학자는 아프리카인의 유전자가 특별히 빨리 퍼졌다고 말한다. "이것은 기본적으로 전 세계의 어떤 개체군, 어떤 연구, 어떤 유전체를 막론하고 지금까지 관찰된 것 중 가장 강한 선택 신호이다." 젖당 소화 능력은 유전자와 문화의 공진화를 보여주는 좋은 사례이기도 한데, 우유를 소화하는 능력은 우유를 안정적으로 공급하는 소와 그 밖의 동물이 가축화되기 이전에는 아무 도움이 되지 않았을 것이기 때문이다.

14 30억 개의 작은 조각

370쪽 "염기 서열을 알아낼 수 있었다" 생어의 연구에 대해 아주 자세히 알고 싶다면, http://samkean.com을 방문해 살펴보라.

375쪽 "그 선생님은 벤터에게 F를 주었다" 벤터에게서 이런 헌신적인 충성을 이끌어낸 사람은 생물학 선생님이 아니라, 영어 선생님이었다. 그리고 보통 영어 선생님이 아니었다! 그는 훗날 레이먼드 카버Raymond Carver의 편집자로 유명해진 고든 리시Gordon Lish였다.

386쪽 "그 DNA의 염기 서열을 분석할 수 있는지" 셀레라 사람들은 유명 인사의 DNA 표본을 아주 좋아했다. 제임스 슈리브James Shreeve가 쓴 흥미로운 책 『게놈 전쟁*The Genome War*』에 따르면, 셀레라의 천재적인 슈퍼컴퓨터 계획의 수석 설계자는 자기 사무실 책장에 "고름에 젖은 일회용 밴드"가 든 시험관을 보관했는데, 프리드리히 미셔에게 경의를 표시하기 위해 그랬다고 한다. 그건 그렇고, 혹시 인간 게놈 프로젝트에 직접 참여해 오랫동안 일한 당사자가 직접 들려주는 이야기에 관심이 있다면, 슈리브의 책을 읽어보라. 내가 아는 책 중에서는 가장 잘 썼고 또 가장 흥미진진한 책이니까.

389쪽 "완전한 인간 유전체 염기 서열을" 실제로는 이 '완료' 선언은 잠정적인 것이었다. 인간 유전체 중 일부 — 변이가 아주 잘 일어나는 부위인 MHC 영역처럼 — 에 대한 연구는 몇 년 동안 더 계속되었고, 작은 실수를 바로잡고, 기술적 이유로 종래의 수단으로는 밝혀낼 수 없었던 부분들(예를 들면, 복제를 만드는 단계에서 과학자들은 대개 세균을 사용한다. 하지만 인간 DNA 중 어떤 부분은 세균에 독성을 지니기 때문에, 세균은 그 부분을 복제하는 대신에 누락시켜 그 부분이 사라지고 만다)의 염기 서열을 밝혀내는 등 후속 연구는 지금도 계속되고 있다. 마지막으로, 과학자들은 각각 염색체 말단과 중심부를 이루는 부분인 텔로미어(말단소체)와 동원체를 아직 완전히 분석하지 못했다. 이 부분들은 반복이 너무 많아 기존의 염기 서열 분석기로는 제대로 분석할 수 없기 때문이다.

그렇다면 왜 과학자들은 2003년에 인간 유전체 분석 작업이 끝났다고 선언했을까? 그때까지 분석한 결과를 완료라고 불러도 손색이 없다고 판단했기 때문이다. 유전자를 포함한 DNA 지역 95% 이상에서 오류가 발견되는 비율은 염기 1만 개당 하나 미만이었다. 홍보 측면에서 그에 못지않게 중요한 점도 있었는데, 2003년 초는 왓슨과 크릭이 이중 나선을 발견한 지 50주년이 되는 해였다.

390쪽 "벤터는 자신이 마침내 게놈 전쟁에서 승리했다고 주장할 수 있을 것이다" 반면에 노벨상을 받지 못한다면, 그것 역시 실제로는 엉뚱한 방식으로 벤터의 명성을 높여줄 지 모른다. 수상을 하지 못한다면, 그것은 아웃사이더(그 때문에 많은 사람이 그에게 친근감을 느꼈다)로서의 그의 지위를 확인시켜줄 것이고, 여러 세대 동안 역사학자들에게 뭔가 이야깃거리를 남겨 벤터는 인간 게놈 프로젝트 이야기에서 중심적(그리고 아마도 비극적) 인물로 떠오를 것이다.

노벨상 이야기를 할 때 왓슨의 이름은 자주 거론되지 않지만, 인간 게놈 프로젝트를 추진하도록 의회 — 미국 내의 대다수 유전학자는 말할 것도 없고 — 를 설득한 공로만으로도 노벨상을 받을 자격이 충분히 있다. 그렇긴 하지만, 왓슨이 최근에 저지른 몇 가지 실수, 특히 아프리카인의 지능을 폄하하는 발언(여기에 대해서는 나중에 더 자세히 언급할 것이다)은 그의 수상 가능성을 어둡게 했을지 모른다. 좀 심한 말 같지만, 노벨위원회는 인간 게놈 프로젝트와 관련해 노벨상을 수상하기 전에 왓슨이 죽길 기다릴지 모른다.

만약 왓슨이나 설스턴이 노벨상을 수상한다면 각자 두 번째 수상하는 셈이 되므로, 노벨 생리의학상을 유일하게 두 번 수상한 생어와 같은 반열에 서게 된다.(설스턴은 예쁜꼬마선충을 연구해 세포의 '자살 메커니즘'을 규명하는 한편, 세포의 자살에 관여하는 유전자 돌연변이 *nuc-1*의 존재를 최초로 입증해 2002년에 노벨상을 받았다.) 하지만 왓슨과 마찬가지로 설스턴 역시 정치적 논란에 휘말렸다. 위키리크스를 세운 줄리언 어산지 Julian Assange가 노벨상의 고향인 스웨덴에서 성범죄 혐의로 기소된 뒤 2010년에 영국에서 체포되었을 때, 설스턴은 그의 보석을 위해 여러 사람과 함께 수십만 파운드를 내놓았다. 자유롭고 구속받지 않는 정보의 흐름을 옹호하는 설스턴의 헌신적 노력은 단지 연구실 안에만 국한되지 않은 것 같다.

393쪽 "그 결과를 숨기는 데 성공하지 못했다" 마이크 카리아소 Mike Cariaso라는 아마추어 과학자는 유전적 히치하이킹을 이용해 왓슨의 *apoE* 유전자 지위를 폭로했다. 어떤 유전자의 여러 가지 버전은 각각 유전적 히치하이킹 때문에 순전히 우연히 그것과 연관이 있는 다른 유전자들 — 여러 세대에 걸쳐 그 유전자와 함께 이동하는 — 의 특정 버전을 가진다.(혹은 만약 근처에 유전자들이 없다면, 그 유전자의 각 버전은 최소한 그것과 연관이 있는 특정 정크 DNA를 가질 것이다.) 따라서 만약 어떤 사람이 지닌 *apoE* 유전자가 어떤 버전인지 알고 싶으면, *apoE* 유전자 자체를 살펴보거나 그 옆에 있는 유전자들을 살펴보면 된다. 왓슨의 유전체에서 이 정보를 지우는 책임을 맡은 과학자들도 물론 이 사실을 알고 있었기 때문에, *apoE* 유전자 부근에 있는 정보도 함께 지웠다. 하지만 충분히 지우지는 못했다. 카리아소는 이 실수를 발견하고, 단순히 공개된 왓슨의 DNA를 살펴보는 것만으로 그의 *apoE* 유전자 지위를 추측할 수 있었다.

미샤 앵그리스트Misha Angrist가 『벌거벗은 유전자*Here is a Human Being*』에서 쓴 것처럼, 카리아소의 폭로는 충격적 사건이었는데, 그가 미국을 떠나 국외에 거주한다는 사실 때문에 더욱 그랬다. "폭로된 사실들은 덮을 수가 없었다. 노벨상 수상자[왓슨]는 2만 개가 넘는 자신의 유전자 중에서…… 오직 좋지 않은 유전자 하나 — 단 하나! — 만 공개하지 말아달라고 부탁했다. 그 임무는 세계 최고의 유전체 연구 센터 중 하나인 베일러 대학의 믿을 만한 분자생물학 전문가가 맡았다……. 하지만 베일러 팀은 타이와 버마의 국경 지역에서 랩톱 컴퓨터를 나누어주고 어린이들에게 프로그래밍과 구글 검색을 가르치면서 살아가는 30세의 학사 출신 독학자에게 구멍이 뚫리고 말았다."

15 쉽게 얻은 것은 쉽게 사라진다?

402쪽 "생물학자들이 자기 분야에서 영영 추방하길 원했던 개념" 역사도 뛰어난 유머 감각을 보여줄 때가 있다. 의사였던 다윈의 할아버지 이래즈머스 다윈Erasmus Darwin은 독자적으로 매우 과감한 진화 이론을 발표했는데(그것도 시로), 그것은 라마르크의 이론과 비슷했다. 새뮤얼 테일러 콜리지Samuel Taylor Coleridge는 그런 추측을 조롱하기 위해 '다위닝Darwining'이라는 단어를 만들기까지 했다. 이래즈머스 다윈은 종교계의 분노를 폭발시키는 가풍도 창시했는데, 그의 책이 가톨릭 교회의 금서 목록에 올랐기 때문이다.

또 한 가지 역사의 아이러니는 라마르크가 죽고 나서 그의 명예를 실추시켰던 퀴비에가 이번에는 자신이 죽고 나서 같은 일을 당했다는 사실이다. 퀴비에는 격변설과 반진화론적 견해와 떼려야 뗄 수 없는 관계에 있었다. 그래서 낡은 사고를 대표하는 희생양을 찾던 찰스 다윈 세대는 머리가 호박만큼 큰 이 프랑스인을 최적임자로 생각해 난도질했고, 그들의 잔인한 칼질이 퀴비에의 명성에 남긴 흠은 오늘날까지도 남아 있다. 업보라고 해야 할까.

417쪽 "(여러 사람 중에서도) 작곡가 구스타프 말러Gustav Mahler의 격정적인 전 부인으로 유명했다" 알마 말러는 여러 사람 중에서도 화가 구스타프 클림트Gustav Klimt와 바우하우스를 설계한 발터 그로피우스 Walter Gropius 와 결혼하는 훌륭한 취향도 있었다. 그녀는 빈에서 그토록 악명 높은 바람둥이였기 때문에, 톰 레러 Tom Lehrer 는 그녀에 관한 노래를 작곡했다. 그 노래의 후렴은 다음과 같다 :

Alma, tell us!
All modern women are jealous.
Which of your magical wands
Got you Gustav and Walter and Franz?
(알마, 이야기해줘요!
모든 현대 여성이 질투하잖아요.
당신의 마법 지팡이 중 어떤 것이
구스타프와 발터와 프란츠를 얻게 해주었나요?)

완전한 가사는 내 웹사이트에 링크를 걸어두었으니 참고하기 바란다.

16 우리가 아는(그리고 모르는) 생명

428쪽 "돌리가 태어나기도 전에" 돌리 이후에 과학자들이 복제한 포유류 중에는 고양이, 개, 물소, 낙타, 말, 쥐도 있다. 2007년, 과학자들은 어른 원숭이 세포로 배아 클론을 만든 뒤, 서로 다른 조직들이 나타나는 것을 충분히 볼 수 있을 만큼 발달시켰다. 하지만 과학자들은 배아를 완전히 발달하기 전에 죽였기 때문에, 원숭이 클론이 정상적으로 발달했을지 여부는 불분명하다. 영장류는 다른 종보다 복제하기가 더 어려운데, 제공자 난자에서 핵을 제거할 때(복제할 동물 세포의 DNA를 집어넣기 위해) 영장류 세포가 제대로 분열하는 데 필요한 특수 장치 일부가 함께 떨어져 나가기 때문이다. 다른 종들은 방추사라고 부르는 이 장치를 영장류보다 여벌로 더 많이 갖고 있다. 이것은 인간을 복제하는 데 주요 기술적 장애로 남아 있다.

436쪽 "정치로 과학을 오염시킨다고" 제임스 왓슨과 프랜시스 크릭은 둘 다 인종과 DNA와 지능에 대해 현명하지 못한 공개 비평을 하면서 실언을 했다. 크릭은 1970년대에 왜 일부 민족은 다른 민족보다 IQ가 더 높거나 낮은지 — 더 정확하게 표현하면, IQ 검사에서 점수가 더 높게 나오거나 낮게 나오는지 — 연구한 결과를 지지했다. 크릭은 일부 민족의 지적 능력이 낮다는 사실을 안다면, 사회 정책을 더 효율적으로 세울 수 있을 것이라고 생각했다. 그는 또한 더 직설적으로 "나는 미국의 백인과 흑인 사이의 평균 IQ 차이 중 절반 이상은 유전적 이유일 가능성이 높다고 생각한다."라고 말했다.

왓슨의 실언은 2007년에 매력적인 제목을 붙인 자서전 『지루한 사람과 어울리지 마라 *Avoid Stupid People*』를 홍보하기 위한 여행에 나섰을 때 터져나왔다. 도중에 그는 이런 발언을 했다. "나는 본질적으로 아프리카의 장래 전망을 어둡게 본다. 사회 정책들은 그들의 지능이 우리와 똑같다는 사실을 바탕으로 하고 있지만, 모든 검사 결과는 실제로 그렇지 않다는 것을 말해준다." 이 발언으로 언론의 집중포화를 받은 뒤 왓슨은 일자리(바버라 매클린톡이 일했던 콜드스프링하버연구소의 연구소장)를 잃었고, 체면을 구긴 채 은퇴 단계로 접어들었다.

깊은 생각 없이 자극적인 말을 내뱉는 그의 전력을 감안할 때 여기서 왓슨의 발언을 얼마나 진지하게 받아들여야 할지는 판단하기 어렵다. 그는 피부색과 성욕에 대해, 여성에 대해("사람들은 만약 모든 여성이 아름답다면 아주 끔찍할 것이라고 말하는데, 나는 아주 멋질 것 같다."), 낙태와 성에 대해("만약 성 정체성을 결정하는 유전자를 발견할 수 있고, 어떤 여성이 동성애자 아이를 원치 않는다고 한다면, 그렇게 하게 하라."), 비만한 사람에 대해("뚱뚱한 사람을 면접 볼 때마다 우리는 좋지 않은 기분을 느끼는데, 그 사람을 채용하지 않으리란 사실을 알기 때문이다."), 그리고 그 밖의 사안들에 대해 그런 말들을 서슴없이 내뱉었다. 하버드 대학에서 흑인에 대해 연구한 헨리 루이스 게이츠 주니어 Henry Louis Gates Jr. 는 훗날 왓슨을 개인적으로 면담하면서 아프리카 발언에 대해 조사했는데, 왓슨은 인종 차별주의자 racist 라기보다 '인종주의자 racialist'에 가깝다고 결론 내렸다. 여기서 인종주의자란, 세계를 인종을 기준으로 바라보고, 인종 집단 사이에 유전적 차이가 존재한다고 믿는 사람을 말한다. 게이츠는 또한 왓슨이 만약 그런 차이가 존재한다면, 그러한 '집단' 차이 때문에 재능 있는 '개인'을 바라보는 시각이 왜곡되어서는 안 된다고 믿는다는 사실도 지적했다.(이것은 농구를 하는 데에는 흑인이 훨씬 유리하지만, 가끔 래리 버드 Larry Bird 처럼 백인 중에서도 훌륭한 농구 선수가 나온다고 말하는 것과 비슷하다.) 게이츠의 생각에 대해 자세한 내용은 http://www.washingtonposts.com/wp-dyn/content/article/2008/07/10/AR2008071002265.html에서 볼 수 있다.

언제나처럼 최종 결정권은 DNA가 쥐고 있다. 왓슨은 2007년에 자서전과 함께 자신의 유전체를 대중에게 공개했는데, 일부 과학자는 민족성의 표지를 찾기 위해 그것을 조사하기로 했다. 그랬더니 놀랍게도 왓슨은 아프리카계 흑인의 유전자를 전형적인 백인에 비해 무려 16배나 많이 가진 것으로 드러났다. 즉, 왓슨의 유전자는 먼 조상 할아버지 중에 흑인이 있음을 말해준다.

443~444쪽 "여분의 염색체 쌍을 개량해 소프트웨어 패치처럼 배아에 집어넣는 방법" 이 주장은 여러 사람 중에서도 니컬러스 웨이드Nicholas Wade가 인간의 기원에 관한 모든 측면 — 언어학적, 유전학적, 문화적 측면을 포함해 — 을 훌륭하게 검토한 책 『여명이 오기 전에*Before the Dawn*』에서 펼쳤다.

참고문헌

다음은 이 책을 쓰면서 내가 참고한 책과 논문이다. *표가 붙은 책이나 논문은 특히 내가 강력 추천하는 것이니 참고하기 바란다. 더 읽어보도록 특별히 추천하는 이 문헌들에는 주석을 붙여놓았다.

1장

01 유전자, 기형, DNA

Bondeson, Jan. *A Cabinet of Medical Curiosities*. W. W. Norton, 1999.

* 나폴리에서 태어난 물고기 소년을 포함해 모체 영향에 관한 놀라운 이야기를 다룬 장이 있다.

Darwin, Charles. *On the Origin of Species*. Introduction by John Wyon Burrow. Penguin, 1985.

_____. *The Variation of Animals and Plants Under Domestication*. J. Murray, 1905.

Henig, Robin Marantz. *The Monk in the Garden*. Houghton Mifflin Harcourt, 2001.

* 멘델의 훌륭한 전기.

Lagerkvist, Ulf. *DNA Pioneers and Their Legacy*. Yale University Press, 1999.

Leroi, Armand Marie. *Mutants: On genetic variety and the human body*. Penguin, 2005.

* 집게발 같은 선천적 장애를 포함해 모체 영향을 흥미진진하게 다룬 책.

02 땅에 묻힐 뻔한 다윈의 이론

Carlson, Elof Axel. *Mendel's Legacy.* Cold Spring Harbor Laboratory Press, 2004.

* 모건과 멀러를 비롯해 초기 유전학의 주요 인물들에 관한 많은 일화를 멀러의 제자가 들려준다.

Endersby, Jim. *A Guinea Pig's History of Biology.* Harvard University Press, 2007.

* 초파리실의 역사를 훌륭하게 서술한다. 내가 가장 좋아하는 책 중 하나이기도 하다. 엔더스비는 다윈이 제뮬을 가지고 모험을 한 이야기, 바버라 매클린톡, 그리고 그 밖의 이야기도 다룬다.

Gregory, Frederick. *The Darwinian Revolution.* DVDs. Teaching Company, 2008.

Hunter, Graeme K. *Vital Forces.* Academic Press, 2000.

Kohler, Robert E. *Lords of the Fly.* University of Chicago Press, 1994.

* 인도 '공주'에 관한 일화를 포함해 브리지스의 사생활 이야기가 자세하게 나온다.

Steer, Mark, et al., eds. *Defining Moments in Science.* Cassell Illustrated, 2008.

03 DNA의 고장

Hall, Eric J., and Amato J. Giaccia. *Radiobiology for the Radiologist.* Lippincott Williams and Wilkins, 2006.

* 방사성 입자가 DNA에 어떻게 충돌하는지 자세하면서도 쉽게 소개한 책.

Hayes, Brian. "The Invention of the Genetic Code." *American Scientist,* January-February 1998.

* 유전 암호를 해독하기 위한 초기의 시도를 흥미진진하게 설명한다.

Judson, Horace F. *The Eighth Day of Creation.* Cold Spring Harbor Laboratory Press, 2004.

* '도그마'가 무슨 뜻인지 모른 크릭의 이야기를 포함하고 있다.

Seachrist Chiu, Lisa. *When a Gene Makes You Smell Like a Fish.* Oxford University Press, 2007.

Trumbull, Robert. *Nine Who Survived Hiroshima and Nagasaki*. Dutton, 1957.

* 야마구치 이야기 — 그와 함께 그에 못지않게 흥미진진한 여덟 가지 이야기 — 를 더 자세히 알고 싶다면, 이 책만큼 좋은 책도 없다.

04 DNA의 악보

Flapan, Erica. *When Topology Meets Chemistry*. Cambridge University Press, 2000.

Frank-Kamenetskii, Maxim D. *Unraveling DNA*. Basic Books, 1997.

Gleick, James. *The Information*. HarperCollins, 2011.

Grafen, Alan, and Mark Ridley, eds. *Richard Dawkins*. Oxford University Press, 2007.

Zipf, George K. *Human Behavior and the Principle of Least Effort*. Addison-Wesley, 1949.

____. *The Psycho-biology of Language*. Routledge, 1999.

2장

05 DNA의 구조와 역할

Comfort, Nathaniel C. "The Real Point Is Control." *Journal of the History of Biology* 32 (1999): 133~162.

* 컴퍼트는 바버라 매클린톡의 생애와 연구에 대해 신비적이고 동화 같은 버전의 이야기에 도전한 학자 중 가장 믿을 만한 사람이다.

Truji, Jan. *The Soul of DNA*. Llumina Press, 2004.

* 미리엄 수녀에 대해 더 자세한 이야기를 알고 싶다면, 이 책을 강력 추천한다. 그녀의 삶을 아주 어린 시절부터 끝까지 순서대로 서술한 책이다.

Watson, James. *The Double Helix*. Penguin, 1969.

* 왓슨은 각 DNA 염기의 모양이 서로 달라 여러 차례 좌절을 느꼈다고 회상한다.

06 살아남은 자와 간

Hacquebord, Louwrens. "In Search of Het Behouden Huys." *Arctic* 48 (September 1995): 248~256.

Veer, Gerrit de. *The Three Voyages of William Barents to the Arctic Regions.* N.p., 1596.

07 마키아벨리 미생물

Berton, Pierre. *Cats I Have Known and Loved.* Doubleday Canada, 2002.

Dulbecco, Renato. "Francis Peyton Rous." In *Biographical Memoirs*, vol. 48. National Academies Press, 1976.

McCarty, Maclyn. *The Transforming Principle.* W. W. Norton, 1986.

Richardson, Bill. *Scorned and Beloved: Dead of Winter Meetings with Canadian Eccentrics.* Knopf Canada, 1997.

Villarreal, Luis. "Can Viruses Make Us Human?" *Proceedings of the American Philosophical Society* 148 (September 2004): 296~323.

08 사랑과 격세유전

Bondeson, Jan. *A Cabinet of Medical Curiosities.* W. W. Norton, 1999.

* 해부학의 역사에 나온 섬뜩한 이야기가 가득한 가운데 인간의 꼬리에 관해 흥미진진한 이야기가 들어 있다.

Isoda, T., A. Ford, et al. "Immunologically Silent Cancer Clone Transmission from Mother to Offspring." *Proceedings of the National Academy of Sciences of the United States of America* 106, no. 42 (October 20, 2009):17882~17885.

Villarreal, Luis P. *Viruses and the Evolution of Life.* ASM Press, 2005.

09 휴먼지와 아슬아슬했던 위기의 순간들

Rossiianov, Kirill. "Beyond Species." *Science in Context* 15, no. 2 (2002): 277~316.

* 이바노프의 생애에 대해 더 자세한 이야기를 알고 싶으면, 가장 권위 있으면서 가장 덜 선정적인 이 책을 읽어보라.

3장

10 주홍 글씨 A, C, G, T

Barber, Lynn. *The Heyday of Natural History.* Cape, 1980.

  * 버클랜드 부자에 관한 정보를 찾기에 아주 좋은 책.

Carroll, Sean B. *Remarkable Creatures.* Houghton Mifflin Harcourt, 2009.

Finch, Caleb. *The Biology of Human Longevity.* Academic Press, 2007.

Finch, Caleb, and Craig Stanford. "Meat-Adaptive Genes Involving Lipid Metabolism Influenced Human Evolution." *Quarterly Review of Biology* 79, no. 1 (March 2004): 3~50.

Sommer, Marianne. *Bones and Ochre.* Harvard University Press, 2008.

Wade, Nicholas. *Before the Dawn.* Penguin, 2006.

  * 인간의 기원에 관한 모든 측면을 훌륭하게 다룬 책.

11 중요한 차이를 빚어낸 크기

Gould, Stephen Jay. "Wide Hats and Narrow Minds." In *The Panda's Thumb.* W. W. Norton, 1980.

  * 퀴비에의 부검 이야기를 흥미진진하게 다룬 글.

Isaacson, Walter. *Einstein: His Life and Universe.* Simon and Schuster, 2007.

Jerison, Harry. "On Theory in Comparative Psychology." In *The Evolution of Intelligence.* Psychology Press, 2001.

Treffert, D., and D. Christensen. "Inside the Mind of a Savant." *Scientific American*, December 2005.

  * 픽을 가장 잘 알던 두 과학자가 그에 관해 애정을 가지고 쓴 책.

12 유전자의 예술

Leroi, Armand Marie. *Mutants: On Genetic Variety and the Human Body.* Penguin, 2005.

  * 이 놀라운 책은 툴루즈-로트레크가 걸렸을지도 모르는 질병에 대해 자세히 논의하며, 그것이 그의 미술에 미친 영향도 살펴본다.

Sugden, John. *Paganini.* Omnibus Press, 1986.
* 영어로 쓴 몇 안 되는 파가니니 전기 중 하나. 짧지만 아주 잘 쓴 책.

4장

13 과거는 프롤로그이다, 때로는

Reilly, Philip R. *Abraham Lincoln's DNA and Other Adventures in Genetics.* Cold Spring Harbor Laboratory Press, 2000.
* 라일리는 링컨의 DNA 검사 가능성을 조사했던 최초의 위원회에 참여했다. 그는 또한 유대인의 DNA 검사에 대해서도 깊이 다룬다.

14 30억 개의 작은 조각

Angrist, Misha. *Here Is a Human Being.* HarperCollins, 2010.
* 다가오는 유전학 시대에 대해 개인적으로 반추하면서 훌륭하게 쓴 책.

Shreeve, James. *The Genome War.* Ballantine Books, 2004.
* 인간 게놈 프로젝트에 참여한 사람이 들려주는 이야기에 관심이 있다면, 내가 아는 한 슈리브의 책이야말로 가장 잘 쓴 책이자 또 가장 흥미진진한 책이다.

Sulston, John, and Georgina Ferry. *The Common Thread.* Joseph Henry Press, 2002.

Venter, J. Craig. *A Life Decoded: My Genome-My Life.* Penguin, 2008.
* 베트남에서부터 인간 게놈 프로젝트와 그 이후에 이르기까지 벤터의 전체 생애를 다룬 책.

15 쉽게 얻은 것은 쉽게 사라진다? 일란성 쌍둥이는 왜 똑같지 않을까?

Gliboff, Sander. "Did Paul Kammerer Discover Epigenetic Inheritance? No and Why Not." *Journal of Experimental Zoology* 314 (December 15, 2010): 616~624.

Gould, Stephen Jay. "A Division of Worms." *Natural History,* February 1999.
* 장-바티스트 라마르크의 생애를 2부에 걸쳐 훌륭하게 쓴 글.

Koestler, Arthur. *The Case of the Midwife Toad.* Random House, 1972.

Serafini, Anthony. *The Epic History of Biology.* Basic Books, 2002.

Vargas, Alexander O. "Did Paul Kammerer Discover Epigenetic Inheritance?" *Journal of Experimental Zoology* 312 (November 15, 2009): 667~678.

16 우리가 아는(그리고 우리가 모르는) 생명

Caplan, Arthur. "What If Anything Is Wrong with Cloning a Human Being?" *Case Western Reserve Journal of International Law* 35 (Fall 2003): 69~84.

Segerstråle, Ullica. *Defenders of the Truth.* Oxford University Press, 2001.

Wade, Nicholas. *Before the Dawn.* Penguin, 2006.

* 니컬러스 웨이드는 여러 사람과 함께 여분의 염색체쌍을 배아에 집어넣자는 제안을 했다.

찾아보기

ㄱ

ㄴ

ㄷ

ㅁ

ㅂ

ㅅ

ㅇ

ㅈ

ㅊ

ㅋ

A~Z

옮긴이 이충호

서울대학교 사범대학 화학과를 졸업했다. 교양 과학도서의 번역가로 활동하고 있다. 2001년 『세계를 변화시킨 12명의 과학자』로 우수과학도서(한국과학문화재단) 번역상을 수상했으며, 『신은 왜 우리 곁을 떠나지 않았는가』로 제20회 한국과학기술도서(대한출판문화협회) 번역상을 수상했다. 옮긴 책으로는 『사라진 스푼』『스티븐 호킹』『레일 위의 역사 기차』『네 발에서 두 발로 인류의 조상』『화학이 화끈화끈』『드넓은 우주』『세계를 변화시킨 12명의 과학자』『와인 전쟁』『혜성, 유성, 소행성』『지식 교과서 인체』『지구를 상상하다』『동물 체험관』『심플 사이언스』『수학 괴물을 죽이는 법』『진화심리학』『루시퍼 이펙트』『도도의 노래』『수상한 내 인생』『사파리 세계를 탐험해라』『우주의 비밀을 펼쳐라』 등이 있다.

바이올리니스트의 엄지

1판 1쇄 2014년 6월 10일
1판 5쇄 2021년 3월 31일

지은이 샘 킨
옮긴이 이충호
펴낸이 김정순
편집 허영수 김소희
디자인 김진영 모희정
마케팅 양혜림 이지혜

펴낸곳 (주)북하우스 퍼블리셔스
출판등록 1997년 9월 23일 제406-2003-055호
주소 04043 서울시 마포구 양화로 12길 16-9(서교동 북앤빌딩)
전자우편 henamu@hotmail.com
홈페이지 www.bookhouse.co.kr
전화번호 02-3144-3123
팩스 02-3144-3121

ISBN 978-89-5605-750-7 03470